普通高等教育"十一五"国家级规划教材

# 材料物理基础

孔祥华　杨穆　王帅　编

北　京
冶　金　工　业　出　版　社
2010

## 内容简介

本教材从相关知识的发展历程出发，揭示了材料物理重要思想的产生以及主要的基础知识。全书共包括6篇17章，内容涉及物理学基础、材料的光电性能、磁学性能、电学性能、自旋电子学、热学性能、晶体结构与力性、分子结构与高分子物理等。本书将趣味性与知识性相结合，语言生动，为了便于学习使用，每章后附有思考练习题。

本书可以作为工科学校的材料科学与工程、材料物理、材料化学、冶金工程等专业师生的材料物理基础课程教材，也可供有关科技人员参考。

**图书在版编目（CIP）数据**

材料物理基础/孔祥华，杨穆，王帅编．—北京：冶金工业出版社，2010.8

普通高等教育“十一五”国家级规划教材

ISBN 978-7-5024-5293-3

Ⅰ．①材…　Ⅱ．①孔…　②杨…　③王…　Ⅲ．①工程材料—物理性能—高等学校—教材　Ⅳ．①TB303

中国版本图书馆CIP数据核字（2010）第130706号

出版人　曚胜利

地　　址　北京北河沿大街嵩祝院北巷39号，邮编100009

电　　话　（010）64027926　电子信箱　yjcbs@cnmip.com.cn

责任编辑　王　楠　张　卫　美术编辑　李　新　版式设计　葛新霞

责任校对　王永欣　责任印制　牛晓波

ISBN 978-7-5024-5293-3

北京兴华印刷厂印刷；冶金工业出版社发行；各地新华书店经销

2010年8月第1版，2010年8月第1次印刷

787 mm×1092 mm　1/16；19印张；506千字；288页

**42.00**元

**冶金工业出版社发行部　电话：（010）64044283　传真：（010）64027893**

**冶金书店　地址：北京东四西大街46号（100010）　电话：（010）65289081（兼传真）**

（本书如有印装质量问题，本社发行部负责退换）

# 前　言

科学技术的飞速发展，使人类越来越重视新材料的研究和开发，与此同时，面对大量的科研成果，如何在材料科学与工程的相关专业开展系统的专业技能教育是我们必须考虑的问题。材料的优异性能是材料研究的动力，因此，许多高等学校把材料物理基础作为材料学、材料化学等专业的重要课程。我们在教学过程中发现，与材料物理相关的课程包括固体物理、材料科学基础、结构化学等，这方面的教材很多，但这些教材的内容多是针对某些特殊的专业背景编写的，无法满足今天"大材料"教育模式的需要。所以，我们尝试编写一本使本科生能够系统掌握材料物理基础知识的教材。

综合目前材料科学研究的现状，我们从电子、原子、分子三个层次展开，涉及物理学基础、材料的光电性能、磁学性能、电学性能、自旋电子学、热学性能、晶体结构与力性、分子结构与高分子物理等内容，强调相关知识的发展过程与基础，使学生能够从本质上把握问题，为进一步开展科学研究打下坚实的基础。

本书的第一章借鉴了曹天元的著作《上帝掷骰子吗：量子物理史话》，该书幽默诙谐的语言给本教材的编写以很大的启发，形成了本教材的编写风格。第二章主要参考了向义和编写的《物理学基本概念和基本定律溯源》，该书在物理学的教学中引入历史，使物理学变得更加生动鲜活。固体的能带理论和材料的热学性能参考了黄昆的《固体物理学》，关于物理性能的几章内容参考了田莳编写的《材料物理性能》。材料中的缺陷与力学性能一章参考了余宗森编写的《金属物理》。书中的部分内容来源于网络、期刊，部分内容因为编写时间较长而遗漏，对此编者在此向各位表示深深的歉意。本书编写的目的是在大量相关专业知识的基础上，完成一本比较通俗的适合材料学本科生的教材。就目前结果看，在上述一系列著作的基础上，初步形成了教材的编写思想，但由于时间和编者水平的限制，存在的问题还很多，我们一定在今后继续努力，不断完善教材内容，精炼教材语言。希望本教材为材料物理学教学提供一个抛砖引玉的作用,激发学生学习相关专业知识的兴趣,更加鼓励学生进一步阅读相关的原著,在知识的海洋中快乐前行。

本书的第一篇、第二篇、第三篇、第四篇由孔祥华编写,第五篇由王帅编写,第六篇由杨穆编写。由于编者水平有限,书中偏颇之处在所难免,欢迎各位专家批评指正。由于时间紧,文献引用纰漏之处请相关作者谅解。

编 者

2010 年 4 月

# 目　　录

## 第一篇　物理学基础

## 第二篇 固体能带理论与物理性能

## 第三篇 材料的热学性能

## 第四篇　材料中的缺陷与力学性能



## 第五篇　表面结构与性能

## 第六篇 高分子物理

# 第一篇　物理学基础

本篇重点介绍现代材料的基础物理学知识，包括量子力学、统计物理和倒易空间等内容。强调量子力学和统计物理中的物理学思想和基本概念，为进一步学习奠定物理学基础。

## 1　量子物理基础

**本章要点：**

本章重点通过量子力学的发展过程介绍量子力学的重要概念，掌握波粒二象性、薛定谔方程、一维势垒模型与隧道效应以及测不准原理，理解扫描隧道显微镜的工作原理。

量子力学(quantum mechanics)是研究微观粒子运动规律的物理学分支学科，它主要研究原子、分子、凝聚态物质，以及原子核和基本粒子的结构、性质的基础理论，它与相对论一起构成了现代物理学的理论基础。量子力学不仅是近代物理学的基础理论之一，而且在化学等有关学科和许多近代技术中也得到了广泛的应用。

作为物理学界的大明星，量子论其实已经一百多岁了，比相对论的年纪还大。爱因斯坦的相对论刚出生，便受到世人的瞩目。而量子论呢？虽然已经超过100岁，但它或许尚未进入自己的“青春期”。大部分物理学家认为，就人类技术和日常生活来看，量子力学的影响可能要超过相对论。相对论可能改变了人们的时空观，但量子论直接导致了晶体管的出现，我们想象如果没有量子论，或许今天我们身边也根本不会出现收音机、电视机和计算机。它对新技术的促进，直接体现在量子信息学和量子工程学上。20世纪40年代信息论被提出，但直到20世纪90年代前，处理的都是经典世界里的信息。此后，随着微电子工艺技术的迅速发展，人类对微观世界的操纵能力越来越深入，这时量子力学的研究才对信息论产生了巨大的影响，并直接导致通信和计算机科学发生了革命性的变化，全球也进入信息时代。

量子理论看起来依然还是一个让物理学家头疼的神秘理论，但其推动人类科技文明的潜力依然无穷，或许真的如有人评价的那样，18世纪和19世纪是机械世纪，20世纪是信息世纪，而21世纪则是量子世纪。这个被国际上公认为科学史上目前为止最成功的理论在过去的一个世纪内让科技爆发出巨大的能量，人类文明被彻底重写。量子论的诞生充满了英雄气概，它改变了人类的一切，也像烛光一样，还会继续引导着人类走向更深、更广阔的真理世界。任何材料都是由原子、分子组成的。材料的性质正是由组成材料的结构粒子的运动特性决定的。对材料物理专业的学生来说，量子力学已成为一门必不可少的专业基础课。

## 1.1 经典物理学的困难

19 世纪末经典物理学以经典力学、电磁场理论、热力学和经典统计学为主要支柱，达到了完整、系统和成熟的阶段，致使不少物理学家认为，物理学的大厦已经基本建成。

当时著名物理学家，德国慕尼黑大学的祖利(Philipp. V. Jolly)曾试图劝阻年轻的马克斯·普朗克进入纯理论的领域。1924 年普朗克在慕尼黑作的一次公开讲演中曾回忆说："当我开始研究物理学和我可敬的老师 Philipp. V. Jolly 对我讲述我学习的条件和前景时，他向我描绘了物理学是一门高度发展的、几乎是尽善尽美的科学。现在，在能量守恒定律的发现给物理学戴上桂冠之后，这门科学很接近于最终稳定的形式。也许，在某个角落还有一粒尘屑或一个小气泡，对它们可以去进行研究分类。但是，作为一个完整的体系，那是建立得足够牢固的；而理论物理学正在明显地接近于如几何学在数百年中所具有的那样完善的程度。"

正当人们为物理学的辉煌成就欢欣鼓舞之际，在物理学的许多领域出现了一系列新的发现，表现出与经典物理理论的尖锐矛盾，使经典物理学面临"危机"。

1900 年 4 月 27 日，在巴黎举办世博会的时候，在阿尔伯马尔街皇家研究所(Royal Institution, Albemarle Street)举行了一场报告会，欧洲有名的科学家都赶来这里，聆听那位德高望重，然而却以顽固出名的老头子——开尔文男爵(Lord Kelvin)的发言。开尔文的这篇演讲名为《在热和光动力理论上空的 19 世纪乌云》。当时已经 76 岁，白发苍苍的开尔文用那特有的爱尔兰口音开始了发言，他的第一段话是这么说的：

"动力学理论断言，热和光都是运动的方式。但现在这一理论的优美性和明晰性却被两朵乌云遮蔽，显得黯然失色了……"(The beauty and clearness of the dynamical theory, which asserts heat and light to be modes of motion, is at present obscured by two clouds.)

这就是后来物理学史反复引用"乌云"这一比喻的由来。联系到当时人们对物理学大一统的乐观情绪，许多时候这个表述又变成了"在物理学阳光灿烂的天空中漂浮着两朵小乌云"。这两朵著名的乌云，分别指的是经典物理在光以太和麦克斯韦 - 玻耳兹曼能量均分学说上遇到的难题。再具体一些，指的就是人们在迈克尔逊 - 莫雷实验和黑体辐射研究中的困境。

迈克尔逊 - 莫雷实验的用意在于探测光以太对于地球的漂移速度。在人们当时的观念里，以太代表了一个绝对静止的参考系，而地球穿过以太在空间中运动，就相当于一艘船在高速行驶，迎面会吹来强烈的"以太风"。迈克尔逊在 1881 年进行了一个实验，想测出这个相对速度，但结果并不十分令人满意。于是他和另外一位物理学家莫雷合作，在 1886 年安排了第二次实验。这可能是当时物理史上进行过的最精密的实验了，他们动用了最新的干涉仪，为了提高系统的灵敏度和稳定性，他们甚至多方筹措弄来了一块大石板，把它放在一个水银槽上，这样就把干扰的因素降到了最低。

然而实验结果却让他们震惊和失望无比，两束光线根本就没有表现出任何的时间差。以太似乎对穿越于其中的光线毫无影响。迈克尔逊和莫雷不甘心地一连观测了四天，本来甚至想连续观测一年以确定地球绕太阳运行四季对以太风造成的差别，但因为这个否定的结果是如此清晰而不容置疑，这个计划也被无奈地取消了。

迈克尔逊 - 莫雷实验是物理史上最有名的"失败的实验"。它当时在物理界引起了轰动，因为以太这个概念作为绝对运动的代表，是经典物理学和经典时空观的基础。而这根支撑着经典物理学大厦的梁柱竟然被一个实验的结果无情地否定，那就意味着整个物理世界的轰然崩塌。不过，那时候再悲观的人也不认为，刚刚取得了伟大胜利，到达光辉顶峰的经典物理学会莫名其妙地就这样倒台,所以人们还是提出了许多折中的办法,爱尔兰物理学家费兹杰拉尔德(George FitzGerald)和荷兰物理学家洛伦兹(Hendrik Antoon Lorentz)分别独立地提出了一种假说,认为物体在运动的方向上会发生长度的收缩,从而使得以太的相对运动速度无法被测量到。这些假说虽然使得以太的概念得以继续保留,但已经对它的意义提出了强烈的质疑,因为很难想象,一个只具有理论意义的"假设物理量"究竟有多少存在的必要。开尔文所说的"第一朵乌云"就是在这个意义上提出来的,不过他认为长度收缩的假设无论如何已经使人们"摆脱了困境",所要做的只是修改现有理论以更好地使以太和物质的相互作用得以自洽罢了。

至于"第二朵乌云",指的是黑体辐射实验和理论的不一致。它在量子理论里起着十分重要的作用,所以我们会在后面的章节里仔细地探讨这个问题。在开尔文发表演讲的时候,这个问题仍然没有任何能够得到解决的迹象。不过开尔文对此的态度倒也是乐观的,因为他本人就并不相信玻耳兹曼的能量均分学说,他认为要驱散这朵乌云,最好的办法就是否定玻耳兹曼的学说,而玻耳兹曼的分子运动理论在当时的确还是有着巨大的争议,以至于这位罕见的天才苦闷不堪,精神出现了问题。玻耳兹曼第一次尝试自杀而未成,但他终于在 6 年后的一片小森林里亲手结束了自己的生命,留下了一个科学史上的大悲剧。

年迈的开尔文站在讲台上,台下的听众对于他的发言给予热烈的掌声。然而当时,他们中间却没有一个人(包括开尔文自己)会了解,这两朵小乌云对于物理学来说究竟意味着什么。他们绝对无法想象,正是这两朵不起眼的乌云马上就要给这个世界带来一场前所未有的狂风暴雨,电闪雷鸣,并引发可怕的大火和洪水,彻底摧毁现在的繁华美丽。他们也无法知道,这两朵乌云很快就要把他们从豪华舒适的理论宫殿中驱赶出来,放逐到布满了荆棘和陷阱的原野上去过上几十年颠沛流离的生活。他们更无法预见,正是这两朵乌云,终究会给物理学带来伟大的新生,在烈火和暴雨中实现涅槃,并重新建造起两幢更加壮观美丽的城堡来。

第一朵乌云,最终导致了相对论革命的爆发。

第二朵乌云,最终导致了量子论革命的爆发。

在 19 世纪末的其他重大新发现还有:

1887 年,H. Hertz 发现光电效应;

1895 年 11 月 8 日,Röntgen 在阴极射线实验中发现 X 射线,这个发现使其在 1901 年成为第一个诺贝尔物理奖获得者;

1896 年 3 月,Becquerel 发现铀的天然放射性,Becquerel 因此在 1903 年与 Curie 夫妇一起获得诺贝尔物理奖;

1897 年 4 月 30 日,英国剑桥大学 J. J. Thomson 发现了电子,电子是人类认识的第一个基本粒子,Thomson 在 1906 年获得诺贝尔物理奖。

以上发现都是经典物理学所不能解释的,它们成了打开现代物理学大门的一把把钥匙,其中在比热理论、光电效应、黑体辐射机理等微观领域中经典物理所遇到的严重困难导致了量子力学的诞生。

## 1.2 黑体辐射规律与普朗克能量子假设

### 1.2.1 黑体辐射规律

所有落到(或照射到)某物体上的辐射完全被吸收,则称该物体为黑体。19 世纪末,人们开始对黑体模型的热辐射问题产生了兴趣。其实,很早的时候,人们就已经注意到对于不同的物体,热和辐射似乎有一定的对应关联。比如说金属,有过生活经验的人都知道,要是我们把一块铁放在火上加热,那么到了一定温度的时候,它会变得暗红起来(其实在这之前有不可见的红外线辐射),温度再高些,它会变得橙黄,到了极度高温的时候,如果能想办法不让它汽化,我们可以看到铁块将呈现蓝白色。在天文学里,有“红巨星”和“蓝巨星”,前者呈暗红色,温度较低,通常属于老年恒星;而后者的温度极高,是年轻恒星的典范。也就是说,物体的热辐射和温度有着一定的函数关系。问题是,物体的辐射能量和温度究竟有着怎样的函数关系呢?这就要通过对黑体辐射的规律进行研究而得到结果。

“黑体辐射”这个概念是由伟大的基尔霍夫(Gustav Robert Kirchhoff)提出的,我们可以把图1-1所示的空腔表面的小孔A看作绝对黑体。由麦克斯韦电磁理论已知:温度为$T$时,从小孔A(黑体)发出的热辐射是空腔内壁物质的带电粒子的热振动产生的。实验测出在温度为$T$时,单位时间内从小孔A(黑体)的单位面积上辐射出波长在$\lambda \sim \lambda + d\lambda$的电磁能量$R_c(\lambda, T)$,见图1-2。

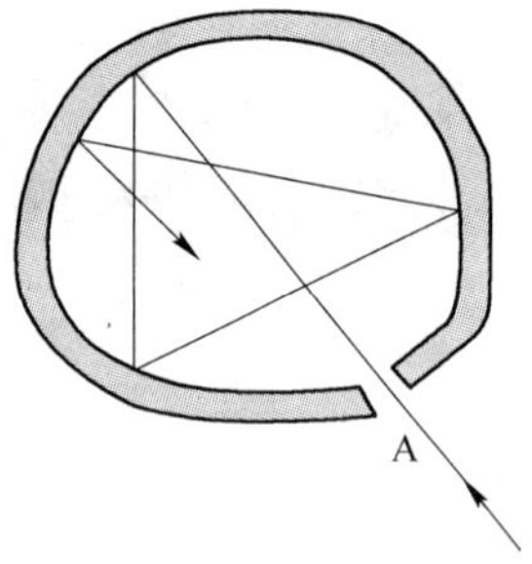


图1-1 绝对黑体,空腔小孔A

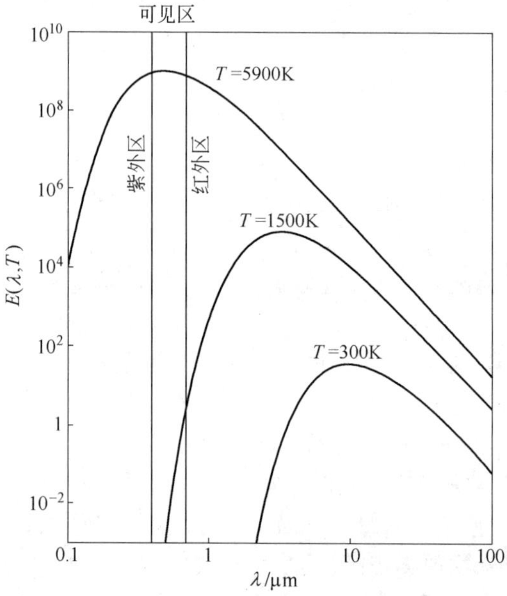


图1-2 热辐射的实验规律

1879年德国的Stefan通过实验,1884年奥地利的Boltzmann从理论得出辐射的总能量密度:

$$R_c(T) = \int_0^{\infty} R_c(\lambda, T)\, d\lambda = \sigma T^4 \tag{1-1}$$

式中 $R_c(T)$——总能量密度,$W/m^2$;

$T$——物体的绝对温度,K;

$\lambda$——辐射的波长,m;

$\sigma$——Stefan-Blotzman常数,$\sigma = 5.67 \times 10^{-8}\ W/(m^2 \cdot K^4)$。

这两位科学巨人的成果就是当时维尔赫姆·维恩(Wilhelm Wien)准备从理论上推导黑体辐射公式的时候,物理界在这一课题上的一些基本背景。

维恩是东普鲁士一个农场主的儿子,本来似乎也命中注定要成为一个农场主,但是当时的经济危机使他下定决心进入大学学习。在海德堡、哥廷根和柏林大学度过了他的学习生涯之后，维恩在1887年进入了德国帝国技术研究所(Physikalisch Technische Reichsanstalt, PTR)，成为了赫尔姆霍兹实验室的主要研究员。就是在柏林的这个实验室里，他准备一展他在理论和实验物理方面的天赋，彻底地解决黑体辐射这个问题。

1893年，维恩得到：

$$\lambda_m T = b \tag{1-2}$$

式中 $\lambda_m$——辐射能量曲线 $R_c(\lambda, T)$ 的极大值所对应的波长，m；

$T$——物体的绝对温度，K；

$b$——维恩常量，$b = 0.002897\ \text{m} \cdot \text{K}$。

上式称为维恩位移定律。由公式可以看出，黑体辐射的能量对不同的波长是不一样的。

### 1.2.2 紫外灾难

为什么黑体辐射的能量对不同波长是不一样的?

1896年维恩认为曲线很像Maxwell速率分布率，于是他假定振子能量按频率的分布服从Maxwell速率分布，得到维恩分布公式：

$$\rho_c(\nu, T)\,\mathrm{d}\nu = C'_1 \nu^3 \mathrm{e}^{-\frac{C'_2 \nu}{T}} \mathrm{d}\nu \tag{1-3}$$

或

$$\rho_c(\lambda, T)\,\mathrm{d}\lambda = C_1 \lambda^{-5} \mathrm{e}^{-\frac{C_2}{\lambda T}} \mathrm{d}\lambda \tag{1-4}$$

式中 $\rho_c$——单位体积在频率 $\nu \sim \nu + \mathrm{d}\nu$ 间隔内辐射的能量，J，下角标 $c$ 表示真空中的光速；

$\lambda$——辐射的波长，m；

$T$——平衡时的温度，K；

$C_1, C_2, C'_1, C'_2$——拟合参数。

维恩却面临着一个基本的难题：他的出发点似乎和公认的现实格格不入，换句话说，他的分子假设使得经典物理学家们十分不舒服。因为辐射是电磁波，而大家都已知道，电磁波是一种波动，用经典粒子(振子)的方法去分析，似乎让人感到隐隐地有些不对劲，有一种南辕北辙的味道。

果然，维恩在帝国技术研究所(PTR)的同事很快就做出了另外一个实验。卢梅尔(Otto Richard Lummer)和普林舍姆(Ernst Pringsheim)于1899年报告，当把黑体加热到1000多开尔文的高温时，测到的短波长范围内的曲线和维恩公式符合得很好，但在长波方面，实验和理论出现了偏差。很快，PTR的另两位成员鲁本斯(Heinrich Rubens)和库尔坩(Ferdinand Kurlbaum)扩大了波长的测量范围，再次肯定了这个偏差，并得出结论，能量密度在长波范围内应该与绝对温度成正比，而不是维恩所预言的那样，当波长趋向无穷大时，能量密度与温度无关，即所得结果其短波部分符合较好，但在长波部分不符合(见图1-3)。

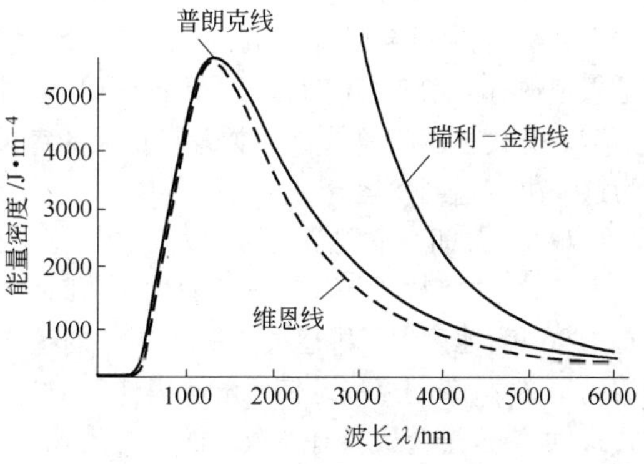


图1-3 “紫外灾难”示意图

维恩定律在长波内的失效引起了英国物理学家瑞利(Rayleigh)的注意,1900 年 6 月瑞利把频率一定、振动方向一定的振子看作两个自由度,又按能量均分定律导出:

$$\rho_c(\nu,T)\mathrm{d}\nu = \frac{8\pi}{C^3}kT\nu^3\mathrm{d}\nu \tag{1-5}$$

或

$$\rho_c(\lambda,T)\mathrm{d}\lambda = 8\pi kT\lambda^{-4}\mathrm{d}\lambda \tag{1-6}$$

式中　$\rho_c$——单位体积在频率 $\nu \sim \nu + \mathrm{d}\nu$ 间隔内辐射的能量,J;

$\lambda$——辐射的波长,m;

$T$——平衡时的温度,K;

$k$——玻耳兹曼常数;

$C$——真空中光速,m/s。

这个公式称为瑞利－金斯(Rayleigh-Jeans)公式,但是,也许就像俗话说的那样,瑞利－金斯公式是一个拆东墙补西墙的典型。因为非常具有讽刺意义的是,它在长波方面虽然符合了实验数据,但在短波方面的失败却是显而易见的,见图 1-3,图中 Plunk 定律计算得到的是与实验值相符合的结果。其长波部分符合很好,但短波部分不符合,其辐射总能量 $E_c(T)$ 出现无穷大:$E_c(T) = \int_0^\infty 8\pi kT\lambda^{-4}\mathrm{d}\lambda = \infty$,换句话说,我们的黑体将在波长短到一定程度的时候释放出几乎是无穷的能量来。

这个戏剧性的事件无疑是荒谬的,因为谁也没见过任何物体在任何温度下这样地释放能量辐射,如果真要这样的话,那么原子弹什么的就太简单了。这个推论后来被加上了一个耸人听闻的名字——“紫外灾难”。显然,瑞利－金斯公式也无法给出正确的黑体辐射分布。

此时物理学家在这里遇到的是一个相当微妙而尴尬的处境。他们有两套公式,但不幸的是,它们分别只有在短波和长波的范围内才能起作用。这的确让人们非常地郁闷,就像你有两套衣服,其中的一套上装十分得体,但裤腿太长;另一套的裤子倒是合适了,但上装却小得无法穿上身。最要命的是,这两套衣服根本没办法合在一起穿。

### 1.2.3　普朗克的量子理论

正当人们为黑体辐射的“两条裤子困境”头痛不已的时候,马克斯・普朗克(Max Planck)登上了历史舞台。命中注定,这个名字将要光照整个 20 世纪的物理史。在第 1.1 节我们已经提到了这个名字,当时受到导师劝阻的普朗克委婉地表示,他研究物理是出于对自然和理性的兴趣,只是想把现有的东西搞清楚罢了,并不奢望能够做出什么巨大的成就。讽刺的是,今天看来,这个“很没出息”的表示却成就了物理界最大的突破之一,成就了普朗克一生的名望。我们实在应该为这一决定感到幸运。

1879 年,普朗克拿到了慕尼黑大学的博士学位,随后他便先后在基尔大学、慕尼黑大学和柏林大学任教,并接替了基尔霍夫的职位。普朗克的研究兴趣本来只是集中于经典热力学的领域,但是 1896 年,他读到了维恩关于黑体辐射的论文,并对此表现出了极大的兴趣。在那个风云变幻的世纪之交,普朗克决定彻底解决黑体辐射这个困扰人们多时的问题。他的手上已经有了维恩公式,可惜这个公式只有在短波的范围内才能正确地预言实验结果。普朗克在这个问题上已经花费了 6 年的时光(1894 年,在他还没有了解到维恩的工作时,他就已经对这一领域开始了考察),但是所有的努力都似乎徒劳无功。

普朗克为了那两个无法调和的公式苦思冥想。1900 年 10 月的一天,他决定,不再去做那些根本上的假定和推导,不管怎么样,我们先尝试着凑出一个可以满足所有波段的公式来。其他的问题,以后再说吧。于是,利用数学上的内插法,普朗克开始玩弄起他手上的两个公式。要做的事情,是让维恩公式的影响在长波的范围里尽量消失,而在短波里"独家"发挥出来。普朗克尝试了几天,终于突发灵感,他凑出了一个公式,看上去似乎正符合要求。

$$\rho_c(\nu,T)\,\mathrm{d}\nu = \frac{C'_1\nu^3}{\mathrm{e}^{\frac{C'_2\nu}{T}}-1}\mathrm{d}\nu \tag{1-7}$$

式(1-7)也可以写成:

$$\rho_c(\lambda,T)\,\mathrm{d}\lambda = \frac{C_1\lambda^{-5}}{\mathrm{e}^{\frac{C_2}{\lambda T}}-1}\mathrm{d}\lambda \tag{1-8}$$

式中 $\rho_c$——单位体积在频率 $\nu \sim \nu + \mathrm{d}\nu$ 间隔内辐射的能量,J;

$\lambda$——辐射的波长,m;

$T$——平衡时的温度,K。

对应于维恩公式,$C'_1 = \frac{C_1}{c^4}$,$C'_2 = \frac{C_2}{c}$,也是两个拟合参量。

可以看出:$\lambda \to \infty$,可得瑞利 - 金斯公式;$\lambda \to 0$,可得维恩公式。

1900 年 10 月 19 日,普朗克在柏林德国物理学会(Deutschen Physikalischen Gesellschaft)的会议上,把这个新鲜出炉的公式公之于众。当天晚上,他的好友鲁本斯就仔细比较了这个公式与实验的结果。结果,让他又惊又喜的是,普朗克的公式大获全胜,在每一个波段里,这个公式给出的数据都十分精确地与实验值相符合。第二天,鲁本斯便把这个结果通知了普朗克本人,在这个彻底的成功面前,普朗克自己都不由得一愣。他没有想到,这个完全是侥幸拼凑出来的经验公式居然有着这样强大的威力。

普朗克再一次地注视他的公式,它究竟代表了一个什么样的物理意义呢?他发现自己处在一个相当尴尬的地位,知其然,但不知其所以然。普朗克就像一个倒霉的考生,事先瞥了一眼参考书,但是答辩的时候却发现自己只记得那个结论,而完全不知道如何去证明和阐述它。实验的结果是确凿的,它毫不含糊地证明了理论的正确性,但是这个理论究竟为什么正确,它建立在什么样的基础上,它究竟说明了什么?却没有一个人可以回答。作为一个传统的保守的物理学家,普朗克总是尽可能试图在理论内部解决问题,而不是颠覆这个理论以求得突破。更何况,他面对的还是有史以来最伟大的麦克斯韦电磁理论。但是,在种种尝试都失败了以后,普朗克发现,他必须接受他一直不喜欢的统计力学立场,从玻耳兹曼的角度来看问题,把熵和几率引入到这个系统里来。20 年后的 1920 年,他在诺贝尔奖得奖演说中这样回忆道:

"……经过一生中最紧张的几个礼拜的工作,我终于看见了黎明的曙光。一个完全意想不到的景象在我面前呈现出来。"(... until after some weeks of the most intense work of my life clearness began to dawn upon me, and an unexpected view revealed itself in the distance.)

什么是"完全意想不到的景象"呢?原来普朗克发现,仅仅引入分子运动理论还是不够的,在处理熵和几率的关系时,如果要使得我们的新方程成立,就必须做一个假定,假设能量在发射和吸收时,不是连续不断,而是分成一份一份的。因此普朗克整理了玻耳兹曼在有关熵和几率的工作,得到了著名的关于熵和几率的玻耳兹曼 - 普朗克公式:

$$S = k\ln W \tag{1-9}$$

式中 $S$——熵;

$k$——玻耳兹曼常数,$1.380662 \times 10^{-23}$ J/K;

$W$——热力学几率,即一个宏观状态所对应的微观状态数目,它的取值是分立的整数。

由热力学关系可知，在体积不变的过程中有：

$$ds = \frac{dU}{T} \tag{1-10}$$

从式中可以发现：$W$ 是分立的值，则谐振子的能量 $U$ 不可能是连续的，只能是一些分立的值！于是普朗克通过热力学计算发现，要想得到与实验一致的结果必须做如下假设。

（1）频率为 $\nu$ 的谐振子的能量只能是某一最小能量 $\varepsilon_0$ 的整数倍，即：

$$\varepsilon_0, 2\varepsilon_0, 3\varepsilon_0, \cdots, n\varepsilon_0, \cdots$$

即谐振子的能量应为：

$$E_n = n\varepsilon_0 \tag{1-11}$$

式中，$n = 1, 2, 3, \cdots$。

（2）频率为 $\nu$ 的谐振子的最小能量 $\varepsilon_0$ 只可能与频率成正比，即：

$$\varepsilon_0 = h\nu \tag{1-12}$$

式中 $h$——普朗克常数，其值为 $h = 6.62559 \times 10^{-34}$ J · s。

这个值是由 1900 年普朗克得到的，$h = 6.548 \times 10^{-34}$ J · s；1921 年叶企荪、Duane、Palmer 测得 $h = (6.556 \pm 0.009) \times 10^{-34}$ J · s，这个值用了十几年，量子论的发展中也包含着中国科学家的贡献。

（3）频率为 $\nu$ 的谐振子是以 $h\nu$ 为能量单元不连续地发射或吸收频率为 $\nu$ 的电磁波。

1900 年 12 月 14 日在德国物理学会上普朗克宣读了《关于正常光谱的能量分布的理论》的论文，提出了著名的普朗克公式：

$$\rho_c(\nu, T)\,d\nu = \frac{8\pi h\nu^3}{c^3}\frac{1}{e^{\frac{h\nu}{kT}} - 1}d\nu \tag{1-13}$$

$$\rho_c(\lambda, T)\,d\lambda = \frac{8\pi hc}{\lambda^5}\frac{1}{e^{\frac{hc}{kT\lambda}} - 1}d\lambda \tag{1-14}$$

这一结果与实验符合得很好，能导出斯忒藩－玻耳兹曼定律和维恩位移定律。

自从伽利略和牛顿用数学规则驯服了大自然之后，一切自然的过程就都被当成是连续不间断的。如果你的中学物理老师告诉你，一辆小车沿直线从 $A$ 点行驶到 $B$ 点，却不经过两点中间的 $C$ 点，你一定会觉得不可思议。自然的连续性是如此的不容置疑，以致几乎很少有人会去怀疑这一点。当预报说气温将从 20℃上升到 30℃，你会毫不犹豫地判定，在这个过程中气温将在某个时刻到达 25℃，到达 28℃，到达 29.5℃，到达 29.75℃，到达 29.9℃……总之，一切在 20℃到 30℃之间的值，无论有理的还是无理的，只要它在那段区间内，气温肯定会在某个时刻，精确地等于那个值。

对于能量来说，也是这样。当我们说，这个化学反应总共释放出了 100 J 的能量的时候，我们每个人都会潜意识地推断出，在反应期间，曾经有某个时刻，总体系释放的能量等于 50 J，等于 32.233 J，等于 3.14159 J……总之，能量的释放是连续的，它总可以在某个时刻达到范围内的任何可能的值。这个观念是如此直接地植入我们的内心深处，显得天经地义一般。

这种连续性、平滑性的假设，是微积分的基础。牛顿、麦克斯韦那庞大的体系，便建筑在这个地基之上，经历了百年的风雨。而现在，普朗克的假设引发了一场大地震，物理学所赖以建立的根本基础开始动摇了。

普朗克的方程倔强地要求，能量必须只有有限个可能态，它不能是无限连续的。在发射的时候，它必须分成有限的一份份，必须有个最小的单位。这就像一个吝啬鬼无比心痛地付账，虽然他尽可能地试图一次少付点钱，但无论如何，他每次最少也得付上 1 分钱（在普朗克理论中相当于 $h\nu$），因为没有比这个更加小的单位了。这个付钱的过程，就是一个不连续的过程。我们无法找到任何时刻，使得付账者正好处于付了 1.00001 元这个状态，因为最小的单位就是 0.01 元，付的账只能这样“一份一份”地发出。我们可以找到他付了 1 元的时候，也可以找到他付了 1.01 元的时候，但在这两个状态中间，不存在别的状态，虽然从理论上说，1 元和 1.01 元之间，还存在着无限多个数字。

普朗克发现，能量的传输也必须遵照这种货币式的方法，一次至少要传输一个确定的量，而不可以无限地细分下去。能量的传输，也必须有一个最小的基本单位。能量只能以这个单位为基础一份份地发出，而不能出现半个单位或者四分之一个单位这种情况。在两个单位之间，是能量的禁区，我们永远也不会发现，能量的计量会出现小数点以后的数字。

普朗克的三点假设处处与经典理论离经背道，针锋相对！

(1) 能量连续的概念被突破了。第一次提出了存在着能量取值不连续的状态，即量子态，因而能量的变化也是以成包的形式辐射或吸收。

(2) 量子振子的能量是与频率成正比，而不是像经典振子那样与振幅平方成正比。

普朗克理论突破了经典物理学在微观领域内的束缚，1900 年 12 月 14 日称为量子论诞生日。普朗克于 1918 年荣获诺贝尔物理学奖，成为量子论的创始人。

## 1.3 光电效应

当光照射到金属上的时候，会从它的表面打出电子来。原本束缚在金属表面原子里的电子，不知是什么原因，当暴露在一定光线之下的时候，便如同惊弓之鸟纷纷往外逃窜，就像见不得光线的吸血鬼家族。对于光与电之间存在的这种饶有趣味的现象，人们给它取了一个名字，叫做“光电效应”(the photoelectric effect)。

光电效应的主要现象是，当单色光照射到金属表面上，有这样一些现象：

(1) 发射光电子的生成依赖于频率，而与光强度无关。要有光电子发射，光频率就必须大于某一值，即有一最低频率 $\nu_{min}$。

(2) 当照射光频率 $\nu > \nu_{min}$ 时，发射出的光电子动能大小与光强度无关。

这从经典物理学基础去看是非常难以理解的，因为光的能量是正比于强度而与频率无关的，因此认为光波强度增加时，光波中电场振幅增大，应该会加速电子达到较高的速度和较大的动能，从而离开金属，即光强度越大，飞出的电子动能越大，而能有光电子产生，也并不需要大于一定频率，即与频率无关。显然，经典理论与实验截然相反，又一个让物理学家伤脑筋的问题产生了。

1905 年，在瑞士的伯尔尼专利局，一位 26 岁的小公务员，三等技师职称，留着一头乱蓬蓬头发的年轻人把他的眼光在光电效应的这个问题上停留了一下。这个人的名字叫做阿尔伯特·爱因斯坦。于是在一瞬间，闪电划破了夜空。改变整个物理学界的暴风雨终于就要到来了。

爱因斯坦阅读了普朗克的那些早已被大部分权威和他本人冷落到角落里去的论文，量子化的思想深深地打动了他。凭着一种深刻的直觉，他感到，对于光来说，量子化也是一种必然的选择。虽然有天神一般的麦克斯韦理论高高在上，但爱因斯坦叛逆并没有为之而止步不前。相反，他倒是认为麦氏的理论只能对于一种平均情况有效，而对于瞬间能量的发射、吸收等问题，麦克斯韦是和实验相矛盾的。从光电效应中已经可以看出端倪来。1905 年 3 月 18 日，爱因斯坦在《物理学纪事》(Annalen der Physik)杂志上发表了一篇论文，题目叫做《关于光的产生和转化的一个启发性观点》(A Heuristic Interpretation of the Radiation and Transformation of Light)，而这篇论文将给他带来一个诺贝尔奖，也开创了属于量子论的一个新时代。

爱因斯坦是从普朗克的量子假设那里出发的。假设一束单色光由辐射能量大小为 $h\nu$ 的量子组成，即假设光与物质粒子交换能量时，是以“微粒”形式出现，这种“微粒”带有能量 $h\nu$。

电子要飞离金属，必须克服吸引而做功（克服脱出功），所以飞出电子的动能：

$$E_k = h\nu - w \tag{1-15}$$

式中 $E_k$——飞出电子的动能；

$w$——功函数。

电子吸引两个光量子的几率几乎为 0，所以，要飞离金属，则至少 $E_k = 0$。

因此有：

$$h\nu_{min} = w \tag{1-16}$$

式中 $\nu_{min}$——电子飞出对应的最低频率。

而：

$$E_k = h\nu - w = h(\nu - \nu_{min}) \tag{1-17}$$

我们可以看到，核心的问题是一束单色光可以转移给一个电子的能量 $E$ 除以频率 $\nu$ 为一常数：

$$\frac{E}{\nu} = 常数(h) \tag{1-18}$$

而这一常数与 $\nu$、光强度、电子及金属材料无关。这一常数并不能由经典物理学中常数给出。所以，$E = h\nu$ 是一个与经典物理学完全不相容的关系。

爱因斯坦写道：“……根据这种假设，从一点发出的光线在不断扩大的空间传播时，它的能量不是连续分布的，而是由一些数目有限的、局限于空间中某个地点的‘能量子’（energy quanta）所组成的。这些能量子是不可分割的，它们只能整份地被吸收或发射。”

组成光的能量的这种最小的基本单位，爱因斯坦后来把它们叫做“光量子”（light quanta）。一直到了 1926 年，美国物理学家刘易斯（G. N. Lewis）才把它换成了今天常用的名词，叫做“光子”（photon）。

## 1.4 康普顿散射

由牛顿建立的光微粒说在 19 世纪初就已经被麦克斯韦的波动电磁说推翻，而 20 世纪初，爱因斯坦提出的光量子的处境如同一场复辟起义，在当时是非常困难和不为人所接受的。波动学说当年所占据的地位，甚至要远远超过 100 年前笼罩在牛顿光环下的微粒王朝。波动的王位，是由麦克斯韦钦点，而又有整个电磁王国作为同盟的。这场决战，从一开始就不再局限于光的领地之内，而是整个电磁谱的性质问题。而我们很快将要看到，十几年以后，战争将被扩大，整个物理世界都将被卷入进去，从而形成一场名副其实的世界大战。

当时，对于光量子的态度，连爱因斯坦本人都是非常谨慎的，更不用说那些可敬的老派科学绅士们了。一方面，这和经典的电磁现象不相容；另一方面，当时关于光电效应的实验没有一个能够非常明确地证实光量子的正确性。

20 世纪 20 年代的一天，康普顿在研究 X 射线被自由电子散射的时候，发现一个奇怪的现象：散射出来的 X 射线分成两个部分（见图 1-4），一部分和原来的入射射线波长相同，而另一部分却比原来的射线波长要长，具体的大小和散射角存在着函数关系：

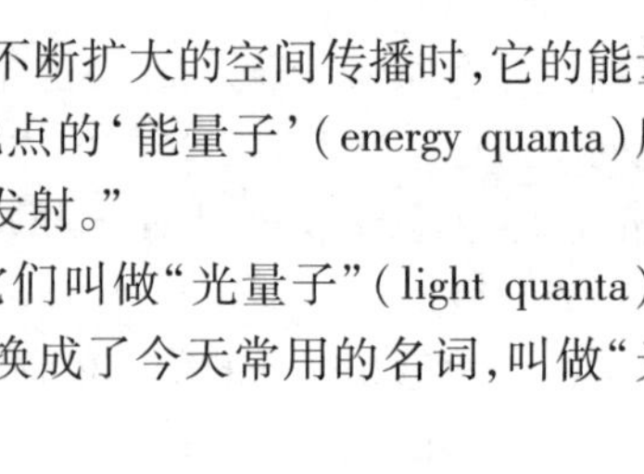


图 1-4 康普顿散射示意图
（图中 $p_1$、$p_2$、$p_e$ 分别代表光子，$\theta$、$\phi$ 为光子方向转动角）

$$\lambda' - \lambda = A(1 - \cos\theta) \tag{1-19}$$

式中 $\lambda', \lambda$——分别为散射之后和散射之前的波长；

$\theta$——光子方向转动角(散射前与散射后的路径夹角)；

$A$——康普顿波长，$A = 2.43 \times 10^{-12}$ m。

如果运用通常的波动理论，散射应该不会改变入射光的波长才对。但是怎么解释多出来的那一部分波长变长的射线呢？

康普顿苦苦思索，试图从经典理论中寻找答案，却撞得头破血流。终于有一天，他做了一个破釜沉舟的决定，引入光量子的假设，把 X 射线看作能量为 $h\nu$ 的光子束的集合。这个假定马上让他看到了曙光，眼前豁然开朗：那一部分波长变长的射线是因为光子和电子碰撞所引起的。光子像普通的小球那样，不仅带有能量，还具有冲量，当它和电子相撞，便将自己的能量交换一部分给电子。这样一来光子的能量下降，根据公式 $E = h\nu$，$E$ 下降导致 $\nu$ 下降，频率变小，便是波长变大，完全符合实验的情况。精确的推导过程如下：

$$E = h\nu \tag{1-20}$$

$$\boldsymbol{P} = \frac{E}{c}\boldsymbol{n} = \frac{h\nu}{c}\boldsymbol{n} = \frac{h}{\lambda}\boldsymbol{n} \tag{1-21}$$

式中 $\boldsymbol{P}$——光量子的动量，kg · m/s；

$\boldsymbol{n}$——沿着动量方向的单位向量。

假设电子开始处于静止状态，根据能量、动量守恒，有：

$$h\nu + m_e c^2 - h\nu' = E_e \tag{1-22}$$

$$\boldsymbol{P} - \boldsymbol{P}' = \boldsymbol{P}_e \tag{1-23}$$

[式(1-22)]$^2/c^2$ − [式(1-23)]$^2$，得：

$$\frac{1}{c^2}(h\nu + m_e c^2 - h\nu')^2 - (\boldsymbol{P} - \boldsymbol{P}')^2 = \frac{E_e^2}{c^2} - \boldsymbol{P}_e^2 = m_e^2 c^2 \tag{1-24}$$

$$\frac{h^2\nu^2}{c^2} + m_e^2 c^2 + \frac{h^2\nu'^2}{c^2} + 2m_e h(\nu - \nu') - \boldsymbol{P}^2 - \boldsymbol{P}'^2 + 2\boldsymbol{P} \cdot \boldsymbol{P}' = m_e^2 c^2 + \frac{2h^2\nu\nu'}{c^2} \tag{1-25}$$

所以：

$$m_e h(\nu - \nu') = \frac{h^2}{c^2}\nu\nu' - \boldsymbol{P}\boldsymbol{P}'\cos\theta \tag{1-26}$$

所以：

$$m_e h\left(\frac{c}{\lambda} - \frac{c}{\lambda'}\right) = \frac{h^2}{\lambda\lambda'}(1 - \cos\theta) \tag{1-27}$$

即：

$$\lambda' - \lambda = \frac{h}{m_e c}(1 - \cos\theta) \tag{1-28}$$

式中 $\frac{h}{m_e c}$——电子的康普顿散射波长，它等于 $2.43 \times 10^{-12}$ m。

爱因斯坦指出了什么是光，而康普顿，则第一个在真正意义上“看到”了这光。

从黑体辐射、光电效应和康普顿散射的实验事实讨论中，我们可以得出结论：辐射除了显示其波动性外，在与物质的能量和动量的交换时，还显示出微粒性，两者之间的关系为：

$$E = h\nu = \hbar\omega \tag{1-29}$$

$$\boldsymbol{P} = \frac{E}{c}\boldsymbol{n} = \frac{hv}{c}\boldsymbol{n} = \frac{h}{\lambda} = \hbar\boldsymbol{k} \tag{1-30}$$

式中，$\hbar = \frac{h}{2\pi}$；$|\boldsymbol{k}| = \frac{2\pi}{\lambda}$。

而 $h = 6.626 \times 10^{-34}$ J · s，$\hbar = 1.054 \times 10^{-34}$ J · s。所以，$\hbar$ 起着重要的作用，$\hbar$ 很小，在很多

场合,这种量子效应不显示,辐射的微粒性消失了。

# 1.5 物质粒子的波动性

## 1.5.1 德布罗意假设

在微粒说和波动说大战之际,在研究原子核和电子的领域,德布罗意试图在玻尔原子模型中引入一个周期的概念,以使其符合观测事实。他大胆地将爱因斯坦著名的方程 $E=mc^2$,联系到了量子基本方程 $E=h\nu$,也就是说,对应这个能量,电子一定会具有一个内禀的频率。这个频率的计算很简单,因为 $mc^2=E=h\nu$,所以 $\nu=mc^2/h$。于是,具有一定动量的粒子和一定波长的波相联系:

$$\lambda=\frac{h}{\boldsymbol{P}} \tag{1-31}$$

即
$$\boldsymbol{P}=\hbar\boldsymbol{k}$$

式(1-31)被称为德布罗意关系,它把粒子的动力学变量与波的特征量联系起来。

也就是说,对一个具有确定能量和动量的自由粒子,相应地有确定的频率和波长(波数)及一定的传播方向 $\boldsymbol{P}/|\boldsymbol{P}|$。

而我们知道,有一定频率和波长的波(并有一定的传播方向)是一平面波,此平面波可用以下方式描述:

$$A\mathrm{e}^{i(\boldsymbol{k}\cdot\boldsymbol{r}-\omega t)}\Rightarrow A\mathrm{e}^{i(\boldsymbol{P}\cdot\boldsymbol{r}-Et)/\hbar}$$

$$\boldsymbol{P}\Leftarrow\hbar\boldsymbol{k},\quad E\Leftarrow\hbar\omega$$

一般可计算得,物质微粒的波长小于 $10^{-11}$ nm,氧原子尺度约 0.04 nm,DNA 分子尺度约 $10^{-5}$ nm,电子波长约 0.1 nm。因此,通常物质微粒不显示出波动性,而电子在通常情况下也不显示,仅在原子尺度下才显示。

德布罗意把这种波称为“相波”(phase wave),后人为了纪念他,也称其为“德布罗意波”。1923 年,德布罗意在求出他的“相波”之前,正好是康普顿用光子说解释了康普顿效应,从而带领微粒大举反攻后不久。倒霉的微粒不得不因为这一“相波”放弃了全面进攻,因为它们突然发现,在电子这个大后方,居然出现了波动的奸细。

电子居然是一个波!这未免让人感到太不可思议。可敬的普朗克爵士在这些前卫而反叛的年轻人面前,只能摇头兴叹,连话都说不出来了。假如说当时全世界只有一个人支持德布罗意的话,他就是爱因斯坦。德布罗意的导师朗之万对自己弟子的大胆见解无可奈何,出于挽救失足青年的良好愿望,他把论文交给爱因斯坦点评。谁料爱因斯坦马上予以了高度评价,称德布罗意“揭开了大幕的一角”。整个物理学界在听到爱因斯坦的评论后大吃一惊,这才开始全面关注德布罗意的工作。

## 1.5.2 物质粒子波动性的实验证据

证据,我们需要证据!波动王朝和光量子起义军都在异口同声地说。如果电子是一个波,那么就让我们看到它是一个波的样子。把它的衍射实验做出来给我们看,把干涉图纹放在我们的眼前。德布罗意有礼貌地回敬道:“是的,先生们,我会给你们看到证据的。我预言,电子在通过一个小孔的时候,会像光波那样,产生一个可观测的衍射现象。”

### 1.5.2.1 戴维逊-革末实验(Davisson and Germer)

1925年4月,在美国纽约的贝尔电话实验室,戴维逊(C. J. Davisson)和革末(L. H. Germer)在做一个有关电子的实验。这个实验的目的是什么我们不得而知,但它牵涉到用一束电子流轰击一块金属镍。实验要求金属的表面绝对纯净,所以戴维逊和革末把金属放在一个真空的容器中,以确保没有杂质混入其中(见图1-5)。

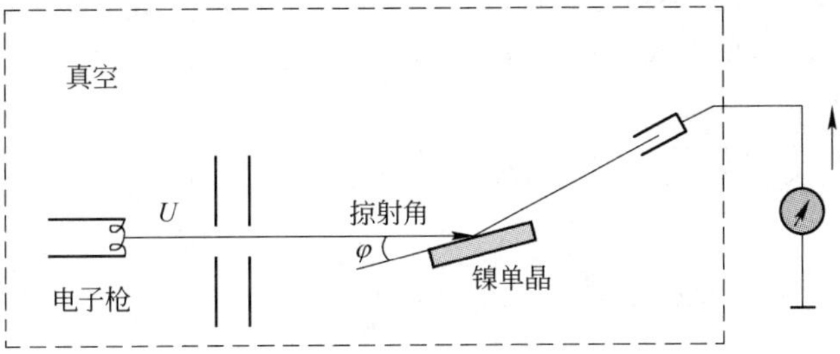


图1-5 戴维逊-革末实验示意图

不幸的是,发生了意外。这个真空容器因为某种原因发生了爆炸,空气一拥而入,迅速地氧化了镍的表面。戴维逊和革末非常懊丧,不过他们并不因此放弃实验,他们决定,重新净化金属表面,把实验从头来做。当时,去除氧化层的好办法就是对金属进行高温加热,这正是戴维逊所做的。

两人并不知道,幸运女神正在这个时候站在他俩的身后。容器里的金属,在高温下发生了不知不觉的变化:原本它是由许许多多块小晶体组成的,而在加热之后,整块镍融合成了一块大晶体。虽然在表面看来,两者并没有太大的不同,但是内部的剧变已经足够改变物理学的历史。

戴维逊和革末瞠目结舌,久久说不出话来。他们看到了再熟悉不过的景象:X射线衍射图案!可是并没有X射线,只有电子,人们终于发现,在某种情况下,电子表现出如X射线般的纯粹波动性质来。电子,无疑地是一种波。

### 1.5.2.2 汤姆逊实验(G. P. Thomson)

更多的证据接踵而来。1927年,G. P. 汤姆逊,著名的J. J. 汤姆逊的儿子,在剑桥通过实验进一步证明了电子的波动性。他利用实验数据算出的电子行为,和德布罗意所预言的吻合得天衣无缝。

如图1-6所示,电子通过单晶粉末,出现衍射图像,这一衍射图像反映了电子的波动性(10~40 keV,对应波长约为0.04~0.006 nm,可穿透厚度为100 nm的金箔)。如像X射线照到单晶粉末压成的金箔上,满足$2d\sin\theta = n\lambda$一样,电子入射满足$2d\sin\theta = nh/P$而产生衍射(注意现在不是明暗相间,而是电子数多少)。

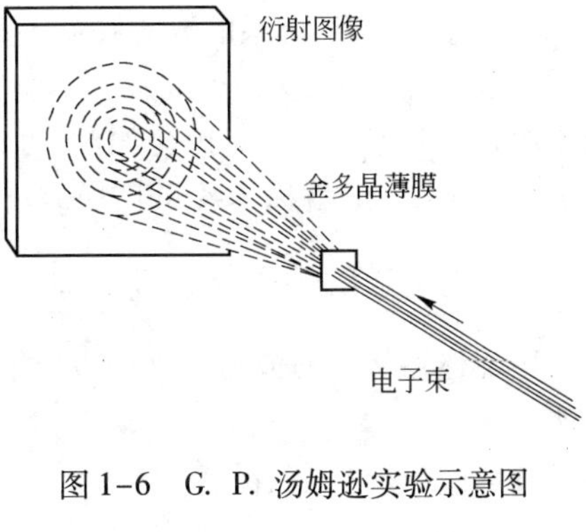


图1-6 G. P. 汤姆逊实验示意图

注意,金多晶薄膜是由小晶粒(金属箔)组成的,所以晶面方向是无规的,总有一些晶粒的面与入射电子夹角满足衍射条件$2d\sin\theta = n\lambda$,而又由于是无规律的,因此,绕入射束一周,而又保持晶面与入射束的夹角不变的晶粒总是存在。这就形成了衍射环。

这一特点,不仅电子有,后来热中子试验也都有,即物质粒子还有波动性。当然,这是经典物理学无法解释的。

# 1.6 波函数与波动方程

## 1.6.1 波－粒二象性

既然辐射和粒子都具有波动性和微粒性，那么，如何理解这两属性呢？它们如何统一起来？依据德布罗意假设，有如下关系：

$E$ $\boldsymbol{P}$ （粒子）

$\nu$ $\lambda$ （波）

$E = h\nu = \hbar\omega$ Planck 关系

$\boldsymbol{P} = \hbar\boldsymbol{k}$ $\left(\lambda = \dfrac{h}{P}, |\boldsymbol{k}| = \dfrac{2\pi}{\lambda}\right)$ de Broglie 关系

具有确定动量的自由粒子被一平面波所描述：

$$\psi = A\mathrm{e}^{i(\boldsymbol{k}\cdot\boldsymbol{r}-\omega t)} = A\mathrm{e}^{i(\boldsymbol{P}\cdot\boldsymbol{r}-Et)/\hbar} \tag{1-32}$$

粒子既有粒子性，又有波动性，即波粒二象性。而且，在此需要指出的是，企图用经典物理的波和（或）粒子去理解微观粒子的行为是徒劳的。

## 1.6.2 波函数的玻恩几率诠释

真正将量子粒子的微粒性和波动性统一起来的观点是 1926 年被 Max Born 提出的波函数的几率解释：

如果在 $t$ 时刻，对以波函数 $\psi(\boldsymbol{r},t)$ 描述的粒子进行位置测量，测得的结果可以是不同的；而在 $\boldsymbol{r} \sim \boldsymbol{r}+\mathrm{d}\boldsymbol{r}$ 小区域中发现该粒子的几率为：

$$P(\boldsymbol{r},t)\mathrm{d}\boldsymbol{r} = |\psi(\boldsymbol{r},t)|^2\mathrm{d}\boldsymbol{r} \tag{1-33}$$

$\psi(\boldsymbol{r},t)$不是对物理量的波动描述。它有意义之处在于$|\psi(\boldsymbol{r},t)|^2\mathrm{d}\boldsymbol{r}$代表在体积元 $\mathrm{d}\boldsymbol{r}$ 中发现粒子的几率，所以它不代表物理实体，仅是一个几率波；粒子是由波函数 $\psi(x,t)$ 来描述的，但波函数并不能告诉你 $t_0$ 时刻测量时粒子在什么位置。粒子位置可能在 $x_1$，可能在 $x_2$，…，而在 $x_1 \sim x_1+\mathrm{d}x_1$ 中发现粒子的几率为$|\psi(x_1,t_0)|^2\mathrm{d}x_1$。也就是说$|\psi(x,t_0)|^2$ 在某 $x$ 处越大，则在 $t_0$ 时刻测量发现粒子在该处的机会越多。

我们将会看到，体系的波函数 $\psi(\boldsymbol{r},t)$ 给出了体系所有信息（可能范围），它给出体系一个完全的描述，例如，测量粒子的能量时，可给出预言可能测得那些能量值（即几率不等于 0）和测得该能量值的几率等等。正因为如此，可以说波函数描述了体系所处的量子状态，或称状态。以 $\psi(\boldsymbol{r},t)$ 描述体系，就称体系处于态 $\psi(\boldsymbol{r},t)$，或称 $\psi(\boldsymbol{r},t)$ 为体系的态函数。

## 1.6.3 波函数的性质与态叠加原理

既然体系状态的波函数 $\psi(\boldsymbol{r},t)$ 给出了体系所有可能得到的信息，那么它有什么共同性质呢？

### 1.6.3.1 波函数的性质

A 归一化条件

$|\psi(\boldsymbol{r},t)|^2\mathrm{d}\boldsymbol{r}$ 为 $t$ 时刻，发现粒子在 $\boldsymbol{r} \sim \boldsymbol{r}+\mathrm{d}\boldsymbol{r}$ 中的几率。但测量时，总是要发现粒子的。所以，在整个空间中，发现粒子的几率之和应为 1。因此，一个真正的实在的波函数，应该有：

$$\int |\psi(\boldsymbol{r},t)|^2 \mathrm{d}\boldsymbol{r} = 1 \tag{1-34}$$

若波函数满足上述条件，则称该波函数已归一化。

有时为了处理问题的方便，或理想化时，我们有时也用一些不能归一化的波函数，如平面波 $\mathrm{e}^{i(\boldsymbol{k}\cdot\boldsymbol{r}-\omega t)}$、$\delta(\boldsymbol{r}-a)$等。显然，重要的是相对几率。$\psi(\boldsymbol{r},t)$和$\frac{1}{A}\psi(\boldsymbol{r},t)$（$A$为常数）的相对几率分布是完全相同的，是描述同一量子状态（这与经典波有很大不同）。所以差一常数因子的波函数是完全等价的。即使归一化了，仍可有一相因子的差别 $\mathrm{e}^{i\alpha}$（$\alpha$为实数）。

B 波函数的数学特性

一般而言，波函数必须连续、有界、单值。

连续：由于$|\psi(\boldsymbol{r},t)|^2\mathrm{d}\boldsymbol{r}$有粒子处于$\boldsymbol{r}\sim\boldsymbol{r}+\mathrm{d}\boldsymbol{r}$中的几率解释，所以在$\boldsymbol{r}_0+0$和$\boldsymbol{r}_0-0$处几率当然应该相等，所以$\psi(\boldsymbol{r},t)$在任何条件下应连续。

有界：是指$\int|\psi(\boldsymbol{r},t)|^2\mathrm{d}\boldsymbol{r}=1$有界。

单值：实际上仅需$|\psi(\boldsymbol{r},t)|^2$单值，即$|\psi(\boldsymbol{r},t)|$单值。

在位势有限大小的间断处，波函数导数仍连续：

$$\psi'(\boldsymbol{x}_0-0,t)=\psi'(\boldsymbol{x}_0+0,t) \tag{1-35}$$

### 1.6.3.2 算符

在量子力学中的描述和经典力学中的描述是有本质差别的。量子力学中物理量（力学量）的描述是用算符来描述。在微观粒子行为的量子力学描述中，引入的算符 $\hat{\boldsymbol{r}}$，$\hat{\boldsymbol{P}}$，…，对应于经典的位置和动量变量。然而这些算符不等于经典变量。

（1）动量算符。

$$\boldsymbol{P}\to\hat{\boldsymbol{P}}=-i\hbar\nabla \tag{1-36}$$

所以动能 $T$：

$$T\to\frac{\hat{\boldsymbol{P}}^2}{2m}=\frac{-\hbar^2}{2m}\nabla^2=\frac{-\hbar^2}{2m}\left(\frac{\partial^2}{\partial x^2}+\frac{\partial^2}{\partial y^2}+\frac{\partial^2}{\partial z^2}\right) \tag{1-37}$$

即：

$$\hat{T}=-\frac{\hbar^2}{2m}\nabla^2=\frac{-\hbar^2}{2m}\left(\frac{\partial^2}{\partial x^2}+\frac{\partial^2}{\partial y^2}+\frac{\partial^2}{\partial z^2}\right) \tag{1-38}$$

$$\text{球坐标}=-\frac{\hbar^2}{2m}\left\{\frac{1}{r^2}\frac{\partial}{\partial r}\left(r^2\frac{\partial}{\partial r}\right)+\frac{1}{r^2}\left[\frac{1}{\sin\theta}\frac{\partial}{\partial\theta}\left(\sin\theta\frac{\partial}{\partial\theta}\right)+\frac{1}{\sin^2\theta}\frac{\partial^2}{\partial\varphi^2}\right]\right\} \tag{1-39}$$

$$=-\frac{\hbar^2}{2m}\left\{\frac{1}{r}\frac{\partial^2}{\partial r^2}r+\frac{1}{r^2}\left[\frac{1}{\sin\theta}\frac{\partial}{\partial\theta}\left(\sin\theta\frac{\partial}{\partial\theta}\right)+\frac{1}{\sin^2\theta}\frac{\partial^2}{\partial\varphi^2}\right]\right\} \tag{1-40}$$

$$\text{柱坐标}=-\frac{\hbar^2}{2m}\left[\frac{1}{\rho}\frac{\partial}{\partial\rho}\left(\rho\frac{\partial}{\partial\rho}\right)+\frac{1}{\rho^2}\frac{\partial^2}{\partial\varphi^2}+\frac{\partial^2}{\partial z^2}\right] \tag{1-41}$$

（2）角动量算符。

$$\hat{\boldsymbol{L}}=\hat{\boldsymbol{r}}\times\hat{\boldsymbol{P}}\to-i\hbar\hat{\boldsymbol{r}}\times\nabla \tag{1-42}$$

所以：

$$\hat{L}_x=-i\hbar\left(y\frac{\partial}{\partial z}-z\frac{\partial}{\partial y}\right)=i\hbar\left(\sin\varphi\frac{\partial}{\partial\theta}+\cos\varphi\cot\theta\frac{\partial}{\partial\varphi}\right) \tag{1-43}$$

$$\hat{L}_y=-i\hbar\left(z\frac{\partial}{\partial x}-x\frac{\partial}{\partial z}\right)=i\hbar\left(-\cos\varphi\frac{\partial}{\partial\theta}+\sin\varphi\cot\theta\frac{\partial}{\partial\varphi}\right) \tag{1-44}$$

$$\hat{L}_z=-i\hbar\left(x\frac{\partial}{\partial y}-y\frac{\partial}{\partial x}\right)=-i\hbar\frac{\partial}{\partial\varphi} \tag{1-45}$$

于是角动量平方：

$$\hat{L}^2 = L_x^2 + L_y^2 + L_z^2 = -\hbar^2\left[\frac{1}{\sin\theta}\frac{\partial}{\partial\theta}\left(\sin\theta\frac{\partial}{\partial\theta}\right) + \frac{1}{\sin^2\theta}\frac{\partial^2}{\partial\varphi^2}\right] \tag{1-46}$$

所以：

$$\hat{T} = -\frac{\hbar^2}{2m}\left[\frac{1}{r^2}\frac{\partial}{\partial r}\left(r^2\frac{\partial}{\partial r}\right) - \frac{\hat{L}^2}{r^2\hbar^2}\right] = -\frac{\hbar^2}{2m}\left(\frac{1}{r}\frac{\partial^2}{\partial r^2}r - \frac{\hat{L}^2}{r^2\hbar^2}\right)$$

$$= \frac{\hat{P}_r^2}{2m} + \frac{\hat{L}^2}{2mr^2} \tag{1-47}$$

上式看上去与经典动能在形式上相同，但有实质的不同（因为这是算符形式）。

#### 1.6.3.3 态叠加原理

若体系由 $\psi(x,y,z,t)$ 来描述，则 $|\psi(x,y,z,t)|^2$（已归一）描述了体系的几率分布或称几率密度。如果 $\psi_{a_1}$ 是体系的一个可能态，$\psi_{a_2}$ 也是体系的一个可能态，则 $\psi = c_1\psi_{a_1} + c_2\psi_{a_2}$ 是体系的可能态，并称 $\psi$ 为 $\psi_{a_1}$ 和 $\psi_{a_2}$ 态的线性叠加态。

## 1.7 含时间的薛定谔方程

薛定谔（Erwin Schrodinger，1887 ~ 1961）奥地利物理学家，概率波动力学的创始人，1887 年 8 月 12 日生于维也纳，1961 年 1 月 4 日卒于奥地利的阿尔卑巴赫山村。1906 年他进入维也纳大学物理系学习，1910 年获博士学位，毕业后，在维也纳大学第二物理研究所工作，直到 1920 年以前主要在维也纳大学任教。1921 ~ 1927 年在苏黎世大学任教，最初几年，他主要研究有关热学的统计理论问题，写出了有关气体和反应动力学、振动、点阵振动（及其对内能的贡献）的热力学以及统计等方面的论文。他还研究过色觉理论，他对有关红 - 绿色盲和蓝 - 黄色盲频率之间的关系的解释为生理学家们所接受。他曾提出过关于量子力学的著名佯谬——“薛定谔猫”。现代作为牛顿在剑桥卢卡逊教席的继承人、爱因斯坦之后的物理学界盟主——斯蒂芬·霍金，曾经表示，如果物理学上还有什么事件让他烦恼的话，那就是薛定谔的猫。“……谁敢跟我提起薛定谔那只该死的猫，我就去拿枪！”

在咀嚼了德布罗意的思想后，薛定谔这位伟大的物理学家决定把它用到原子体系的描述中去。我们都已经知道，原子中电子的能量不是连续的，它由原子的分立谱线而充分地证实。为了描述这一现象，玻尔强加了一个“分立能级”的假设，海森堡则运用他那庞大的矩阵，经过复杂的运算后导出了这一结果。现在轮到薛定谔了，他说，不用那么复杂，也不用引入外部的假设，只要把我们的电子看成德布罗意波，用一个波动方程去表示它，那就行了。

薛定谔一开始想从建立在相对论基础上的德布罗意方程出发，将其推广到束缚粒子中去。为此他得出了一个方程，不过不太令人满意，因为没有考虑到电子自旋的情况。当时自旋刚刚发现不久，薛定谔还对其一知半解。于是，他回过头来，从经典力学的哈密顿 - 雅可比方程出发，利用变分法和德布罗意公式，最后求出了一个非相对论的波动方程。应该指出，薛定谔方程不是从基本原理导出来的，它的正确性是靠由它所推出的结果及预言的正确性来证实的。其推导过程如下。

对于有确定动量的自由粒子，根据德布罗意关系和普朗克关系：

$$E_P = \frac{P^2}{2m} = \hbar\omega \qquad \boldsymbol{P} = \frac{h}{\lambda}\boldsymbol{n} = \hbar\boldsymbol{k}$$

它应相应于一个德布罗意波：$\psi = A\mathrm{e}^{i(\boldsymbol{k}\cdot\boldsymbol{r}-\omega t)} = A\mathrm{e}^{i(\boldsymbol{P}\cdot\boldsymbol{r}-Et)/\hbar}$

由这波函数可得：

$$i\hbar\ \frac{\partial}{\partial t}[A\mathrm{e}^{i(\boldsymbol{P}\cdot\boldsymbol{r}-Et)/\hbar}] = E_P\psi_P \tag{1-48}$$

所以：

$$i\hbar\ \frac{\partial}{\partial t}\psi_P(\boldsymbol{r},t) = E_P\psi(\boldsymbol{r},t) \tag{1-49}$$

但这不是普遍适用的方程(因含有一特殊参量 $E_P$)。

因：

$$i\hbar\ \frac{\partial}{\partial t}\psi_{P'}(\boldsymbol{r},t) \neq E_P\psi_{P'}(\boldsymbol{r},t)$$

而若：

$$\psi = A_1\Psi_{P_1} + A_2\psi_{P_2} = A_1\mathrm{e}^{i(\boldsymbol{P}_1\cdot\boldsymbol{r}-E_{P_1}t)/\hbar} + A_2\mathrm{e}^{i(\boldsymbol{P}_2\cdot\boldsymbol{r}-E_{P_2}t)/\hbar}$$

则：

$$i\hbar\ \frac{\partial}{\partial t}\psi(\boldsymbol{r},t) \neq E_{P_1}\psi(\boldsymbol{r},t) \neq E_{P_2}\psi(\boldsymbol{r},t) \neq (E_{P_1} + E_{P_2})\psi(\boldsymbol{r},t) \tag{1-50}$$

但从另一方面：

$$-i\hbar\ \nabla A\mathrm{e}^{i(\boldsymbol{P}\cdot\boldsymbol{r}-E_Pt)/\hbar} = \boldsymbol{P}A\mathrm{e}^{i(\boldsymbol{P}\cdot\boldsymbol{r}-E_Pt)/\hbar} \tag{1-51}$$

$$\frac{-\hbar^2}{2m}\ \nabla^2 A\mathrm{e}^{i(\boldsymbol{P}\cdot\boldsymbol{r}-E_Pt)/\hbar} = \frac{\boldsymbol{P}^2}{2m}A\mathrm{e}^{i(\boldsymbol{P}\cdot\boldsymbol{r}-E_Pt)/\hbar} = E_PA\mathrm{e}^{i(\boldsymbol{P}\cdot\boldsymbol{r}-E_Pt)/\hbar} \tag{1-52}$$

所以：

$$i\hbar\ \frac{\partial}{\partial t}\psi_P(\boldsymbol{r},t) = \frac{\hat{\boldsymbol{P}}^2}{2m}\psi_P(\boldsymbol{r},t) \tag{1-53}$$

在这个方程中无特殊参量 $E_P$，它不仅对有确定动量的自由粒子的波函数成立，对最普遍的自由粒子的波函数也成立。

$$i\hbar\ \frac{\partial}{\partial t}\psi_P(\boldsymbol{r},t) = i\hbar\ \frac{\partial}{\partial t}\int C(\boldsymbol{P})\,\mathrm{e}^{i(\boldsymbol{P}\cdot\boldsymbol{r}-E_Pt)/\hbar}\mathrm{d}\boldsymbol{P} = \int C(\boldsymbol{P})\ \frac{\boldsymbol{P}^2}{2m}\mathrm{e}^{i(\boldsymbol{P}\cdot\boldsymbol{r}-E_Pt)/\hbar}\mathrm{d}\boldsymbol{P} \tag{1-54}$$

而：

$$\frac{\hat{\boldsymbol{P}}^2}{2m}\psi(\boldsymbol{r},t) = \int C(\boldsymbol{P})\ \frac{-\hbar^2}{2m}\ \nabla^2\mathrm{e}^{i(\boldsymbol{P}\cdot\boldsymbol{r}-E_Pt)/\hbar}\mathrm{d}\boldsymbol{P} = \int C(\boldsymbol{P})\ \frac{\boldsymbol{P}^2}{2m}\mathrm{e}^{i(\boldsymbol{P}\cdot\boldsymbol{r}-E_Pt)/\hbar}\mathrm{d}\boldsymbol{P} \tag{1-55}$$

所以：

$$i\hbar\ \frac{\partial}{\partial t}\psi(\boldsymbol{r},t) = \frac{-\hbar^2}{2m}\ \nabla^2\psi(\boldsymbol{r},t) = \hat{H}_{\text{自由粒子}}\psi(\boldsymbol{r},t) \tag{1-56}$$

这一微分方程决定了体系状态随时间的演化。

将上述情况推广，对于质量为 $m$ 的粒子，在位势 $V(\boldsymbol{r},t)$ 中运动时，则：

$$E = \frac{P^2}{2m} + V(\boldsymbol{r},t) \tag{1-57}$$

因此，描述这一粒子运动的波函数应满足：

$$i\hbar\ \frac{\partial}{\partial t}\psi(\boldsymbol{r},t) = \left[\frac{-\hbar^2}{2m}\ \nabla^2 + V(\boldsymbol{r},t)\right]\psi(\boldsymbol{r},t) = \left[\frac{\hat{\boldsymbol{P}}^2}{2m} + V(\boldsymbol{r},t)\right]\psi(\boldsymbol{r},t) \tag{1-58}$$

为了得到普遍的方程体系，引入 Hamiltonian 能量算符：

$$E = T + V = H(\boldsymbol{r},\boldsymbol{P},t)$$

$$\Downarrow$$

$H(\hat{\boldsymbol{r}},\hat{\boldsymbol{P}},t)$，称为哈密顿算符

则：

$$i\hbar\ \frac{\partial}{\partial t}\psi(\boldsymbol{r},t) = \hat{H}(\hat{\boldsymbol{r}},\hat{\boldsymbol{P}},t)\psi(\boldsymbol{r},t) \tag{1-59}$$

上式被称为含时间的薛定谔方程。

但应注意，同一力学量的经典表示，可得不同的量子力学表示，如下式成立是不存在问题的：

$$\frac{P_x^2}{2m}=\frac{1}{2m}\frac{1}{\sqrt{x}}P_x xP_x\frac{1}{\sqrt{x}}$$

当按照上述等式将动量换为算符时，即 $P_x \to \hat{P}_x$，可得：

$$\frac{-\hbar^2}{2m}\frac{\partial^2}{\partial x^2}=\frac{-\hbar^2}{2m}\left(\frac{\partial^2}{\partial x^2}+\frac{1}{4x^2}\right) \tag{1-60}$$

显然，式(1-60)的两例不再相等。因此，经典力学的力学量变为量子力学的力学量表示(即量子化)，即算符时，应注意 $xP_x$ 和 $P_x x$ 对经典力学是一样的，但对量子力学而言是不同的。所以规定：

(1) 在直角坐标中先将动量 $P$ 表示为分量 $P_x$、$P_y$、$P_z$，然后再代入相应的算符表示，然后再作 $P_i \to -i\hbar\frac{\partial}{\partial x_i}$ 替换，再换为其他坐标。

对于多粒子体系，可以按照如下步骤得到多粒子体系的薛定谔方程

设体系有 $n$ 个粒子，质量分别为 $m_1, m_2, \cdots$，所处的位势为 $V(\boldsymbol{r}_i)$，相互作用为 $V_{ij}(\boldsymbol{r}_i, \boldsymbol{r}_j)$，则：

$$\hat{H}=\sum_i \frac{P_i^2}{2m_i}+\sum_i V(\boldsymbol{r}_i)+\sum_{i<j}^{N} V_{ij}(\boldsymbol{r}_i,\boldsymbol{r}_j) \tag{1-61}$$

这时薛定谔方程为：

$$i\hbar\frac{\partial}{\partial t}\psi(\boldsymbol{r}_1,\boldsymbol{r}_2,\cdots,\boldsymbol{r}_N,t)=\hat{H}(\boldsymbol{r}_1,\boldsymbol{P}_1,\boldsymbol{r}_2,\boldsymbol{P}_2,\cdots,\boldsymbol{r}_N,\boldsymbol{P}_N,t)\cdot\psi(\boldsymbol{r}_1,\boldsymbol{r}_2,\cdots,\boldsymbol{r}_N,t) \tag{1-62}$$

这也看出与经典不一样。$\psi$ 不一定都是三维空间的函数，而是多维的，即在多维位形空间中的。

## 1.8　不含时间的薛定谔方程——定态问题

当位势与时间无关，即 $V(\boldsymbol{r},t)=V(\boldsymbol{r})$。

$$i\hbar\frac{\partial}{\partial t}\psi(\boldsymbol{r},t)=\hat{H}(\hat{\boldsymbol{r}},\hat{\boldsymbol{P}})\psi(\boldsymbol{r},t)=\left(\frac{\hat{\boldsymbol{P}}^2}{2m}+V(\boldsymbol{r})\right)\psi(\boldsymbol{r},t) \tag{1-63}$$

由于 $H$ 与 $t$ 无关，可简单地用分离变数法求特解。

令：

$$\psi(\boldsymbol{r},t)=T(t)u(\boldsymbol{r})$$

于是：

$$i\hbar u(\boldsymbol{r})\frac{\mathrm{d}T(t)}{\mathrm{d}t}=\hat{H}(\boldsymbol{r},\hat{\boldsymbol{P}})u(\boldsymbol{r})T(t) \tag{1-64}$$

$$i\hbar\frac{1}{T(t)}\frac{\mathrm{d}T(t)}{\mathrm{d}t}=\frac{1}{u(\boldsymbol{r})}\hat{H}(\boldsymbol{r},\hat{\boldsymbol{P}})u(\boldsymbol{r})=\text{常数} \tag{1-65}$$

由于它与任何 $t$ 或 $\boldsymbol{r}$ 都保持相等，所以它们必等于一个与 $t$、$\boldsymbol{r}$ 无关的常数。

相应的对应一定状态的波函数表示为 $u_E(\boldsymbol{r})$。于是有：

$$i\hbar\frac{\mathrm{d}T(t)}{\mathrm{d}t}=ET(t) \tag{1-66}$$

$$\hat{H}(\boldsymbol{r},\hat{\boldsymbol{P}})u_E(\boldsymbol{r})=Eu_E(\boldsymbol{r}) \tag{1-67}$$

我们有：

$$T(t)=A\mathrm{e}^{-iEt/\hbar} \tag{1-68}$$

所以，当 $H$ 与 $t$ 无关时，含时间的薛定谔方程的特解为：

$$\psi_E(\boldsymbol{r},t)=u_E(\boldsymbol{r})\mathrm{e}^{-iEt/\hbar} \tag{1-69}$$

其中：　　　　　　$\hat{H}(\boldsymbol{r},\hat{\boldsymbol{P}})u_E(\boldsymbol{r}) = Eu_E(\boldsymbol{r})$

该方程被称为不含时间的薛定谔方程，或称能量本征方程。该方程有如下几点说明：

(1) 在上述方程中，$E$ 实际上是体系的能量。因为在经典力学中，粒子在一个与 $t$ 无关的位势中运动，体系机械能守恒，即具有一定的能量。而在量子力学中，对应波函数随时间变化为 $e^{-iEt/\hbar}$，所以相应地，它实际上是体系的能量。从平面波看，它随时间变化就是 $e^{-iEt/\hbar}$。

(2) 一般而言，上述方程对任何 $E$ 值都有非零解。但由于对波函数有几率解释，波函数有一定要求（自然条件），以及一些特殊的边界要求（无穷大位势边界处 $\psi(\boldsymbol{r},t)=0$ 等）。这样能满足方程的解就只有某些 $E$ 值。由这自然地获得能量的分立值（而测量值只能是这个方程有非零解所对应的值）。

(3) 根据态叠加原理，$\varphi_E(\boldsymbol{r},t)=u_E(\boldsymbol{r})e^{-iEt/\hbar}$ 是含时间的薛定谔方程的一个特解，也就是说，是该体系的一个可能态，所以普遍的可能态一定可表示为：

$$\psi(\boldsymbol{r},t) = \int c(E)u_E(\boldsymbol{r})e^{-iEt/\hbar}dE = \int c(E)\varphi_E(\boldsymbol{r},t)dE \tag{1-70}$$

通常称 $\varphi_E(\boldsymbol{r},t)=u_E(\boldsymbol{r})e^{-iEt/\hbar}$（其中 $\hat{H}(\boldsymbol{r},\hat{\boldsymbol{P}})u_E(\boldsymbol{r})=Eu_E(\boldsymbol{r})$）为定态波函数。

应该注意，对体系 $\psi(\boldsymbol{r},t)$ 可按各种定态波函数展开来表示。但只有按自身的定态波函数展开时，系数 $C$ 才与 $t$ 无关，否则与 $t$ 有关。

具有确定能量的态，称为体系的定态，或者说，以波函数 $\varphi_E(\boldsymbol{r},t)=u_E(\boldsymbol{r})e^{-iEt/\hbar}$（其中 $\hat{H}(\boldsymbol{r},\hat{\boldsymbol{P}})u_E(\boldsymbol{r})=Eu_E(\boldsymbol{r})$）描述的态称为定态。当 $\hat{H}$ 与 $t$ 无关时（即 $V(\boldsymbol{r},t)=V(\boldsymbol{r})$），态随时间演化的规律为：

$$\psi(\boldsymbol{r},t) = e^{-i\hat{H}(\boldsymbol{r},\hat{\boldsymbol{P}})(t-t_0)/\hbar}\psi(\boldsymbol{r},t_0) \tag{1-71}$$

若 $t=t_0$ 时处于定态，即 $t_0$ 时波函数为：

$$\varphi_E(\boldsymbol{r},t_0) = u_E(\boldsymbol{r})e^{-iEt_0/\hbar} \tag{1-72}$$

则：

$$\psi(\boldsymbol{r},t) = e^{-i\hat{H}(\boldsymbol{r},\hat{\boldsymbol{P}})(t-t_0)/\hbar}\varphi_E(\boldsymbol{r},t_0) \tag{1-73}$$

这正是我们所给出的。

若体系 Hamiltonian 与 $t$ 无关，则定态的性质可以表述如下：

(1) 体系在初始时刻（$t=0$）处于一定能量本征态 $u_E(\boldsymbol{r})$，则在以后任何时刻，体系都处于这一本征态上，即 $\varphi_E(\boldsymbol{r},t)=u_E(\boldsymbol{r})e^{-iEt/\hbar}$。它随时间的变化仅表现在因子 $e^{-iEt/\hbar}$ 上。

(2) 体系的几率密度不随时间变化。

$$\rho = |\varphi_E(\boldsymbol{r},t)|^2 = |u_E(\boldsymbol{r})|^2 \tag{1-74}$$

所以：

$$\frac{\partial\rho}{\partial t}=0 \Rightarrow \nabla\cdot\hat{\boldsymbol{j}}=0 \tag{1-75}$$

这表明，在任何地方，都无几率源，空间的几率密度分布不变。

(3) 几率流密度矢，不随时间变化。

$$\hat{\boldsymbol{j}} = \frac{-i\hbar}{2m}(\varphi_E^*(\boldsymbol{r},t)\nabla\varphi_E(\boldsymbol{r},t) - \varphi_E(\boldsymbol{r},t)\nabla\varphi_E^*(\boldsymbol{r},t))$$

$$= \frac{-i\hbar}{2m}(u_E^*(\boldsymbol{r})\nabla u_E(\boldsymbol{r}) - u_E(\boldsymbol{r})\nabla u_E^*(\boldsymbol{r})) \tag{1-76}$$

所以与 $t$ 无关。

(4) 任何不含时间的力学量在该态的平均值不随时间变化。

$$\bar{A} = \int \varphi_E^*(\boldsymbol{r},t)\,\hat{A}(\boldsymbol{r},\hat{\boldsymbol{P}})\varphi_E(\boldsymbol{r},t)\mathrm{d}\boldsymbol{r} = \int u_E^*(\boldsymbol{r})\,\hat{A}(\boldsymbol{r},\hat{\boldsymbol{P}})u_E(\boldsymbol{r})\mathrm{d}\boldsymbol{r} \quad (1\text{-}77)$$

(5) 任何不含时间的力学量在该态中取值的几率不随时间变化。

根据态叠加原理,若对体系测量力学量$\hat{A}$的值,如可取 $a_1, a_2, \cdots$,那么体系的可能态必为:

$$\psi(\boldsymbol{r},t) = c_{a_1}(t)\nu_{a_1}(\boldsymbol{r}) + c_{a_2}(t)\nu_{a_2}(\boldsymbol{r}) + \cdots \quad (1\text{-}78)$$

因讨论的力学量与 $t$ 无关,所以 $\nu_{a_i}(\boldsymbol{r})$ 与 t 无关。而在 $\nu_{a_i}(\boldsymbol{r})$ 态中测量力学量$\hat{A}$,其测得值仅为 $a_i$。而测得 $a_i$ 的几率正比于 $|c_{a_i}(t)|^2$。现体系处于定态,

$$\varphi_E(\boldsymbol{r},t) = u_E(\boldsymbol{r})\mathrm{e}^{-iEt/\hbar} = (c'_{a_1}(t)\nu_{a_1}(\boldsymbol{r}) + c'_{a_2}(t)\nu_{a_2}(\boldsymbol{r}) + \cdots)\mathrm{e}^{-iEt/\hbar} \quad (1\text{-}79)$$

显然 $c'_{a_i}$ 与 $t$ 无关:

$$|c_{a_i}(t)|^2 = |c'_{a_i}\mathrm{e}^{-iEt/\hbar}|^2 = |c'_{a_i}|^2 \quad (1\text{-}80)$$

这正表明,对处于定态中的体系,测量力学量$\hat{A}$取可能值的几率不变。

# 1.9 一维势垒与隧道效应

## 1.9.1 薛定谔方程在一维势垒上的应用

在了解了薛定谔方程之后,我们将举例来说明用薛定谔方程求解微观粒子运动的方法。从这个例子我们将可以看出,量子力学如何得到从经典力学来看是不可想象的结果。

一维势垒如图 1-7 所示。

在图 1-7 中,$x<0$ 时,微粒的势能为 0;在 $x>0$ 时,微粒的势能为 $V_0$,且 $V_0>E$。在经典物理学中,这种问题中的粒子只能在 $x<0$ 的区域内运动,$V_0$ 相当于一个壁垒,使粒子不能越过去。因为 $E<V_0$,而总能 $E$ 是动能与势能之和,如果在 $x>0$ 的区域出现微粒,必然导致微粒的动能为负,这就要求速度是虚值,这在经典力学内是不允许的。但是,在量子力学中我们会得到完全不同的答案。

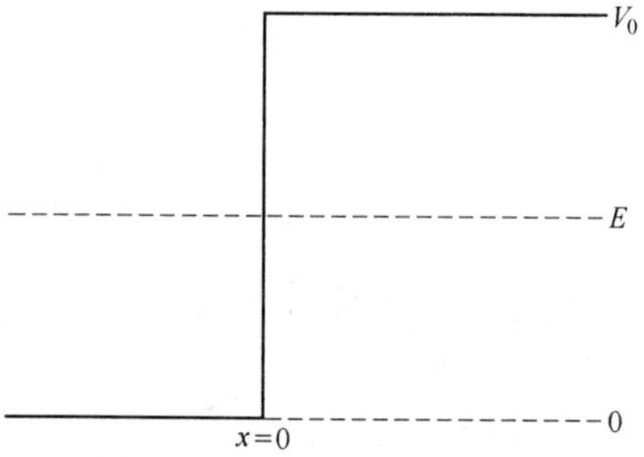


图 1-7 一维势垒示意图
$x=0$ 为转折点

上述问题可用一维薛定谔方程来求解,对 $x>0$ 及 $x<0$ 的区域可以分别列出方程:

在 $x>0$ 区,
$$-\frac{\hbar^2}{2m}\frac{\mathrm{d}^2}{\mathrm{d}x^2}\varphi(x) = (E-V_0)\varphi(x) \quad (1\text{-}81)$$

在 $x<0$ 区,
$$-\frac{\hbar^2}{2m}\frac{\mathrm{d}^2}{\mathrm{d}x^2}\varphi(x) = E\varphi(x) \quad (1\text{-}82)$$

设:
$$q = \sqrt{\frac{2m(V_0-E)}{\hbar^2}}, \quad k = \sqrt{\frac{2mE}{\hbar^2}}$$

则:

在 $x>0$ 区,
$$\frac{\mathrm{d}^2}{\mathrm{d}x^2}\varphi(x) = q\varphi(x) \quad (1\text{-}83)$$

在 $x<0$ 区，
$$\frac{\mathrm{d}^2}{\mathrm{d}x^2}\varphi(x) = -k\varphi(x) \tag{1-84}$$

这两个方程都是二阶线性常微分方程，因此很容易展开，对于 $x>0$ 区的函数可以得到下列两个线性无关的独立解：

$$\varphi'(x) = \mathrm{e}^{qx}$$
$$\varphi_R(x) = \mathrm{e}^{-qx}$$

$\mathrm{e}^{qx}$这个解的平方即该波函数的几率密度是随着 $x$ 增加而单调递增的，这意味着随着 $x$ 的增加，发现微粒的几率越来越大且趋于无限。这不符合波函数连续、单值、有限的三个边界条件中的有限要求。

对于 $x<0$ 区的函数，我们也可以得到两个线性无关的独立解：

$$\varphi_1(x) = \mathrm{e}^{ikx}$$
$$\varphi_2(x) = \mathrm{e}^{-ikx}$$

这两个解都能满足波函数的边界条件。因此我们要按照态叠加原理，得到这个条件下波函数 $\varphi_L(x)$ 的通式：

$$\varphi_L(x) = A\mathrm{e}^{ikx} + B\mathrm{e}^{-ikx} \tag{1-85}$$

这个通式在数学意义上来讲是一般解，其物理意义为两个相反方向传播的波。

按照波函数的边界条件之一——连续性，可要求在 $x=0$ 这一点上，两个波函数要连续，即 $\varphi_R(0)=\varphi_L(0)$，$\varphi'_R(0)=\varphi'_L(0)$。可以得到：

$$A+B=1$$
$$ik\quad(A-B) = -q$$

解得：
$$A=\frac{1+i\dfrac{q}{k}}{2};\quad B=\frac{1-i\dfrac{q}{k}}{2}$$

$\dfrac{q}{k}$可换成$\sqrt{\dfrac{V_0}{E}-1}$。由于波函数乘以常数不改变波函数本身性质，因此我们可以将 $\varphi_R(x)$ 和 $\varphi_L(x)$ 均乘以 $1/A$。在 $x<0$ 处的波函数：

$$\varphi_L(x) = \mathrm{e}^{ikx} + \left[\frac{1-i\sqrt{\dfrac{V_0}{E}-1}}{1+i\sqrt{\dfrac{V_0}{E}-1}}\right]\mathrm{e}^{-ikx} \tag{1-86}$$

在 $x>0$ 区域，有：

$$\varphi_R(x) = \frac{2}{1+i\sqrt{\dfrac{V_0}{E}-1}}\mathrm{e}^{-qx} \tag{1-87}$$

可以从上面的结果看出，对于 $x<0$ 的区域，从右边向左边传输的平面波的强度是等于从左边传播到右边的平面波的强度的。这按照经典波动理论，也可以看成是两个振幅相等的相干波在同一直线上沿相反方向彼此叠加而形成的驻波。这表明，一维势垒问题是一个定态问题，一维势垒中的微观粒子的运动状态是不随时间变化的。

再分析一下 $x>0$ 的区域，在这个区域中出现粒子的几率是由 $|\varphi_R(x)|^2$ 决定的。这就得出了在经典力学中不可想象的结果，也就是在 $V_0>E$ 的区域是有出现粒子的可能性的。换言之，粒子能够渗透穿过势垒，这种在量子力学中的一个奇特的结果被称为隧道效应。

### 1.9.2 扫描隧道显微镜

人类一直认为构成物体的原子由原子核以及周围电子组成,电子老老实实绕核运动。但是,从我们的计算可以看出这些电子可能通过秘密"隧道"逃到你预料不到的周边去玩耍,严谨地说,这些电子有10%的可能穿过隧道跑出去了。我国自古一直称道的崂山道士穿墙而过似乎是根据同样道理(量子物理,一切皆有可能!),只是我们不可能经常看到这样厉害的道士,因为道士的身体通常由无数微粒组成,哪怕每个粒子穿墙而过的概率都能达到10%,他全身所有粒子同时穿墙的概率也几乎等同于零。

在材料的表征仪器中,扫描隧道显微镜(scanning tunneling microscope,STM)的工作原理是基于量子力学中的隧道效应。1986年,暮年的扫描电镜(SEM)鼻祖卢斯卡凭借一项50岁的发明摘得诺贝尔物理学奖,同他分享奖项的还有两位比他年轻30岁和40岁的欧洲科学家——扫描隧道显微镜的发明者,IBM公司的比尼西和卢勒,前者成长于法兰克福二战后的废墟之上,以组建乐队和玩提琴起家,幸而弃艺从理;后者是泡利的学生,师承的不仅有科学知识,还有收获诺贝尔奖的传统。两位年轻人相会在IBM,异趣相投,却发现世上没有任何工具足以研究自己所感兴趣的物体表面原子构造。干脆自己动手,丰衣足食,仅两年便打造出一台扫描隧道显微镜。和电镜爷爷站在同一领奖台上,扫描隧道显微镜当时显然只是幼儿。

扫描隧道显微镜的工作原理图如图1-8所示,当原子尺度的针尖在不到一个纳米的高度上扫描样品时,此处电子云重叠,外加一电压(2 mV ~2 V),针尖与样品之间产生隧道效应而有电子逸出,形成隧道电流。电流强度和针尖与样品间的距离有函数关系,当探针沿物质表面按给定高度扫描时,因样品表面原子凹凸不平,使探针与物质表面间的距离不断发生改变,从而引起电流不断发生改变。将电流的这种改变图像化即可显示出原子水平的凹凸形态。扫描隧道显微镜的分辨率很高,横向为0.1 ~0.2 nm,纵向可达0.001 nm。它的优点是三态(固态、液态和气态)物质均可进行观察,而普通电镜只能观察制作好的固体标本。

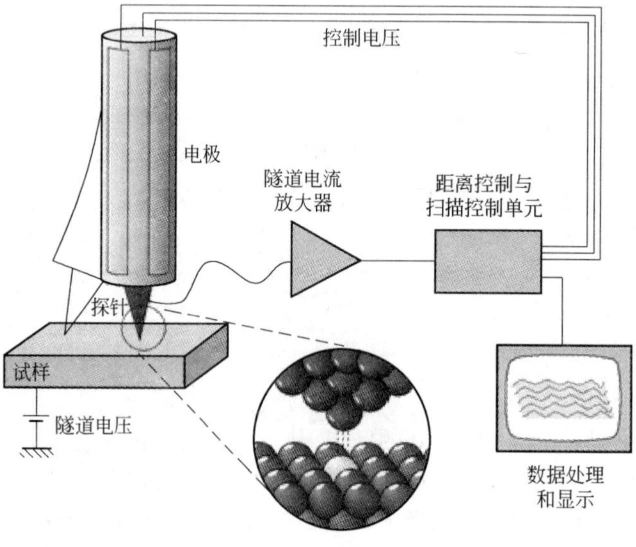


图1-8 扫描隧道显微镜原理示意图

我们可以更加通俗地理解扫描隧道显微镜的原理,扫描隧道显微镜就是借用了电子可能通过隧道跑到外边玩的性质。这个仪器像个盲人,要依靠一根细针在物体表面"抚摸"来确定物体形状，但是如何在不接触的前提下判断是否贴近目标了呢？请想象你要研究的表面由许多原子码成，每个原子里边都有电子，所以这个表面并不是齐刷刷的，而是长着一些招摇的“电子绒毛”，绒毛正是那些穿隧道跑走的调皮电子。仪器的针尖接近这个表面，针尖和表面上的电子绒毛就会接触，针尖就会感到非常痒痒，于是知道自己不能再靠近了，反之，一旦远离平面，针尖的绒毛立刻就感觉不到平面的绒毛，为了继续抚摸平面，就凑近。依据这个原理，扫描隧道显微镜便利用一根细到原子级别的针逐一“抚摸”表面的每颗原子，然后将它得到的印象告知人类。

在两位 IBM 工程师拿到诺贝尔奖不多年后，他们的同事不仅远观，而且亵玩，用类似仪器将 35 颗氙原子拼成 IBM 三个字母。又过几年，居然又进行了更加明目张胆的艺术创作，用一粒粒铁原子写下横平竖直的“原子”（见图 1-9），并这样注脚：“这两个汉字的意义是——原初的孩子（original child）。”

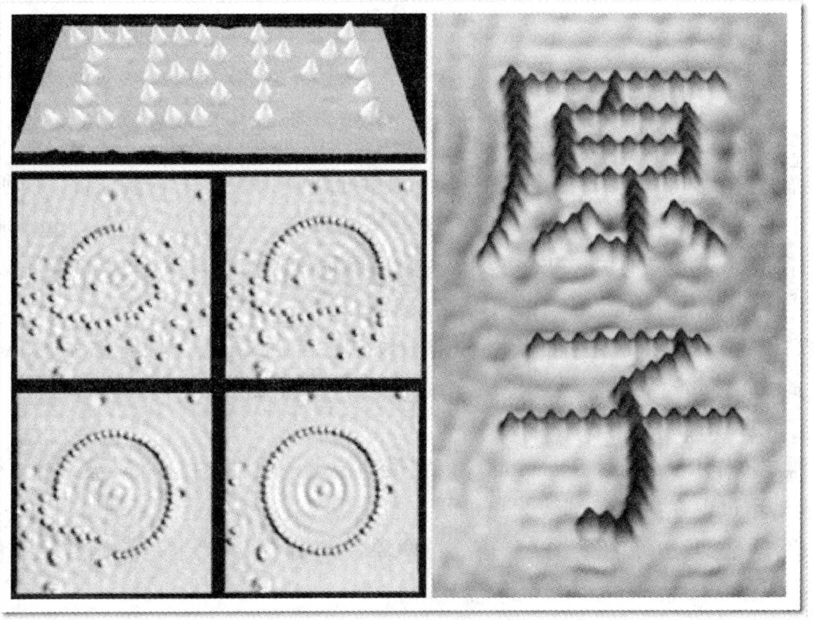

图 1-9　扫描隧道显微镜得到的原子排列图片

正如光学显微镜的发明定义了微生物学，电子显微镜的出现开始了细胞学；时至今日，扫描隧道显微镜这个当年的幼儿已长成巨人，并撑起了一片硕大的天空——那就是纳米技术。

## 1.10　不确定性原理

由于粒子应由态函数 $\psi(\boldsymbol{r},t)$ 来描述，所以就不能像经典那样以每时刻 $\boldsymbol{r}$、$\boldsymbol{P}$ 来描述。是否仍能像经典那样在 $\boldsymbol{r}_0$ 处发现粒子具有动量 $\boldsymbol{P}_0$ 呢？

一个矩形的长和宽都是定死的，你测量它的长的同时，其宽绝不会因此而改变，反之亦然。再来说经典的小球，你怎么测量它的位置呢？你必须得看到它，或者用某种仪器来探测它，不管怎样，你得用某种方法去接触它，不然你怎么知道它的位置呢？就拿“看到”来说吧，你怎么能“看到”一个小球的位置呢？总得有某个光子从光源出发，撞到这个球身上，然后反弹到你的眼睛里吧？关键是，一个经典小球是个庞然大物，光子撞到它就像蚂蚁撞到大象，对它的影响小得可以忽略不计，绝不会影响它的速度。正因为如此，我们大可以测量了它的位置之后，再从容地测量它的速度，其误差微不足道。

但是对于电子来说，它是如此地小而轻，以至于光子对它的撞击决不能忽略不计。测量一个电子的位置？好，我们派遣一个光子去执行这个任务，它回来怎么报告呢？是的，我接触到了这个电子，但是它给我狠狠撞了一下后，飞到不知什么地方去了，它现在的速度我可什么都说不上来。看，为了测量它的位置，我们剧烈地改变了它的速度，也就是动量。因此，我们没法同时既准确地知道一个电子的位置，同时又准确地了解它的动量！

本着这个思路，1927 年 3 月 23 日海森堡在《物理学杂志》上发表论文指出：当我们测量客体的动量时如果有一测不准度 $\Delta P_x$（即客体动量在这区域中的几率很大），同时，我们不可能预言它的位置比 $\frac{\hbar}{\Delta P_x}$ 更精确。也就是说，在同一时刻测量动量和位置，其测不准度必须满足：

$$\Delta x \cdot \Delta P_x \geqslant \hbar$$

类似地：

$$\Delta y \cdot \Delta P_y \geqslant \hbar, \quad \Delta z \cdot \Delta P_z \geqslant \hbar$$

假如我们把 $P$ 测量得 100% 地准确，也就是说 $\Delta P = 0$，那么 $\Delta x$ 就要变得无穷大。这就是说，假如我们了解了一个电子动量 $P$ 的全部信息，那么我们就同时失去了它在位置 $x$ 的所有信息，我们一点都不知道，它究竟身在何方，不管我们怎么安排实验都没法做得更好。鱼与熊掌不能得兼，要么我们精确地知道 $P$ 而对 $x$ 放手，要么我们精确地知道 $x$ 而放弃对 $P$ 的全部知识，要么我们折中一下，同时获取一个比较模糊的 $P$ 和比较模糊的 $x$。

$P$ 和 $x$ 就像一对前世冤家，它们人生不相见，动如参与商，处在一种有你无我的状态。不管我们亲近哪个，都会同时急剧地疏远另一个。这种奇特的量被称为“共轭量”，我们以后会看到，这样的量还有许多。

这一原理被称作 Uncertainty Principle。当它最初被翻译成中文的时候，被十分可爱地译成了“测不准原理”，不过现在大多数都改为更加具有普遍意义的“不确定性原理”。

应该注意：这是实验的结果，当然也是波粒两象性的结果；自然也是波函数几率解和态叠加原理的结果。

比如，具有确定动量 $P_0$（一维运动）的自由粒子，是以：

$$\psi_{P_0}(x,t) = \frac{1}{(2\pi\hbar)^{1/2}} e^{i(P_0 x - E_P t)/\hbar} \tag{1-88}$$

来描述其几率密度的：

$$\rho = |\psi_{P_0}(x,t)|^2 = \frac{1}{2\pi\hbar} \tag{1-89}$$

所以，当测量 $y$ 的位置越精确（即 $\Delta y$ 越小），那动量在 $y$ 方向越不精确，它们的精确度至少要满足 $\Delta y \cdot \Delta P_y = h$。

显然，这不是仪器的精度问题，而是电子具有波动性，以波函数来描述。所以通过窄缝，有干涉。但它又是几率波。电子动量有一定几率密度在 $-P_y \sim P_y$ 中的某一值，所以它是波粒二象性的后果。

不确定性原理是波粒二象性的必然结果，也就是微观粒子用波函数描述并且使用态叠加原理的必然结果。由于物质粒子的波粒二象性的实验事实，要求对物质粒子用波函数来描述，且要求对波函数进行几率解释，并有叠加性。

对一个物质粒子用 $\psi(x,t)$ 来描述（任一波函数），它总可以表示为：

$$\psi(x,t)=\int C(k,t)\ \frac{1}{\sqrt{2\pi}}\mathrm{e}^{ik\cdot x}\mathrm{d}k \tag{1-90}$$

由傅里叶(Fourier)逆变换有：

$$C(k,t)=\int\psi(x,t)\ \frac{1}{\sqrt{2\pi}}\mathrm{e}^{-ik\cdot x}\mathrm{d}x \tag{1-91}$$

从 Fourier 变换理论知：$\psi(x,t)$的扩展范围(即有意义的区域)和它们富氏变换 $C(k,t)$所扩展的范围不能同时任意小。

如$|\psi(x,t)|^2$的主要区域(即扩展范围)为 $\Delta x$，$|C(k,t)|^2$的主要区域(即扩展范围)为 $\Delta k$。那么 $\Delta x\cdot\Delta k$ 总是大于数量级为 1 的数，即：

$$\Delta x\cdot\Delta k\geqslant 1\Rightarrow\Delta x\cdot\Delta P_x\geqslant\hbar \tag{1-92}$$

这里仅是数学，是傅里叶变换性质给出的。但是，由于现在 $\psi(x,t)$是描述物质粒子的几率波，$|\psi(x,t)|^2$是几率密度。$|\psi(x,t)|^2$的主要范围，即测量 $x$ 最可能取值的范围，也就是测量粒子位置的不确定的范围。

$|C(k,t)|^2$现在是 $t$ 时刻动量的几率密度。它的主要范围，即测量 $k$ 最可能取值的范围，这是由态叠加原理给出的物理含意。所以，由几率解释 + 态叠加原理给出了 Fourier 变换理论用在量子力学波函数时，$\Delta x\cdot\Delta k\geqslant 1$ 的物理含意。所以，$\Delta x\cdot\Delta P_x\geqslant\hbar$ 是波函数(几率波)描述的必然结果。

## 思考练习题

一、名词解释

1. 隧道效应
2. 量子力学
3. 黑体辐射
4. 波粒二象性

二、概念辨析

玻色子与费密子

三、简答题

1. 简述扫描隧道显微镜的工作原理。
2. 简述定态薛定谔方程及其建立。
3. 简述测不准原理。
4. 波函数的几率解释。
5. 简述戴维逊 - 革末试验及其意义。

四、综合题

建立模型，利用薛定谔方程解释隧道效应。

# 2　统计力学基础

**本章要点：**

本章在介绍统计力学发展史的基础上，重点介绍了玻耳兹曼关系与熵增、吉布斯统计法和系综。

统计力学(又称统计物理学)是研究大量粒子(原子、分子)集合的宏观运动规律的科学。统计力学运用的是经典力学原理。由于粒子的量大，存在大量的自由度，虽然和经典力学应用同样的力学规律，但导致性质上完全不同的规律性。不服从纯粹力学的描述，而服从统计规律性。

## 2.1　统计力学发展史

统计力学是物理学的一个分支，它是从分子观点出发，论述大块物质物理规律的统计基础，它提供微观物理(即原子、分子和原子核物理)与宏观物理(即热力学、流体力学、固态物理、等离子体物理等)之间的衔接。统计力学大致上分为平衡态统计力学和非平衡态统计力学。

统计力学发生和发展的进程是十分曲折的，起先基本不为世人所接受，大致了解这段发展史不仅有助于我们了解统计力学，更有助于我们对科学精神的理解。

1816 年，气体动理论由两位先驱——英国的赫拉帕斯和苏格兰的瓦特斯顿分别提出，但是这一理论都被当时的权威认为是民科而不予理睬。而统计力学的铺垫理论就是气体动理论。

1847 ~ 1848 年间，焦耳发表了动理论，但是由于发表在不知名的杂志上，很少为人所知。

1856 年，克里尼希发表了《气体理论的特征》，论文没有新意，也不完全正确，但是由于他在柏林物理学会很有声望，于是动理论才受到科学界的注意。

1857 年，克劳修斯引入了统计思想。

1859 年，麦克斯韦给出了气体速度分布律。

1866 年，玻耳兹曼给出了很多统计物理的重要思想，尤其是熵的统计意义。这个在量子物理基础的内容中我们已经提到了。由于当时人们并没有认识到玻耳兹曼工作的意义，反而对他进行围攻，于 1906 年玻耳兹曼自杀。

1901 年，吉布斯发表了一本书，名为《特别引证热力学的合理基础而发展起来的统计力学基本原理》(Elementary Principles in Statistical Mechanics, Developed with Special Reference to the Rational Foundation of Thermodynamics)，在其中对经典统计力学进行了公式化表述，特别强调温度为 $T$ 时处于平衡态的热力学体系的正则系综的概念。

1924 年，玻色 - 爱因斯坦统计提出。

1926 年，费密 - 狄拉克统计提出，建立了量子统计学。

1926 年以后，量子统计力学成功地应用于各种物理问题：相变理论、稀薄气体和稀薄液体、量子相变理论等。

从统计力学的历史发展中可以看出，很多时候人们以为，对于科学我们已经了解了很多，所以我们就已经了解了科学。然而,在科学面前,我们需要保持永远的谦恭。

## 2.2 分子运动理论

在19世纪40年代能量守恒定律被发现后,热是分子运动的观点已经得到普遍承认。从50年代开始,克劳修斯、麦克斯韦、玻耳兹曼对分子运动论进行了全面的、系统的研究。这些研究深入到物质内部、把唯象热力学和分子运动论结合起来,由系统的微观状态预言系统热运动的宏观性质。他们引进了概率概念,运用统计方法,把系统的宏观状态参量描述为系统相应的微观量的统计平均值。概率统计的研究方法不仅在揭示热现象的本质上起着重要作用,而且在近代科学技术中获得了广泛的应用。

### 2.2.1 克劳修斯的气体压强公式与气体分子平均自由程

1850年当克劳修斯建立热力学基本定律时,对于热是物质分子的运动,他已形成了明晰的概念,但是在以后的论文中,他回避了考虑分子运动的性质。这是因为他希望把从建立在实验基础上的热力学原理所导出的结论与预先假定某种分子运动来研究问题加以区别。他希望单独写篇文章来阐述分子运动的性质,直到1857年,克劳修斯发表了一篇非常重要的论文《论我们称之为热的运动》才实现了他的这一夙愿。

这篇文章虽然不是第一篇气体运动理论,但是克劳修斯的论文是首次系统地研究了这一课题,现代气体动理论的发展就是从这一论文开始的。他不仅分析了气体分子的平移运动,还指出了旋转运动和振动运动的可能性,这些运动体现了"气体所含的热",并且"对化学成分复杂(一个气体分子含有大量原子)的气体有特别重要的作用"。在这篇文章中克劳修斯用分子运动论的观点,生动具体地描述了固体、液体的压力,提出了热动平衡的概念。

克劳修斯还提出了理想气体分子运动的微观模型,为了严格遵守由实验得出的玻意耳定律和盖-吕萨克定律,他提出了理想气体必须满足的条件:

(1) 分子本身占有的空间相对于气体所充满的整个空间来说是无限小的,即把分子作为数学点来处理。

(2) 分子间一次碰撞过程所经历的时间比起相继两次碰撞之间的时间间隔来说是无限小的。

(3) 分子力的作用是无限小的。

克劳修斯在建立了理想气体的模型后,着手推导气体的压强公式,他第一次明确地提出了物理学中的统计概念,他指出气体对容器壁的压强是大量分子对容器壁碰撞的平均效果,他写道:

"由于分子的质量很小,每一次单独碰撞的作用是微不足道的,但是在单位时间内即使在我们目力所能达到的最小的表面元上的碰撞数目也是非常大的,于是在我们的感觉上就产生了一个虚假的印象,似乎器壁所得到的动量不是由于单独的碰撞产生的,而是由于从中心指向四周的不变的力的作用产生的,这就是我们称之为压力的那个力。"

在推导压强公式时,克劳修斯遇到了不能用力学定律解释大量微观粒子运动的问题。对于大量分子组成的系统要确定每个分子的碰撞过程和行为细节是不可能的,也是没有意义的。为了解决已经出现的困难,他引进了统计平均值的概念,以代替对单个分子运动的描述。他说:

"当然,个别分子的速度实际上是千差万别的。但在计算时可以赋予所有分子一定的平均速度。由以下公式可知,为了得到相同的压力,必须这样选择平均速度,使得所有分子的活力在平均速度下就像实际速度时一样。"

克劳修斯在论文中推导了压强公式。他设容器的两平行壁面间的距离为 $h$，以 $a$ 表示器壁的面积，容器的容积 $V=ah$，分子的平均速度为 $u$，$N$ 为总分子数，$m$ 为每个分子的质量，$P$ 代表容器内的压强。经过一系列推导，克劳修斯得到的压强公式为：

$$P=\frac{F}{a}=\frac{Nmu^2}{3V} \tag{2-1}$$

或

$$P=\frac{1}{3}nmu^2 \tag{2-2}$$

式中，$n$ 为单位体积的分子数。上式又可写成：

$$\frac{3P}{2}=\frac{1}{2}nmu^2 \tag{2-3}$$

等式右端是分子平移运动的“活力”（即动能）。

按照玻意耳定律和盖－吕萨克定律：$pV=T\times$常数，在这里 $T$ 是绝对温度，$V$ 是单位体积，因此：

$$\frac{1}{2}nmu^2=T\times\text{常数} \tag{2-4}$$

可见，平移运动的“活力”正比于绝对温度。

克劳修斯又根据上述压强公式得出平均速度的公式。设单位体积中气体的质量，即密度为 $\rho$，因为 $\rho=nmg$，所以 $u^2=\frac{3P}{nm}=\frac{3Pg}{\rho}$，由此他得出在标准状态下，几种气体的平均速度（严格地说是均方根速度）。对于氧、氮、氢平均速度分别为 461 m/s、492 m/s、1844 m/s。

克劳修斯的论文引起了一连串的反对意见。特别是拜斯－巴洛特（Buys-Ballot），他在 1853 年 2 月发表的一篇文章中指出，分子的高速度并不符合所观察到的现象，诸如气体的缓慢扩展，烟雾的缓慢散开。他说：“如果在房间的一个角落里出现了硫化氢或氯气，当在另一角落的人闻到这个气味时，好几分钟过去了，然而气体分子在一秒钟内必定飞过这个房间几百次，这个现象如何解释呢？”对于这些反对意见，克劳修斯采取了积极的态度。他在 1858 年发表的一篇题为《关于气体分子运动的平均自由程》的文章中说：“乍一看来，这些异议显现出很大的分量，因此，我考虑必须对它加以证明。……的确，我对巴洛特提出的这个问题感到高兴，因为它给我提供了一个解释我理论的机会。”

克劳修斯在回答巴洛特提出的问题时，进一步发展了自己的理论。他为了解释气体分子的运动和相互作用引入了更加复杂的气体分子模型，在理论中引进了分子作用范围这一概念。他指出，在不存在化学亲和力的情况下，必须区分两种力。当两个分子接近时最初起作用的是吸引力，这种力在某一距离上很明显，并随距离的缩小而增大，而当这些分子非常接近时，又会出现另一种使它们彼此离开的力。在斥力与引力相互平衡的位置，克劳修斯把这一距离 $\rho$ 定义为分子作用球的半径，并把后一斥力发生的情况看作碰撞。克劳修斯引入了一个新的重要概念——关于平均自由程的概念，它指的是分子的重心运动到另一个分子作用球的平均距离。

在计算平均自由程的时候，克劳修斯指出了平均自由程对分子运动的平均速度的依赖性。他写道：对于我们的研究特别有意义的是所有分子具有一样的平均速度的情况，在这种情况下，只考察平均速度就能够较简单地接受所有分子都以相同速度运动的设想，这样我们就得出以下结果：在两种情况下，当其余分子和所考察分子一样以相同速度运动或者静止不动时，平均自由程的比例为(3/4)∶1。

在计算平均自由程时，克劳修斯使用了概率思想。他首先假定除了一个运动的分子外，其余分子都静止不动，而这一分子则以平均速度 $u$ 运动。他假定在包含大量分子的空间中，分子的密度是相等的,分子的排列是均匀的。求运动分子自由通过 $x$ 距离时,没有与其他分子作用球相碰撞的概率是多大?设对应于单位厚度的概率为 $\alpha$,则对应于厚度为 $x$ 的概率为 $\alpha^x$。因为 $\alpha<1$,让我们变换这个表示式,令 $e^{-\alpha}=\alpha$,则 $-\alpha=\ln\alpha$,设自由通过 $x$ 距离的概率为 $W$,则 $W=e^{-\alpha x}$,对于厚度 $x=\delta$ 的薄层,这个概率可写为:

$$W_\delta=e^{-\alpha\delta}=1-\alpha\delta \tag{2-5}$$

为了用分子作用球的半径 $\rho$ 表示上式中的系数,克劳修斯设想分子排列在与运动分子速度垂直的一个个正方形平面上。设不动分子中心之间的平均距离为 $\lambda$,$n$ 个分子排成的一层的面积为 $n\lambda^2$,而 $n$ 个分子作用球的截面积为 $n\pi\rho^2$,因此,分子作用球所遮盖的面积占总面积的比为 $\pi\rho^2/\lambda^2$。对于厚度为 $\delta$ 的气体层来说,被分子作用球遮盖的面积占总面积的比将为 $\frac{\pi\rho^2}{\lambda^2}=\frac{\delta}{\lambda}$。

一个分子无碰撞地通过这一层的概率正等于不被其他分子作用球所遮盖的面积占总面积的比值:

$$W_\delta=1-\frac{\pi\rho^2}{\lambda^3}\delta \tag{2-6}$$

因此:

$$\alpha=\frac{\pi\rho^2}{\lambda^3} \tag{2-7}$$

这样,一个分子通过厚度为 $x$ 而不发生碰撞的概率为:

$$W=\exp\left(\frac{-x\pi\rho^2}{\lambda^3}\right) \tag{2-8}$$

而在 $x$ 与 $x+dx$ 之间不发生碰撞的概率为:

$$e^{-\pi\rho^2/\lambda^3}\left(\frac{\pi\rho^2}{\lambda^3}dx\right) \tag{2-9}$$

所以就 $N$ 个分子来说,平均自由程为:

$$L'=\frac{1}{N}\int_0^\infty Ne^{(-\pi\rho^2/\lambda^3)x}\cdot\pi\rho^2/\lambda^3\cdot x dx=\frac{\lambda^3}{\pi\rho^2} \tag{2-10}$$

如果 $N$ 个气体分子所充满的空间体积为 $V$,则 $\lambda^3=\frac{V}{N}$,若以 $n=\frac{N}{V}$ 表示单位体积中的分子数,则:

$$L'=\frac{1}{n\pi\rho^2} \tag{2-11}$$

克劳修斯指出如果考虑到所有分子都以速度 $u$ 运动,那么碰撞的概率将会增大。可以计算出,当分子间的相对速度为 $\frac{3}{4}u$ 时,平均自由程将减小到原来的3/4,即为:

$$L'=\frac{3}{4}\frac{1}{n\pi\rho^2} \tag{2-12}$$

这样,克劳修斯就初步回答了有关分子运动的问题:扩散过程与其说是取决于分子的速度,不如说是取决于两次碰撞之间的平均距离,而这个距离比起分子的速度来是小得多的。

由此看来,克劳修斯在论文中已经使用了概率思想,运用了统计方法,引进了统计平均值。但是这些思想在克劳修斯那里没有得到充分发展,他对气体分子速度的研究还是停留在平均速度的水平上。揭示气体分子速度分布的规律是由麦克斯韦完成的。

### 2.2.2 概率概念的引进以及麦克斯韦分布的建立

1850年6月在《爱丁堡评论》上发表了英国物理学家和天文学家赫谢尔(Herchel)的长篇论文《论魁泰勒特关于统计理论的著作》。在这篇论文中赫谢尔把欧洲大陆的统计理论介绍给了英国的科学界。它给麦克斯韦一个强烈的印象,那时他是爱丁堡大学的一个19岁的学生,不久,他就进入剑桥大学,在麦克斯韦给他的朋友卡卜贝尔(Campbell)的信中反映了赫谢尔的一些思想。

“这个世界的真正逻辑是或然率的计算……因为人类知识是以这种方式感觉到的,即从不同感觉、理解和根据正确规律的行动的和谐一致(不是类似)的证据所推出的结论,表明外部事物将把不同程度的概率分配给不同的情况(或事实,或证据,或我们所称为的那些东西)。”这段话清楚地说明了应用概率理论的必要性。因为概率分布是客观存在的,所以物理学的任务就是要找出这一规律性。

除此之外,克劳修斯的研究对麦克斯韦形成对气体动理论的兴趣产生了巨大影响,麦克斯韦正是在读了1859年2月《哲学杂志》上发表的克劳修斯论文的英译文后研究这一理论的。他在1866年发表的《论气体的动力理论》中说:“我们把完整的气体动力理论归功于克劳修斯教授,他关于热的动力理论的研究是众所周知的。他的《论我们称之为热的运动》的论文是对分子理论的完满的解释”。接着他讲了在读了克劳修斯著作后所进行的一系列理论研究工作。

麦克斯韦对气体动理论的研究可分为两个阶段。第一阶段最著名的论文是1859年9月21日他在英国科学促进会上宣读的报告《气体动力论的说明》,这篇文章1860年发表于哲学杂志上。他在文章一开始就谈到了他的探索动机。他说:“物质的特别是气体物质的许多性质,都可以从物质的微小部分在迅速运动中其速度随着温度的增加而增加这个假定推导出来,所以这种运动的真正性质就成为理性的好奇心(rational curiosity)的课题。”接着他提到了丹·伯努利、克劳修斯等人的工作。针对当时一些人不相信原子论的物理解释的可能性,特别是不相信测定分子大小的可能性的观点,麦克斯韦卓有远见地指出,“虽然现在还无法测定克劳修斯所引入的平均自由程以及分子的有效直径,但是已知的一些现象,如气体的内摩擦、热传导和扩散等,却提出了精确测定平均自由程的可能性。”为了把这一研究置于严格的力学基础上,他将论证“数量很大的、非常微小的、完全弹性的,只在碰撞时才有相互作用的坚硬小球所组成的系统的运动规律”。

麦克斯韦通过讨论完全弹性球的碰撞与运动,得出气体分子经过碰撞后沿各方向运动的概率相等的结论。他认为应当考虑这样一个事实,即任何速度都不可能是被禁止的,分子的速度可以从0到∞。他指出气体分子间的频繁碰撞并不使它们的速度趋于一致,而是出现一个不同范围内的某种分布,在平衡态下这种分布不变。如果知道了气体分子按速度的分布,则气体大部分可观察的性质都可以由此计算出来。他在这篇文章中写道:“如果有大量相同的球形粒子在完全弹性的容器中运动,则粒子之间将发生碰撞,每次碰撞都会使速度变化,所以在一定时间后,活力将按某一有规则的定律在粒子中分配,尽管每个粒子的速度在每次碰撞时都要改变,但速度在某些极限值内的粒子的平均数是可以确定的”。

在建立这一分布定律时,麦克斯韦以下述三个假设为出发点:两个弹性球相碰撞时,在一切方向上的反冲都有同等概率;速度的各分量 $X$、$Y$、$Z$ 的分布彼此独立;速度分布不受外界影响。

接着他开始确定在大量同类粒子之间很多次碰撞之后,速度在给定范围内的粒子平均数,即速率分布律。具体的推导过程感兴趣的读者可以参阅相关参考文献,在此不做赘述。

在麦克斯韦假设的条件下,对于大量的气体分子,其速度分量在 $v_x$ 到 $v_x + dv_x$,$v_y$ 到 $v_y + dv_y$

和 $v_z$ 到 $v_z + dv_z$ 之间的分子数占总分子数的比率为：

$$\frac{dN}{N} = \left(\frac{m}{2\pi kt}\right)^{3/2} e^{-\frac{m}{2KT}(v_x^2 + v_y^2 + v_z^2)} dv_x dv_y dv_z \qquad (2-13)$$

式中 $m$——分子质量；

$k$——玻耳兹曼常数；

$T$——温度。

麦克斯韦在科学工作中最突出的特点是，他能够把数学思维和物理实验密切结合，他善于大量地应用数学去解释物理现象。他在处理科学问题时是实事求是地从物理概念出发，而不是抽象地从数学符号出发，从方程式到方程式，忽略物理过程的分析；他既充分利用数学工具，又紧紧抓住问题的物理实质；既重视直观，又有严密的逻辑推理；他既进行理论研究，又亲自参加实验，他历时约10年主持了卡文迪许实验室工作。尼文对麦克斯韦曾这样评论过："创造和发明的才能，对物理科学的热爱和数学处理的本领，都同时地存在于一个人的心灵里，这是罕见的。"

## 2.3 玻耳兹曼关系与热寂

### 2.3.1 玻耳兹曼统计法

"……经历了苦痛与悲伤的基督徒，
救赎的光芒照耀着他的前途。
没有一个世间享有盛名的英雄，
未曾逼迫自己全力倾尽。
只有当这使得他的心灵疼痛直至颤抖，
才会有不朽的赞歌颂扬他的英明。
……
在震撼中我凝视着他的脸庞，
尘世间这种方式多么令人吃惊！
刚刚几小时前我还在祈求死亡，
哦，让我的心灵摆脱痛苦和折磨吧！
但这里，在天上，苦痛却成为了人们的渴望。
啊，人们的心思，你的奥秘，永远无法懂得。"

这首诗名为《天堂里的贝多芬》(Beethoven in Heaven)充满着黑色幽默以及由黑色幽默所载乘的痛苦、矛盾和困惑，一个为痛苦折磨而逃离肉体的灵魂来到天堂，却成为被羡慕的对象。天堂的灵魂因为缺少痛苦无法激发出创造的火花，因此他们羡慕那些因为痛苦"心灵疼痛至颤抖"的灵魂，因为这样"才会有不朽的赞歌颂扬他的英明"。

——它的作者就是玻耳兹曼，19世纪科学界的巨人。

奥地利物理学家玻耳兹曼(Ludwig Boltzmann，1844～1906)，"物理学晴朗天空的一朵乌云"的制造者，是统计力学里程碑上的重要人物，克劳修斯提供了"分子平均自由程"，麦克斯韦提供了"分布函数"，但最后微观图景和宏观世界的桥梁的设计和建造是由玻耳兹曼完成的。这位我们在前面不断提到的悲剧人物，一生颇富戏剧性，他独特的个性也一直吸引着人们的关注。

大多数人认为直接导致这位科学巨人抑郁的是他与奥斯特瓦尔德之间发生的"原子论"和"唯能论"的哲学争论，这在科学史上非常著名。按照普朗克的话来说，"这两个死对头都同样机智，应答如流；彼此都很有才气。”当时，双方各有自己的支持者。奥斯特瓦尔德的“后台”是不承认有“原子”存在的恩斯特·马赫。由于马赫在科学界的巨大影响，当时有许多著名的科学家也拒绝承认“原子”的实在性。后来大名鼎鼎的普朗克站在玻耳兹曼一边，但由于普朗克当时名气还小，最多只是扮演了玻耳兹曼助手的角色。玻耳兹曼却不承认这位助手的功劳，甚至有点不屑一顾。这场争论最终以玻耳兹曼的胜利告终，而这个胜负结果来得太晚了，就在玻耳兹曼自杀后不久，开始出现关于分子论的明确实验证据，他的对手宣布承认他的学说。最终，统计力学范式获得了全面胜利，统计力学成为现代物理的重要分支。

学术界的老好人，爱好和平、正直，被誉为学术界“学林古柏”的普朗克曾经是玻耳兹曼的崇拜者和支持者，他曾经说过一段被称为“普朗克定律”的话，其表述如下：“一个新的科学真理照例不能用说服对手、等他们表示意见说‘得益匪浅’这个办法来实行。恰恰相反，只能是等到对手们渐渐死亡，使得新的一代开始熟悉真理时才能贯彻。”也许是因为玻耳兹曼的一生经历，他才认为学术争论没有多少诱惑力，不能产生什么新东西。

玻耳兹曼的性格中充满了矛盾。他不单单是个忧郁且不善于与人沟通的人，他还在生活中充满幽默感，这点多体现在他的讲堂上。玻耳兹曼通常上课不喜欢往黑板上写东西，然后学生经常抱怨听不懂，跟玻耳兹曼提意见说，“老师，证明太难了，您以后往黑板上写，别只在口头讲，我们记不住。”玻耳兹曼答应了。第二堂，他又在课上开始滔滔不绝，从 $a$ 变换到 $b$，$b$ 到 $c$……最后总结说，大家看这个东西如此简单，就跟“1 + 1 = 2”一样，然后他突然想起对学生的承诺，于是拿起粉笔，在黑板上工工整整地写了“1 + 1 = 2”。他对科学充满热情，1902 年能斯特发明了他的电灯——白炽灯的雏形，并将样品送给了玻耳兹曼，玻耳兹曼很喜欢甚至为此写了一首诗，他还邀请维也纳物理学会的成员出席一个国内的电灯演示会。发出了 55 份邀请函，为客人准备了许多三明治和 50 升啤酒，然而最后只来了 7 人参加，可见他的热情并不是很能被自己的同行所理解。很多物理界的泰斗都坦言自己看不懂玻耳兹曼的论文，麦克斯韦就是其中之一，他曾说过：“我实在是看不懂玻耳兹曼的文章，他看不懂我的文章可以说是因为我做得不好，但他的文章对我来说也一样。”爱丁顿曾经很直白地告诉他的学生：“玻耳兹曼的文章是不太好懂，很多大物理学家们都看不懂。”原文是“There are many great physicists could not understand it.”

玻耳兹曼是一个善良、热爱家人、热爱学生、热爱真理、充满热情，但同时因缺少世故而心灵经受痛苦的人，他应该进入天堂，但是在进入由科学巨人组成的天堂学园时，我们需要叙述他的工作以确证他的资格。

玻耳兹曼的主要科学活动集中在统计力学，很大程度上是分子运动论。他的重要成就反映在以下四个方面，这些都已包含在基础的统计物理教科书中：

（1）玻耳兹曼方程；

（2）H 定理；

（3）玻耳兹曼关系；

（4）平衡态统计物理（虽然人们经常把这归功于吉布斯，但是吉布斯知道玻耳兹曼的优先权，吉布斯给出了这门学科的精细表述使它可以被称为一门学科，所以现在教科书中一般出现的是“吉布斯系综”而不是“玻耳兹曼系综”）。

下面我们主要介绍玻耳兹曼统计法，以及玻耳兹曼关系，即熵的统计说明。

玻耳兹曼统计法的研究对象必须满足以下条件：

（1）作为统计单元的组成体系的微观粒子，具有相同的力学性质。比如，他们都具有相同的自由度，都服从牛顿方程等。

（2）不同的微观粒子之间的相互作用近似地可以忽略，体系的总能量表现为：

$$E = \sum_{i=1}^{N} \varepsilon_i + \sum_{i<j} \varepsilon_{ij} + \cdots \tag{2-14}$$

在上式中，第一项代表每个独立粒子的能量之和，第一项以后的所有二体、三体等代表粒子之间的相互作用能量项，这些能量项之和远小于第一项，意味着，各个粒子之间不是完全没有相互影响，而是相互作用很弱，这个微弱的作用一方面不影响其总能量可视作各个独立粒子能量的加和，另一方面也不影响其整个力学体系在足够长的时间内达到平衡。这种体系被称为由近独立粒子组成的体系。

(3) 假定微观粒子服从经典力学规律，粒子可以区分，可以编号。

接着玻耳兹曼提出了他的统计法中最重要的一个假设：平衡态是出现概率最大的，即平衡态为最概然的宏观态，平衡态对应的分布是最概然分布。玻耳兹曼通过他的统计法进行计算，最后将麦克斯韦分布律推广到有外力场作用的情况。认为：

(1) 分子在外力场中，总能量为 $E = E_k + E_p$；

(2) 粒子的分布不仅按速率区间 $v \sim v + \mathrm{d}v$ 分布，还应按位置区间 $x \sim x + \mathrm{d}x, y \sim y + \mathrm{d}y, z \sim z + \mathrm{d}z$ 分布。

由此导出：

$$\mathrm{d}N' = n_0 \mathrm{e}^{-E_p/kT} \mathrm{d}x\mathrm{d}y\mathrm{d}z \tag{2-15}$$

式中　$\mathrm{d}N'$——气体分子处在空间小体积元 $\mathrm{d}x\mathrm{d}y\mathrm{d}z$ 中的分子数；

　　$n_0$——$E_p = 0$ 处的分子数密度。

所以：

$$n = \frac{\mathrm{d}N'}{\mathrm{d}x\mathrm{d}y\mathrm{d}z} = n_0 \mathrm{e}^{-E_p/kT} \tag{2-16}$$

分子既按速率区间 $(v \sim v + \mathrm{d}v)$ 又按位置区间 $(x \sim x + \mathrm{d}x,\ y \sim y + \mathrm{d}y,\ z \sim z + \mathrm{d}z)$ 分布的玻耳兹曼分布为：

$$\mathrm{d}N' = n_0 \left(\frac{\mathrm{m}}{2\pi kT}\right)^{3/2} \mathrm{e}^{-E/kT} 4\pi v^2 \mathrm{d}x\mathrm{d}y\mathrm{d}z \tag{2-17}$$

式中，$\mathrm{e}^{-E/kT}$ 被称为玻耳兹曼因子。

在等宽的区间内，若 $E_1 > E_2$，则能量大的粒子数 $\mathrm{d}N_1$ 小于能量小的粒子数 $\mathrm{d}N_2$，即粒子优先占据能量小的状态，这是玻耳兹曼分布律的一个重要结果。

当玻耳兹曼最概然分布只考虑质心的运动，不考虑粒子的内部运动，且不存在外力场的时候，玻耳兹曼分布就变成了麦克斯韦分布。玻耳兹曼分布是比麦克斯韦分布包含范围更广、更普遍的分布。

## 2.3.2　玻耳兹曼关系与熵增

要说到玻耳兹曼关系，首先必须提到的是“熵”概念的创始人，我们前面已经提到的克劳修斯。热力学第二定律有个很有名的克劳修斯描述：不可能把热量从低温物体传给高温物体而不引起其他变化。这只是一个语言的描述，如何将其转化为数学的表达呢？克劳修斯在这方面做了很多工作。

1865 年，克劳修斯在《论热的动力理论的主要方程的各种应用形式》的论文中，提出了态函数 $S$ 的概念。关于可逆循环，克劳修斯指出：

如果物体从任意一个初态开始，连续地经过任意的一系列状态又回到初态时，$\int \mathrm{d}Q/T$ 总等于零，那么积分号里的表示式 $\mathrm{d}Q/T$ 必定是一个量的全微分，这个量只与物体当时所处的状态有

关,而与物体到达这个状态所经过的途径无关。如果用 $S$ 表示这个量,则我们就可以规定:

$$dS = \frac{dQ}{T} \tag{2-18}$$

因为 $S$ 是一个态函数,$dS$ 沿任意可逆过程的积分等于 $S$ 的末态值 $S_2$ 与它的始态值 $S_1$ 之差,即:

$$\int_{(1)}^{(2)} dS = S_1 - S_2 \tag{2-19}$$

关于 $S$ 的概念,克劳修斯称它为物体的变换容度(transfor-mationconcent),即物体的转变含量,因为这个量通常是$\frac{dQ}{T}$进行积分变换的等效值。他建议称量 $S$ 为熵(entropy),它是来自意思为变换的希腊字"trope",加了一个前缀 en,以便与能量(energy)这个词相对应。克劳修斯说:"我有意把这字拼为 entropy,以便与 energy(能)尽可能地相似,因为这两个字所表示的量,在物理上都具有重要意义,而且关系密切,所以名称上的相似,我认为是有好处的。"可见,在克劳修斯看来,熵和能这两个概念是有某种相似性的。事实上,能这一概念,从正面量度着运动转化的能力,能越大,运动转化的能力越大,熵却从反面,即运动不能转化的一面量度运动转化的能力,表示着转化已经完成的程度,亦即运动丧失转化能力的程度。"熵"这个词的中文译名是我国物理学家胡刚复教授确定的。1923 年 5 月 25 日,德国物理学家 R. 普朗克在南京东南大学作《热力学第二定律及熵之观念》的报告,他为普朗克翻译时,译成为"熵"。据钱临照教授的回忆,胡刚复曾亲自对他谈过,熵一词是胡刚复首先译名的,因为熵这个概念太复杂,所以他从它是温度去除热量变化即求商数出发,把"商"字加"火"字旁,译成了"熵"。克劳修斯曾造了很多词,只有德文的熵(entropy)这个词流传了下来。

在 1865 年的论文中,克劳修斯力图把热力学第二定律所揭示的自然过程的方向性定量地表示出来。他说:"可以照我所做的那样把这些变换作为数学量来看待,计算这些变换的等效值,并通过代数加法求和。"这说明克劳修斯是通过引入熵的概念来定量地表示热力学第二定律的。

在这篇论文中,克劳修斯还严格地证明了任何孤立系统的熵永远不会减少;或者说,自然界里的一切自发过程,总是沿着熵不减小的方向进行的。这就是"熵增加原理"。

他设想了一个由状态 1 到状态 2 的不可逆过程和从状态 2 返回到状态 1 的可逆过程构成的不可逆循环过程,对这个循环过程可得:

$$\int_{(1)}^{(2)} \frac{dQ}{T} + \int_{(1)}^{(2)} \frac{dQ}{T} < 0 \tag{2-20}$$

$\int_{(1)}^{(2)}$ 和 $\int_{(1)}^{(2)}$ 分别表示沿着不可逆与可逆路径的积分。对于可逆过程有:

$$\int_{(1)}^{(2)} \frac{dQ}{T} = S_1 - S_2 \tag{2-21}$$

代入上式可得:

$$\int_{(1)}^{(2)} \frac{dQ}{T} < S_1 - S_2 \tag{2-22}$$

以上可总结得到克劳修斯不等式:

$$dS \geqslant \frac{dQ}{T} \tag{2-23}$$

对于与外界没有任何热交换的孤立系统:因为 $dQ = 0$,所以 $S_2 > S_1$,这就是熵增加原理,它是利用熵的概念所表述的热力学第二定律。

玻耳兹曼利用它的玻耳兹曼最概然分布,计算得到了著名的玻耳兹曼关系:

$$S \propto \ln W \tag{2-24}$$

后来，普朗克在1900年引入了玻耳兹曼常数 $k$，提出了我们在前面已经提到的式(1-9)：

$$S = k\ln W$$

这一公式后来被作为墓志铭写在了玻耳兹曼的墓碑之上。根据这一关系，玻耳兹曼把力学过程的可逆性与热力学过程的不可逆性辩证地统一起来。它揭示出热力学规律性是物质结构的原子性的表现，其统计规律性植根于体系中巨大数目粒子的随机运动。

以理想气体的自由膨胀为例，设体系包含 $N$ 个氮原子分子理想气体，原来的体积为 $V_0$，温度为 $T$，自由膨胀后体积变为 $V_0 + V_1$，由于自由膨胀过程气体内能不变，故温度仍未 $T$，利用玻耳兹曼关系，膨胀前后熵变为：

$$S_1 - S_0 = k\ln W_1 - k\ln W_0 = Nk\ln \frac{V_0 + V_1}{V_0} > 0 \tag{2-25}$$

从玻耳兹曼关系与熵增原理对应，我们可以很清楚地看到，熵增加原理所揭示的孤立系统中自发过程的方向性，对应于系统从热力学概率小的状态向热力学概率大的状态过渡，由包含微观状态数目少的宏观状态向包含微观状态数目多的宏观状态过渡。平衡状态是热力学概率最大的状态，亦即熵取最大值的状态。玻耳兹曼揭示了热力学第二定律的统计本质，指出这个定律是一个统计规律。他所揭示的熵和概率之间的联系是物理学的最深刻的思想之一。

### 2.3.3 “热寂说”与“麦克斯韦妖”

将熵增原理应用到宇宙中，我们就可以得到“热寂说”的基本推论：(1) 宇宙的能量是恒定的；(2) 宇宙的熵趋于极大。第一个提出热寂说的人却是我们开篇提到的德高望重的开尔文勋爵，他在《关于太阳热的可能寿命的历史考察》这篇论文中才提出了“一个不可避免的宇宙静止和死亡状态”。开尔文原文如下：“热力学第二个伟大定律蕴含着自然的某种不可逆作用原理，这个原理表明虽然机械能不可灭，却会有一种普遍的耗散趋向，这种耗散在物质的宇宙中会造成热量逐渐增加和扩散，以及势的枯竭。如果宇宙有限并服从现有的定律，那么结果将不可避免地出现宇宙静止和死亡状态。但是，对宇宙中的物质广延设想一个界限是不可能的……”在这里，开尔文十分明确地提出了宇宙“热寂说”。克劳修斯在1867年《关于机械热理论的第二定律》的讲演中，提出：“宇宙越是接近于其熵为一最大值的极限状态，它继续发生变化的可能就越小；当它最后完全达到这个状态时，就不会再出现进一步的变化了，宇宙将永远处于一种惰性的死寂状态。”

“热寂说”如同物理学中许多其他观念一样，在社会上引起了巨大反响。美国历史学家亨利·亚当斯把它解释为19世纪所特有的低落情绪的原因；还把它与对社会进步的失望情绪相联系。

玻耳兹曼的死，似乎与那场令人身心俱疲、永无休止的论战有关。但是单单将玻耳兹曼的死仅仅归因于对争辩的厌倦，或者个人理论不为世人所接受，也许无法理解他思想和情感中最深刻的部分。无疑，玻耳兹曼是一位悲观主义者。但他的忧郁与其说是与生俱来，不如说是从他选择统计力学作为研究方向那一刻起才命中注定的。玻耳兹曼之前的思想者，如开尔文和克劳修斯，意识到热力学第二定律暗示着宇宙终将归于热寂。作为热力学的还原论解释，玻耳兹曼的统计力学不可避免地需要面对热寂问题。如果说在热力学那里，热寂还仅仅是一个悲剧性的隐喻，那么玻耳兹曼的工作以理性和明晰的方式演绎、凸现了这个隐喻，使其成为一部动人心弦的伟大悲剧。这并非夸张的溢美。热力学第二定律本身具有如此显明的悲剧美，使得 C. P. 斯诺在其著名的小册子《两种文化》中，可以用这样的笔调调侃那些对科学缺乏了解和尊敬的文学知识分子:“……他们一有机会就凑在一起嘲笑那些不很了解莎士比亚的悲剧的科学家,……,但是我想他们当中没有一个人了解深刻、具有忧郁之美的热力学第二定律。”显然,在斯诺眼中,热力学第二定律和莎士比亚悲剧具有相似的审美价值。

宇宙中的一切实际过程无一例外地增加着总体的熵量,能量作为对抗熵增的力量,绝望地做着局部的抵抗,宇宙终将滑向最后的混乱和无序,一切结构和组织的寂灭。这幅令人抑郁的图景,肯定是萦绕在玻耳兹曼和其他统计物理学家心头的幽灵。不幸的是,他们无法让自己忘却这个幽灵,而注定需要用自己的生命和情感来探究、诠释它,为它增添生动的细节。加州理工学院的古德斯坦对这种尴尬处境做了如下的抱怨:“一生中大部分时间花在统计力学上的路德维希·玻耳兹曼,1906 年自杀身亡。艾伦菲斯特继续了这项研究,但也以类似方式而死。现在轮到我们了……”

然而,热寂说是否成立,一直是理论界争论不休的话题之一,最有名的反对意见就是麦克斯韦提出的“麦克斯韦妖”。1871 年,他在《热理论》一书的末章《热力学第二定律的限制》中,设计了一个假想的存在物——“麦克斯韦妖”。麦克斯韦妖有极高的智能,可以追踪每个分子的行踪,并能辨别出它们各自的速度。这个设计方案如下:“我们知道,在一个温度均匀的充满空气的容器里的分子,其运动速度决不均匀,然而任意选取的任何大量分子的平均速度几乎是完全均匀的。现在让我们假定把这样一个容器分为两部分,A 和 B,在分界上有一个小孔,再设想一个能见到单个分子的存在物,打开或关闭那个小孔,使得只有快分子从 A 跑向 B,而慢分子从 B 跑向 A。这样,它就在不消耗功的情况下,B 的温度提高,A 的温度降低,而这与热力学第二定律发生了矛盾。”麦克斯韦认为,只有当我们能够处理的只是大块的物体而无法看出或处理借以构成物体分离的分子时,热力学第二定律才是正确的,并由此提出应当对热力学第二定律的应用范围加以限制。

近代,有人认为热寂说是以宇宙整体正在从非平衡趋于平衡的结论为前提的。然而近代宇宙论的观测和研究表明,宇宙正在膨胀,它不是趋于平衡,而是越来越趋于不平衡。热力学第二定律在此条件下不成立,当然由此导出的热寂说也不成立。

## 2.4 吉布斯统计法与系综

吉布斯(Josiah Willard Gibbs,1839～1903)被誉为美国第一位理论物理学家,是经典物理学大厦的最后完成者之一。虽然玻耳兹曼和麦克斯韦的工作导致统计力学的创始,但直接影响这个领域后来发展的却是吉布斯。但是他的工作在长时间内不为人重视。在他死了以后很久,美国人才意识到这位美国第一位做出世界性贡献的理论物理学家。密立根曾说:“吉布斯是不朽的,因为他是一个深刻的、无与伦比的分析家,他对于统计力学及热力学所做的工作,相当于拉普拉斯之对于天体力学,麦克斯韦之对于电动力学,那就是他把自己的科学领域变成了一个几乎完善的理论结构。”

吉布斯为了方便进行他的统计讨论,引进了统计系综的概念。他把本来是一个体系、在微观长的时间内、由于微观运动状态的变化而在相空间对应的大量代表点的问题,想象为许多不同体系、在同一时刻 $t$、他们各自的运动状态在相空间对应许多代表点的问题。这样原来一个体系在不同时刻的代表点,就变成许多不同体系在同一时刻的代表点来处理,时间的因素就不再出现了。吉布斯把这个想象出来的体系的集合称为统计系综,简称系综。显然,这些体系实际上只是原来体系的不同化身,他们和原来体系具有完全相同的力学性质,因此,系综是大量性质完全相同的力学体系的集合,这些力学体系各处在不同的运动状态。

吉布斯之所以建立统计系综理论，有他独特的想法：“只要我们放弃制定物体结构假说的企图，从事统计的探究作为理论力学的一个分支，就避免了极大的困难。”由于吉布斯从系统整体着眼，不去考察系统内部的结构，既避免了困难，又更普遍地解决了问题。维纳曾经高度评价这一思想，他说：“吉布斯的中心思想在于我们对一组世界所能给出的问题答案，在范围更大的一组世界中的可几程度如何。”吉布斯曾指出，系综“不但有可能把相似系统的一个系综的运动简单地想象为一个单独系统所可能的运动情形，而且实际上正是在大量的测量中我们运用系综的概念，这种测量是为了更清楚地表示一个单独系统的可能的运动情形”。因此，“系综并不是物理的东西，它只是一种统计方法的形象性的说法。”（王竹溪教授语）

吉布斯的系综理论提出了考察偶然性的明确的科学方法，虽然他仍把偶然性的观点叠加在牛顿的基础之上。相点在相空间中的运动路线是由经典的哈密顿方程所确定的，系综内每个系统都遵从牛顿定律。但是由于吉布斯考察的出发点和方法背离了牛顿的严格力学决定论，他的统计力学基本方程是关于概率分布的因果律，而不是力学因果律，他首次明确提出了另一种形式的决定论，因此在这个意义上是一种全新的变革。

系综根据其讨论范围和条件的不同，分为微正则系综、正则系综、巨正则系综。大量处在平衡态、性质完全相同、但各处在不同微观运动状态的孤立体系的集合称为微正则系综。各处在准封闭体系的集合称为正则系综。由粒子数可变的开放系组成的体系的集合称为巨正则系综。

大多数的理想气体可以通过坐标和动量两个参量进行描述，对于坐标为 $q_1,q_2,\cdots,q_n$、动量为 $p_1,p_2,\cdots,p_n$ 的 $N$ 个相同粒子构成的动力学体系，吉布斯定义具有参数 $T$ 的正则系综为这个体系的 $q_j$ 和 $p_j$ 具有各种分配的、分布权重为 $\exp(-E/kT)\mathrm{d}\tau$ 的各种状态的集合。其中 $\mathrm{d}\tau=\mathrm{d}q_1\mathrm{d}q_2\cdots\mathrm{d}q_n\mathrm{d}p_1\mathrm{d}p_2\cdots\mathrm{d}p_n$，定义为相空间体积元。$E$ 为体系的总能量。每个态都是体积 $V$ 中的气体的状态。依赖于 $q_1,q_2,\cdots,q_n$ 的任一物理量的系综平均值是：

$$\overline{A}=\int A\exp(-E/kT)\mathrm{d}\tau Q^{-1} \tag{2-26}$$

式中，

$$Q=\int\exp(-E/kT)\mathrm{d}\tau$$

如果定义 $F=-kT\ln(Q/N!)$，$F$ 为体系的 $V$ 和 $T$ 的函数，可以计算$\frac{\partial F}{\partial V}$和$\frac{\partial F}{\partial T}$：

$$\frac{\partial F}{\partial V}=-\frac{\partial F}{\partial T} \tag{2-27}$$

此处，$-\frac{\partial F}{\partial T}=\overline{P}$，$\overline{P}$为体系的平均压力。

进一步可得到：

$$\frac{\partial F}{\partial T}=-k\ln(Q/N!)-E/T=\frac{F-\overline{E}}{T} \tag{2-28}$$

或：

$$\overline{E}=F-T\frac{\partial F}{\partial T} \tag{2-29}$$

于是有：

$$\mathrm{d}\overline{E}+P\mathrm{d}V=-T\mathrm{d}\left(\frac{\partial F}{\partial T}\right) \tag{2-30}$$

根据吉布斯的观点，热力学的合理基础在于令$\overline{E}$和$\overline{P}$等同于体系的热力学平衡的能量和压强。而由上式可以看出 $T^{-1}$是 $\mathrm{d}\overline{E}+P\mathrm{d}V$ 的一个积分因子，$T$ 应该等于绝对温度。因此，熵 $S$ 应等

于 $-\frac{\partial F}{\partial T}$：

$$S=-\frac{\partial F}{\partial T} \tag{2-31}$$

于是我们可以得到：

$$\mathrm{d}F=-S\mathrm{d}T-\overline{P}\mathrm{d}V \tag{2-32}$$

这个式子意味着 $F$ 与自由能相等。

同时我们通过 $S=\frac{\overline{E}-F}{T_0}$，利用 $F$ 的定义式，可以推导出：

$$\exp(S/k)=\frac{Q}{N!}\exp(\overline{E}/kT) \tag{2-33}$$

若定义一个平均相空间的体积 $\Omega$：

$$Q=\Omega\exp(-E/kT) \tag{2-34}$$

那么：

$$\exp(S/k)=\Omega/N! \tag{2-35}$$

与上节我们讲过的玻耳兹曼关系比较，表明：

$$W=\frac{\Omega}{N!} \tag{2-36}$$

这个式子说明，玻耳兹曼几率正比于平均相空间的体积 $\Omega$。

吉布斯统计力学的最大特色就是简单性思想。爱因斯坦说过“唯一事关紧要的是基础的逻辑简单性”，如果这个基础是由最少数目的不同原理构成的，可以认为是符合简单性原则的。吉布斯统计力学的基础仅仅由两个不同原理构成，一个是经典力学的假设，所考察的系统是一个保守力学系统；另一个是与热力学相关联的统计力学假设，系统的宏观热动平衡所对应的就是系综的稳定分布。其热力学体系的基础为热力学第一定律和第二定律，是两个相互独立的基本事实。吉布斯曾说过：“在任何知识领域内，理论研究的一个主要宗旨就是要找出那种使问题以最大的简单性显示出来的观点。”高度概括了这种追求简单性的思想。

吉布斯对统计物理学的主要贡献在于改进和发展了统计方法，并建成了一个完整的逻辑体系——系综理论，使统计物理学从气体分子运动论中脱离出来，成为一门独立的统计力学科学。

吉布斯的统计力学著作就如同物理学史上的一座纪念碑，标志着两个世纪的分界。因为这一著作把表示 19 世纪特征的经典方法带到了最高的成熟阶段，它同时又将作为处理 20 世纪初兴起的新问题的指南。吉布斯以来统计物理学的几乎全部研究都至少部分地或间接地同他的标准著作有关。量子统计学发展的基础就是吉布斯的相空间概念，只是后者被赋予了方格结构。系综观念无疑对于量子力学的统计解释那一学派是深有影响的。吉布斯统计力学的成果、方法及观念对于其他学科也有很大价值。他的系综理论对于多粒子系统的描述是必要的，尤其是巨正则系综对于化学过程很有用。如今，吉布斯统计力学已被用于诸如细胞生物学及复杂化学系统这样的生物学问题。维纳曾说吉布斯考察偶然性的明确的科学方法对他建立控制论有巨大影响，他甚至于把世纪物理学的第一次大革命归功于吉布斯而不是爱因斯坦和普朗克。此外，吉布斯的观念还被用于工业、历史、经济学和社会学。

## 2.5　量子统计法

量子统计法是统计物理发展至今的形态之一，它是计入微观粒子的运动具有量子化特点的统计物理学。它还考虑到同类微观粒子的不可分辨性，即当交换两个相同粒子时并不出现新的微观状态。根据量子力学，微观粒子的运动可由波函数来描述，粒子按波函数的对称性分为两类，相应地有两类量子统计方法。(1) 费密－狄拉克统计。处理波函数是反对称的系统，如金属中的自由电子以及氦的同位素 $He^3$ 等，在这种系统中，不可能有一个以上的粒子占据同样的量子状态。(2) 玻色－爱因斯坦统计。处理波函数是对称的系统，如光子以及氦的同位素 $He^4$ 等，在这种系统中，占据一定量子状态的分子数是不限的。对这两种统计，各有自己的表达分子在不同能阶上分布的公式，分别称为费密－狄拉克分布与玻色－爱因斯坦分布。当温度不太低时，这两种分布常可近似化为经典的玻耳兹曼分布。下面对其重要理论结构进行大致的介绍和推导，有兴趣的同学可以作为参考。

从量子力学知道，同类微观粒子是互相不可区分的，但是 $N$ 个等同粒子组成的系统的波函数，对于粒子的置换（指坐标和所有内禀量子数的置换）可能具有两种不同的对称性质。自旋为整数的粒子组成的系统，其总波函数对于任意两个粒子的置换是对称的。这些粒子称为玻色粒子或玻色子，相应的粒子系统称为玻色系统。自旋为半整数的粒子组成的系统，其总波函数对于任意两个粒子的置换是反对称的。这类粒子称为费密粒子或费密子，相应系统称为费密系统。

现在考虑理想气体。把每个粒子的一切可能的量子状态按量子数 $k$ 编号，粒子在状态 $p$ 的能量记为 $\varepsilon_p$。把气体中处于一定量子态 $p$ 的粒子看成一个子系统。这当然是一个粒子数可变的系统，可以对它使用巨正则分布。把相应的热力学势记为 $\Omega_p$，其中对状态求和就是按一切可能的占有数 $n_p$（对每一个给定的 $p$）求和：

$$\Omega_p = -kT\ln \sum_{n_p} \exp\left[\frac{\mu n_p - n_p\varepsilon_p}{kT}\right] = -kT\ln \sum_{n_p} \left\{\exp\left[\frac{\mu - \varepsilon_p}{kT}\right]\right\}^{n_p} \tag{2-37}$$

对于费密子，只允许 $n_p = 0$ 和 1，上式中实际只有两项：

$$\Omega_p = -kT\ln\{1 + \exp[(\varepsilon_p - \mu)/kT]\} \tag{2-38}$$

对于玻色子，$n_p = 0, 1, 2, \cdots$，遇到可以求和的等比级数，结果是：

$$\Omega_p = kT\ln\{1 - \exp[(\varepsilon_p - \mu)/kT]\} \tag{2-39}$$

计算处于量子态 $p$ 的平均粒子数，得到：

$$f_p \equiv \bar{n}_p = \frac{\partial \Omega_p}{\partial \mu} = \frac{1}{\exp[(\varepsilon_p - \mu)/kT] \pm 1} \tag{2-40}$$

对于费密子，上式中取“＋”号，这就是费密－狄拉克分布律。对于玻色子，上式中取“－”号，就得到玻色－爱因斯坦分布律。把处于一切量子态的粒子数累加起来，应得到系统中的总粒子数：

$$\sum_p \bar{n}_p = \sum_p \frac{1}{\exp[(\varepsilon_p - \mu)/kT] \pm 1} = N \tag{2-41}$$

这个式子决定化学势 $\mu = \mu(T, N)$。

概括起来说，具有半整数自旋的微观粒子遵从费密－狄拉克统计法。具有整数自旋的微观粒子遵从玻色－爱因斯坦统计法。这是自旋和统计的关系。对于十分稀薄的理想气体，处于任何一个量子态的平均粒子数都很小，$\bar{n}_p \ll 1$，这时量子状态的占有法则自然不起作用，两种量子统计法的差别消失。于是：

$$f_p = \exp[(\mu - \varepsilon_p)/kT] \tag{2-42}$$

这就是经典统计中的玻耳兹曼分布律。而麦克斯韦速度分布是它的一个特例。

考虑几个应用量子统计的简例。首先考虑处于绝对零度的自由电子气体。电子自旋是 1/2，遵从费密统计。注意到极限值：

$$\lim_{T\to 0}\exp[(\mu-\varepsilon_p)/kT]=\begin{cases}\infty & (\text{当 }\varepsilon_p>\mu)\\ 0 & (\text{当 }\varepsilon_p<\mu)\end{cases} \tag{2-43}$$

于是费密分布蜕化成一个台阶函数：

$$f_p=\begin{cases}0 & (\text{当 }\varepsilon_p>\mu)\\ 1 & (\text{当 }\varepsilon_p<\mu)\end{cases} \tag{2-44}$$

可见化学势$\mu$是一个能量边界，一切$\varepsilon_p<\mu$的状态被占据，而$\varepsilon_p>\mu$的态空着。这个边界能量称为费密能量，记作$\varepsilon_p$。相应的动量$p_F=\sqrt{2m\varepsilon_p}$称为费密动量。

$$\sum_p\to\frac{2V}{h^3}\iiint \mathrm{d}p_x\mathrm{d}p_y\mathrm{d}p_z\to\frac{3\pi V}{h^3}\int p^2\mathrm{d}p \tag{2-45}$$

绝对零度附近的玻色系统具有完全不同于费密系统的性质。这是因为$T=0$时，原则上全部粒子都可以处于$\varepsilon_p=0$的状态，从而使系统的总能量为零。如果在恒定低温下压缩玻色系统，在一定密度时大量粒子转入$\varepsilon_p=0$的状态，使得压力不再增加。这个现象称为玻色－爱因斯坦凝聚。液体氦在低温下($T=2.17$ K)的超流转变，是一种由于有相互作用而变得更复杂的玻色－爱因斯坦凝聚。

经典统计物理和量子统计物理的差别在于对微观运动状态的描述，而不在于统计方法。以正则系综为例，解决平衡态的统计物理问题可概括为三个步骤：(1) 求解一个经典或量子力学问题，得到多粒子系统的能谱$E(p,q)$或本征值谱$E_n$；(2) 计算配分函数$Z$；(3) 对$Z$中的参数求微分，计算热力学量。第一步是一个与统计无关的力学问题，只有少数理想情况可以严格求解。第二步迄今为止只对于没有相互作用的理想体系和少数有相互作用的物理模型得到了准确结果。为了计算配分函数，发展了各种近似方法，例如集团展开、高温展开、低温展开和按照相互作用强度展开的微扰论等等。特别是随着现代大型电子计算机的发展，可以针对各种更为现实的物理模型，用蒙特·卡罗法，计算配分函数和统计平均值。这就使平衡态的统计物理学获得日益广泛的实际应用。

## 思考练习题

一、名词解释

1. 系综
2. 熵

二、概念辨析

1. 微正则系综、正则系综与巨正则系综
2. 玻耳兹曼分布与麦克斯韦分布

三、简答题

1. 简述吉布斯统计力学的概念及其对科学界的贡献。
2. 简述玻耳兹曼对统计物理的贡献。

# 3 倒易空间

**本章要点：**

倒易空间在晶体衍射、能带理论等领域具有广泛的应用。本章的重点是倒易空间及其建立、倒易空间与布喇格反射的关系。

## 3.1 傅里叶变换与倒易空间

把晶体的实际存在的真实空间所构成的具有周期性变化的格子称为正点阵－正格子，由傅里叶变换将这种正格子－正点阵变换成了周期性的倒易空间（倒易格子－倒易点阵）。因为用倒易空间来描述晶格与粒子（如光子、电子等）之间的相互作用是很便利的。例如，X 射线衍射的图样实际上就是晶体的倒易点阵的直接映像，而不是晶体的正点阵的直接映像。

我们知道，晶体具有周期性的结构，由此使得其许多性质在某些方向上也具有周期性，例如原子核的位置的周期性排列产生了周期性的离子实势场。因此，如果要研究晶体中的电子的运动，就必须要研究这种周期性的离子实势场。所以，我们首先要处理的就是周期性函数。

傅里叶（Fourier, 1768～1830）1807 年在他的论文《固体中的热传导》中所提出的傅里叶级数方法就是处理周期性函数的强大工具。

对于一个三维周期性函数 $u(\boldsymbol{r})$（周期为 $\boldsymbol{T}=n_1\boldsymbol{a}_1+n_2\boldsymbol{a}_2+n_3\boldsymbol{a}_3$），即：

$$u(\boldsymbol{r})=u(\boldsymbol{r}+\boldsymbol{T}) \tag{3-1}$$

这里，$\boldsymbol{r}$ 是实数自变量，可以用来表示三维实空间的坐标。

那么如果将 $u(\boldsymbol{r})$ 展开成傅里叶级数，其形式为：

$$u(\boldsymbol{r})=S_G u_G \exp(i\boldsymbol{G}\cdot\boldsymbol{r}) \tag{3-2}$$

式中，$S_G$ 与 $u_G$ 为傅里叶变换对应的系数和函数；$\boldsymbol{G}$ 是与实空间中的周期性矢量 $\boldsymbol{T}$ 相关联的一组矢量，它是如下定义的：

构成 $\boldsymbol{T}$ 的三个基矢量 $\boldsymbol{a}_1$、$\boldsymbol{a}_2$ 和 $\boldsymbol{a}_3$ 张成了三维实空间，与此做类比，我们定义与实空间互为“倒易”（reciprocal）的空间，它由三个倒易基矢量 $\boldsymbol{b}_1$、$\boldsymbol{b}_2$ 和 $\boldsymbol{b}_3$ 张成，即 $\boldsymbol{G}=k_1\boldsymbol{b}_1+k_2\boldsymbol{b}_2+k_3\boldsymbol{b}_3$。其中的倒易基矢量由如下倒易关系给出：

$$\boldsymbol{b}_1=2\pi(\boldsymbol{a}_2\times\boldsymbol{a}_3)/(\boldsymbol{a}_1\cdot\boldsymbol{a}_2\times\boldsymbol{a}_3) \tag{3-3}$$

$$\boldsymbol{b}_2=2\pi(\boldsymbol{a}_3\times\boldsymbol{a}_1)/(\boldsymbol{a}_2\cdot\boldsymbol{a}_3\times\boldsymbol{a}_1) \tag{3-4}$$

$$\boldsymbol{b}_3=2\pi(\boldsymbol{a}_1\times\boldsymbol{a}_2)/(\boldsymbol{a}_3\cdot\boldsymbol{a}_1\times\boldsymbol{a}_2) \tag{3-5}$$

之所以如此定义，是因为这样就能使互为倒易的两组基矢量之间满足如下的漂亮关系：

$$\boldsymbol{a}_i\cdot\boldsymbol{b}_j=2\pi\delta_{ij} \tag{3-6}$$

在 $\boldsymbol{b}_1$、$\boldsymbol{b}_2$ 和 $\boldsymbol{b}_3$ 的定义式中，$(\boldsymbol{a}_1\cdot\boldsymbol{a}_2\times\boldsymbol{a}_3)$ 就是基矢量 $\boldsymbol{a}_1$、$\boldsymbol{a}_2$ 和 $\boldsymbol{a}_3$ 围成的平行六面体的体积，

而($a_2 \times a_3$)就是这个平行六面体的底面积,因此($a_2 \times a_3/a_1 \cdot a_2 \times a_3$)就是这个平行六面体垂直于 $a_2$ 和 $a_3$ 所在平面的高的倒数,可见,$b_1$ 的方向沿着这条高,其长度为这条高的倒数乘以 2π。而这条高的长度正好是 $a_1$ 在这个高上的投影大小($a_1\cos q$),因为这条高的方向就是 $b_1$ 的方向,所以 $a_1\cos\theta b_1 = 2\pi$。同时,由于 $b_1$ 的方向是高的方向,所以它与 $a_2$ 和 $a_3$ 都相互垂直。其结构可以用图 3-1 表示。

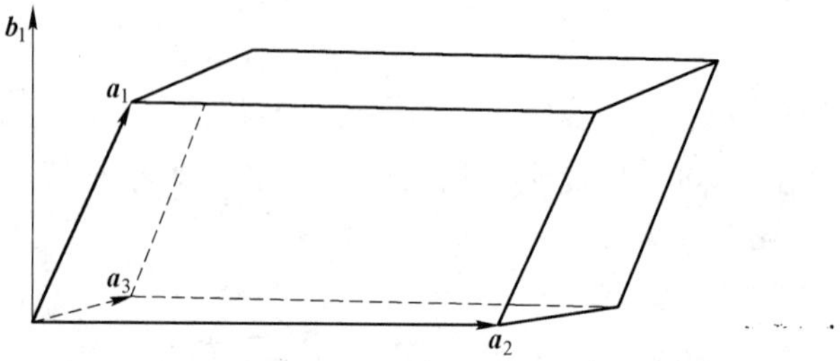


图 3-1　倒易基矢与正空间基矢的关系示意图

实空间中的晶格矢量构成其体积为 $V_a$ 的平行六面体,即原胞。与此类似,倒易空间中的基矢量也构成一个体积为 $V_b$ 的平行六面体。这两个互相倒易的平行六面体单元的体积关系也是倒易的:

$$V_a V_b = (2\pi)^3 \tag{3-7}$$

至于为什么在倒易关系中存在 2π 因子,这是因为如此定义的互为倒易的两个矢量 $\boldsymbol{G}$ 与 $\boldsymbol{T}$ 之间满足下面简洁的恒等式:

$$\exp(i\boldsymbol{G} \cdot \boldsymbol{T}) = 1 \tag{3-8}$$

利用这个简洁的恒等式和 $u(\boldsymbol{r})$ 傅里叶展开式,可以验证 $u(\boldsymbol{r})$ 是周期函数:

$$\begin{aligned} u(\boldsymbol{r}+\boldsymbol{T}) &= S_G u_G \exp[i\boldsymbol{G} \cdot (\boldsymbol{r}+\boldsymbol{T})] = S_G u_G \exp(i\boldsymbol{G} \cdot \boldsymbol{r}) \exp(i\boldsymbol{G} \cdot \boldsymbol{T}) \\ &= S_G u_G \exp(i\boldsymbol{G} \cdot \boldsymbol{r}) = u(\boldsymbol{r}) \end{aligned} \tag{3-9}$$

由傅里叶变换将晶体的周期性的实空间(正格子)变换成了周期性的倒易空间(倒格子)。下面我们将看到,倒易空间对于描述晶格与粒子(如光子、电子等)之间的作用是很便利的。例如,X 射线衍射图样实际上是晶体倒格子而不是正格子的直接映像。

将空间点阵(真点阵或实点阵)经过倒易变换,就得到倒易点阵。倒易点阵的外形也很像点阵,但其上的节点是对应着真点阵的一组晶面。倒易点阵的空间称为倒易空间。

## 3.2 晶体衍射

正如我们前面说过的,X 射线衍射图样实际上是晶体倒格子而不是正格子的直接映像。这是因为,可能存在的 X 射线反射由倒格矢所确定,或者说,衍射条件取决于倒格矢的分布。

1912 年英国物理学家布喇格父子从 X 射线被原子面"反射"的观点出发,提出了非常重要和实用的布喇格定律。X 射线照射到晶体上产生的衍射花样除与 X 射线有关外,主要受晶体结构的影响。晶体结构与衍射花样之间有一定的内在联系。通过衍射花样的分析就能测定晶体结构和研究与结构相关的一系列问题。

首先考虑一层原子面上散射 X 射线的干涉,如图 3-2 所示。

当 X 射线以 $\theta$ 角入射到原子面并以 $\beta$ 角散射时,相距为 $a$ 的两原子散射 X 射线的光程差为:

$$\delta = a(\cos\theta - \cos\beta) \tag{3-10}$$

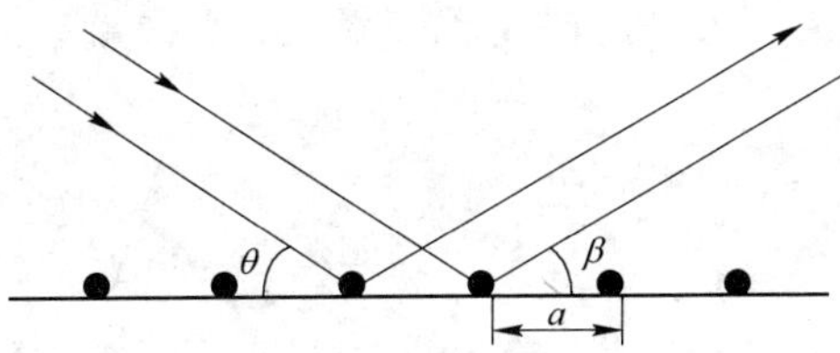


图 3-2 X 射线在单原子面上的反射示意图

根据光的干涉原理,当光程差等于波长的整数倍($n\lambda$)时,在 $\beta$ 角散射方向干涉加强。假定原子面上所有原子的散射线同位相,即光程差 $d=0$,从而可得 $\theta=\beta$。也就是说,当入射角与散射角相等时,一层原子面上所有散射波干涉将会加强。与可见光的反射定律类似,X 射线从一层原子面呈镜面反射的方向,就是散射线干涉加强的方向。因此,常将这种散射称为从晶面反射。

X 射线有强的穿透能力,在 X 射线作用下晶体的散射线来自若干层原子面,除同一层原子面的散射线相互干涉外,各原子面的散射线之间还要互相干涉。假定原子面之间的晶面间距为 $d(hkl)$,如图 3-3 所示。

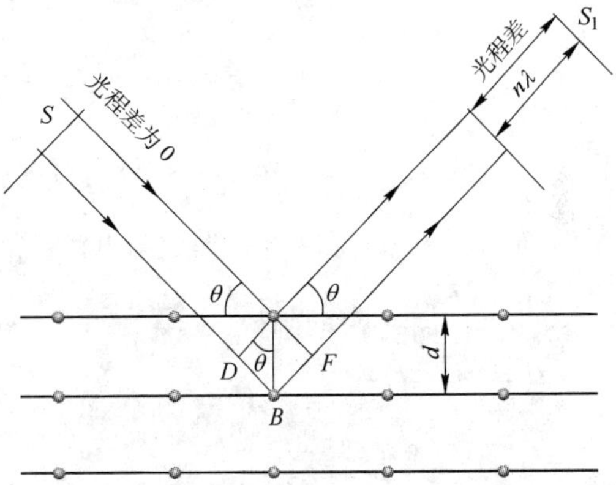


图 3-3 X 射线在两个晶面上的反射

大量原子散射波的叠加、干涉而产生最大程度加强的光束。Bragg 衍射方程:

$$DB = BF = d\sin\theta \tag{3-11}$$

$$n\lambda = 2d\sin\theta \tag{3-12}$$

光程差为 $\lambda$ 的整数倍时相互加强。满足衍射的条件为:

$$2d\sin\theta = n\lambda \tag{3-13}$$

式中,$d$ 为面间距;$\theta$ 为入射线、反射线与反射晶面之间的交角,称掠射角或布拉喇角,而 $2\theta$ 为入射线与反射线(衍射线)之间的夹角,称衍射角;$n$ 为整数,称反射级数;$\lambda$ 为入射线波长。这个公式把衍射方向、平面点阵族的间距 $d(hkl)$ 和 X 射线的波长 $\lambda$ 联系起来了。

## 3.3 倒 易 球

埃瓦尔德图解是解释 X 射线粉末衍射原理的主要内容。首先来看图 3-4 中各部分的含义。

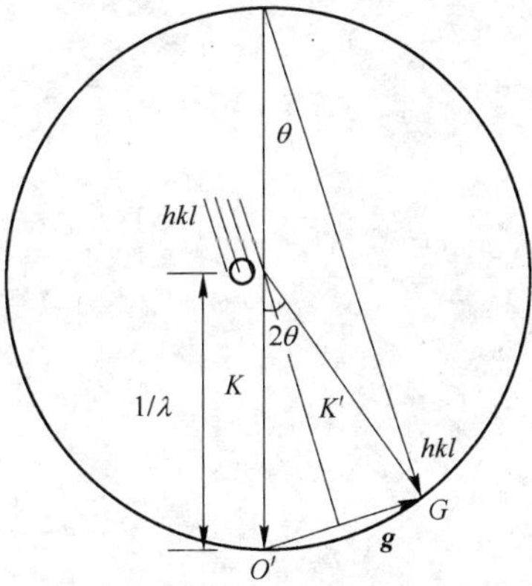


图 3-4 埃瓦尔德倒易球

图 3-4 中,$OO'$就是倒易球半径,大小为 $1/\lambda$,角 $O'OG$ 的大小就是 $2\theta$——布喇格衍射角;等腰三角形 $O'OG$ 的角平分线就是实际晶面 $hkl$,图中已经把晶面层画出来了。显然倒易矢量 $\boldsymbol{g}$ 是和 $hkl$ 垂直的,直观地看到 $\boldsymbol{g}$ 的大小是 $2\sin\theta/\lambda$,而根据 $2d\sin\theta=\lambda$,可以知道 $\boldsymbol{g}$ 的大小为 $1/d$。

这个图很直观地显示出布喇格定律:图中有实际的晶面,也有倒易矢量,而且可以看到射线束——包括衍射束、布喇格角等几何关系。看懂埃瓦尔德球之后,就能比较好地理解电子衍射花样和透射电镜成像,也能理解德拜相机的原理和 XRD 谱。以 $k=2\pi/\lambda$ 为半径作球,那么所有落在球面上的倒格子格点与圆心的连线就是衍射束的方向,如图 3-5 所示(图中 X 射线从左端入射到 $C$ 点,被反射到 $P$ 点,$\theta$ 就是布喇格角)。

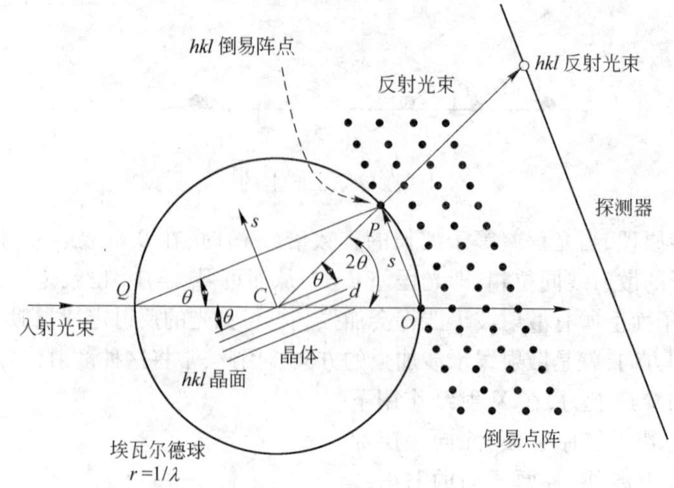


图 3-5 埃瓦尔德图解法解释 X 射线衍射规律

下面所示图 3-6 和图 3-7 是透射电镜获得的衍射图谱,供读者参考。

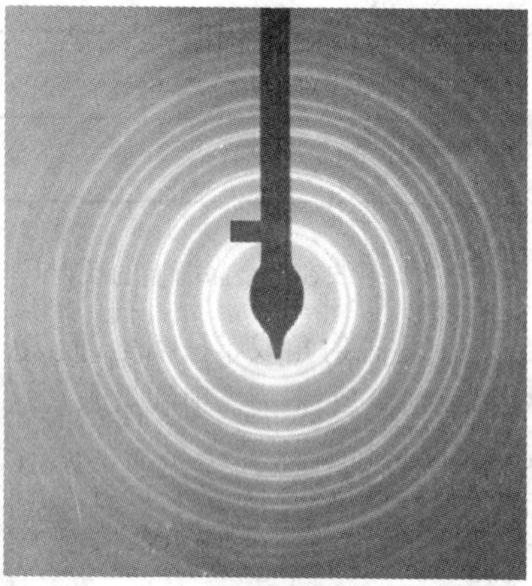

图 3-6 多晶粉末电子衍射照片

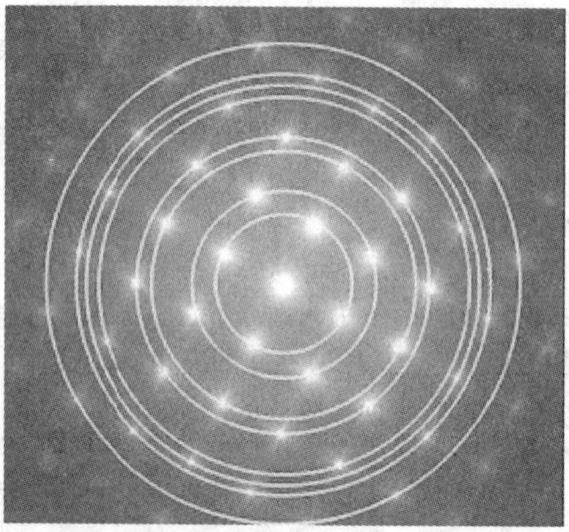

图 3-7 多晶与单晶电子衍射复合照片

## 思考练习题

一、名词解释

1. 倒易空间
2. 布喇格反射

二、简答题

1. 用埃瓦尔德图解法解释 X 射线衍射规律。
2. 简述 X 射线衍射分析物质组成的原理。

## 本篇参考文献

[1] 周世勋．量子力学教程．第2版．北京:高等教育出版社,2009.
[2] 曾谨言．量子力学教程．北京:科学出版社,2003.
[3] 邹鹏程．量子力学．北京:高等教育出版社,2003.
[4] 汪志诚．热力学．统计物理．第4版．北京:高等教育出版社,2008.
[5] 龚昌德．热力学与统计物理学．北京:高等教育出版社,1982.
[6] 熊吟涛．统计物理学．北京:人民教育出版社,1981.
[7] 马本堃,等．热力学与统计物理学．北京:人民教育出版社,1980.
[8] 黄昆．固体物理学．北京:高等教育出版社,1988.
[9] 曹天元．上帝掷骰子吗:量子物理史话．沈阳:辽宁教育出版社,2006.
[10] Jagdish Mehra, Helmut Rechenberg. The Historical Development of Quantum Theory Ⅰ-Ⅵ. Springer, 1982.
[11] Walter Moore. Schrodinger: Life and Thought. Cambridge, 1989.
[12] Ian Duck. 100 Years of Planck's Quantum. World Scientific, 2000.
[13] 向义和．物理学基本概念和基本定律溯源．第1版．北京:高等教育出版社,1994.

# 第二篇　固体能带理论与物理性能

本篇以量子力学、统计物理，以及能带理论为基础，系统介绍了材料的电学、磁学、光学以及介电物理性能，在强调材料性能的物理学本质的基础之上，介绍了相关新材料及其性能。

## 4　固体的能带理论

**本章要点：**

能带理论是目前研究固体中电子运动的一个主要理论基础，能带理论为阐明许多晶体的物性提供基础。本章以周期性势场中的准自有电子模型为基础，建立了薛定谔方程，阐述了能带的形成，介绍了能带理论的布里渊区、电子能级密度等概念，在此基础上阐述了导体、绝缘体、半导体等材料的能带特征。

在晶体中存在大量的电子，它们的运动是相互关联着的，每个电子的运动都要受其他电子运动的牵连，这种多电子系统严格的解显然是不可能的。能带理论是单电子近似的理论，就是把每个电子的运动看成是独立的在一个等效势场中的运动。根据量子力学知识，我们知道，单个原子中处于束缚态的电子能量是量子化的，只有当它脱离原子核的束缚成为自由电子后，其能量才是连续的。在单个原子中，某一电子只受到原子核和同一原子中其他电子的相互作用。当大量原子组成晶体后，由于原子之间的距离与原子自身的线度皆为 $10^{-10}$ m 数量级。所以，一个原子中的电子还将受到周围原子的作用，显然最外层的未满壳上的价电子受其他原子的作用更强。

量子力学计算表明，晶体中电子所处的能量状态将由孤立原子中的一系列能级变为一系列能带。能带理论是目前研究固体中电子运动的一个主要理论基础，能带理论为阐明许多晶体的物性提供基础，成为固体电子理论的重要部分，尤其在说明简单金属和半导体的特性上很有成效。

能带理论不仅适用于金属晶体，而且适用于具有点阵结构的整个固态领域。能带理论有其严格的量子力学基础，将单电子模型应用于具有点阵结构的各类晶体——将波函数与晶体中周期性变化的势场结合起来，则发展为晶体的能带理论，它是固体中电子运动状态的重要理论。能带理论相当成功，但也有它的局限性。如近些年世界各国非常重视非晶态材料的开发，非晶态材料只有短程有序，能带理论就不适用了。

### 4.1　能带理论的发展

固体中的电导现象早在19世纪已为人们所注意研究。G. H. Wiedermann 与 R. Franz 发现了金属中电导率与热导率成正比的经典规律,金属电导率随温度下降而升高也是众所周知的,Faraday 早就发现了 AgS 的电导率随温度下降而减小的反常现象,这是首次观测到半导体的电导性质。Hall 效应的发现提供了用以鉴别载流子所带电荷正负的手段。20 世纪初 P. K. L. Drude 与 H. A. Lorentz 提出了基于经典统计的自由电子模型,但很难从物理上来理解为何通常金属的电导率是如此之高,而另一方面自由电子对热容的贡献却那样微不足道;虽然也能从形式上得出 Wiedermann-Franz 关系式,看来是由于巧合,1927 ~ 1928 年 W. Pauli 与 A. Sommerfeld 发展了基于 Fermi 统计的自由电子理论,成功地解释了金属的顺磁性、热容以及 Wiedermann-Franz 关系式,解决了经典理论残留的一些疑难问题,但还不足以从根本上来解决固体的电导问题。1928 年 F. Bloch 在一篇题名为《论晶格中电子的量子力学》的重要论文中,处理了周期场中德布罗意波的传播,为固体的能带理论奠定了基础。随后 L. Brillouin 与 A. H. Wilson 对于能带理论的基本内容给予更加清楚的阐述,建立了 Bloch 波、Brillouin 区等重要概念,并引申来全面解释不同类型固体(包括金属、半导体和绝缘体等)中的导电性质。固体能带理论的建立标志了固体物理学的成熟,它的主题是周期结构中波的传播(这是 Brillouin 于 1946 年出版的一书的题目)。德布罗意波在周期结构中的传播导致了能带理论,电磁波在周期结构中的传播导致了晶体衍射动力学,格波在周期结构中的传播则导致了晶格动力学。

早期的能带理论是建立在两种近似的基础上的:其一是近自由电子近似,周期势场作为对自由电子运动的微扰,使得本来是连续的波矢与能量的关系中出现位于 Brillouin 区边界处的能隙。另一是紧束缚近似,由于相邻原子能级的交叠,展宽为能带。能带理论建立之后即用来解释金属与合金的物理性质和半导体的电导特征,成效卓著。1947 年年底 Brattain、Bardeen、Shockley 发明了半导体晶体管,为微电子学革命揭开了序幕。这一重大发现充分体现了固体物理学在生产实践中的重要性。

能带理论本身也获得了进一步的发展。Wigner 与 Seitz 提出了元胞法,对碱金属的结合能的计算取得较为满意的结果。随后,正交平面波法、缀加平面波法、格林函数法、赝势法等不同的能带计算方案应运而生,并被应用于多种具体材料中的能带计算。应该指出,能带理论是一种单电子近似,忽略了电子与电子之间存在的相互作用。如何从多粒子系统出发得到单电子近似的依据和相互作用的修正项,就是一个相当重要的问题。早年的工作多半基于 Hartree-Fock 的自洽场近似,20 世纪 60 年代之后 Hohenberg、Kohn 与沈吕九的密度泛函理论为能带计算奠定了更可靠的理论基础。由于计算技术的高度发展,对于结构比较复杂晶体的能带的从头(abinitio)计算已属可能,而且计算出的结合能、原子平衡间距、压缩率等物理参量的精度达到实验值的 10% 以内。

平行于能带理论的进展,关于固体电子结构的实验研究也在广泛开展。早年有关能带结构的实验数据主要来自软 X 射线谱,近年来已被更加精确的光电子能谱所取代。金属能带结构的特征在于有明确的 Fermi 面。从 20 世纪 50 年代后利用 de Haas-van Alphen 效应等多种方法,发展了 Fermi 探测技术,取得了丰硕的成果。回旋共振等技术被用来测定能带载流子的有效质量。大量的实验结果表明,能带不仅是理论的构想,而是可以在实验室中用多种手段来检测的实体。

能带理论在半导体中应用的巨大成功,导致人工控制超晶格材料的诞生。1969 年江琦与朱兆祥提出超晶格的理论设想,即在通常晶格周期上再加上超晶格周期(为纳米量级,小于电子的平均自由程),从而影响电子能态,使它具有突出的电导或光学性能。20 世纪 70 年代分子束外延及金属有机体化学汽相沉积等技术的发展使得制备半导体异质结、量子阱和超晶格成为现实。张立纲等一系列基础的实验证实了一维的势阱与势垒系统中电子运动的规律完全符合量子力学理论的预期。目前,超晶格的品种繁多(组分调制、掺杂调制、应变等),在光学性能与输运性能方面显示其优越性来,可以预期,在基础研究和实用化的器件方面将不断有新的成果涌现。

## 4.2　能带的产生——周期场中的传导电子

研究晶体中的电子状态有两种物理模型,即自由电子近似模型和紧束缚近似模型。后者即建立在量子力学基础上的晶体结构的能带理论,它是布洛赫和布里渊在索莫菲金属晶体自由电子近似模型基础上发展起来的。

在大多数情况下,人们最关心的是价电子,在原子结合成固体的过程中价电子的运动状态发生了很大的变化,而内层电子的变化是比较小的,可以把原子核和内层电子近似看成是一个离子实。

自由电子模型忽略了离子(即去掉价电子后的原子核和外围的电子)势场的作用,而且假定金属晶体势场是均匀的,到处一样,显然这不完全符合实际情况。实际上电子经受的势场应该随着晶体中重复的原子排列而呈周期性的变化,图 4-1 所示是一维晶体场势能变化曲线。

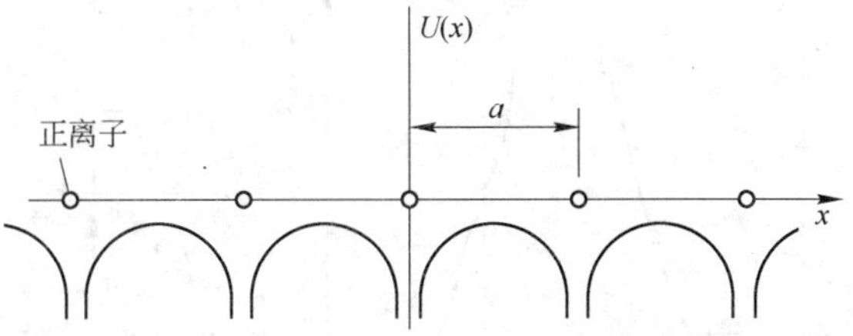


图 4-1　一维晶体场势能变化曲线

晶体场势能周期性变化可表征为一周期性函数:

$$U(x+Na)=U(x) \tag{4-1}$$

式中　$U(x)$——与晶格同周期的周期函数,代表势能;

$a$——点阵常数;

$N=1,2,3,\cdots$。

求解电子在上述周期势场中的运动波函数,原则上要找出势能的表达式,并代入薛定谔方程中求解。为了尽量使问题简化,假设:

(1) 点阵是完整的;

(2) 晶体无穷大,不考虑表面效应;

(3) 不考虑离子热运动对电子运动的影响;

(4) 每个电子独立地在离子势场中运动。

采用以上假设后,便可以认为价电子是准自由电子。

在第 1 章中我们已经了解了薛定谔方程的内容,对于准自由电子,其薛定谔方程为:

$$\left[-\frac{\hbar^2}{2m}\frac{d^2}{dx^2}+V(x)\right]\psi=E\psi \tag{4-2}$$

将 $V(x)$ 展开成级数:

$$V(x)=V_0+\sum_{n=1}^{n}V_n e^{i\frac{2\pi}{a}nx} \tag{4-3}$$

式中,右侧第二项随 $x$ 的坐标变化而周期变化,变化周期为 $a$,即:

$$V(x)=V(x+a) \tag{4-4}$$

另外，第二项比 $V(0)$ 小，可以当作微扰项。

相关的计算结果表明，当 $k=\pm\frac{n}{2a}$ 时，电子总能量为：

$$E=\frac{\hbar^2}{2m}\left(\frac{n}{2a}\right)^2+V_0\pm|V_n|=E_0\pm|V'_n| \tag{4-5}$$

上式的物理意义是当 $k=\pm\frac{n}{2a}$ 时，由于周期场的影响，当总能为 $E-|V'(n)|$ 的能级被电子占有以后，再增加一个电子，该电子只能占据总能为 $E+|V'(n)|$ 的能级，在两个能级之间的能态是禁止的。

这表明在周期场的影响下，在允许带之间出现了禁带。禁带宽度为 $\Delta=2|V_n|$，$V(n)$ 是周期场微扰项级数展开式的系数；禁带出现的位置在 $k=\pm\frac{n}{2a}$。此时，晶体中的电子能量和波矢量 $\boldsymbol{k}$ 之间的关系可以用图 4-2 表示。

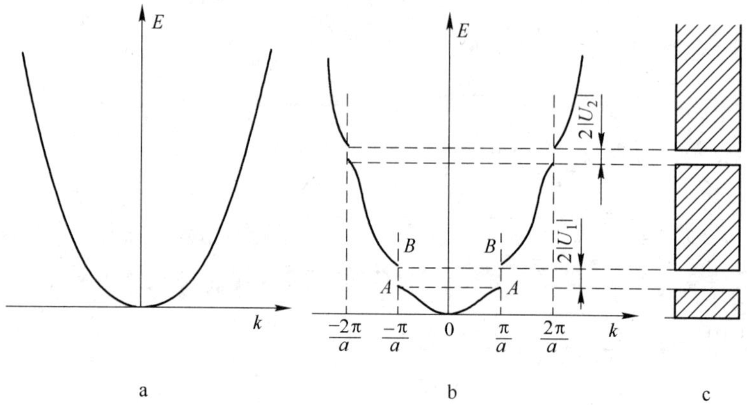


图 4-2 准自由电子模型的 $\boldsymbol{E-k}$ 曲线

a—自由电子模型的 $E-k$ 曲线；b—准自由电子模型的 $E-k$ 曲线；c—与 b 图对应的能带

关于禁带的产生，可以用量子力学的数学解加以证明。在此，我们通过物理分析来解释。考虑图 4-3 的情况，假设 $A_0e^{ikx}$ 是一电子波，并沿着 $+x$ 方向且垂直于一组晶面传播，这样 $A_0e^{ikx}$ 便可看作是一入射波。当这个电子波通过每列原子时，就发射子波，且由每个原子相同地向外传播（如图中的中列原子）。这些子波相当于光学中由衍射光栅的线条传播出去的惠更斯子波。

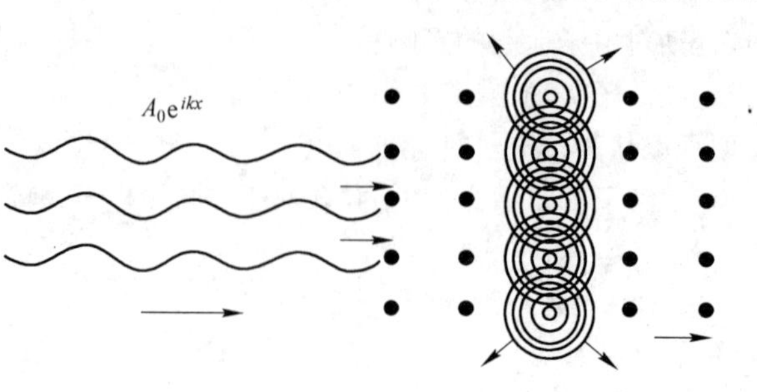


图 4-3 点阵对电子波的散射

由同一列原子传播出去的所有子波是同相位的，因为它们都同时由入射波的同一波峰或波谷形成，结果它们因干涉而形成两个与入射波同类型的波（平面波），这两个合成波中有一个是向前传播的,与入射波不能区分;另一个合成波向后传播,相当于反射波。一般来说,对于任意 $k$ 值,不同列原子的反射波相位不同,由于干涉而相抵消,即反射波为零。这个结果表明,具有这样波矢 $k$ 值的电子波,在晶体中传播没有受到影响,好像整齐排列的点阵,对电子完全是"透明"的,这种状态的电子在点阵中完全是自由的。但是,是否对任意波矢 $k$ 的电子都是这样呢?

当入射电子波 $A_0e^{ikx}$ 的波矢 $\boldsymbol{k}$ 满足布喇格反射公式时,则得到另一加强的反射波 $A_0e^{-ikx}$。由布喇格反射定律 $2d\sin\theta = n\lambda$ 得:

$$k = \frac{n\pi}{d\sin\theta} \tag{4-6}$$

若式中的原子面间距 $d = a, \theta = 90°$ 则 $k = \pm\frac{n\pi}{a}$,其中 $n = 1,2,3,\cdots$ 显然,$k = \pm\frac{\pi}{a}, \pm\frac{2\pi}{a},\cdots$ 都是 $\boldsymbol{k}$ 的临界值。

在三维的情况下,$\boldsymbol{k}$ 的分量就变为 $k_x$、$k_y$、$k_z$。对于三个方向边长均为 $L$ 的试样,有:

$$k_x = \frac{2n_x\pi}{L}, \quad k_y = \frac{2n_y\pi}{L}, \quad k_z = \frac{2n_z\pi}{L} \tag{4-7}$$

式中,$n_x$、$n_y$、$n_z$ 均为任意整数,其取值只需保证 $k^2 = k_x^2 + k_y^2 + k_z^2$。

虽然个别反射波是弱的,但是很多这样的波叠加起来,总的反射波强度接近于入射波,即 $A_1 \approx A_2$,以致最后无论入射波进入点阵多远,它基本上都被反射掉。这表明,当 $k$ 值满足其临界值时,仅用代表电子沿一固定方向运动的波函数已不能表示这时的电子运动状态(即使是近似值)。此时电子的波函数应是入射波和反射波的组合,即:

$$\varphi_1(x) = e^{ikx} + e^{-ikx} = 2\cos kx \tag{4-8}$$

$$\varphi_2(x) = e^{ikx} - e^{-ikx} = 2i\sin kx \tag{4-9}$$

这两个函数表示驻波,对于 $k$ 的临界值来说,它表明:

(1) 具有临界值波矢 $\boldsymbol{k}$ 的电子总的速度为零,因为它不断地反射过来,又反射过去;

(2) 点阵中电子密度确定有周期性变化。对上述波函数分别平方,给出点阵中电子密度周期性变化的两种形式,如图 4-4 所示 。

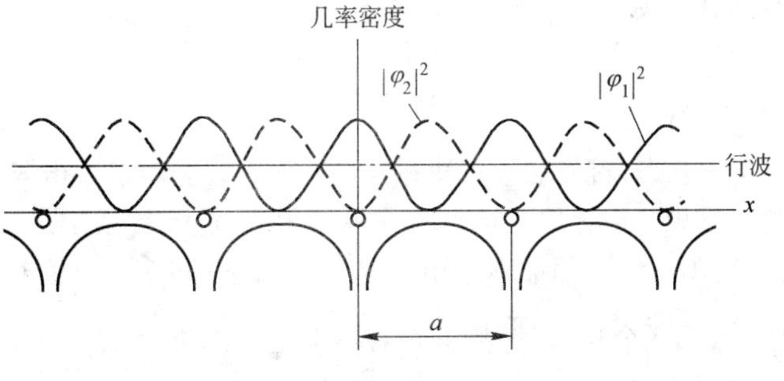


图 4-4 $\varphi_1(x)$、$\varphi_2(x)$ 及行波在周期势场中的几率分布

正弦函数的节点位置恰是余弦函数的最大值,反之亦然。结果驻波函数中在势能谷处(离子实处)电子密度最大,相应于这种情况的电子能量低于自由电子能量,而在势能峰处电子密度最大,相应于这种情况的电子能量高于自由电子的能量。可见周期场的效应是,在每一个 $\boldsymbol{k}$ 的临界值处,自由电子的能级分裂成两个不同的能级,这意味着出现了能隙。

在图 4-2 中,$\boldsymbol{k}$ 值从 $-\frac{\pi}{a}$ 到 $+\frac{\pi}{a}$ 的区间称为第一布里渊(Brillouin)区(简称第一布氏区)。

在第一布氏区内能级分布是准连续谱。$\boldsymbol{k}$ 值从 $-\frac{\pi}{a}$ 到 $-\frac{2\pi}{a}$ 和 $+\frac{\pi}{a}$ 至 $+\frac{2\pi}{a}$ 称为第二布氏区，余下以此类推第三、第四布氏区等。

## 4.3　布里渊区与倒易空间

布里渊区是个非常重要的概念。任选一倒格点为原点，从原点向它的第一、第二、第三……近邻倒格点画出倒格矢，并作这些倒格矢的中垂面，这些中垂面绕原点所围成的多面体称第一布里渊区。第一布里渊区又可表述为从原点出发，不与任何中垂面相交，所能达到的倒空间区域。第 $n$ 布里渊区则是从原点出发跨过 $(n-1)$ 个倒格矢中垂面所达到的区域。在探讨布里渊区之前，我们需要引入 $k$ 空间的概念。所谓 $k$ 空间就是以三维空间的 $\boldsymbol{k}$ 值：$k_x$、$k_y$、$k_z$ 为坐标的状态空间，见图 4-5。这个空间与我们习惯的位置坐标空间类似，但是含义完全不同。位置坐标空间中的一个点代表的是它在空间的位置；而 $k$ 空间中的一个点代表的是电子所处的状态。电子的状态是由一组 $(k_x, k_y, k_z)$ 所决定的，$\boldsymbol{k}$ 值一定，动量能量也就一定了。所以 $k$ 空间中的一个点就代表了电子可能的一种运动状态。

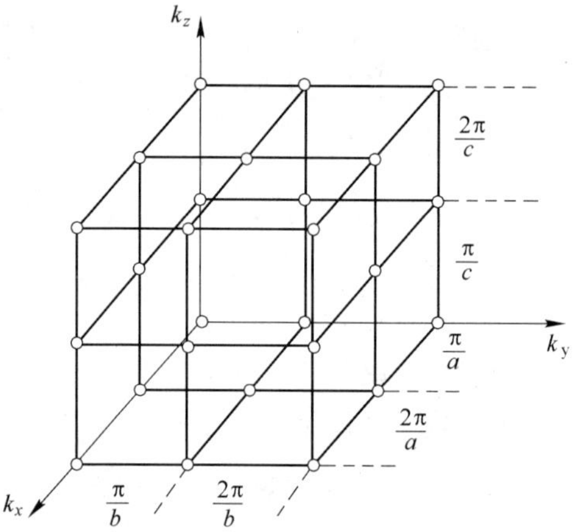

图 4-5　$k$ 空间示意图

首先分析一维 $k$ 空间。如图 4-2 所示准自由电子 $E-k$ 关系的横坐标就代表一维 $k$ 空间，当 $k=\pm\frac{n\pi}{a}$ 时，出现能隙，导致将 $k$ 空间划分为布氏区的概念。出现能隙时，$\boldsymbol{k}$ 满足的条件和 X 射线衍射的布喇格条件一致，因此能够把 $k$ 空间和晶体的倒易空间联系起来。设一维晶格点阵常数为 $a$，该晶格的倒易点阵的基矢为 $\frac{2\pi}{a}$，由倒易点阵原点 $O$（恰是 $k$ 空间的原点）连接倒易点阵第一阵点，作其垂直平分线，其中点就是第一布氏区的边界点 $k=\pm\frac{\pi}{a}$。

利用 $k$ 空间研究电子状态，首先必须解决每个布氏区可以充填多少电子。换句话说，每个布氏区可以有多少 $\boldsymbol{k}$ 值。设想一维金属晶格由 $N$ 个原子组成，点阵常数为 $a$，全长为 $Na=L$。根据周期性边界条件，可以算出一维金属晶体中电子从一个状态（即一个 $k$ 值）变为另一个状态其 $k$ 值变化量为 $\frac{2\pi}{L}$，而第一布氏区全长为 $\frac{2\pi}{a}$，则共可容纳的电子态为 $\frac{2\pi}{a}\Big/\frac{2\pi}{Na}=N$，即第一布氏区所容纳的 $\boldsymbol{k}$ 的点数正好等于晶格点阵原子数。考虑到电子自旋，那么第一布氏区可容纳 $2N$ 个电子。可以证明，这个结论推广到三维空间，对于体心、面心立方晶体也是正确的。

二维 $k$ 空间布氏区的求法与一维的情况类似。设二维晶格的点阵常数为 $a$，先作出它的倒易点阵，然后引出倒易矢，作最短倒易矢的垂直平分线，被其围成的封闭区，就是二维正方晶格的第一布氏区。作法见图 4-6。

如果设想向 $k$ 空间逐步加入"准自由"电子，那么电子将按系统能量最小原理，由能量低的向能量高的能级填充。如果把能量相同的 $\boldsymbol{k}$ 值连接起来，则会形成一条线，这就是等能线，如图4-7所示。

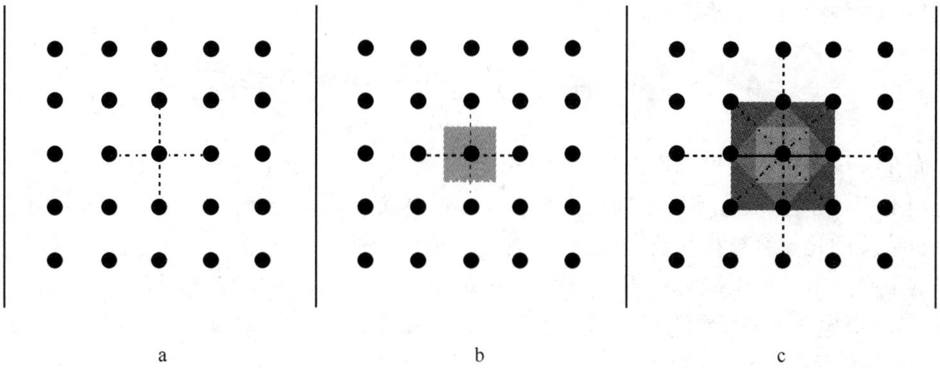


图 4-6 二维正方晶格的倒易点阵及布里渊区

a—选取一个原点,向周围最近格子连线;b—第一布氏区;c—第二和第三布氏区

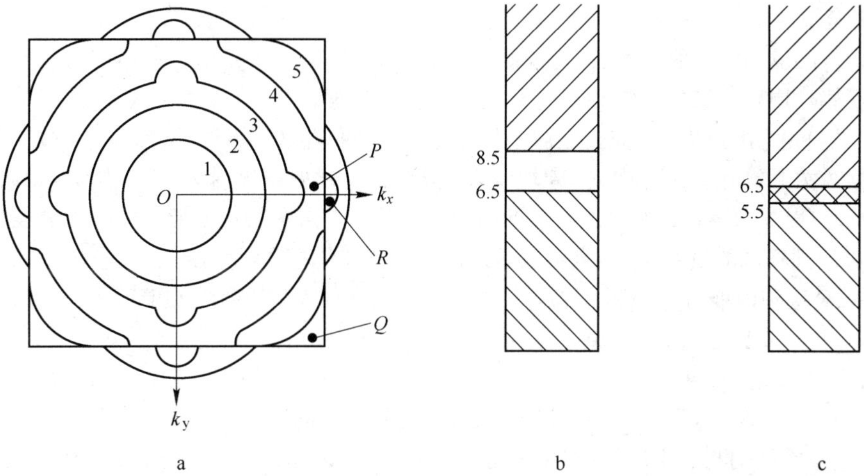


图 4-7 二维 $k$ 空间等能面

a—二维正方晶格第一布氏区等能线;b—分立的能带;c—交叠的能带

由图 4-7 可见,其低能量的等能线(如图中标志的 1 和 2),都是以 $k$ 空间原点为中心的圆,因为波矢 $\boldsymbol{k}$ 离布氏区边界较远,这些电子与自由电子行为相同,周期势场对它们的运动没有影响,所以在不同方向的运动都有同样的 $E-\boldsymbol{k}$ 关系。

当 $\boldsymbol{k}$ 值继续增大,等能线开始偏离圆形(图 4-7 中等能线 3),在接近布氏区边界部分等能线向外突出。这是因为接近边界时周期势场影响显著,$dE/dk$ 比自由电子小(如图 4-2 中的 $E-\boldsymbol{k}$ 曲线所示),因而在这个方向从一条等能线到另一条等能线 $k$ 的增量比自由电子的大。能量更高的等能线与布氏区边界相交:位于布氏区角顶的能级,在该区中能量最高(如图 4-7a 中的 $Q$ 能级),因为在边界上能量出现能隙,故等能线在边界处不连续。

布氏区边界出现能隙,其大小表示禁带的宽度,但并不是说二维晶体所有方向上都一定存在能隙,若图 4-7a 所示第一区[10]方向最高能级 $P$ 为 4.5 eV,若该方向的能隙为 4 eV,则第二区最低能级 $R$ 为 8.5 eV,[11]方向最高能级 $Q$ 为 6.5eV,在这种情况下,二维晶体存在能隙,如图4-7b 所示的第一区和第二区能带分立。如果[10]方向的能隙只有 1 eV,则 $R$ 能级为 5.5 eV,在这种情况下,二维晶体没有能隙,第一区和第二区能带交叠,如图 4-7c 所示,无禁带。在实际中,布里渊区的形状是由晶体结构决定的。

## 4.4 准自由电子近似电子能级密度

前面在统计力学基础里我们提到了一个很重要的统计方法:费密统计。金属中的自由电子满足泡利不相容原理,其在单粒子能级上分布几率遵循费密统计分布。在绝对零度时,处于基态的费密子系统的化学势被称为费密能,费密能为由独立的费密子组成的系统中处于基态的单个费密子的最高能量。根据泡利不相容原理,一个量子态不能容纳两个或两个以上的费密子,所以在绝对零度下,电子将从低到高依次填充各能级,除最高能级外均被填满,形成电子能态的“费密海”。绝对零度下,电子在波矢空间($k$ 空间)中分布(填充)而形成的体积的表面,即“费密海”的最外层,被称为费密面。由于在绝对零度时电子都按照泡利不相容原理填满于费密面以下的量子化状态中,所以费密面也就是 $k$ 空间中费密能所构成的表面。实际晶体的能带结构十分复杂,相应的费密面形状也很复杂,最简单的情况是理想费密气的费密面,它是一个以 $k_f$ 为半径的球面,称为“费密球”。

单位能量间隔内的能级数目,称为能级密度 $Z(E)$,从 $E-k$ 关系曲线的斜率可以看出能级密度的变化规律。周期势场的影响导致能隙,使电子 $E-k$ 曲线发生变化,同样也使 $Z(E)$ 曲线发生变化。当“准自由”电子逐步填充到金属晶体布氏区中,在填充低能量的能级时,$Z(E)$ 遵循自由电子的抛物线关系,如图4-8a 中的 $OA$ 段;当电子波矢 $k$ 接近布里渊区边界时,$\mathrm{d}E/\mathrm{d}k$ 值比自由电子近似的小(比较图4-8b 中的 $A$ 点附近相同 $k$ 值对应自由电子和近似自由电子的能量变化的差异),即对于同样的能量变化,准自由电子近似的 $k$ 值变化量 $\Delta k$ 大于自由电子近似的 $k$ 的变化值,所以在 $\Delta E$ 范围内准自由电子近似包含的能级数多,即 $Z(E)$ 曲线提高,如图 4-8a 中的 $AB$ 段;当费密面接触布氏区边界时,$Z(E)$ 达最大值(图中 $B$ 点);其后只有布氏区角落部分的能级可以充填,$Z(E)$ 下降(图 4-8a 中 $BC$ 段);当布氏区完全填满时,$Z(E)$ 为零,如图中 $C$ 点;如果能带交叠,总的 $Z(E)$ 曲线是各区 $Z(E)$ 曲线的叠加,见图 4-8b,其中虚线是第一、第二布氏区的状态密度;实线是叠加的状态密度;影线部分是已填充的能级。测定长波长($100\times10^{-10}$ m 左右)的软 X 射线谱可以确定费密面以下的状态密度曲线。

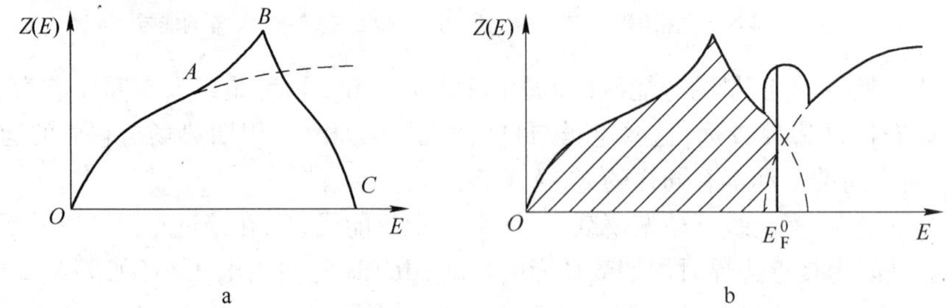


图 4-8 能级密度曲线

a—准自由电子近似的能级密度曲线(虚线为自由电子近似的能级密度);

b—交叠能带的能级密度曲线

原子基态价电子能级分裂而成的能带称为价带,对应于自由原子内部壳层电子能级分裂成的能带分别以相应的光谱学符号命名,一般称 $s$ 带、$p$ 带、$d$ 带等。通常原子内部电子能级分裂成能带的往往不标出,因为它们对固体性能几乎没有什么影响。相应于价带以上的能带(即第一激发态)称为导带。

电子在能带中的分布规律是:(1) 每个能带可以容纳的电子数等于该能带相应的原子能级所能容纳的电子数的 $N$ 倍,$N$ 是组成晶体的原子个数;(2) 正常情况下,总是优先填充能量较低的能级。其中,各能级都被电子填满的能带称为满带,满带中的电子不参与导电过程。由价电子能级分裂而成的能带称为价带,价带能量最高,可能被填满,也可能未填满。与各原子的激发态能级相应的能带称为空代,正常情况下没有电子填入。几种能带电子填充的情况如图 4-9 所示。

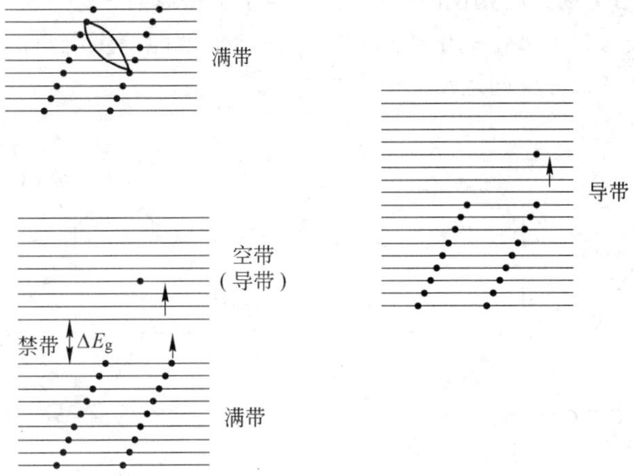


图 4-9 几种能带电子填充的情况

我们讨论固体性质往往分析的是价带和导带被电子占有的情况。这里应指出的是,能带和原子能级并不永远有简单的对应关系。某些晶体原子处于平衡点阵时,价电子能级和其他能级分裂的能带展宽的程度,足以使它们相互交叠,这时能带结构将发生新变化,简单对应关系便消失了。

## 4.5 导体、绝缘体、半导体的能带结构

利用晶体能带理论解释导体、绝缘体、半导体导电性的巨大差别是能带理论初期发展的重大成就。根据下面的分析,便可以认识到晶体导电性与它们的能带结构及其被电子充填情况是密切相关的,从而建立了导体、半导体、绝缘体的能带结构。为了理解能带结构和电子充填情况对晶体导电性的影响,先介绍两个重要概念。

(1) 满带电子不导电。假设在一个为电子充填的一维能带中,如图 4-10 所示的横轴上的黑点表示均匀分布的量子态都被电子所充填,这是一满带。当外电场加上之后,各电子均受到相同的电场力 $F$,由于 $k$ 和 $-k$ 态电子具有大小相同但方向相反的速度,因此,尽管每个电子携带电荷运动,但相应的 $k$ 和 $-k$ 态电子彼此完全抵消了。也就是说,在电场作用下只要电子没有逸出这个布里渊区,就改变不了均匀填充各 $k$ 态的情况,也就不可能形成净电荷的迁移,也就没有电流,即满带中的电子对导电没有贡献。

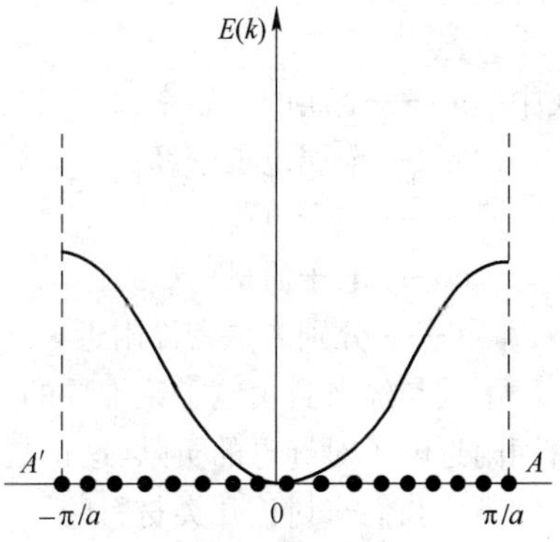


图 4-10 外场下满带电子的运动

(2) 费密球在部分充填的布氏区中的运动。假设三维布氏区中能量较低的能级被电子充填,能量较高的能级是

空的，此时布氏区的费密面基本上可以视为球面，电子运动状态如图 4-11 中实线所示，如同前面所分析的，在同一能带中波矢 $k$ 和 $-k$ 电子具有相同的能量，但它们运动方向相反、速度大小相等，在没有外加电场的平衡态时，电子填充情况是相对于 $k$ 空间原点对称的，因此尽管电子自由运动但相互抵消，故没有宏观电流。

如果在上方施加一个外电场 $\varepsilon$ 之后，每个电子都受到一个电场力 $e\varepsilon$ 的作用，该力使处于不同状态的电子都获得与电场方向相反的加速度，相当于费密球向 $-k_x$ 方向平移了 $\Delta k_x$（见图 4-11 虚线圆所示）。此时波矢接近 $\Delta k_F$ 的电子沿 $\Delta k_F$ 方向运动就能产生电流。因为虚圆不再对原点对称了，这些电子没有其相应反向运动的电于相抵消。

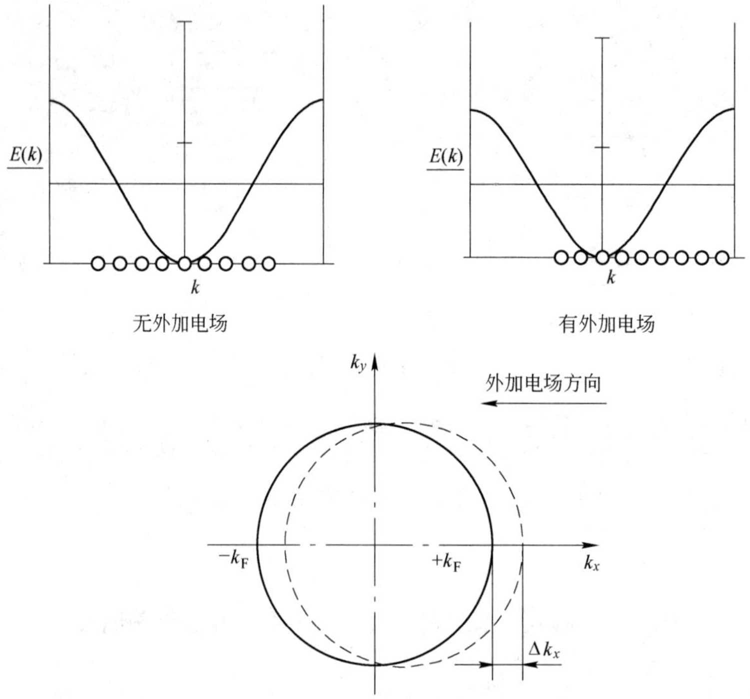


图 4-11　费密球在部分填充的布氏区中的运动

利用费密球在布氏区中位移的分析方法，可以推算出典型金属的电导率：

$$\sigma = \frac{ne^2 l_F}{mv_F} \tag{4-10}$$

式中　$\sigma$——金属的电导率；

$n$——金属电子密度；

$e$——电子电荷；

$m$——电子质量；

$l_F$，$v_F$——分别为费密面附近电子的平均自由程和运动速度。

上式与经典自由电子论推导的金属电导率形式相似，但物理意义却不同。该结果突出了费密面附近电子对导电的贡献，这正是能带理论的成功之处。

下面我们来讨论几类材料的导电性。首先可以说，具有部分充填能带结构的晶体大都是导体，那么，元素周期表中ⅠA 族碱金属 Li、Na、K、Rb、Cs，ⅠB 族的 Cu、Ag、Au，形成晶体时最外层的电子成为传导电子，由于每个原子只能给出一个价电子，所以其价带只能填充至半满，因此，它们都是良导体。电阻率只有 $10^{-6} \sim 10^{-2}\ \Omega \cdot cm$。如果以电子能级密度 $Z(E)$ 为纵坐标来表示每个布氏区的能带，则该类晶体的能带结构如图 4-12a 所示。

二价元素，如元素周期表中ⅡA 族碱土族 Be、Mg、Ca、Sr、Ba，ⅡB 族为 Zn、Cd、Hg，按上面的讨论，每个原子给出两个价电子，则得到填满的能带结构，应该是绝缘体。对一维情况确是这样，但在三维晶体情况下，由于能带之间发生重叠，造成在费密能级以上不存在禁带，因此二价元素也是导体。它们的能带结构如图 4-12b 所示。

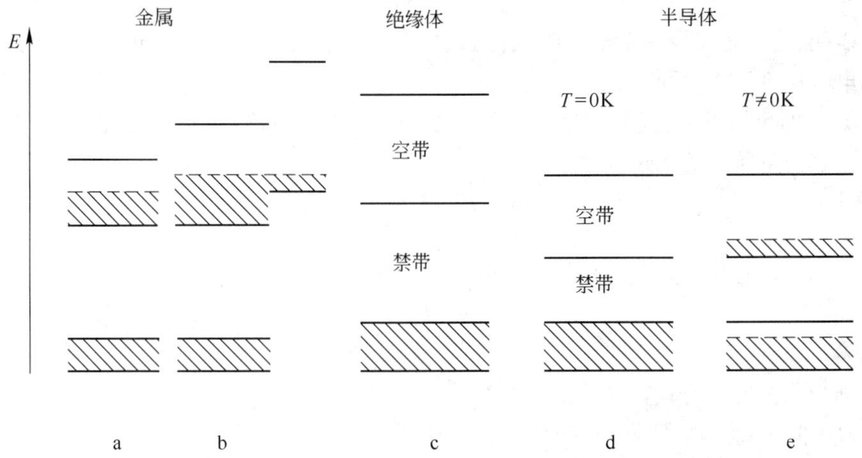


图 4-12 金属、绝缘体和半导体的能带模型

三价元素 Al、Ga、In 每个单胞含有一个原子，每个原子给出三个价电子，因此，可填满一个带和一个半满的带，故也是导体。As、Sb、Bi 每个原子外围有 5 个电子，其原胞具有两个原子，这种晶体结构使 5 个带填 10 个电子已几乎全满，带中电子突出地少，因此，称为半金属，传导电子浓度只有 $10^{24}/m^3$，比通常金属少 4 个数量级。

四价元素具有特殊性。导带是空的，价带完全填满，中间有能隙 $E_g$ 较小，Ge 和 Si 分别为 0.67 eV 和 1.14 eV，见图 4-12d、e。由于其禁带较窄，因此可以依靠热激发把满带中的电子激发到空的能带（即导带）去，被激发的电子在导带中如同在金属中的未满带一样，就可以在外电场的作用下显示电导。由于受热激发的电子数目和温度有指数关系，故半导体的电导率随温度变化也是指数的。这样能带理论很好地说明了半导体电导率的这个特征。

离子晶体一般为绝缘体。例如，NaCl 晶体中 $Na^+$ 的 3 电子移到 $Cl^-$ 中，则它的 3 轨道是空的，$Cl^-$ 的 3 轨道是满带，从满带到 3 空带是 10 eV 的禁带，热激发不能使电子进入导带，因此是绝缘体（一般情况下绝缘体 $E_g \geqslant 3$ eV）。通过对图 4-12 中四价元素晶体和离子晶体的电子能带结构的对比可以发现，半导体晶体能带结构的能隙（禁带宽度）窄一些。正是这样，晶体的周期势场使不同结构的晶体具有不同带结构，这也是导体、半导体、绝缘体导电性巨大差别的起因。

## 4.6 空穴的概念

满带中如缺了少数电子就会产生一定的导电性，这种近满带的情形在半导体的问题中特别重要。要描述近满带中电子的运动，由于涉及到数目很大的电子集体运动，因而在表述上十分不便。为此，我们引入空穴的概念，将大量电子的集体运动等价地变为描述少数空穴的概念，从而大大简化了有关近满带的问题。

为了说明空穴的概念并证明用电子和空穴两种描述方法的等价性，我们不妨假设满带中只有某一个状态 $\boldsymbol{k}$ 未被电子占据，此时能带是不满的，因而应有电流产生，以 $\boldsymbol{j}(\boldsymbol{k})$ 表示。为计算 $\boldsymbol{j}(\boldsymbol{k})$，我们假想在空的 $\boldsymbol{k}$ 态中放入一个电子，这个电子的电流等于 $-e\boldsymbol{v}(\boldsymbol{k})$。但是 $\boldsymbol{k}$ 态加入这个电子后，能带又成为满带，所以，总的电流应为零，从而有：

$$\boldsymbol{j}(\boldsymbol{k}) + [-e\boldsymbol{v}(\boldsymbol{k})] = 0 \tag{4-11}$$

即：

$$\boldsymbol{j}(\boldsymbol{k}) = e\boldsymbol{v}(\boldsymbol{k}) \tag{4-12}$$

上式表明，当 $\boldsymbol{k}$ 态缺少一个电子时，近满带的总电流就如同一个具有正电荷 e 的粒子，以空状态 $\boldsymbol{k}$ 的电子速度 $\boldsymbol{v}(\boldsymbol{k})$ 所产生的。

在电场 $E$ 的作用下，近满带中所有电子的状态都以式(4-12)的规律变化，空状态也按同样规律变化。因而空状态的加速度为：

$$\frac{d\boldsymbol{v}(\boldsymbol{k})}{dt} = \left(\frac{1}{m_e^*(\boldsymbol{k})}\right)(-eE) \tag{4-13}$$

考虑 $m_x^* = m_y^* = m_z^*$ 球形等能面的简单情况，上式变为：

$$\frac{d\boldsymbol{v}(\boldsymbol{k})}{dt} = -\frac{eE}{m_e^*(\boldsymbol{k})} \tag{4-14}$$

由于满带顶的电子比较容易受热而激发到导带，因此空状态多位于能带顶附近。在能带顶附近 $m_e^*$ 为负值，为此我们定义空穴有效质量为：

$$m_h^*(\boldsymbol{k}) = -m_e^*(\boldsymbol{k}) \tag{4-15}$$

则有：

$$\frac{d\boldsymbol{v}(\boldsymbol{k})}{dt} = \frac{eE}{m_h^*(\boldsymbol{k})} \tag{4-16}$$

由上面的讨论我们得到下列结论：当满带顶附近有空状态 $\boldsymbol{k}$ 时，整个能带中的电子运动，以及电流在外场作用下的变化，完全如同存在一个带正电荷 e，具有正有效质量 $|m^*|$、速度 $\boldsymbol{v}(\boldsymbol{k})$ 的粒子情况一样，这样一个假想的粒子称为空穴。

空穴概念的引入，使得满带顶附近缺少一些电子的问题和导带底有少数电子的问题十分相似。然而应该强调指出，我们虽然赋予空穴有效质量、电荷等属性，但它并不是客观存在的一种实物粒子，而只是客观物质——电子集体运动的一种等价描述。正如前面所提到的声子概念一样，它也不是一个客观物质粒子，而是晶格中原子集体振动的一种等价描述，我们常把声子、空穴等称为准粒子或元激发。在固体物理学中处理多粒子体系的集体运动时常常引入各种元激发，以使多体问题简化。

## 思考练习题

一、名词解释

1. 空穴
2. 费密能

二、简答题

1. 利用能带理论解释导体、绝缘体、半导体导电性。
2. 绘制简单立方晶体的第一布里渊区。
3. 描述导体、绝缘体与半导体能带结构特征。

# 5 电学性能

**本章要点：**

锂离子电池、半导体材料等各类导电材料在人类的生活中发挥着越来越重要的作用。本章在重点介绍电子导电与离子导电机理的基础上，介绍了固体电解质、半导体以及超导材料的发展、相关机理以及潜在应用为开发新型材料奠定基础。

## 5.1 材料导电性能概述

固体的导电是指固体中的电子或离子在电场作用下的远程迁移，通常以一种类型的电荷载体为主，如：电子导体，以电子载流子为主体的导电；离子导电，以离子载流子为主体的导电；混合型导体，其载流子电子和离子兼而有之。除此以外，有些电现象并不是由于载流子迁移所引起的，而是电场作用下诱发固体极化所引起的，例如介电现象和介电材料等。

表征固体材料的导电性的物理量是电导率 $\sigma$，它是具有单位电导池常数（即单位截面积和单位长度）的小块晶体的电导，常用单位有：$\Omega^{-1}\cdot cm^{-1}$，$\Omega^{-1}\cdot m^{-1}$，$S\cdot m^{-1}$（1 S（西门子）= 1 $\Omega^{-1}$）。典型材料的电导值如表 5-1 所示。

**表 5-1 典型材料的电导值**

| 导电类型 | 材料类型 | 电导率/$S\cdot cm^{-1}$ |
|---|---|---|
| 离子导电 | 离子晶体 | $10^{-18}\sim10^{-4}$ |
| | 快离子导体 | $10^{-3}\sim10^{1}$ |
| | 强（液）电解质 | $10^{-3}\sim10^{1}$ |
| 电子导电 | 金 属 | $10^{1}\sim10^{5}$ |
| | 半导体 | $10^{-5}\sim10^{2}$ |
| | 绝缘体 | $<10^{-12}$ |

对任何材料和任何型载流子，电导率可以表示为：

$$\sigma = n_1e_1\mu_1 + n_2e_2\mu_2 + \cdots = \sum n_ie_i\mu_i \tag{5-1}$$

式中 $\sigma$——电导率；

$n_i$——载流子的数目；

$e_i$——载流子的电荷量；

$\mu_i$——载流子的迁移率。

对电子和一价离子来说，$e$ 就是电子的电荷 $1.6\times10^{-19}$ C。至于是何种载流子起导电作用，这源于材料的本质。

# 5.2 电子类载流子导电

主要以电子、空穴作为载流子的材料，可以是金属，也可以是半导体。金属主要以电子导电为主。

## 5.2.1 金属导电与电阻的产生

如上章所述，利用费密球在布氏区中位移的分析方法，可以推算出典型金属的电导率：

$$\sigma = \frac{ne^2 l_F}{m^* v_F} \tag{5-2}$$

式中 $\sigma$——电导率；

$n$——金属电子密度；

$e$——电子电荷；

$m$——电子质量；

$l_F, v_F$——分别为费密面附近电子的平均自由程和运动速度。

上式与经典自由电子论推导的金属电导率形式相似，但物理意义却不同。该结果突出了费密面附近电子对导电的贡献，这正是能带理论的成功之处。

当电子波通过一个理想晶体点阵时(0 K)，它将不受散射；只有在晶体点阵完整性遭到破坏的地方，电子波才受到散射(不相干散射)，这就是金属产生电阻的根本原因。由于温度引起的离子运动(热振动)振幅的变化(通常用振幅的均方值表示)，以及晶体中异类原子、位错、点缺陷等都会使理想晶体点阵的周期性遭到破坏，这样，电子波在这些地方发生散射而产生电阻，降低导电性。因为电阻率 $\rho$ 的倒数即为电导率 $\sigma$，令 $1/l_F$ 为散射系数，并 $\mu$ 以表示，则式(5-2)可写成：

$$\rho = \frac{m^* v_F}{ne^2}\mu \tag{5-3}$$

温度升高，离子振幅愈大，电子愈易受到散射，故可认为散射系数与温度成正比。

若金属中含有少量杂质，其杂质原子使金属正常的结构发生畸变，它对电子的作用如同空气中的尘埃对光的传播影响一样，引起额外的散射，此时散射系数为：

$$\mu = \mu_r + \Delta\mu \tag{5-4}$$

式(5-4)由两部分组成：其中散射系数 $\mu_r$ 与温度成正比，$\Delta\mu$ 与杂质浓度成正比，与温度无关。这样，总的电阻包括金属的基本电阻和溶质(杂质)浓度引起的电阻(与温度无关)。这就是有名的马西森定律(Matt Messen Rule)，用下式表示：

$$\rho = \rho' + \rho(T) \tag{5-5}$$

式中 $\rho$——金属总的电阻率；

$\rho(T)$——与温度有关的电阻率；

$\rho'$——与杂质浓度、点缺陷、位错有关的电阻率。

金属的温度愈高，电阻也愈大。若以 $\rho_0$ 和 $\rho_T$ 表示金属在0℃和 $T$(单位为℃)温度下的电阻率，则电阻与温度关系为：

$$\rho_T = \rho_0(1 + \alpha T) \tag{5-6}$$

一般在温度高于室温的情况下，此式对大多数金属是适用的。除过渡族金属外，所有纯金属的电阻温度系数 $\alpha$ 近似等于 $4\times10^{-3}$℃$^{-1}$。

### 5.2.2 冷加工和缺陷对电阻率的影响

根据电阻产生的机制,可以预测冷加工后电阻的变化方向(增大还是减小)。室温下测得经相当大的冷加工变形后纯金属(如铁、铜、银、铝)的电阻率,比未经变形的总共只增加2% ~6%。只有金属钨、钼例外,当冷变形量很大时,钨电阻可增加30% ~50%,钼增加15% ~20%。一般单相固溶体经冷加工后,电阻可增加10% ~20%,而有序固溶体电阻增加100%,甚至更高。冷加工引起金属电阻率增加,同晶格畸变(空位、位错)有关。冷加工引起金属晶格畸变也像原子热振动一样,增加电子散射几率。同时也会引起金属晶体原子间键合的改变,导致原子间距的改变。当温度降到0K时,未经冷加工变形的纯金属电阻率将趋于零,而冷加工的金属在任何温度下都保留有高于退火态金属的电阻率。在0K,冷加工金属仍保留某一极限电阻率,此电阻率称为剩余电阻率。

空位、间隙原子以及它们的组合、位错等晶体缺陷使金属电阻率增加。根据马西森定律,在极低温度下,纯金属电阻率主要由其内部缺陷(包括杂质原子)决定,即由剩余电阻率决定。因此,研究晶体缺陷对电阻率的影响,对于估价单晶体结构完整性有重要意义。掌握这些缺陷对电阻的影响,可以研制具有一定电阻值的金属。半导体单晶体的电阻值就是根据这个原则进行人为控制的。一般在立方系晶体中金属的电阻表现为各向同性,但在对称性较差的六方晶系、四方晶系、斜方晶系和菱面体中,导电性表现为各向异性。

### 5.2.3 固溶体的电阻率

形成固溶体时,合金导电性能降低。即使是在导电性好的金属溶剂中溶入导电性很高的溶质金属时,也是如此。这是因为在溶剂晶格中溶入溶质原子时,溶剂的晶格发生扭曲畸变,破坏了晶格势场的周期性,从而增加了电子散射的几率,电阻率增高。但晶格畸变不是电阻率改变的唯一因素,固溶体的电性能还取决于固溶体组元的化学相互作用。

库尔纳科夫指出,在连续固溶体中合金成分距组元越远,电阻率越高,在二元合金中最大电阻率常在50%原子浓度处,而且可能比组元电阻率高几倍。铁磁性及强顺磁性金属组成的固溶体情况有异常,它的电阻率一般不在50%原子处,如图5-1所示。

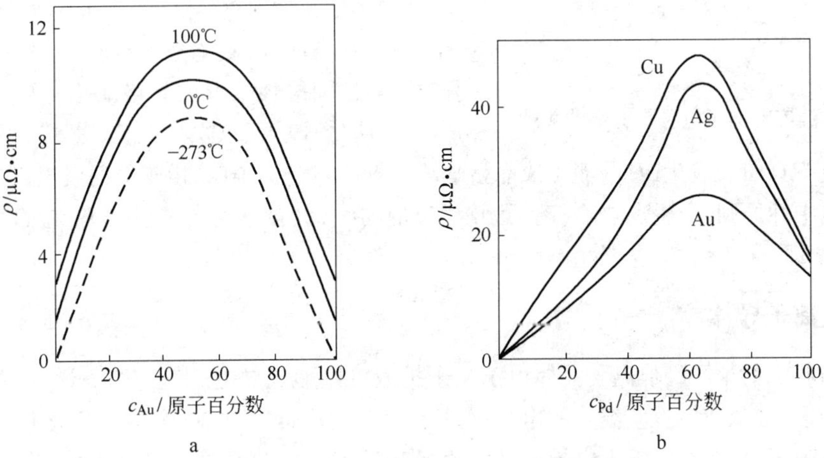


图5-1 固溶体合金成分与电阻率的关系

a—银-金合金中电阻率与成分的关系;b—铜、银、金与钯组成的合金的电阻率与成分的关系

# 5.3 离子类载流子导电

离子电导是带电荷的离子载流子在电场作用下的定向运动。从离子型晶体看可以分为两种情况:一类是晶体点阵的基本离子,由于热振动而离开晶格,形成热缺陷,这种热缺陷无论是离子或空位都可以在电场作用下成为导电的载流子,参加导电,这种导电称为本征导电;另外一类是参加导电的载流子主要是杂质,因而称为杂质导电。一般情况下,由于杂质离子与晶格联系弱,所以,在较低温度下杂质导电表现显著,而本征导电在高温下才成为导电主要表现。

## 5.3.1 离子导电与扩散

离子导电性可以认为是离子电荷载流子在电场的作用下,通过材料的长距离迁移。离子的尺寸和质量都比电子要大很多,其运动方式是从一个平衡位置跳跃到另一个平衡位置。因此,也可以从另一个角度讲,离子导电是离子在电场作用下的扩散现象。其扩散路径畅通,离子扩散系数就高,因此导电率也就高。表征这一现象的就是能斯脱－爱因斯坦方程。其推导过程如下:设由于载流子离子浓度梯度$\frac{\partial n}{\partial x}$所形成的电流密度为 $J_1$,则:

$$J_1 = Dq\frac{\partial n}{\partial x} \tag{5-7}$$

式中 $n$——载流子单位体积浓度;

$x$——扩散方向;

$q$——离子荷电量;

$D$——扩散系数。

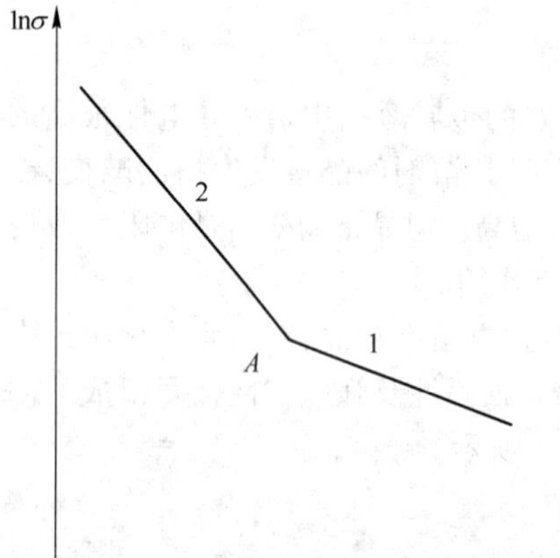


图 5-2 温度对离子电导率的影响规律

温度以指数形式影响其电导率。随着温度从低温向高温增加,其电导率的对数的斜率会发生变化,即出现拐点,显著地把曲线分为两部分,也就是高温区的本征导电,低温区的杂质导电,如图 5-2 所示。

理想晶体不存在点缺陷,正是由于热激活,使晶体产生肖特基(Shottky)缺陷或弗仑克尔(Frenkel)缺陷。同样,不等价固溶掺杂形成晶格缺陷。缺陷也可能是由于晶体所处环境气氛发生变化,使离子型晶体的正负离子的化学计量比发生改变,而生成晶格缺陷。例如稳定型 $ZrO_2$,由于氧的脱出而生成氧空位 $V_0$。根据电中性原则,产生点缺陷(离子型缺陷)的同时,也会发生电子型缺陷,它们都会显著影响电导率。

## 5.3.2 快离子导体

上一节我们讨论了经典离子晶体由于离子扩散可以形成导电。但一般来说,这些晶体的电导率要低得多,如氯化钠在室温时的电导率只有 $10^{-15}$ S · cm$^{-1}$,在 200℃时也只有 $10^{-8}$ S · cm$^{-1}$。而另有一类离子晶体,在室温下电导率可以达到 $10^{-2}$ S · cm$^{-1}$,几乎可与熔盐的电导率比美。我们将这类具有优良离子导电能力($\sigma = 0.1 \sim 10^{-2}$ S · cm$^{-1}$)的材料称为快离子导体(fast ion condustor)或固体电解质(solid electrolyte),也有称作超离子导体(super ion condustor)。

1914 年，塔板特(Tubandt)和洛伦茨(Lorenz)发现银的化合物在恰低于其熔点时，AgI 的电导率要比熔融态的 AgI 的电导率高约 20%；1934 年，Strock 系统研究了 AgI 的高温相有异乎寻常的离子导电性，并首次提出了熔融晶格导电模型；20 世纪 60 年代中期，发现了复合碘化银和 $Na^+$ 离子为载流子的 $\beta-Al_2O_3$ 快离子导体，其电导可达到 $10^{-1}\ S\cdot cm^{-1}$；20 世纪 70 年代，美国福特汽车公司已把 $Na-\beta-Al_2O_3$ 快离子导体制成 Na－S 电池，锂快离子制成的电池用于计算机、电子表、心脏起搏器等。现在快离子导体制作的化学传感器、电池等已广泛地应用于生产部门和国防以及人们生活中。

快离子导体中的载流子主要是离子，并且其在固体中可流动的数量相当大。例如，经典晶体氯化钠、氯化银、氯化钾以及 $\beta-AgI$ 中可流动的离子的数量不大于 $10^{18}\ cm^3$ 左右，而快离子导体中可流动的离子数目达到 $10^{22}\ cm^3$ 左右，要大一万倍。根据载流子的类型，可将快离子导体分为如下类型：正离子作载流子的有银离子导体、铜离子导体、钠离子导体、锂离子导体以及氢离子导体；负离子作载流子的有氧离子导体和氟离子导体等。

快离子导体中应当存在大量的可供离子迁移占据的空位置。这些空位置往往连接成网状的敞开隧道，以供离子的迁移流动。根据隧道的特点，可将快离子导体划分为：一维导体，其中隧道为一维方向的通道，如四方钨青铜；二维导体，其中隧道为二维平面交连的通道，如 $Na-\beta-Al_2O_3$ 快离子导体；三维导体，其中隧道为二维网络交连的通道，如 Nisicon(sodium superionic conductor, $NaZr_2P_3O_{12}$)等。

快离子导体材料往往不是指某一组成的某一类材料，而是指某一特定的相。例如对碘化银而言，它有 α、β、γ 三个相之多，但只有 α 相为快离子导体。因此，相变是快离子导体普遍存在的一个过程。换言之，某一组成物质，存在有由非传导相到传导相的转变。1930 年 Strock 研究 AgI 的导电性质时，提出了"液态亚晶格"概念，他认为：快离子导体有两套亚晶格，传导离子组成一套，非传导离子组成另一套。在一定相中，传导相粒子亚晶格呈液态，而非传导相液晶格呈刚性起骨架作用。这样，非传导相到传导相的转变，可以看作传导相离子亚晶格的熔化或有序到无序的转变。

纯氧化锆有多种晶型，包括单斜、四方和立方等。其中，在 850～1150℃时发生 $ZrO_2$ 单斜向四方 $ZrO_2$ 相时，会发生体积膨胀约 8%，常使样品热处理时破裂而无法使用。因此，常在氧化锆中掺入稳定剂来改善其力学性能。对于氧化锆增韧陶瓷，又被称为陶瓷钢，增韧的根源是 $t-ZrO_2$ 到 $m-ZrO_2$ 相变的体积效应。这些稳定剂主要是低价的碱土金属氧化物(MO)或稀土金属氧化物，为了保持电中性，就必然导致氧离子空位出现。空位产生的机理如图 5-3 所示。

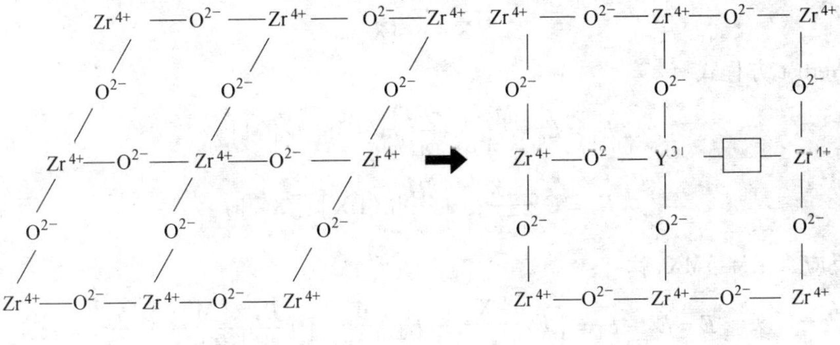


图 5-3　$Y_2O_3$ 掺杂氧化锆空位产生的机理

每掺杂1个三价稀土金属离子就会产生1/2个$O^{2-}$离子空位,形成的氧化锆基固溶体就比纯氧化锆中含有更多的空位,使得氧离子的迁移更加容易,也就改善了材料的导电性。掺杂后的氧化锆也有单斜、四方固溶体相,另外还形成一个室温下稳定的萤石结构的立方固溶体。立方固溶体相是最好的传导相。掺杂后由于空位增多,其电导率明显改善。掺杂氧化锆的电导率情况见表5-2。

**表5-2 氧化锆掺杂后的氧离子空位与电导率**

| 组 成① | 负离子空位/% | 1000℃电导率/$S\cdot cm^{-1}$ |
|---|---|---|
| $ZrO_2\cdot 12\%\,CaO$ | 6.0 | 0.055 |
| $ZrO_2\cdot 9\%\,Y_2O_3$ | 4.1 | 0.12 |
| $ZrO_2\cdot 10\%\,Sm_2O_3$ | 4.5 | 0.058 |
| $ZrO_2\cdot 8\%\,Y_2O_3$ | 3.7 | 0.088 |
| $ZrO_2\cdot 10\%\,Sc_2O_3$ | 4.5 | 0.25 |

① 此列中百分数是指摩尔分数。

快离子导体主要用作原电池的电解质材料。因此,它的应用主要在电化学基础研究、能源电池和化学传感器等方面。

(1) 电化学—热力学研究。使用快离子导体构成的原电池可以用来研究氧化还原反应的热力学。将氧化还原反应设计成两个由固体、液体或气体构成的电极区 $a_1$ 和 $a_2$,中间以快离子导体做成隔膜。这时,该原电池的电动势由Nernst方程式确定:

$$E = E_0 + \frac{RT}{nF}\ln([O_x]/[Red]) \tag{5-8}$$

式中 $E$——某一定浓度下的电极电势;

$E_0$——标准电极电势;

$R$——气体常数(8.314 J/(K·mol));

$T$——温度,K;

$n$——电极反应中得到和失去的电子数;

$F$——法拉第常数(96485 C/mol);

$[O_x]$——氧化型物质的浓度;

$[Red]$——还原型物质的浓度。

电极反应为:

正极: $M \rightarrow M^+ + e$

负极: $X + e \rightarrow X^-$

根据Nernst方程式有:

$$E_1 = E_0\frac{[M^+]}{[M]} + \frac{RT}{nF}\ln([M^+]/[M]) \tag{5-9}$$

$$E_2 = E_0\frac{[X]}{[X^-]} + \frac{RT}{nF}\ln([X]/[X^-]) \tag{5-10}$$

对总反应 $X + M \rightarrow MX$,就有:

$$E = E_2 - E_1 = \left(E_0\frac{[X]}{[X^-]} - E_0\frac{[M^+]}{[M]}\right) + \frac{RT}{F}\frac{[M][X]}{[M^+][X^-]} \tag{5-11}$$

由 $\Delta G = nEF$,可求得该氧化还原反应的自由能值。

(2) 化学电池。我们可以采用快离子导体作电解质,将氧化还原反应设计成原电池,开发出新的能源。以 Na - β - $Al_2O_3$ 快离子导体作为电解质,熔融硫和金属钠作电极,设计的 Na - S 电池反应为:

$$2Na + xS \longrightarrow Na_2S_x$$

$x$ 决定电池的充电水平。在放电阶段,$x = 5$,即放电反应如下:

$$2Na + 5S \longrightarrow Na_2S_5$$

开路电压为 2.08 V。放电时,$x \to 3$,电压为 1.8 V。该电池理论储能值为 750 Wh/kg,实际可达到 100 ~ 200 Wh/kg。类似的,$Li^+$ 离子快离子导体形成 Li/LiI/$I_2$ 电池,开路电压为 2.8 V,电流密度为 1 ~ 10 μA/$cm^2$,能量密度达到 0.8 Wh/$cm^3$。该电池体积小,能量大,至少可以工作十年,因此已用在心脏起搏器中作电源。

(3) 高温固体氧化物燃料电池。燃料电池是一种直接把燃料的化学能转变为电和热的电化装置,无需经过燃烧这一中间环节。与其它发电装置相比,转化效率达到 60% 左右。氢氧燃料电池装置从本质上说是水电解的一个"逆"装置。电解水过程中,通过外加电源将水电解,产生氢和氧;而在燃料电池中,则是氢和氧通过电化学反应生成水,并释放出电能。因此,燃料电池的基本结构与电解水装置是相类似的,它主要由四部分组成,即阳极、阴极、电解质和外部电路。其阳极为氢电极,阴极为氧电极。通常,阳极和阴极上都含有一定量的催化剂,目的是用来加速电极上发生的电化学反应。两极之间是电解质,电解质可分为碱性型、磷酸型、固体氧化物型、熔融碳酸盐型和质子交换膜型五大类型。

正极反应: $1/2O_2 + 2e' \longrightarrow O^{2-}$

负极反应: $O_2 + H_2 \longrightarrow H_2O + 2e'$

总反应: $1/2O + H_2 \longrightarrow H_2O$

(4) 氧泵。在电场驱动条件下,使空气等包含氧气的混合气体中的氧穿过氧离子导体,从而获得高纯度的氧气的机构,称为氧泵。氧泵的工作原理如图 5-4 所示。

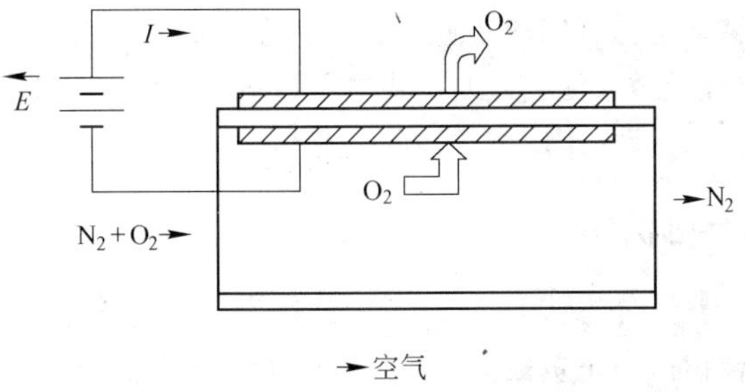


图 5-4 氧泵的工作原理

(5) 化学传感器。利用原电池原理,采用快离子导体制成的化学传感器,将化学信息转化为电信号,然后再还原为化学信息,使得化学分析测试温度应用范围更宽,并且将静态取样分析变为即时在线分析。例如以氧化锆快离子导体制成对氧敏感的浓差电池用于钢水现场分析,将该传感器插入钢水中,在大约 10 s 内测出钢水中溶解氧的含量,传感器照片如图 5-5 所示。

(6) 新型反应的实现。Gaorge Marnellos 与 Michael Stonkides 在 1998 年 10 月 2 日出版的"Science"上报道了一条在常压与 570℃ 下用电解法制 $NH_3$ 的新合成路线。这条电解合成路线的基本原理是应用一种固态质子导体作阳极,将氢气通过此阳极时发生下列氧化反应:

$$3H_2 \longrightarrow 6H^+ + 6e^-$$

$$N_2 + 6H^+ + 6e^- \longrightarrow 2NH_3$$

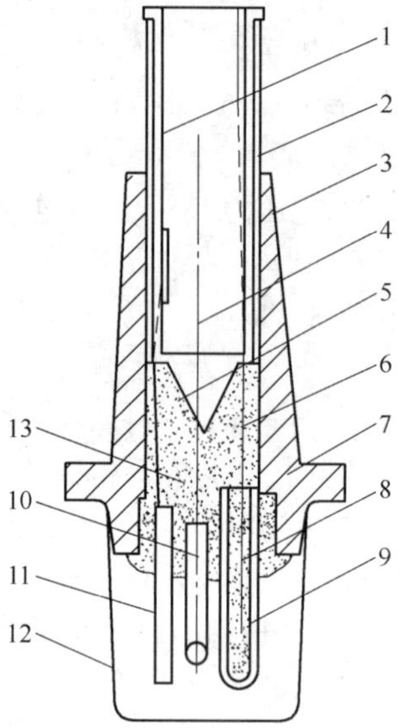


图 5-5 冶金定氧传感器

1—塑料插接件;2—纸帽;3—耐火泥头;4—热电偶引线;5—回路电极引线;
6—参比电极引线;7—电解质管;8—氧化铝粉末;9—参比电极;
10—热电偶保护管;11—钼棒;12—防渣帽;13—耐火水泥

## 5.4 锂离子电池

电子信息时代使对移动电源的需求快速增长。由于锂离子电池具有高电压、高容量的重要优点,且循环寿命长、安全性能好,使其在便携式电子设备、电动汽车、空间技术、国防工业等多方面具有广阔的应用前景,成为近几年广为关注的研究热点。

### 5.4.1 锂离子电池的导电机理

锂离子电池的机理一般性分析认为,锂离子电池作为一种化学电源,指分别用两个能可逆地嵌入与脱嵌锂离子的化合物作为正负极构成的二次电池。当电池充电时,锂离子从正极中脱嵌,在负极中嵌入,放电时反之。锂离子电池是物理学、材料科学和化学等学科研究的结晶。

图 5-6 所示为锂离子电池所涉及的物理机理,这种机理目前是以固体物理中嵌入物理来解释的,嵌入(intercalation)是指可移动的客体粒子(分子、原子、离子)可逆地嵌入到具有合适尺寸的主体晶格中的网络空格点上。电子输运锂离子电池的正极和负极材料都是离子和电子的混合导体嵌入化合物。电子只能在正极和负极材料中运动。已知的嵌入化合物种类繁多,客体粒子可以是分子、原子或离子。在嵌入离子的同时,要求由主体结构作电荷补偿,以维持电中性。电荷补偿可以由主体材料能带结构的改变来实现,电导率在嵌入前后会有变化。锂离子电池电极材料可稳定存在于空气中与其这一特性息息相关。

在我们使用锂离子电池的时候,当对电池进行充电时,电池的正极上有锂离子生成,生成的锂离子经过电解液运动到负极。而作为负极的碳呈层状结构,它有很多微孔,达到负极的锂离子

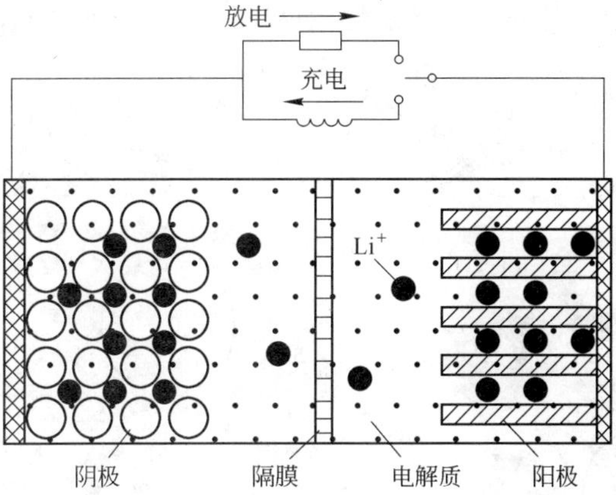


图5-6 锂离子电池的导电机理示意图

就嵌入到碳层的微孔中,嵌入的锂离子越多,充电容量越高。同样,当对电池进行放电时(即我们使用电池的过程),嵌在负极碳层中的锂离子脱出,又运动回正极。回正极的锂离子越多,放电容量越高。

### 5.4.2 锂离子电池的正极材料

正极中表征离子输运性质的重要参数是化学扩散系数,通常情况下,正极活性物质中锂离子的扩散系数都比较低。锂嵌入到正极材料或从正极材料中脱嵌,伴随着晶格变化。因此,锂离子电池的电极膜都要求很薄,一般为几十微米的数量级。正极材料的嵌锂化合物是锂离子电池中锂离子的临时储存容器。为了获得较高的单体电池电压,倾向于选择高电势的嵌锂化合物。正极材料应满足:

(1) 在所要求的充放电电位范围内,具有与电解质溶液的电化学相容性;

(2) 温和的电极过程动力学;

(3) 高度可逆性;

(4) 全锂化状态下在空气中的稳定性。

目前锂离子电池的正极材料主要有层状 $LiMO_2$(M = Co、Ni 、Mn)和尖晶石 $LiMn_2O_4$,这些材料由于价格、安全性和电化学性能等原因,在高容量电池中的应用受到限制。电池材料,特别是廉价、高性能电极材料的研究和开发是引导电池工业发展的重要因素。已经商品化的 $LiCoO_2$ 资源短缺、价格昂贵、并且有毒性;$LiNiO_2$ 制备困难,且存在安全性问题;而 $LiMn_2O_4$ 的循环性能和高温性能仍需进一步改进。$LiFePO_4$ 是最近几年被广泛报道的一种锂离子电池正极材料,$LiFePO_4$ 结构稳定,资源丰富,安全性能好,无毒,对环境友好,理论容量高达 170 mA · h/g。

$LiFePO_4$ 电池的充放电机理基本如下:

充电反应: $$LiFePO_4 - xLi^+ - xe^- \longrightarrow xFePO_4 + (1-x)LiFePO_4$$

放电反应: $$FePO_4 + xLi^+ + xe^- \longrightarrow xLiFePO_4 + (1-x)FePO_4$$

充电时,$Li^+$ 从 $[FePO_4]^-$ 层迁移出来,经过电解液进入负极,$Fe^{2+}$ 被氧化成 $Fe^{3+}$,电子则经过相互接触的导电剂和集流体从外电路到达负极,放电过程与之相反。

关于 $LiFePO_4$ 电池的锂离子脱/嵌有两种经典的模型,如图5-7所示。一是辐射模型,认为锂离子脱/嵌过程是在 $LiFePO_4/FePO_4$ 两相界面的脱/嵌过程。充电时,两相界面不断向内核推进,外层的 $LiFePO_4$ 不断转变为 $FePO_4$,锂离子和电子不断通过新形成的两相界面以维持有效电流,但锂离子的扩散速率在一定条件下是常数,随着两相界面的缩小,锂离子的扩散量最终将不足以维持有效电流,这样,颗粒内核部分的 $LiFePO_4$ 将不能被充分利用,从而造成容量损失。

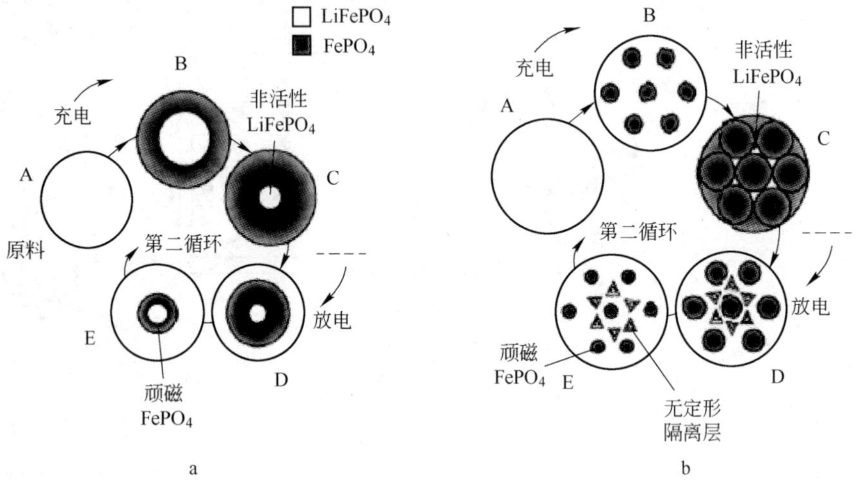


图 5-7 单个 $LiFePO_4$ 颗粒中两种锂离子脱/嵌模型示意图

a—辐射模型;b—马赛克模型

另一是马赛克模型,认为锂离子脱/嵌过程虽然是在 $LiFePO_4$/$PFePO_4$ 两相界面的脱/嵌过程,但是,锂离子的脱/嵌过程可以发生在颗粒的任一位置。充电时,$FePO_4$ 区域在颗粒的不同点增大,区域边缘交叉接触,形成很多不能反应的死角,从而造成容量损失。放电时,逆反应过程进行,锂离子嵌入到 $FePO_4$ 相中,核心处没有嵌入锂离子的部分造成容量的损失。也有的文献认为,两种理论模型是同时进行的。但是,“壳 - 核”模型被更多的研究者所接受,尽管对壳层与内核的具体物质仍然有争议。

基于这两种模型,我们可以得出这样的结论:锂离子与电荷的扩散动力学是整个电极材料实际应用的决定性因素。所以,多数文献中力求制得粒径小而分布均匀的(纳米尺度或微孔状)颗粒,运用碳(纳米碳膜)包覆和离子掺杂等手段以改善导电性与锂离子的扩散。

目前使用 $LiFePO_4$ 做正极材料的锂离子电池还存在很多问题,如下:

(1) 希望得到纯度较高的单相的 $LiFePO_4$,提高基体中的含量。

(2) 希望能够降低 $LiFePO_4$ 的粒径,因为小的粒径才能够提高锂离子的扩散能力,提高活性材料的利用效率。

(3) 加入电导剂来提高电导率,这样能够使材料提高大电流的放电性能。

(4) 合成的时间长,能耗大,材料的利用率低,以及合成的条件苛刻。采用水热法合成得到的材料充放电性能差,以及合成材料含水溶性杂质以及水分含量较多,不利于锂离子电池的制作。

(5) 得到的 $LiFePO_4$ 要在碳的作用下进行处理,一方面加入碳提高导电性,一方面取出含有的水溶性杂质,在 Ar 气的保护下,$T$ 温度条件下进行煅烧 $H$ 小时,得到含有碳的 $LiFePO_4$。

解决方法:

(1) 碳能够显著地提高 $LiFePO_4$ 的电子电导率。

(2) 提高锂离子导电性能的方法:包覆碳层,或者掺杂金属离子,使其进入铁离子空隙。利用蔗糖在 $LiFePO_4$ 表面形成一层均匀的碳层,使晶体的电化学性能提高,接触强弱不同,最佳的含碳量也不同。最佳的含碳量是 4.55%(质量分数)。

(3) 在前驱体里加入柠檬酸来抑制晶粒的长大，并且在 $LiFePO_4$ 内形成具有导电性能的残留碳，表现出良好的电化学性能。

(4) $LiFePO_4$ 电化学性能的提高程度与掺杂离子的半径与价态密切相关，离子半径越小，价态越高，$LiFePO_4$ 的电化学性能就越优良。

(5) 生产方法的改进和生产的成本的降低，以及生产出的产品的性能的提高。

### 5.4.3 锂离子电池的负极材料

负极材料的电导率一般都较高，则选择电位尽可能接近锂电位的可嵌入锂的化合物，如各种碳材料和金属氧化物。可逆地嵌入脱嵌锂离子的负极材料要求具有以下性能：

(1) 在锂离子的嵌入反应中自由能变化小；

(2) 锂离子在负极的固态结构中有高的扩散率；

(3) 高度可逆的嵌入反应；

(4) 有良好的电导率；

(5) 热力学上稳定，同时与电解质不发生反应。

研究工作主要集中在碳材料和具有特殊结构的其他金属氧化物。石墨、软碳、中相碳微球已在国内有开发和研究，硬碳、碳纳米管、巴基球 C60 等多种碳材料正在被研究中。日本 Honda Research and Development 的 K. Sato 等人利用聚对苯撑乙烯(poly para phenylene——PPP)的热解产物 PPP-700(以一定的加热速度加热 PPP 至 700℃，并保温一定时间得到的热解产物)作为负极，可逆容量高达 680 mA·h/g。美国 MIT 的 MJMatthews 报道 PPP-700 储锂容量(storage capacity)可达 1170 mA·h/g。若储锂容量为 1170 mA·h/g，随着锂嵌入量的增加，进而提高锂离子电池性能，笔者认为今后研究将集中于更小的纳米尺度的嵌锂微结构。几乎与研究碳负极同时，寻找电位与 $Li^+/Li$ 电位相近的其他负极材料的工作一直受到重视。锂离子电池中所用碳材料尚存在两方面的问题：

(1) 电压滞后，即锂的嵌入反应在 0 ~ 0.25 V 之间进行(相对于 $Li^+/Li$)而脱嵌反应则在 1 V 左右发生。

(2) 循环容量逐渐下降，一般经过 12 ~ 20 次循环后，容量降至 400 ~ 500 mA·h/g。

理论上的进一步深化还有赖于各种高纯度、结构规整的原料及碳材料的制备和更为有效的结构表征方法的建立。日本富士公司开发出了锂离子电池新型锡复合氧化物基负极材料，除此之外，已有的研究主要集中于一些金属氧化物，其质量比能量较碳负极材料大大提高。如 $SnO_2$、$WO_2$、$MoO_2$、$VO_2$、$TiO_2$、$Li_xFe_2O_3$、$Li_4Ti_5O_{12}$、$Li_4Mn_5O_{12}$等，但不如碳电极成熟。锂在碳材料中的可逆高储存机理主要有锂分子 $Li_2$ 形成机理、多层锂机理、晶格点阵机理、弹性球 - 弹性网模型、层 - 边端 - 表面储锂机理、纳米级石墨储锂机理、碳 - 锂 - 氢机理和微孔储锂机理。石墨作为碳材料中的一种，早就被发现它能与锂形成石墨嵌入化合物(graphite intercalation compounds) $LiC_6$，但这些理论还处于发展阶段。负极材料要克服的困难也是一个容量循环衰减的问题，但从文献可知，制备高纯度和规整的微结构碳负极材料是发展的一个方向。

## 5.5 超导现象和超导材料

### 5.5.1 超导现象及其基本概念

1908 年荷兰物理学家昂纳斯(H. K. Onners)成功地获得了液氦，使得可以获得低达 4.2 K 的低温技术。这样,他就利用这项技术试验金属在低温下的电阻。三年后的1911年,他发现当Hg在液氮中温度下降到4.2 K时,其电阻出现反常现象,迅速降低到无法检测的程度(见图5-8)。这是人类第一次发现超导现象。

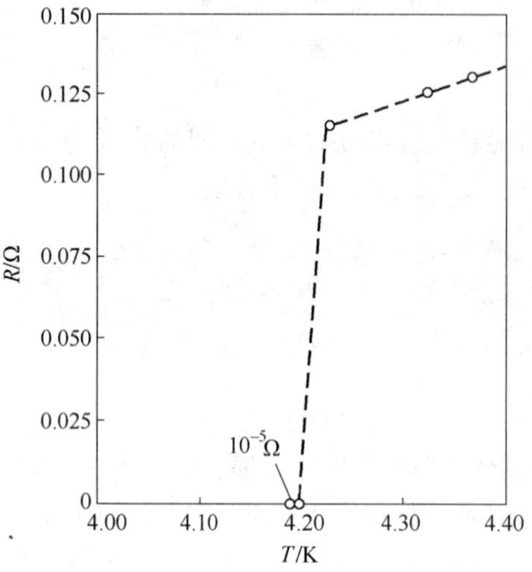


图5-8 水银样品电阻与温度的关系

材料的电阻随着温度的降低会发生降低,某些材料会出现当温度降低到某一程度时出现电阻突然消失的现象,我们称之为超导现象。人们将这种以零电阻为特征的材料状态称作为超导态。超导体从正常状态(电阻态)过渡到超导态(零电阻态)的转变称作正常态-超导态转变,转变时的温度 $T_C$ 称作这种超导体的临界温度。也就是说,零电阻和转变温度 $T_C$ 是超导体的第一特征。

我们把处于超导态的超导体置于一个不太强的磁场中,如图5-9所示,磁力线无法穿过超导体,超导体内的磁感应强度为零。这种现象称作超导体的完全抗磁性,这是超导体的第二特征。这种抗磁现象最早于1933年由W. Merssner和R. Ochenfeld做实验时发现,因而这种现象又称为迈斯纳效应。

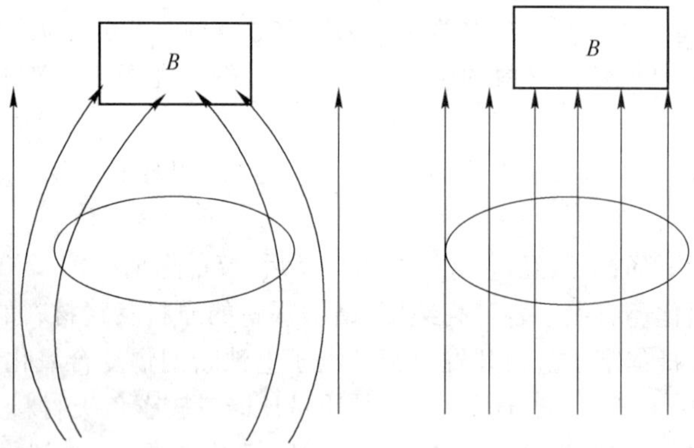


图5-9 迈斯纳效应

仅从超导体的零电阻现象出发得不到迈斯纳效应,同样用迈斯纳效应也不能描述零电阻现象。迈斯纳效应和零电阻性质是超导态的两个独立的基本属性,衡量一种材料是否具有超导电性必须看:是否同时具有零电阻和迈斯纳效应。

当我们加大磁场强度时,可以破坏超导态。这样,超导体在保持超导态而不至于变为正常态时,所能承受外加磁场的最大强度 $H_C$ 称作超导体的临界磁场 $H_C(T)$。临界磁场与温度有关,0 K时的临界磁场 $H_C(0)$ 和 $H_C(T)$ 的关系为:

$$H_C(T)=H_C(0)[1-(T/T_C)] \tag{5-12}$$

同理,在临界温度 $T_C$ 以下,超导态不至于被破坏而容许通过的最大电流称作临界电流 $I_C$。这三个参数 $T_C$、$H_C$、$I_C$ 是评价超导材料性能的重要指标,对理想的超导材料,这些参数越大越好。

## 5.5.2 超导基本理论

### 5.5.2.1 超导能隙

在20世纪50年代，许多实验表明，当金属处于超导态时，超导态的电子能谱与正常金属不同，图5-10是一张在 $T=0$ K的电子能谱示意图。它的显著特点是：在费密能 $E_F$ 附近出现了一个半宽度为 $\Delta$ 的能量间隔，在这个能量内不能有电子存在，人们把这个 $\Delta$ 叫作超导能隙，能隙大约是 $10^{-3} \sim 10^{-4}$ 电子伏特数量级。

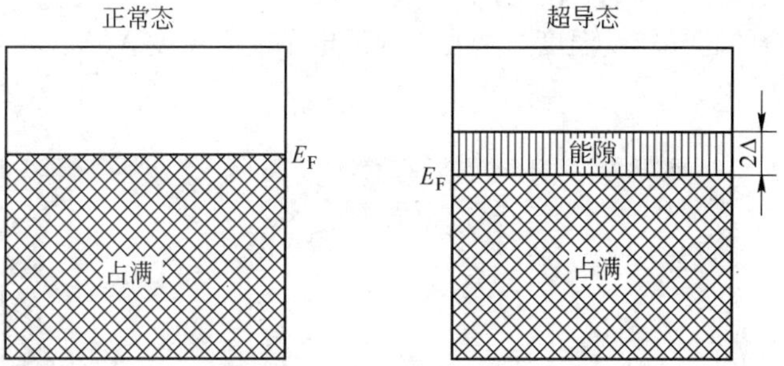


图5-10 在 $T=0$ K的电子能谱示意图

超导体在绝对零度，能量处于能隙下边缘以下的各态全被占据，而能隙以上的各态则全空着，这就是超导基态。超导能隙的出现反映了电子结构在从正常态向超导态转变过程中发生了深刻变化，这种变化就是F. 伦敦指出的"电子平均动量分布的固化或凝聚"。

### 5.5.2.2 同位素效应

1950年麦克斯韦（E. Maxwell）和雷诺（C. A. Raynold）各自独立地测量了水银同位素的临界转变温度，结果发现：随着水银同位素质量的增高，临界温度降低。对实验数据处理后得到原子质量 $M$ 和临界温度 $T_C$ 的简单关系：

$$M^{\alpha} \cdot T_C = \text{常数} \tag{5-13}$$

式中，$\alpha = 0.50 \pm 0.03$。

这种转变温度 $T_C$ 依赖于同位素质量 $M$ 的现象就是同位素效应。

同位素效应的意义在于两个方面：

（1）在式（5-13）中，原子质量 $M$ 反映了晶格的性质，临界温度 $T_C$ 反映了电子性质，同位素效应把晶格与电子联系起来了。在固体理论中，描述晶格振动的能量子称之为声子，同位素效应明确告诉我们电子－声子的相互作用与超导电性有密切关系。

（2）人们发现导电性良好的碱金属和贵金属都不是超导体，其电子－晶格相互作用很微弱。而常温下导电性不好的材料，在低温却有可能成为超导体，此外临界温度比较高的金属，常温下导电性较差。这些材料的电子－声子相互作用强。

因此，弗洛里希（H. Frolich）提出电子－声子相互作用是高温下引起电阻的原因，而在低温下导致超导电性。同位素效应支持了弗洛里希提出的电子－声子相互作用的探讨方向。

### 5.5.2.3 库柏电子对

库柏（L. N. Cooper）发现如果带电粒子的正则动量（机械动量与场动量之和）等于零，那么很容易从超导电流密度的基本关系 $J_S = -nseV$ 得到伦敦方程。由此可见，超导态是由正则动量为零的超导电子组成的，它是动量空间的凝聚现象。要发生凝聚现象，带电粒子必须有吸引的作用存在。库柏证明：当电子间存在这种净的吸引作用时，费密面附近存在一个以动量大小相等、而方向相反、且自旋相反的双电子束缚态，记为$(k\uparrow, -k\downarrow)$；它的能量比两个独立的电子的总能量低，这种束缚态电子对称为库柏对。库柏电子对是现代超导理论的基础。

巴丁(J. Bardeen)、库柏(L. N. Cooper)和施瑞弗(J. R. Schrieffer)(见图5-11)在1957年发表的经典性的论文中提出了超导电性量子理论，被称为BCS超导微观理论。他们因此获得1972年诺贝尔物理奖。其核心内容是：

(1) 电子间的相互吸引作用形成的库柏电子对会导致能隙的存在。超导体临界场、热学性质及大多数电磁性质都是这种电子配对的结果。

(2) 元素或合金的超导转变温度与费密面附近电子能态密度$N(E_F)$和电子—声子相互作用能$U$有关。

巴丁 (J.Bardeen)　库柏 (L.N.Cooper)　施瑞弗 (J.R.Schrieffer)

图5-11　1972年诺贝尔物理学奖得主

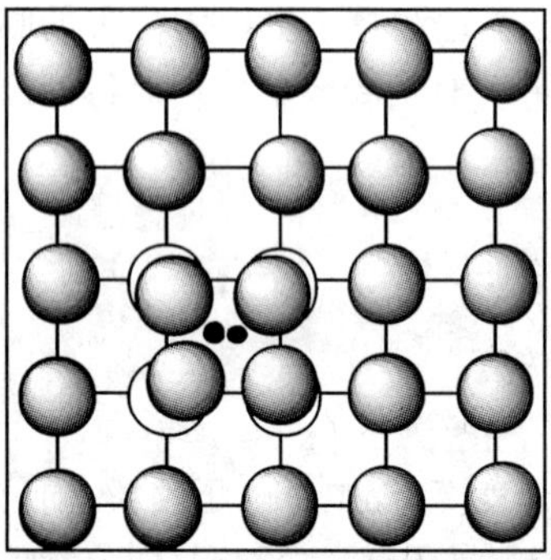

图5-12　库柏电子对形成示意

库柏电子对的形成原理可用图5-12来描述：金属晶体中的外层价电子处在带正电性的原子实组成的晶格环境中，带负电的电子吸引原子实向它靠拢，在电子周围形成正电势密集的区域，它又吸引第二个电子，即电子通过格波声子相互作用形成电子对，称为“库柏电子对”。这种库柏电子对具有低于两个单独电子的能量，量子力学可以说明电子对的总动量在与金属正离子碰撞时不损失，库柏对电子就像无阻力的流体一样易于流动。在晶格中运动没有任何阻力，因而产生超导性。

从动量角度看，各库柏对的单个电子的动量可以不同，但每个库柏总是涉及各个总动量为零的状态。即所有的库柏对都凝聚在零动量上。正常金属载流时，由此电子会受到散射而改变动量，使这些载流电子沿电场方向的自由加速受到阻碍，因此出现电阻。超导体的情况下，组成库柏对的电子虽也会受到不断的散射。但是，由于散射过程中，库柏对的总动量维持不变，电子沿电场方向的加速不受阻碍，所以电流没有变化，呈无阻状态。利用不确定性关系，可以估计出一个库柏对的尺寸，约为$10^{-4}$ cm。由此可见，库柏对在空间延展的范围是很大的。相当于晶格常数的10000倍。电子对通过晶格运动时不受阻力，这是因为两个电子同时受到晶格的散射而发生相反的动量改变，结果电子对的总动量不变。所以晶格既不能减慢也不能加快电子对的运动，在宏观上就表现为直流电阻为零的超导行为。所谓库柏对，应理解为全部电子的集体效应。一对电子的相互作用，并不仅仅只是两个电子加上晶格就能存在的，它是通过电子气体与晶格相耦合而产生的。它的大小决定于所有电子的状态。

总之，电子与声子相互作用，在特定条件下，两个电子通过声子产生的引力会大于库仑斥力，从而形成束缚电子对。电子对中两个电子反自旋，且总动量保持守恒，因此不会受到晶格散射阻力的影响。0 K 时，晶体中的电子在能量最低原理和泡利原理的约束下，依次填入能带，而最后填进去的那一层电子具有的能量叫费密能，这个面叫费密面。在温度 $T$ 下，费密面附近 $KT$ 范围内的电子会对晶体的宏观性质产生决定性影响，因此分析费密面是固体物理的重要任务。在超导理论中，由于库柏对中电子反自旋，因此作为一个整体，它是玻色子，不受泡利原理的限制。库柏对在较低温度下可以凝聚在同一个量子态上（玻色－爱因斯坦凝聚），故可以有比费密面更低的能量，从而形成一个能隙。能隙的形成是超导电性的重要标志。

### 5.5.3 两类超导体

超导体可以依据它们在磁场中的磁化特性划分为两大类。第一类超导体只有一个临界磁场 $H_C$，超导态具有迈斯纳效应，表面层的超导电流维持体内完全抗磁性。除 Nb、V、Tc 以外，其他超导元素都属于这一类。第二类超导体有两个临界磁场 $H_{C1}$ 和 $H_{C2}$。当外加磁场 $H_0 < H_{C1}$ 时，同第一类，超导态具有迈斯纳效应，体内没有磁感应线穿过；当 $H_{C1} < H_0 < H_{C2}$ 时，处于混合态，这时体内有磁感应线通过，形成许多半径很小的圆柱形正常态，正常态周围是连通的超导圈。整个样品的周界仍有逆磁电流，就是在混合态也有逆磁性，又没有电阻。外加磁场强度达到 $H_{C2}$ 时，正常态区域扩大，超导区消失，整个金属变为正常态。金属铌属于典型的第二类超导体。图 5-13 给出了两类超导体的磁性特征。

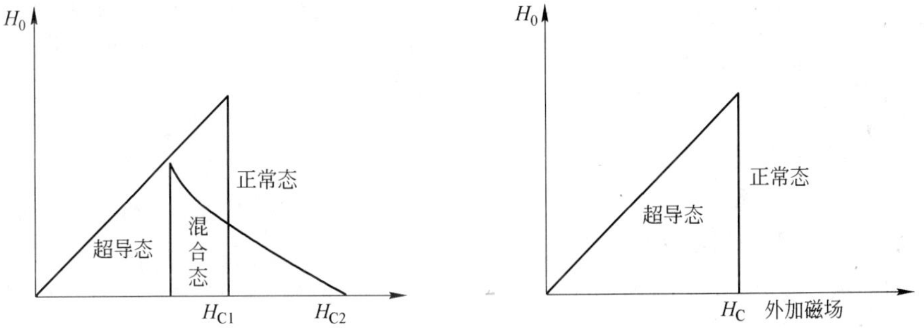


图 5-13 两类超导体的磁性特征

### 5.5.4 高温超导材料

1911 年发现汞具有超导性以来，人们经历了七十余年，直到发现 $Nb_3Ge$，$T_C$ 值才到 23 K。从纯金属及其合金寻找高 $T_C$ 超导材料似乎走入绝路。人们开始转向化合物。到 1985 年，已观察到许多化合物在低温下具有零电阻，例如金属氧化物 $Li_2TiO_4$，$T_C = 13.7$ K（尖晶石结构）、硫化物 $PbMo_6S_8$，$T_C = 15.2$ K 以及由电荷转移化合物形成的有机金属，$T_C = 13$ K。所有这些体系，它们在 $T_C$ 以上温度时，均呈现出类金属的导电行为。一般说来，这些化合物的临界温度都是很低的，大多数在 10 K 以下。

1986 年是超导材料和超导化学的里程碑年。1986 年 4 月，柏诺兹（J. G. Bednorz）和缪勒（K. A. Müller）发表了他们在含有钡、镧和铜的氧化物体系中观察到低电阻的研究工作，但没有公布化合物组成。这个化合物后来公布为 $La_{2-x}Ba_xCuO_4$，其临界温度为 35K，J. G. Bednorz 和

K. A. Müller 后来由于这一发现获得了诺贝尔奖。此后，具有高 $T_C$ 的新无机材料极快地发展起来。

所谓高温超导体是相对传统超导体而言的。传统超导体必须在液氦温度(4.2 K)下工作，而铜氧化合物超导体是可以在液氮温度(77 K)下工作的，通常称之为高温超导体。

1986 年柏诺兹(J. G. Bednorz)和缪勒(K. A. Müller)发现 La - Ba - Cu - O(镧钡铜氧化物)中存在 35K 的超导转变，为超导体的研究开辟了新的道路，将超导体从金属、合金和化合物扩展到氧化物陶瓷。随后，中国科学院物理研究所、美国休斯敦大学和日本东京大学的科学工作者重复了 Bednorz 和 Müller 的结果，并用 Sr 置换 Ba，将 $T_C$ 提高到 40 ~ 50 K。1987 年 2 月美国及中国分别独立地发现 $T_C$ 为 90 K 的 Y - Ba - Cu - O(钇钡铜氧化物超导体)化合物。1987 年，哈沃小组成功地用 Bi(铋)元素替代了 La - Sr - Cu - O(镧锶铜氧化物超导体)中的 La，制成了 $T_C$ 为 7 ~ 22 K 的 Bi - Sr - Cu - O 超导体，不含稀土的 Bi 系超导体的问世使氧化物超导体的研究又前进了一大步。1988 年日本的研究小组将 Ca(钙)掺到 Bi - Sr - Cu - O 体系中，看到了 80 K 和 110 K 两个温度上的超导转变，使得 Bi 系这种无稀土超导体的转变温度高于液氮温度。在此之后，Tl - Ba - Ca - Cu - O(铊钡钙铜氧化物超导体)系列氧化物被发现，使最高超导转变温度达到 125 K。最近人们又合成了 Hg 系氧化物超导体，其超导转变温度达 133.8 K。值得一提的是新型超导体的超导转变温度尽管还远没达到室温，但是在液氮温区(-196℃)实现超导也是极大的飞跃。(超导体发展的历史进程见图 5-14。)

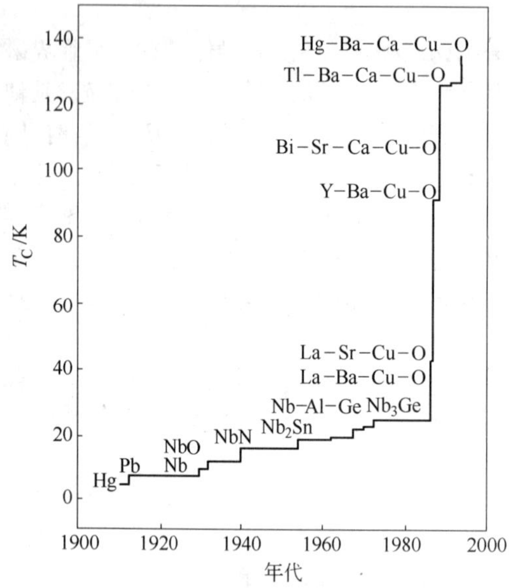


图 5-14 超导体发展的历史进程

高温超导体有着与传统超导体相同的超导特性，即零电阻特性、迈斯纳效应、磁通量子化和约瑟夫森效应。BCS 理论是能解释所有这些现象的唯一理论。BCS 方程也用来描述高温超导体的超导特性，但这并不意味高温超导体就是 BCS 超导体。唯像金兹堡 - 郎道理论较好地适用于高温超导体，但高温超导体的配对机理还不清楚。

从高温超导体结构的公共特征来看，它们都由导通层(铜氧层)和载流子库层组成，超导主要发生在导通层，而载流子库层则调节铜氧层的载流子浓度。高温超导体的性质由载流子浓度决定。例如 $La_2CuO_4$，尽管从各种能带结构推算它应该是金属，但从实验得到的相图上显示它是反铁磁绝缘体。掺入很少量的 Sr(锶)，它将变为自旋玻璃态。进一步的掺杂将引入更多的载流子，它将变为超导体。存在一个最佳的载流子浓度，使临界温度达到极大值。过量掺杂将使该体系变为正常金属。对高温超导体而言，载流子浓度的变化来自氧缺位，相应氧含量可由制备过程或成分的变化来改变。

图 5-15 显示了 $YBa_2Cu_3O_{7-\delta}$ 超导体的晶体结构。高温超导体的超导态和正常态都存在强烈的各向异性。虽然传统超导体与高温超导体的超导机理可能不同，但对照 BCS 超导调制合金来研究高温超导体的超导行为是有益的。

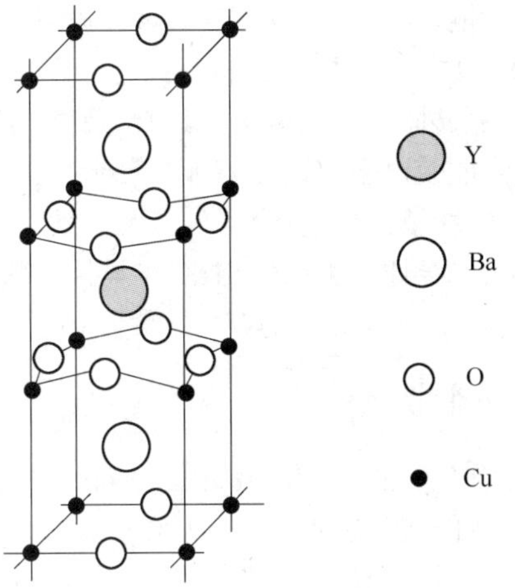


图 5-15 $YBa_2Cu_3O_{7-\delta}$超导体的晶体结构

### 5.5.5 超导材料的应用

超导体的零电阻效应显示其具有无损耗输运电流的性质。工业、国防、科研上用的大功率发电机、电动机如能实现超导化,将大大降低能耗并使其小型化。如将超导体应用于潜艇的动力系统,可以大大提高它的隐蔽性和作战能力。在交通运输方面,负载能力强、速度快的超导悬浮列车和超导船的应用,都依赖于磁场强、体积小、重量轻的超导磁体。此外,超导体在电工、交通、国防、地质探矿和科学研究(回旋加速器、受控热核反应装置)中的大工程上都有很多应用。

利用超导隧道效应,人们可以制造出世界上最灵敏的电磁信号的探测元件和用于高速运行的计算机元件。用这种探测器制造的超导量子干涉磁强计可以测量地球磁场几十亿分之一的变化,也能测量人的脑磁图和心磁图。人的脑磁图可以对人在计算简单数学题和复杂数学题时大脑的不同状态作出反应。用这种超导量子干涉磁强计,还可以探测深水下的潜水艇;放在飞机上可进行矿产资源普查。可用以观测地球磁场的细微变化,为预报地震提供信息。超导体用于微波器件可以大大改善卫星通讯的质量。因此,超导体显示了巨大的应用潜力,可以预言,超导材料的应用,将使相关技术获得革命性的发展。下面介绍超导材料的几个典型应用。

在超导电性被发现后首先应用于制作导线。导线只有用第Ⅱ类超导体制造,因为它能承受很强的磁场。目前最常用的制造超导导线的材料是传统超导体 Nb - Ti(铌钛合金)与 $Nb_3Sn$ 合金。现在已能大规模生产。

超导磁体还用于核磁共振层析扫描,这种医用技术是通过对弱电磁辐射的共振效应来确定一些核(如氢)的性质,共振频率正比于磁场强度。先进的核磁共振扫描装置内的磁场为 1.5 ~ 2 T,借助于计算机,对人体不同部位进行核磁共振分析,可以得到人体各种组织包括软组织的切片对比图像。这是用其他方法很难得到的。

此外,超导材料在电机材料、磁悬浮列车等领域具有广泛的应用前景。

## 5.6 半导体材料

在物理学中,根据材料的导电能力,可以将他们划分绝缘体、导体和半导体。我们通常把导电性和导电导热性差或不好的材料,如金刚石、人工晶体、琥珀、陶瓷等称为绝缘体。而把导电、导热都比较好的金属，如金、银、铜、铁、锡、铝等称为导体。可以简单地把电阻率介于导体和绝缘体之间、数值一般在 $10^{-4} \sim 10^{10}\ \Omega \cdot cm$ 范围内的材料称为半导体。同时，半导体的电阻率还具有以下特性：加入微量的杂质、光照、外加电场、磁场、压力以及外界环境（温度、湿度、气氛）改变或轻微改变晶格缺陷的密度，都可能使电阻率改变若干数量级。正因为半导体具有以上特性，它才可以用来制作晶体管、集成电路、微波元件、发光器件以及光敏、磁敏、热敏、压敏、气敏、湿敏等各种功能器件，成为时代的宠儿。与导体和绝缘体相比，半导体材料的发现是最晚的，直到 20 世纪 30 年代，当材料的提纯技术改进以后，半导体的存在才真正被学术界认可。

### 5.6.1 半导体材料的分类与能带

半导体材料的种类繁多，按照其成分上看，有的是由同一种元素组成的元素半导体，有的是由两种或者两种以上的元素组成的化合物半导体；从结构上看，有的是处于单晶状态的物质，有的是多晶态或非晶态；从物质的类别上看，有的是无机材料，有的是有机材料；从性能上看，有多数材料在通常状态下就呈半导体性质，有的材料需要在特定条件下才表现出半导体性能。现将典型的半导体材料介绍如下。

（1）元素半导体。元素半导体大约有十几种处于ⅢA ~ ⅦA 族的金属与非金属的交界处，如 Ge（锗）、Si（硅）、Se（硒）、Te（碲）等。

（2）化合物半导体。

1）二元化合物半导体。

① ⅢA 族和ⅤA 族元素组成的化合物半导体。即 Al（铝）、Ga（镓）、In（铟）和 P（磷）、As（砷）、Sb（锑）组成的 9 种化合物半导体，如 AsP ，AlAs ，GaP 等。

② ⅡB 族和ⅥA 族化合物半导体，即 Zn、Hg、Cd 和 S、Se、Te 组成的 12 种化合物半导体，如 CdS、CdTe 等。

③ ⅣA 族元素之间组成的化合物半导体，如 SiC 等。

④ ⅣA 与ⅥA 族化合物半导体，如 GeS、GeSe、SnTe 等共 9 种。

⑤ ⅤA 和ⅥA 族元素组成的化合物半导体，如 $AsSe_3$、$AsSe_3$ 等。

2）多元化合物半导体。

① ⅠB－ⅢA－(ⅥA)$_2$ 组成的多元化合物半导体，如 $AgGeTe_2$ 等。

② ⅠB－ⅤA－(ⅥA) 组成的多元化合物半导体，如 $AgAsSe_2$ 等。

③ (ⅠB)$_2$－ⅡB－ⅣA－(ⅥA)$_4$ 组成的多元化合物半导体，如 $Cu_2CdSnTe_4$ 等。

（3）固溶体半导体。固溶体是由两个或多个晶格结构类似的元素化合物互溶而成。又有二元系和三元系之分，如ⅣA－ⅣA 组成的 Ge－Si 固溶体；ⅤA－ⅤA 组成的 Bi－Sb 固溶体。

由三种组元互溶的固溶体有：(ⅢA－ⅤA)－(ⅢA－ⅤA) 组成的三元化合物固溶体，如 GaAs－GaP 组成的镓砷磷固溶体和 (ⅡB－ⅥA)(ⅡB－ⅥA) 组成的，如 HgTe－CdTe 两个二元化合物组成的连续固溶体碲镉汞等。

（4）非晶态半导体。原子排列短程有序、长程无序的半导体称为非晶态半导体，主要有非晶 Si、非晶 Ge、非晶 Te、非晶 Se 等元素半导体及 GeTe、$As_2Te_3$、$Se_2As_3$ 等非晶化合物半导体。

（5）有机半导体。有机半导体分为有机分子晶体、有机分子络合物和高分子聚合物，一般指具有半导体性质的碳－碳双键有机化合物。

由上面的几种半导体种类可以看出，典型的半导体主要是由共价键结合的晶体。如硅、锗的晶体具有金刚石结构（见图 5-16a），Ⅲ－Ⅴ化合物以及一些Ⅲ－Ⅵ化合物具有闪锌矿结构（见图 5-16b）或纤锌矿结构（见图 5-16c）。这些都是最典型的共价键结合的晶体结构，其中每个原子由 4 个共价键与近邻原子相结合。

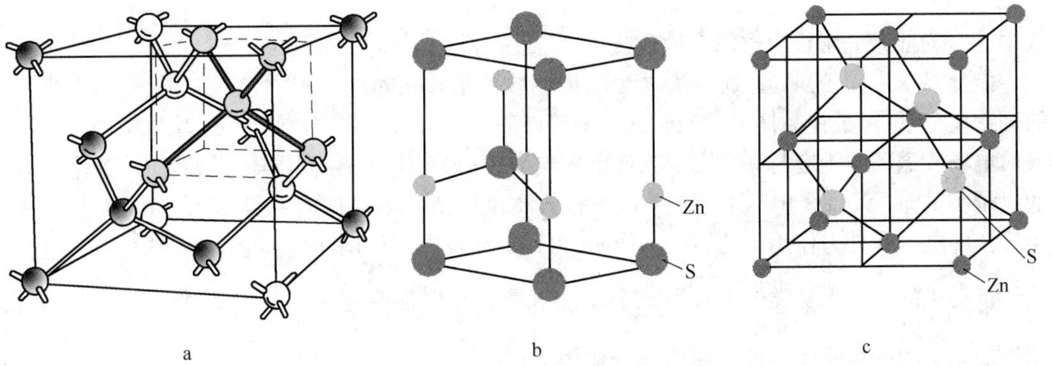


a b c

图 5-16 典型半导体的结构

组成共价键的价电子呈现出相对集中于近邻原子之间的空间分布,它们同时又是运动于晶体中的共有电子,具有典型的连续能量分布,图 5-17 就是由 X 射线电子谱所测的硅中价电子的能量分布。按照固体的能带理论,晶体中的电子态分属于若干能带,每个能带包含能量连续分布的 $2N$ 个电子态(计入自旋),$N$ 代表晶体包含的元胞总数。上述价电子的能量分布实际上包含着几个部分相互重叠的能带,它们正好被晶体中的价电子所填满,统称为价带。

现在又要用到我们在能带理论中提到的"$k$ 空间"的概念。$k$ 空间中的一点表示一个电子态(不计自旋),$k$ 的取值限于环绕原点的一个具有晶体对称性的多面体区域,即布里渊区。图 5-18 表示金刚石(或闪锌矿)晶体的布里渊区。一个能带的具体结构是由 $k$ 空间中的能量函数 $E(k)$ 描述的,$E(k)$ 代表能带中电子态 $k$ 的能量。

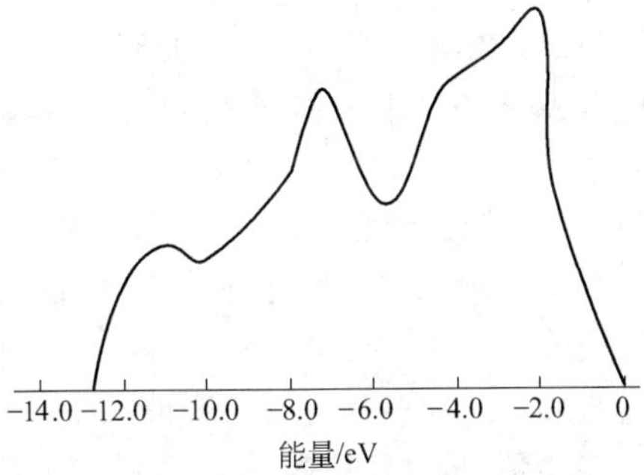


图 5-17 硅的价电子能量分布

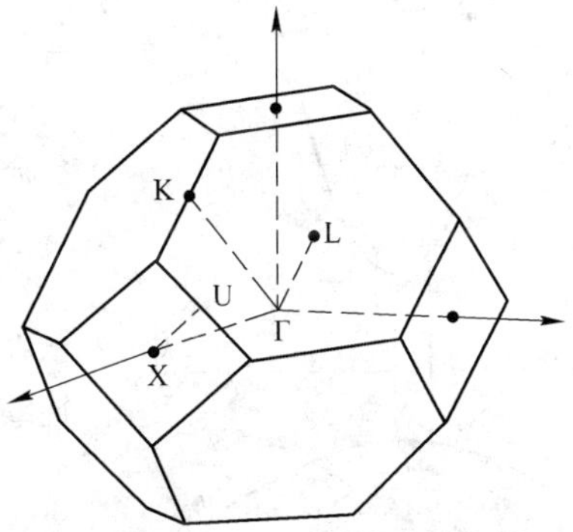


图 5-18 金刚石结构晶体的布里渊区

波矢 $k$ 和 $E(k)$ 函数决定着电子的动力学性质,起主要作用的是处于能带顶部和底部的电子。设能带底位于 $k=0$ 处,将 $E(k)$ 在 $k=0$ 处附近按泰勒级数展开,得:

$$E(k)=E(0)+\left(\frac{\mathrm{d}E}{\mathrm{d}k}\right)_{k=0}k+\frac{1}{2}\left(\frac{\mathrm{d}^2E}{\mathrm{d}k^2}\right)_{k=0}k^2+\cdots \tag{5-14}$$

$k$ 称为电子的准动量,在外力 $F$ 作用下,能带顶部和底部的波矢均为 $k=0$,同时 $\left(\frac{\mathrm{d}E}{\mathrm{d}k}\right)_{k=0}=0$,对给定的晶体,$\left(\frac{\mathrm{d}^2E}{\mathrm{d}k^2}\right)_{k=0}$ $k$ 是一个常数,其值为 $\frac{\hbar^2}{m_n^*}$,则其结果为:

$$E(k)-E(0)=\frac{\hbar^2k^2}{2m_n^*} \tag{5-15}$$

式中，$m_n^*$ 为能带底附近电子的有效质量。

能量 $E(k)$ 是 $k$ 的函数，通常称之为能量色散关系。在固体物理中，有效质量是指在半经典的理论模型下，粒子在晶体中运动时具有的等效质量。可以证明多数情况下，晶体中的电子与空穴对电场或磁场的响应与其在真空条件下的响应相似，仅仅是质量不同罢了，此质量通常以普通的电子质量 $m_e$（$9.11\times10^{-31}$ kg）为单位。有效质量概括了半导体内部势场的作用，使得在解决半导体中电子在外力作用下的运动规律时，可以不涉及内部作用而直接应用牛顿第二定律。

准动量的变化服从类似牛顿第二定律的规律。可以证明处于外电场 $E$ 中，$v=\frac{hk}{m_n^*}$ 等于在 $k$ 状态的电子的平均速度，所以，在外力 $F$ 作用下，电子产生下列加速度：

$$a=\frac{F}{m_n^*}=\frac{1}{\hbar^2}\cdot\frac{d^2E}{dk^2}qE \tag{5-16}$$

即引进电子有效质量 $m_n^*$ 后，半导体中电子所受的外力与加速度的关系可以采用牛顿第二定律。

当电子仅处于电场中时，会受到电场力，其中 $q$ 是电荷，因而在仅有外电场作用时，有效质量 $m^*$ 为：

$$m^*=\hbar^2\cdot\left[\frac{d^2E}{dk^2}\right]^{-1} \tag{5-17}$$

半导体价带以上的能带称为导带。在价带最高能量（价带顶）和导带最低能量（导带底）之间的能区称为禁带隙（禁带）。

### 5.6.2 本征半导体的吸收光谱和能带结构

半导体的本征吸收光谱直接反映半导体的能带结构（实际测量则可以间接通过反射光谱及各种调制光谱的方法）。本征吸收光谱是由价带电子吸收光子而跃迁到导带所产生的。因为光子的动量很小，一个状态 $k$ 的价带电子跃迁到导带中相同 $k$ 的状态（准动量守恒），所吸收的光子能量为 $E_c(k)-E_v(k)$，$E_c(k)$ 和 $E_v(k)$ 分别表示导带和价带的能量函数。这个跃迁过程形象地表示在图 5-19 中；由于 $k$ 可以遍及整个布里渊区，因而形成连续的本征吸收光谱。

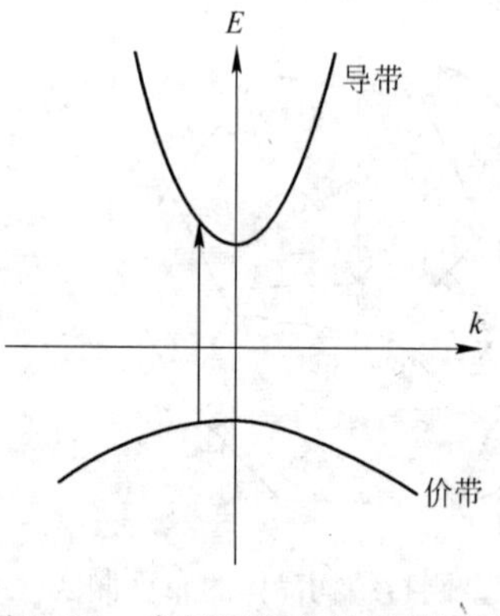

图 5-19 本征吸收中的电子跃迁

在布里渊区的某些对称点，$E_c(k)-E_v(k)$ 的一次微商为 0，因此可以是极小值、极大值或是鞍点，反映在本征光谱上成为几种不同形式的奇点。解释本征光谱往往借助于对这类奇点的分析，从而与 $k$ 空间的能带结构联系起来。目前各种半导体的能带结构就是根据近似的理论计算结合实测的本征光谱求得的。例如，为此常用所谓经验赝势的方法（见固体的能带）。这种方法是用只包含几个参数的所谓"赝势"近似描述电子在晶体内的势能场，从理论上计算出能带结论，然后通过拟合本征光谱的数据（如各奇点处的光子能量）反过来确定赝势中的参数。

对于能量小于禁带宽的光子显然没有本征吸收；当光子能量达到禁带宽时，本征吸收开始，称为本征吸收边。一般的半导体可以区分为两类情形，形象地表示在图 5-20a 和图 5-20b 中。两图中的箭头都表示对应于吸收边的电子跃迁。在图 5-20a 的情形，导带底和价带顶都位于 $k=$

0,所以吸收边的电子跃迁符合 $k$ 不变的要求,这样的半导体称为直接带隙半导体。在图5-20b的情形,导带底不在 $k=0$,电子从价带顶跃迁到导带底,准动量是不守恒的,所以本来是不允许的;实际上实现这一跃迁是借助于同时还吸收或发射一个声子,以补偿电子准动量的变化。这样的半导体称为间接带隙半导体。

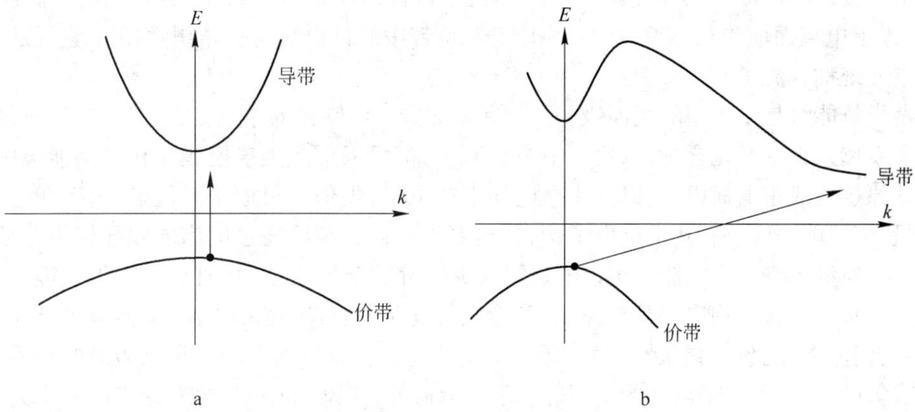


图5-20 本征吸收边示意图

a—直接带隙;b—间接带隙

本征吸收的过程在导带中产生一个电子,同时在价带中产生一个空穴(即价带中的空能级);其逆过程是电子与空穴复合(即导带电子填充价带中的空能级——空穴),同时发射光子。直接带隙半导体(如砷化镓、锑化铟、磷化铟等),在吸收边的本征吸收和电子-空穴复合都比间接带隙半导体(如硅、锗、磷化镓等)强很多。

由于本征吸收产生的一对电子和空穴之间存在库仑吸引力,它们可以形成类似氢原子的束缚态,称为激子。所以,实际上在低于禁带隙能量还存在相应的激子吸收谱线,同时电子和空穴间的库仑作用也影响吸收边附近的光谱强度分布。图5-21是直接带隙半导体砷化镓的本征吸收边和激子谱。

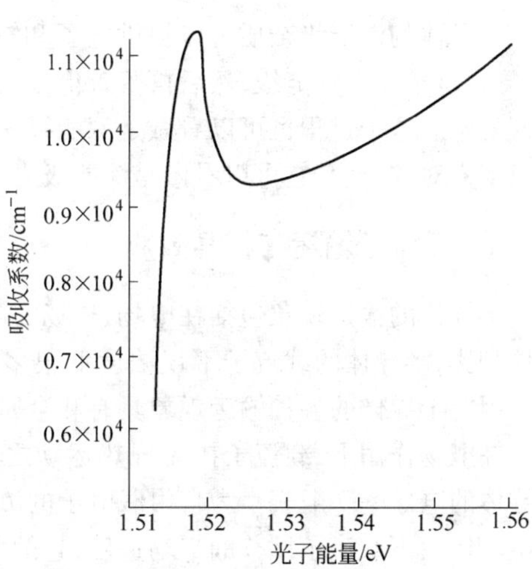


图5-21 在21 K温度下GaAs中的激子谱

强光照射下,本征吸收在锗、硅等半导体内产生高浓度的电子和空穴,它们迅速形成激子。在足够低的温度下,发现这种激子气可以发生相变,形成由电子和空穴组成的"液滴",称为电子-空穴液滴。近年来,对这种电子-空穴液滴构成的特殊物质状态,从实验和理论上都进行了集中深入的研究。

### 5.6.3 实际半导体的杂质电子态

实际的半导体都不是绝对完整和纯净的晶体。一方面为了控制半导体的性质,往往有意在半导体中掺进某些杂质元素;另一方面,在半导体中还不可避免地存在由于原材料或制备过程引入的各种杂质。而且,材料制备的高温过程还在半导体中引入空位和间隙原子等点缺陷,它们往往还要进一步发生凝聚或与杂质原子聚合等变化，构成更为复杂的缺陷及络合体。所有这些杂质和缺陷都可以对半导体的物理性质发生重要的影响。

半导体中的杂质或缺陷可以束缚电子或空穴，形成能量在禁带中的局域态（即电子被限制在某一局部区域的量子态）。一般把它们区分为浅能级和深能级。浅能级指能量很靠近导带底的电子束缚态，或能量很接近价带顶的空穴束缚态。浅能级中的电子或空穴，在稍高的温度（如室温）就基本上电离而成为在导带中的自由电子和价带中的自由空穴，起导电作用。这样的自由的电子或空穴统称载流子。

所谓类氢能级是最典型的浅能级。Ⅴ族元素如磷、砷、锑掺入硅或锗，取代原来的Ⅳ族原子；或Ⅵ族元素掺入Ⅲ－Ⅴ化合物，取代其中Ⅴ族原子；都可以形成类氢能级。在这类能级中，多一价的杂质原子构成正电荷中心，以其库仑电场束缚电子，类似于氢原子。但是，由于介电作用和有效质量，束缚能一般只有几十毫电子伏，甚至更小。这类杂质通过电离能在导带中释放电子，称为施主。典型的空穴类氢能级可以通过掺入少一价的杂质原子（如Ⅲ族元素掺入硅、锗，或Ⅱ族元素掺入Ⅲ－Ⅴ化合物取代Ⅲ族原子等）形成负电荷中心，从而束缚空穴。这样的杂质称为受主，因为它们电离（为价带提供空穴）实际上就是接受来自价带的电子。类氢能级的杂质原子除形成正或负电中心，在原子以外的空间等效于点电荷外，在原子内的区域和原来的原子的势能是有差别的，这样就使类氢能级的基态在一定程度上偏离类氢的模型，称为中心胞修正。在半导体中掺入同一族的原子有时也可以束缚载流子形成浅能级，称为等电子中心。等电子中心与类氢能级不同，没有长程的库仑场，而主要靠中心原子势能场的短程作用形成束缚态，因而具有某些与类氢能级很不同的特征。

半导体中的深能级所包括的范围十分广阔，可以是单个的杂质原子或缺陷，也可以是杂质和缺陷的络合体。它们往往可以连续接受几个电子，在禁带中形成多重能级，各对应于不同的电荷态。

半导体的深能级杂质可以提供电子和空穴复合的渠道，起“复合中心”的作用，其具体过程是，导带电子落入深能级，然后再落入价带的空能级；其总效果是消灭一对电子和空穴，即电子－空穴复合。这个过程也可以看做是深能级先后俘获一个电子和一个空穴。复合的逆过程就是电子－空穴对的产生，它可以看做是深能级先后发射一个电子和一个空穴。

### 5.6.4 载流子输运与霍耳效应

半导体的输运现象包括在电场、磁场、温度场等作用下十分广泛的载流子输运过程。和金属导体相比，半导体的载流子不仅浓度低很多，而且数量以及运动速度都可以在很广的范围内变化。因此半导体的各种输运现象具有和金属十分不同的特征。

在电场作用下，载流子在无规热运动之外产生附加的运动，从而形成电流，称为漂移运动。半导体的电导率一般表示为自由载流子的浓度与载流子的漂移迁移率的乘积。漂移迁移率指单位电场作用下载流子漂移的平均速度，它的大小是由载流子的有效质量以及点阵振动、杂质、缺陷等对载流子的散射决定的。由于点阵振动的强弱以及载流子本身的热运动都随温度变化，所以，载流子的散射和漂移迁移率都是温度的函数。

在常见的半导体中，载流子主要是掺在半导体中的浅能级杂质提供的。主要由浅施主提供的电子导电的半导体称为N型半导体；主要由浅受主提供空穴导电的半导体称为P型半导体。由于在任何有限温度下，总有或多或少的电子从价带被热激发到导带（本征激发），所以无论N型或P型半导体中都存在一定数量的反型号的载流子，称为少数载流子，主导的载流子则称为多数载流子。温度足够高时，由价带热激发到导带的电子可以远超过杂质提供的载流子，这时参与导电的电子和空穴的数目基本相同,称为本征导电。

半导体导电一般服从欧姆定律。但是,和金属中高度简并的电子相比,半导体中载流子的无规热运动速度低很多,同时由于载流子浓度低,对相同的电流密度,漂移速度则高很多。因此,在较高的电流密度下,半导体中载流子的漂移速度可以达到与热运动速度相比,经过散射可以转化为无规热运动,使载流子的温度显著提高。这时半导体的导电偏离欧姆定律。热载流子还可以导致一些特殊效应。例如,某些半导体(如砷化镓、磷化铟)在导带底之上,还存在着能量略高而态密度很大的其他导带极小值。在足够强的电场下,热载流子会逐渐转移到这些所谓次极值的区域(指 $k$ 空间),导致电场增大而漂移速度反而下降的负微分迁移率现象。

通有电流的导体,在垂直磁场作用下,由于磁场对漂移载流子的偏转力而产生的侧向的电压,称为霍耳效应。由于在相同的电流密度下载流子的漂移速度和载流子的浓度成反比,所以,和金属相比半导体的霍耳效应十分显著,而且可以方便地用于测定载流子的浓度。霍耳效应的符号直接反映载流子电荷的符号,所以霍耳效应的测量还可以区别 N 型和 P 型导电性。

与金属中高度简并的电子不同,一般半导体中载流子的热运动显著依赖于温度,因此,半导体还表现出远强于金属导体的温差电效应。

光照射在半导体内产生的电子和空穴构成多余的载流子,称为非平衡载流子。用电学方法(如通过金属-半导体接触或 PN 结,见 5.6.5 节)也可以在半导体中引入非平衡载流子。在电场作用下,非平衡载流子同时参与导电,构成附加的导电性。光照射产生的附加电导称为光电导。作为非平衡载流子的电子和空穴可以直接复合(即电子直接跃迁到价带中代表空穴的空能级),也可以通过复合中心复合,称为间接复合。非平衡载流子在复合之前平均存在的时间称为寿命,在这个时间中通过布朗运动平均移动的距离,称为扩散长度。

### 5.6.5 半导体表面和界面

在半导体内部,载流子的电荷与电离杂质的电荷,符号相反,数量相等,整体上保持电中性(如 N 型半导体中电子的负电荷与失去了电子的施主的正电荷,保持电中性;P 型半导体中的空穴的正电荷与失去空穴的受主的负电荷保持电中性)。在半导体的表面,不同半导体的界面,或半导体与金属的接触面,电中性往往遭到破坏,形成一个带电的区域称为空间电荷区。

半导体表面的空间电荷可以看做是由于屏蔽垂直表面的电场而造成的,表面电场一般是由于各种表面的具体情况而引起的。如果电场的方向是驱赶载流子向体内,空间电荷区格外显著。这种情况下的空间电荷区是由载流子被排走所余下的电离杂质的电荷构成的,称为耗尽层。由于电离杂质电荷的浓度是固定的,随着表面电场增强,屏蔽它所需的电荷必须成正比地增大,这就意味着表面空间电荷区加宽。有控制地施加表面电场的办法是在半导体表面形成薄的绝缘层(如对半导体氧化形成薄的氧化层),在它上面做电极并加相应的电压。这种用于控制半导体表面的金属-绝缘体-半导体系统简称 MIS(如果绝缘层采用氧化物,则称 MOS)。

表面电场在排斥多数载流子的同时,也会吸引少数载流子,所以在 MIS 上加有足够大的电压时,会在半导体的极表面出现一个由少数载流子导电的薄层。它与半导体内部之间隔有空间电荷区,其中多数和少数载流子极为稀少,基本上是“耗尽”的。这种由反型载流子导电的薄层称为反型层。反型层也被称为导电沟道,以表明载流子的流动限于极狭窄的区域,如 P 型半导体表面的反型层称为 N 沟道,N 型半导体表面的反型层称 P 沟道。当这种表面反型层很薄,其中载流子在垂直表面的方向是量子化的(从波动的观点看,是沿这个方向的驻波),载流子的自由运动只限于平行于表面的二维空间。在这种二维运动的研究中,把反型层中的载流子称为“二维电子气”。

在不同半导体之间,或半导体和金属直接连接时,它们之间的接触电势差意味着,它们的界面处是电势突变的区域,其中存在垂直于界面的电场和相应的空间电荷区。在它们之间施加电压时,电压主要降落在空间电荷区上,电压和通过空间电荷区的电流一般呈现非线性的伏安特性。

同一块半导体,由于掺杂不同,使部分区域是 N 型,部分区域是 P 型,它们的交界处的结构称为 PN 结。在 PN 结的空间电荷区的 P 型一侧加正电压时(正向电压),会部分抵消接触电势差,使空间电荷区变窄,并使 P 区的空穴流向 N 区,N 区的电子流向 P 区,这种来自多数载流子的电流随施加的电压迅速增长。加相反的电压时(反向电压),会使空间电荷区变宽,P 区和 N 区电势差增大,这时的电流来自双方的少数载流子(N 区的空穴流向 P 区,P 区的电子流向 N 区),所以电流很小,而且随电压增加,很快达到饱和。

PN 结中可以发生其他许多特殊效应。如 PN 结上反向电压增加到所谓击穿电压时,PN 结中电场增强到足以使通过的电子和空穴获得足够大的能量,可以经碰撞产生电子 - 空穴对,而且这种碰撞电离辗转发生,以致造成雪崩式的电流倍增。这种现象称为雪崩击穿。又如,光照射在 PN 结附近产生非平衡载流子——电子和空穴,只要它们到达 PN 结的空间电荷区中,它们就被 PN 结中的强电场分别扫至 N 区和 P 区,从而在 PN 结上产生电压,称为光生伏打效应。

为了分析 PN 结的问题,往往采用图 5-22 所示的能带图。图中能带的弯曲反映了电子的势能 $-eV(x)$ 在空间电荷区的变化。对 N 区的电子和 P 区的空穴,空间电荷区中的势能都起着势垒的作用。如图中所示,平衡的 PN 结中势垒的高度等于电子电荷乘接触电势差 $V_0$。在施加电压时,势垒高度随所加的电压而变化。

PN 结两边掺杂浓度越高,接触电势差 $V_0$ 越大。当接触电势差增加到电子通过 PN 结所得到(或失去)的能量 $eV_0$ 超过禁带时,PN 结的能带具有图 5-23 所示的情形。这时 N 区导带的电子可以直接穿入 P 区价带的空能级(空穴)。这种电子直接穿透禁带从导带到价带(或其逆过程)的现象称为隧道效应;这种高掺杂浓度的 PN 结称为隧道结。

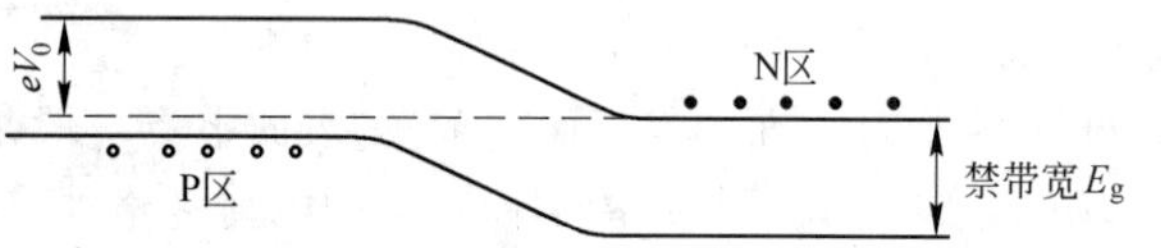


图 5-22　平衡 PN 结的能带图

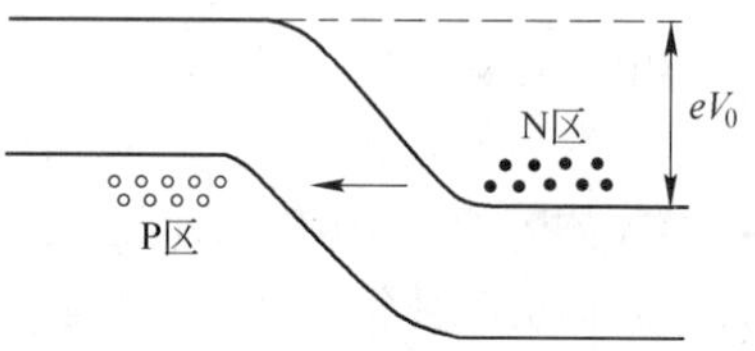


图 5-23　隧道结

半导体的表面是半导体物理研究的一个重要对象。半导体表面并不是一个简单的几何界面,而是具有自己独立特征的一个体系。在超高真空下对纯净半导体表面的研究以及理论计算都证明,在半导体表面一般存在表面电子态,处于表面电子态中的电子的运动被限制在极表面的二维空间中。另外,最表面一层的原子的位置也发生典型的变化。一般表面原子层之间的间距和体内相比,发生一定的变化,称为表面弛豫。与此同时,原子在表面层中的排列的周期性和键合方式都可以发生典型的变化,统称为表面再构。再构的变化是一种相变过程,对半导体表面的物理和化学性质都有深刻的影响。

## 思考练习题

一、名词解释

1. 霍尔效应

2. PN 结
3. 迈斯纳效应
4. 库柏电子对

二、简答题

1. 简述电阻产生的机理。
2. 简述氧化锆固体电解质的导电机理。
3. 简述半导体材料的能带结构特征。
4. 简单介绍典型的锂离子电池材料及其结构与导电性之间的关系。
5. 简述超导能隙。

# 6 自旋电子学

**本章要点：**

本章重点介绍了自旋电子学的发展，电子自旋与磁性之间的关系，介绍了巨磁电阻多层膜的结构及其作用机理，最后介绍了隧道磁电阻和自旋阀的概念。

自旋电子学（spintronics or spin electronics），也被称为磁电子学（magneto-electronics），是一门结合磁学与微电子学的交叉学科。传统的电子工业所用的元件纯粹是电荷型的，而自旋电子学是以自旋为基础的电子学。通过对电子电荷和电子自旋性质的研究，最近在电子学和信息技术领域出现了明显的进展。这个进展的重要标志之一就是诞生了自旋电子学。已有的技术如以巨磁电阻（GMR）为基础的存储器和自旋阀都是自旋起作用的自旋电子学最基本的应用。

## 6.1 自旋电子学的发展过程

磁性金属和合金一般都有磁电阻现象，所谓磁电阻是指在一定磁场下电阻改变的现象，人们把这种现象称为磁电阻。所谓巨磁阻就是指在一定的磁场下电阻急剧减小，一般减小的幅度比通常磁性金属与合金材料的磁电阻数值约高 10 余倍。

通常说的硬盘也被称为磁盘，这是因为在硬盘中是利用磁介质来存储信息的。一般而言，在密封的硬盘内腔中有若干个磁盘片，磁盘片的每一面都被以转轴为轴心、以一定的磁密度为间隔划分成多个磁道，每个磁道又进而被划分为若干个扇区。磁盘片的每个磁盘面都相应有一个数据读出头。

简单地说，当数据读出头“扫描”过磁盘面的各个区域时，各个区域中记录的不同磁信号就被转换成电信号，电信号的变化进而被表达为“0”和“1”，成为所有信息的原始“译码”。

伴随着信息数字化的大潮，人们开始寻求不断缩小硬盘体积同时提高硬盘容量的技术。1988 年，费尔和格林贝格尔各自独立发现了“巨磁电阻”效应，也就是说，非常弱小的磁性变化就能导致巨大电阻变化的特殊效应。由于巨磁电阻效应在磁盘存储产业方面的迅速产业化，他们获得了 2007 年诺贝尔物理学奖。这一发现解决了制造大容量小硬盘最棘手的问题：当硬盘体积不断变小，容量却不断变大时，势必要求磁盘上每一个被划分出来的独立区域越来越小，这些区域所记录的磁信号也就越来越弱。借助“巨磁电阻”效应，人们才得以制造出更加灵敏的数据读出头，使越来越弱的磁信号依然能够被清晰读出，并且转换成清晰的电流变化。

由于巨磁阻多层膜在高密度读出磁头、磁存储元件上有广泛的应用前景，美国、日本和西欧都对发展巨磁电阻材料及其在高技术上的应用投入很大的力量。1994 年，IBM 公司研制成巨磁电阻效应的读出磁头，将磁盘记录密度一下子提高了 17 倍，达 5 $Gbit/in^2$，最近达到 11 $Gbit/in^2$，从而在与光盘竞争中磁盘重新处于领先地位。如今，笔记本电脑、音乐播放器等各类数码电子产品中所装备的硬盘，基本上都应用了“巨磁电阻”效应，这一技术已然成为新的标准。由于巨磁电阻效应大,易使器件小型化、廉价化,除读出磁头外同样可应用于测量位移、角度等传感器中,可广泛地应用于数控机床、汽车测速、非接触开关、旋转编码器中,与光电等传感器相比,它具有功耗小、可靠性高、体积小、能工作于恶劣的工作条件等优点。利用巨磁电阻效应在不同的磁化状态具有不同电阻值的特点,可以制成随机存储器(MRAM),其优点是在无电源的情况下可继续保留信息。

巨磁电阻效应在高技术领域应用的另一个重要方面是微弱磁场探测器。随着纳米电子学的飞速发展,电子元件的微型化和高度集成化要求测量系统也要微型化。在21世纪,超导量子相干器件、超微霍耳探测器和超微磁场探测器将成为纳米电子学中的主要角色。其中以巨磁电阻效应为基础设计超微磁场传感器,要求能探测 $10^{-2}$ T 至 $10^{-6}$ T 的磁通密度。如此低的磁通密度在过去是无法测量的,特别是在超微系统测量如此微弱的磁通密度十分困难,纳米结构的巨磁电阻器件可以完成这个任务。

瑞典皇家科学院的公报介绍说,另外一项发明于20世纪70年代的技术,即制造不同材料的超薄层的技术,使得人们有望制造出只有几个原子厚度的薄层结构。由于数据读出头是由多层不同材料薄膜构成的结构,因而只要在“巨磁电阻”效应依然起作用的尺度范围内,科学家未来将能够进一步缩小硬盘体积,提高硬盘容量。2006年日立公司设在英国的研究所——日立剑桥实验室(Hitachi Cambridge Laboratory)和欧洲的几所大学,日前证实了可通过磁力使电阻改变100倍以上的巨磁电阻效应“库仑阻塞各向异性巨磁电阻效应”(CBAMR:coulomb blockade anistropic magneto-resistance)。该公司评价说:“这项成果开辟了通向表面记录密度超过1 $Tbit/in^2$ 的硬盘磁头的道路。”虽然是在 -269℃下取得的试验成果,但模拟结果显示在常温下也有可能保持这一效应。

2007年诺贝尔物理学奖获得者法国科学家阿尔贝·费尔和德国科学家彼得·格林贝格尔获奖的原因,是先后独立发现了一种全新的物理效应——“巨磁电阻”效应。但这项发现的伟大之处还不仅如此,因为《科学时报》记者就此采访了该领域的我国4位学者,其中中国科技大学张裕恒院士说:“小到手表,大到宇宙,电子的电性有了充分利用,但是磁性一直沉睡着。1988年发现巨磁电阻效应,其科学意义在于第一次揭示了电子的另外一个行为——自旋的作用。”

自旋电子学是电子学的一个新兴领域,其英文名称为spintronics,它是由spin和electronics两词合并创造出来的新名词。顾名思义,它是利用电子的自旋属性进行工作的电子学。早在19世纪末,英国科学家汤姆逊发现电子之后,人们就知道电子有一个重要特性,就是每一个电子都携带一定的电量,即基本电荷($e=1.60219\times10^{-19}$C)。到20世纪20年代中期,量子力学诞生又告诉人们,电子除携带电荷之外还有另一个重要属性,就是自旋。电子的自旋角动量有两个数值,即 $\pm\frac{h}{2}$。其中正负号分别表示“自旋朝上”和“自旋朝下”,h是量子物理中经常要遇到的基本物理常数,称为普朗克常数。

通过对电子电荷和电子自旋性质的研究,最近在电子学和信息技术领域出现了明显的进展。这个进展的重要标志之一就是诞生了自旋电子学。在传统的电子学中,数据处理集成电路所用的是半导体中电子的电荷,但并不是说电子的自旋自由度以前从没有用过,例如传统的数据存储介质,如磁盘,用的就是磁性材料中电子的自旋。事实上,半导体中有很多类型的自旋极化现象,如载流子的自旋,半导体材料中引入的磁性原子的自旋和组成晶体的原子的核自旋等等。从某种意义上说,已有的技术如以巨磁电阻(GMR)为基础的存储器和自旋阀都是自旋起作用的自旋电子学最基本的应用。

总之,自旋电子学(spintronics or spin electronics),也被称为磁电子学(magneto-electronics),是一门结合磁学与微电子学的交叉学科。传统的电子工业所用的元件纯粹是电荷型的,而自旋电子学是以自旋为基础的电子学。

## 6.2 电子的自旋与磁性

众所周知,电子具有质量和电荷。随着半导体工业兴起的计算机革命将人们控制电荷的能力发挥得淋漓尽致,用于信息处理的集成电路、高频和大功率器件是控制半导体中电子电荷的结果。而物理学的知识告诉我们,电子不仅有质量,有电荷,还有两种不同的自旋状态,即自旋向上的状态和自旋向下的状态。其行为恰似一旋转小球,如图 6-1a 所示。自旋会产生磁场,就像一条与自旋轴平行的小磁铁所产生的磁场,我们可以用图 6-1b 加以描述,以向量表示自旋。当小球自西向东旋转,向量就指向上;当自旋方向相反时,就指向下。

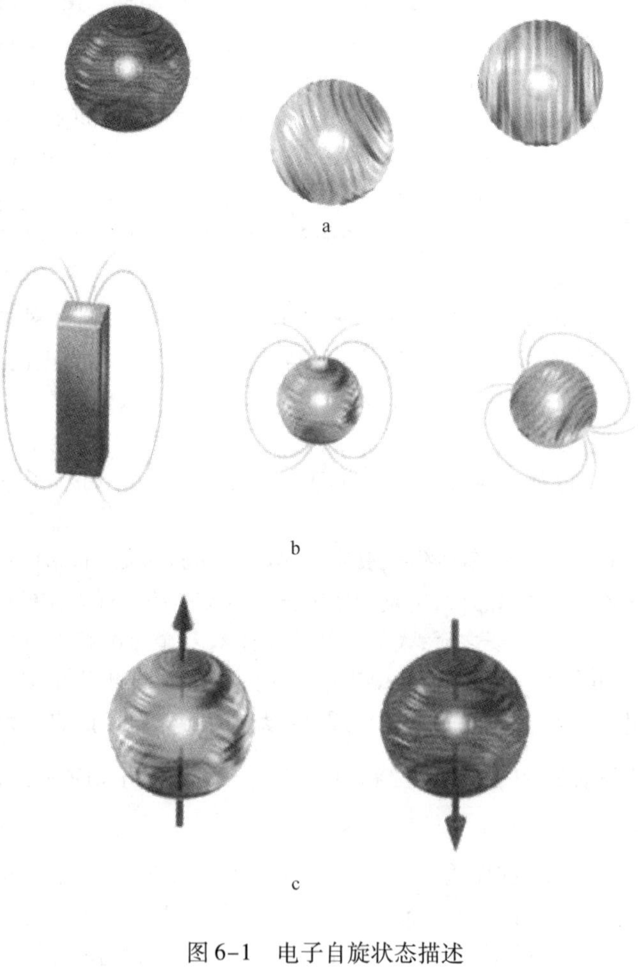

a

b

c

图 6-1 电子自旋状态描述

a—电子的自旋;b—自旋产生的磁场;c—自旋的向量表示

在一般电路中,电子自旋的方向混乱,对电流不会产生影响,如图 6-2a 所示。但在外加磁场的作用下,电子自旋的方向逐渐变成同向排列,如图 6-2b 所示。由于所有电子的自旋方向相同,这样就会在某一方向形成电荷的定向流动,成为自旋偏极化电流。

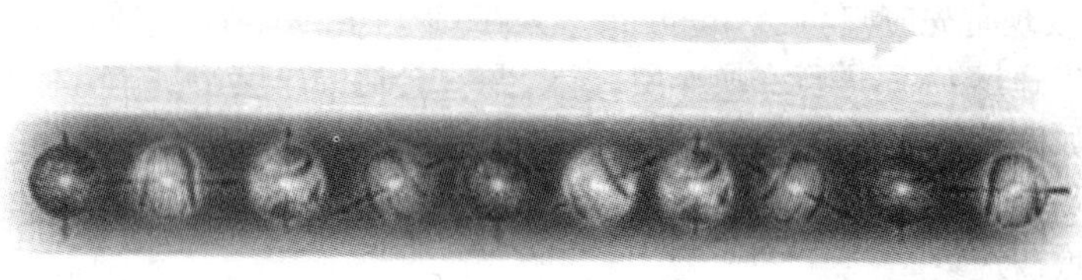

a

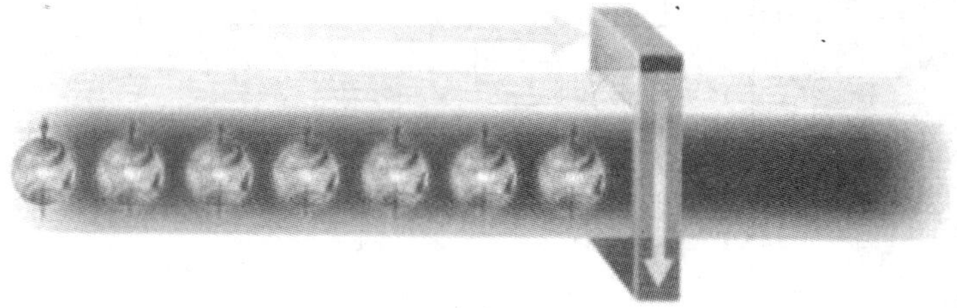

b

图6-2 自旋偏极化电流的产生

a— 一般电路中电子的自旋;b—在磁场中电子的自旋状态

根据泡利不相容原理,电子应当按照自旋方向相反的状态去排列,这样体系的能量最低,在外加磁场的作用下,电子的自旋状态被强制改变,体系的能量增加,电子的自旋方向相同,能量取向一致,由此我们可以推测,在磁场中,不同自旋方向的电子能量是不同的。相关研究也证明了这一推测。

自旋是电子的纯量子力学效应,是产生磁性物质的重要物理起源。自旋和外界的相互作用远比电荷的作用弱,而且电子自旋取向构成一个双态量子系统,改变电子自旋取向要比改变电子运动状态要容易得多,快得多,因此可以利用电子的自旋自由度作为信息的载体或量子位,从而可应用于量子信息和量子计算方面。

总之,用于信息处理的集成电路、高频和大功率器件是控制半导体中电子电荷的结果,而高容量信息存储器件——信息技术领域中另一个重要分支如硬盘等,则是利用了磁性材料中电子的自旋。信息处理与信息存储可以说分别是半导体与磁性材料到目前为止最为重要的功能之一,但长期以来两者基本上都是独立发展,虽然有人尝试结合两者的特性发展新一代的电子器件,但无论是在基础研究还是在工业应用上,磁性材料与半导体的相互融合一直没有多大进展。但近几年来,随着电子器件的进一步小型化与亚微米甚至纳米技术的发展,一个跨越半导体和磁性材料的全新研究领域已成雏形,这个全新的领域称之为自旋电子学。

## 6.3 巨磁电阻的发现与发展

巨磁电阻效应的发现并非偶然,它是长期以来人们对磁性本质问题探索的结果。我们知道,磁场可以使许多金属的电阻发生改变,只不过变化率一般很小,一般不超过2% ~3%,这种由磁场引起的电阻变化被称为磁电阻(magnetoresistance,MR)。早在1865年,英国著名物理学家W. Tomson就发现了这种现象,但由于受当时技术条件和理论水平的限制,人们无法给出合理的解释。

GMR 现象的发现首先应归功于 Grunberg 等人在 1986 年的发现:在“Fe /Cr /Fe”三明治结构中，Fe 层之间可以通过 Cr 层进行交换作用,当 Cr 层在合适的厚度(见图 6-3)时,两铁层之间存在反铁磁耦合。如图 6-3 所示,当 Cr 层厚度使铁磁层间为反铁磁耦合时,多层膜磁化强度饱和所需要的饱和磁场大,铁磁耦合时需要的饱和磁场小,呈现出随 Cr 层厚度变化铁层之间呈铁磁和反铁磁耦合的振荡现象。

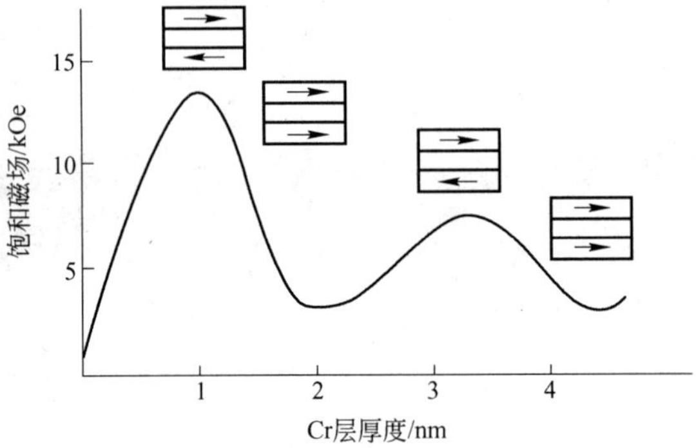


图 6-3 非磁性 Cr 层厚度变化引起铁磁层之间铁磁和反铁磁耦合交替变化

1988 年,法国科学家 Fert 小组在$[Fe/Cr]_n$($n$ 为多层膜的周期)周期性多层膜中观察到,当施加外磁场时,其电阻变化率高 50%,因此称之为巨磁电阻效应(giant magnetoresistance,GMR)。它的磁电阻效应曲线如图 6-4 所示。

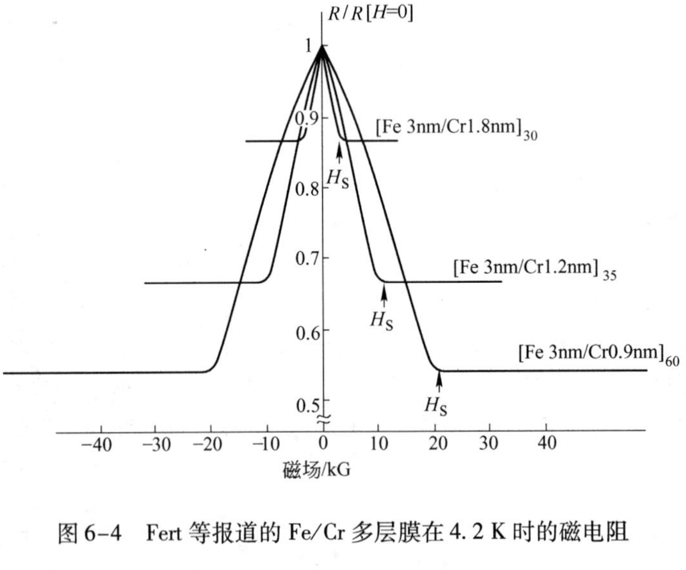


图 6-4 Fert 等报道的 Fe/Cr 多层膜在 4.2 K 时的磁电阻

图 6-4 中三条曲线分别表示不同薄膜厚度的 Fe/Cr 多层膜在不同磁场下的电阻变化。铁膜厚度均为 3 nm,铬膜厚度分别为 1.8 nm、1.2 nm、0.9 nm 时，随着铬膜厚度的减小,磁电阻变化越大。从中也可看到薄膜厚度必须控制在纳米量级。这对纳米薄膜制备技术及纳米薄膜测量技术都具有极高的要求。

1991 年，Unguri 等做了一个很漂亮的实验,在三明治结构中,把非磁性金属层做成楔形,然后观察磁畴,可以明显看到黑白相间的磁畴,黑和白分别表示两个区域中磁化强度方向相反,意味着与底层磁化强度分别成铁磁和反铁磁耦合，结果如图6-5所示。

1991年，Parkin等用磁控溅射制备多层膜，并得到磁电阻随非铁磁层厚度变化的振荡效应，得到(Co/Cu)多层膜在室温下MR值达到65%，而(CoFe/Cu)多层膜的MR值更优于(Co/Cu)多层膜。如何使巨磁电阻效应获得应用是人们最关心的问题。1990年，Shinjo用两种不同矫顽力铁磁层构成三明治结构的自旋阀。1991年，Dieny用反铁磁层钉扎下面一层铁磁层，上面一层铁磁层为自由层，构成具有反铁磁层的自旋阀，如图6-6所示。FeMn、IrMn、NiMn、PtMn等分别为反铁磁层所选材料。从此，材料的反铁磁性研究开始从学术研究范畴进入到技术应用研究范畴。自旋阀的产生为巨磁电阻的应用打开方便之门。1994年，IBM公司宣布利用GMR自旋阀研制成硬磁盘读出磁头的原型，将磁盘系统的记录密度提高17倍，达到10 Gbit/in$^2$，超越现有光盘的记录密度，是计算机电子工业的重大突破。基于GMR自旋阀结构做成的磁传感器比常规的磁传感器输出信号大、信噪比大、体积小、灵敏度高、可靠性高、耐恶劣环境能力强，因此在测速、位移、旋转编码器和电流传感器等方面得到广泛应用。

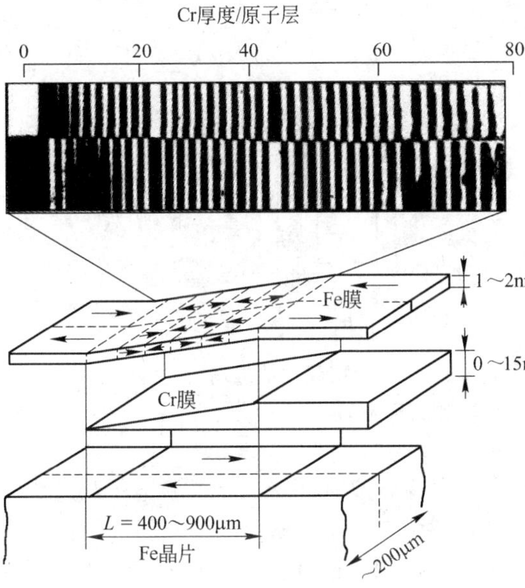


图6-5 层间耦合的磁畴观察结果

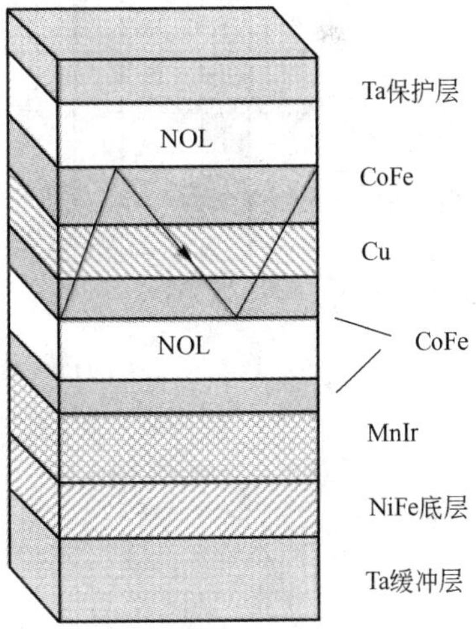


图6-6 纳米氧化层的自旋阀

巨磁电阻的发现是自旋电子学发展的里程碑。巨磁电阻材料其大的磁电阻效应值立刻引起了各国科学家的注意，人们纷纷从理论上和实验上对超晶格多层膜的巨磁电阻效应加以研究。1995年，人们以绝缘层$Al_2O_3$代替导体Cr，观察到很大的隧道磁电阻(TMR)现象。基于GMR和TMR的发现，一个新的学科分支——磁电子学的概念被提出了。从那时起，科技人员一直坚持不懈地努力，将上述创新性发现转化为信息技术(IT)产业化。

## 6.4 巨磁电阻多层膜的结构与作用机理

最早用于解释巨磁电阻效应的是Baibich等人提出的传导电子的自旋相关散射理论。当电流在金属中流动时，电阻的产生取决于电子在运动过程中的散射，如果散射强烈，则电子的自由程很短，电阻很大；相反，如果电子受到的散射较弱，则电子的自由程很长，电阻很小。对于过渡金属，尤其是在铁磁性过渡金属及其合金中，传导电子是s电子、d电子，为了使能量最小化，这些电子的自旋取向应平行于磁化强度矢量，但电子的自旋需满足泡利不相容原理，电子自旋包括自旋向上和自旋向下两种状态，因此，实际状况是，一部分电子的自旋取向平行于磁化强度矢量，而另一部分电子的自旋相反。巨磁电阻效应的产生正是由于散射过程中两种自旋取向的电子散射激烈程度显著不同造成的。

为了阐明巨磁电阻效应的产生机制，美国加州大学 M. A. Ruderman、Charles Kittel、Kei Yosida 以及日本的 Taduya Kasuya 等相继提出了在多层薄膜结构中存在着相邻膜层磁性原子之间的自旋相互作用（也称之为耦合），这种相互作用可以是（核自旋 - 核自旋）、（d 电子自旋 - d 电子自旋）、（核自旋 - d 电子自旋）之间的相互作用，而它们之间的相互作用是通过自由电子间接实现相互耦合。这种耦合作用称之为 RKKY 耦合。RKKY 耦合的结果就形成了相邻两层铁膜自发反向磁化（antiferromagnetic）。而具有不同自旋方向的自由电子在这种膜层结构中运动时，存在着差异自旋散射（differential spin scattering），电子自旋方向与介质磁化方向不同的电子，在介质中传输时具有较小自由程，即导致电子在传输中的散射，如图 6-7a 所示。因此在无外加磁场情况下，电子很难通过这种多层膜。

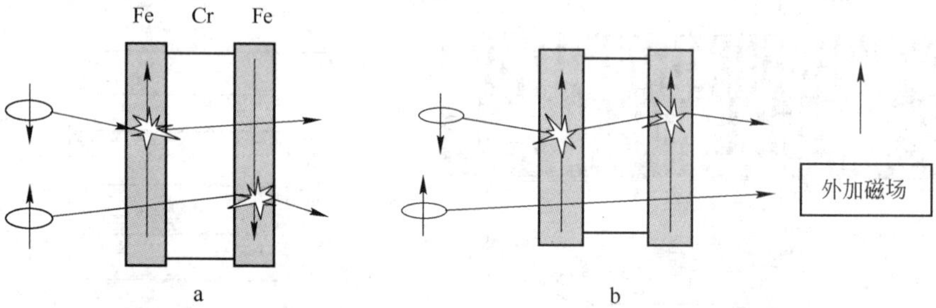


图 6-7 不同自旋方向的电子在 Fe/Cr/Fe 多层膜中的传输情况
a—无外加磁场；b—有外加磁场（磁场方向向上）

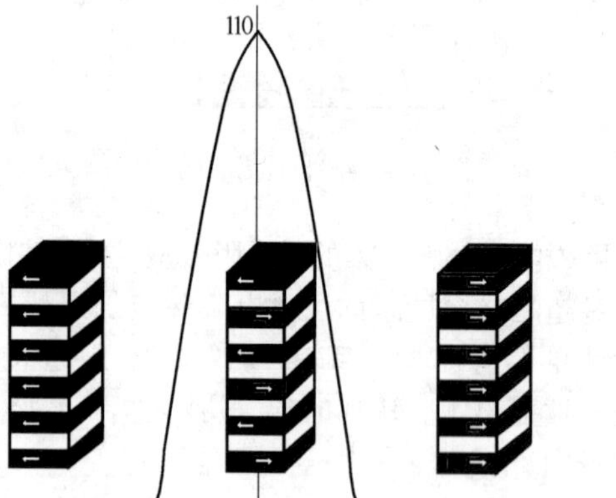


图 6-8 巨磁电阻效应产生机制示意图

如图 6-7 所示为一个散射电子经过非磁性中间层进入磁性层时所遇到的不同散射情况。假设非磁性中间层的厚度小于电子的平均自由程，这样，传导电子在到达相邻铁磁层表面的时候，仍然保持它们最初的电子自旋取向。当相邻的铁磁层方向相同时，那么传导电子将几乎不受散射而进入该层，因为它的自旋取向与该层的主自旋取向是匹配的；当相邻铁磁层的磁化为反平行状态时，到达的传导电子就会在铁磁层的表面受到强烈的散射，因为它的自旋取向与该层的主自旋取向不匹配。如果对这一多层膜施加一磁场，使多层膜中铁磁介质磁化，如图 6-7b 所示，自由电子自旋方向与介质磁化方向相同的电子在介质中传输时则不易被散射而可自由传输，即多层膜将会由于外加磁场而使其电阻大大减小。呈现出所谓“巨磁电阻”效应，如图 6-8 所示。而这种差异自旋散射是由磁介质的自旋电子态分布情况所决定。

## 6.5 隧道磁电阻

量子力学的隧道效应就是指粒子穿过势垒并出现在经典力学禁阻区域的过程。现在考虑一个电子通过由金属层/绝缘层/金属层构成的三明治薄膜的情况,绝缘层形成一个势垒很高的势阱。按经典力学概念,电子是不可能通过绝缘层的。我们知道电子具有“波”“粒”两重性,电子的运动可以用波函数表征。量子力学对这种情况分析表明,电子能以一定的几率通过隧道效应而穿过势垒,逃出势阱。穿过势垒的几率是由波函数在势阱的两壁上必须连续这个条件决定的。当电子通过第一个金属/绝缘体的界面时,在绝缘体内波函数较快地衰减,如果绝缘层足够薄,也就是势垒薄,电子通过绝缘层到达第二个绝缘体/金属界面时,波函数没有衰减到零,那么在第二个金属薄膜中,发现电子的几率不是零,也就是说,电子穿越了势垒。

自旋隧道结构与多层膜中的三明治结构非常相似,所不同的是它以一个非常薄的绝缘层来代替三明治结构中的非磁性传导层,其结构如图 6-9 所示。1987 年,Suezawa 等用 $Al_2O_3$ 做绝缘层,可喜的是在室温下获得磁隧道电阻,但也很小。1991 年,Miyazaki 等在 300 K 获得最大磁电阻仅为 2. 6%。1995 年,Miyazaki 等获得突破性进展,在 Fe /$Al_2O_3$/Fe 隧道结中,室温下获得磁电阻 MR 值为 18%,磁场灵敏度 8% /Oe,从此揭开了隧道磁电阻新的激动人心的一页,人们开始集中研究用 $Al_2O_3$ 做绝缘层的隧道结。2000 年,Han 等在室温下获得磁电阻达 50%,从而开辟了自旋电子学研究的又一个新方向。

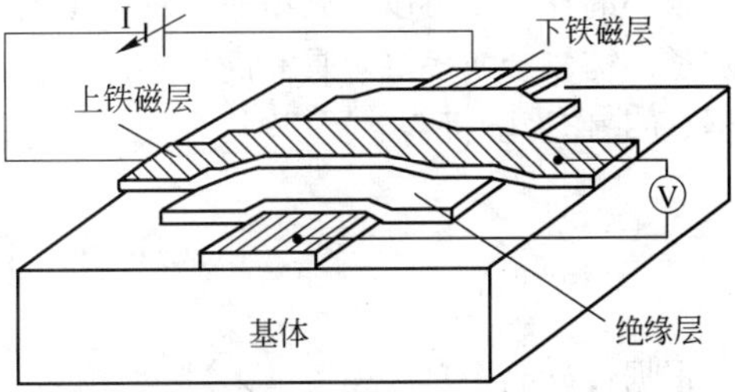


图 6-9 自旋隧道结构

在两层金属导体之间夹一薄绝缘层,就构成一个电子的隧道结。实验发现电子可以通过隧道结,即电子可以穿过绝缘层,这便是隧道效应 在纳米铁磁材料中,由于量子力学交换作用,铁磁金属的 3 d 轨道局域电子能带发生劈裂,使 Fermi 面附近自旋向上和向下的电子具有不同的能态密度,两者的差异产生金属原子磁矩并具有非整数性,如图 6-10 所示。

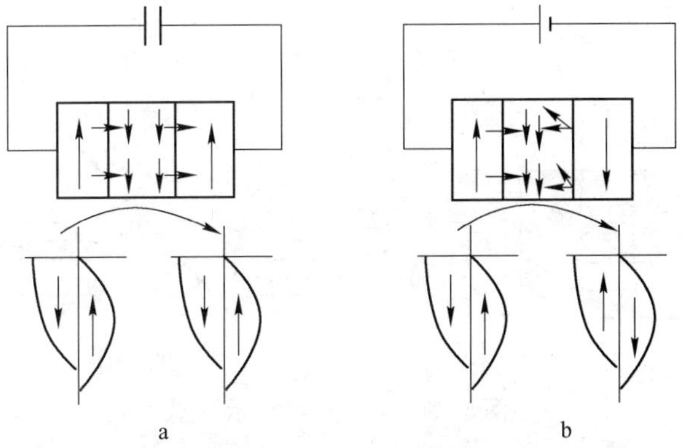


图 6-10 纳米铁磁材料中的自旋方向相反的电子态密度

a—低电阻,平行;b—高电阻,反平行

如果两铁磁层的磁化方向平行,一个铁磁层中多数自旋子带的电子将进入另一个电极中的多数自旋子带的空态,同时少数自旋子带的电子也从一电极进入另一电极的少数自旋子带的空态;如果两电极的磁化方向反平行,则一个电极中的多数子带的自旋与另一个电极的少数自旋子带电子的自旋平行,这样,隧道电导过程中一个电极中多数自旋子带的电子必须在另一个电极中寻找少数自旋子带的空态,因而其隧道电导必须与两极的磁化方向平行时的电导有所差别,将隧道电导与铁磁电极的磁化方向相关的现象称为磁隧道阀效应(magnetic valve effect)。

用氧化镁做绝缘层开辟了研究MTJ的新方向。Yuasa等在2000年研究单晶氧化镁基片上生长Fe /$Al_2O_3$/NiFe磁隧道结,发现铁电极也是单晶膜,而磁电阻具有各向异性特征,不同晶体方向的磁电阻值不一样。2004年, Yuasa等制备的Fe /MgO /Fe磁隧道结的MR在室温下达到88% ,最大输出电压为380 mV,超过氧化铝为绝缘层的磁隧道结。氧化镁磁隧道结的优点是:高自旋极化率,MR值在室温下达到230%;结电阻较小;热稳定性高,可超过400℃。

需要特别指出的是,由于磁隧道结中两铁磁层间不存在或基本不存在层间耦合,因而只需要一个很小的外场就可以将其中一个铁磁层的磁化方向反转,从而实现磁隧道电阻的巨大变化,所以隧道结构较金属多层膜具有高得多的磁场灵敏度,因而无论是作为计算机的读取磁头、各类传感器,还是作为随机存储器,均具有无与伦比的优点,应用前景十分广阔。

## 6.6 自 旋 阀

根据传导电子自旋相关散射理论,相邻磁性层的磁矩从反平行排列到平行排列的过程中便能出现巨磁电阻效应,强反铁磁性耦合多层膜并非是实现这种过程的唯一手段。1990年,B. Dieny提出并制备了结构为NiFe/Cu/NiFe/FeMn的四层膜,并命名为自旋阀(spin-valve, SV),该结构也能实现磁矩从反平行排列到平行排列的过程,如图6-11所示。利用FeMn的反铁磁取向钉扎作用,使被钉扎层NiFe膜层的磁矩固定,自由层NiFe膜层的磁矩可在较小的外磁场作用下自由翻转。当外磁场为零时,上下两铁磁层通过Cu层发生弱铁磁性耦合或处于去耦合状态,它们的磁矩平行排列,薄膜电阻率小;当外加磁场与薄膜的单向取向场反平行时,自由层的磁矩转向外加磁场方向,两层磁性薄膜的磁矩反平行排列,薄膜电阻率大。自旋阀结构的出现,使得"巨磁电阻"效应的应用很快变为现实。

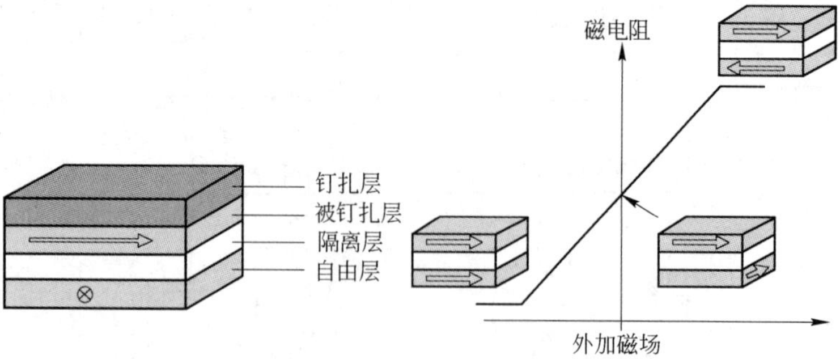


图6-11 自旋阀结构示意图

自旋阀主要有铁磁层(自由层)/隔离层(非磁性交换层)/铁磁层(弱磁性中间层)/钉扎层4层纳米量级薄膜组成。其中强磁自由层一般为坡莫合金;非磁性交换层一般为Cu或Ag;弱中间层一般为较薄的NiFe或Co;钉扎层一般为MnFe合金。由于钉扎层使中间层磁矩钉扎,因此在一定的交换层厚度下,强磁自由层与弱磁中间层的交换耦合作用被大大削弱,可以极大地降低饱和场,提高低场下的灵敏度。

在 1997 年，自旋阀正式商业化，直到今天，自旋阀仍然普遍应用于硬盘读取磁头。

## 思考练习题

一、名词解释

1. 磁电阻
2. 巨磁电阻
3. 自旋电子学

二、简答题

1. 绘图解释巨磁电阻的作用机理。
2. 绘图解释隧道磁电阻的作用机理。
3. 简述自旋阀及其作用机制。

# 7 介电物理

**本章要点：**

本章在介绍绝缘材料中的极化行为的基础上，重点介绍了压电材料与铁电材料之间的关系，压电材料与铁电材料的作用机理以及相关的应用。

## 7.1 介电现象和极化效应

本书前几章中讨论的电现象都是以材料中存在的电子、离子和空穴等载流子在电场作用下产生长程迁移而形成的。与此不同，存在另一类材料，即所谓的介电材料，它们是绝缘体，并不存在其中载流子在电场作用下的长程迁移，但仍然有电现象。这种电现象的产生，是因为材料中也存在荷电粒子，尽管这些荷电粒子被束缚在固定的位置上，但可以发生微小移动。这种微小移动起因于材料中束缚的电荷，在电场作用下，正负束缚的电荷重心不再重合，从而引起电极化，如此将电荷作用传递开来。可以说，介电材料的电学性质是通过外界作用，其中包括电场、应力、温度等来实现的，相应形成介电晶体、压电晶体、热释电晶体和铁电晶体，并且依次后者属于前者的大类，其共性是在外力作用下产生极化。这几类材料的属于关系如图 7-1 所示。

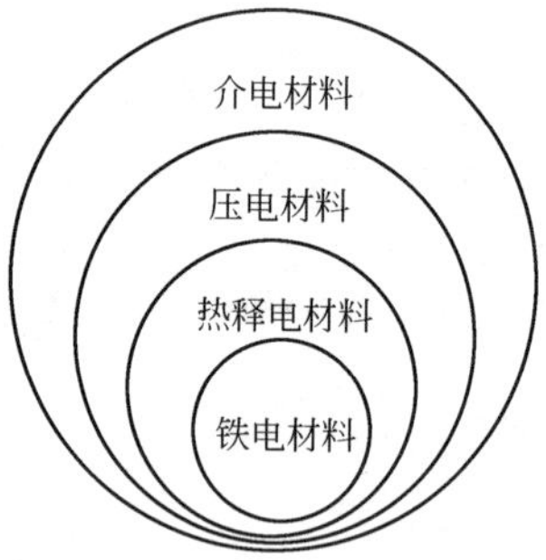


图 7-1 几类介电材料的相互关系

### 7.1.1 电极化现象

介电材料本身不带电荷，但将其置于电场中，在其体积内部和表面会感应出一定量的电荷。这种现象称作电极化现象。这种极化现象可以分为 4 类，如图 7-2 所示。

任何材料都是由原子和分子或离子构成的。原子可以看作是由荷正电荷原子实和其外荷负电的电子云所构成的。无电场时，原子实的正电重心和电子云的负电重心是重合在一起的。在电场存在时，正电重心和负电重心发生轻微错位，形成的极化称作电子极化。

离子化合物是由正负离子按照一定堆积方式形成的，正负离子之间依靠静电引力形成离子键。离子晶体中，正负离子没有平动和转动，只有振动，粒子间距离虽有微动，但其方向和大小都是随机的。因此，整体上正电和负电重心是重合在一起的，保持电中性。在电场作用下，正、负离子分别沿着不同电场方向取向，趋向于与外电场一致的方向，产生的极化称作离子极化。由偶极分子结合成的共价化合物，偶极子在无电场时是随机取向的，但在电场作用下，偶极子沿电场方向取向，产生的电极化称作偶极极化。

多晶体存在晶粒间界，特别是存在长程缺陷时，会存在空间电荷。但在电场作用下，感生电荷聚集于晶体表面而产生极化，称作空间电荷极化。

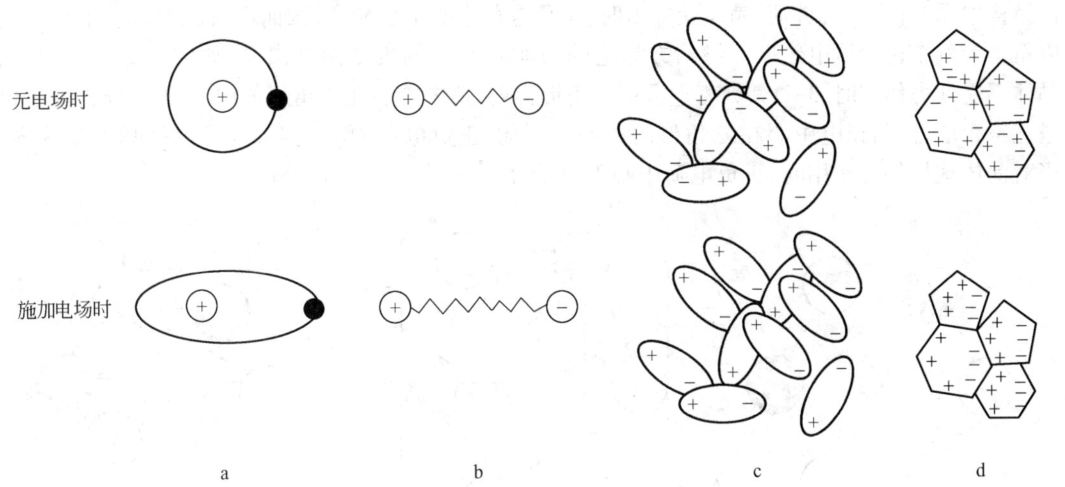


图 7-2 介电材料的极化

a—电子极化；b—离子极化；c—偶极子极化；d—空间电荷极化

### 7.1.2 极化效应和电极化率

极化效应的大小通常用单位体积内的电偶极矩或其介质表面的极化电荷密度来衡量，称作电极化强度 $P$，相应电场强度为 $E$，那么有：

$$P = \alpha E \tag{7-1}$$

式中，$\alpha$ 定义为介电晶体的电极化率，决定于介电物质的本质。

电极化率可以分解为电子极化率 $\alpha_e$、离子极化率 $\alpha_i$、偶极极化率 $\alpha_d$ 和空间电荷极化率 $\alpha_s$，总极化率 $\alpha$ 是它们的总和：

$$\alpha = \alpha_e + \alpha_i + \alpha_d + \alpha_s \tag{7-2}$$

这 4 种极化作用并非在任何类型的介电材料中都等额地存在。在一种类型的材料中，往往只有一种或两种极化起主导地位。一般说来，电子极化存在于一切类型的固体物质中，离子极化主要存在于离子晶体中，偶极极化主要存在于具有永久偶极的物质中，空间极化则主要存在于那些结构非理想的、内部可以发生某种长程电荷迁移的介电物质中。例如氯化钠晶体中存在阴离子空位时，阳离子可以优先向负极方向迁移，因此在电极 - NaCl 界面处建立了一个双电层。当然，这类效应显著时，则形成了导体或快离子导体，而不再是介电质了。另外，上述 4 种极化率的大小程度也不相同，一般大小次序为：$\alpha_e < \alpha_i < \alpha_d < \alpha_s$。

## 7.2 压电晶体材料

某些晶体在机械力作用下发生变形，使晶体内正负电荷中心相对位移而极化，致使晶体两端表面出现符号相反的束缚电荷，其电荷密度与应力成比例。这种由“压力”产生“电”的现象称为正压电效应（direct piezoelectric effect）。反之，如果具有压电效应的晶体置于外电场中，电场使晶体内部正负电荷中心产生位移，导致晶体产生形变。这种由“电”产生“机械形变”的现象称为逆压电效应（converse piezoelectric effect）。正压电效应和逆压电效应统称为压电效应。

晶体的压电性质与自发极化性质都是由晶体的对称性决定的。产生压电效应的条件是：晶体结构中无对称中心,否则,晶体受外力时,正负电荷中心不会分离,因而没有压电性。下面我们以石英为例来讨论压电效应。将六方晶胞的[1000]晶面的投影图画出来,如图7-3a所示。当晶体不受外力作用时,3个氧负离子呈正三角形排列,负电中心在三角形的中心,3个硅正离子也呈正三角形排列,正电中心在三角形的中心。因此,正负电荷中心重合,这是保持总电矩为零。当对晶体施加外力作用时,正负电荷中心不再重合,晶体表面产生电荷分布。

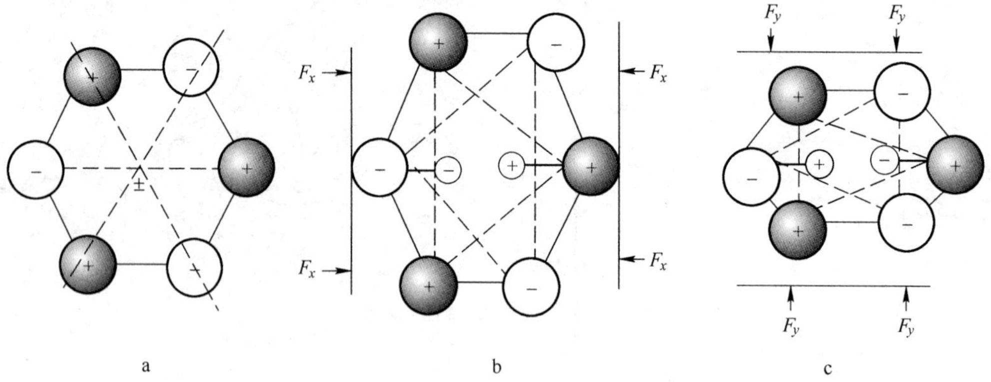


图7-3 石英晶体的压电效应示意图

a—无外力时[1000]晶面;b—$x$ 轴受压时[1000]晶面;c—$y$ 轴受压时[1000]晶面

压电晶体在受到机械力时,表面感应出电荷,并且晶体表面的一侧为正电荷,一侧为负电荷。这种现象称为正压电效应。反过来,若是电场作用于晶体,晶体在电场作用下,会发生应力变化,即尺度发生改变,这就是上述效应的逆过程,称为逆压电效应。逆压电效应实际上是压电材料在电场作用下发生的电致伸缩。压电效应是1880年由J和P居里兄弟俩发现的。具有压电性质的晶体在外加应力 $\sigma$ 作用下,产生电极化 $P$,两者之间为线性关系:

$$P = \alpha\sigma \tag{7-3}$$

式中,比例系数 $\alpha$ 称作压电系数,是压电材料的特征参数。

压电材料作为体材料在机电转换和声学延迟介质方面也获得了广泛的应用,譬如压电扬声器。压电陶瓷材料以钛酸钡系列为代表,发展和应用都很快。压电陶瓷在日常生活中应用也很多,如图7-4所示的燃气点火装置。

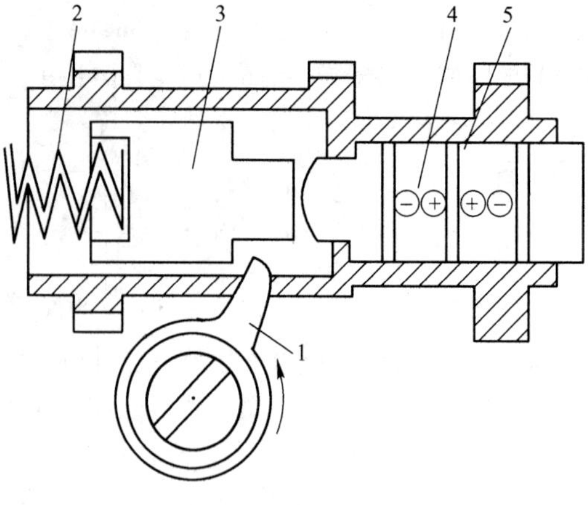


图7-4 家用燃气灶具的点火装置工作原理

如图7-4所示，转动凸轮开关为1，开关1利用凸轮凸出部分推动冲击块3，并压缩冲击块后的弹簧2。当凸轮凸出部分脱离冲击块后。由于弹簧弹力作用，冲击块给陶瓷压电元件4一个冲击力，便在压电元件两端产生高压，并从中间电极5输出高压，产生电火花点燃气体。

## 7.3 热释电晶体材料

### 7.3.1 热释电效应

某些晶体当温度变化时，产生电极化现象，并且电极化强度随温度变化而发生变化。一般地，电极化强度随着温度升高，出现某方向极化增强，随着温度下降，沿此方向的极化减弱。这种现象称作热释电效应。具有这种效应的晶体称作热释电晶体。

热释电晶体的自发极化强度 $P_s$ 与温度变化 $\Delta T$ 成线性关系：

$$\Delta P_s = P_s \Delta T \tag{7-4}$$

式中，$P_s$ 称作热释电晶体的热释电常数。

### 7.3.2 热释电效应的应用

我们已经知道，压电晶体的结构特征是无对称中心，热释电晶体首先是压电晶体，故它们也没有对称中心。热释电晶体有许多方面的应用，其中在高新技术领域的应用主要是作为热释电探测仪和热释电摄像仪。其原理如图7-5所示。

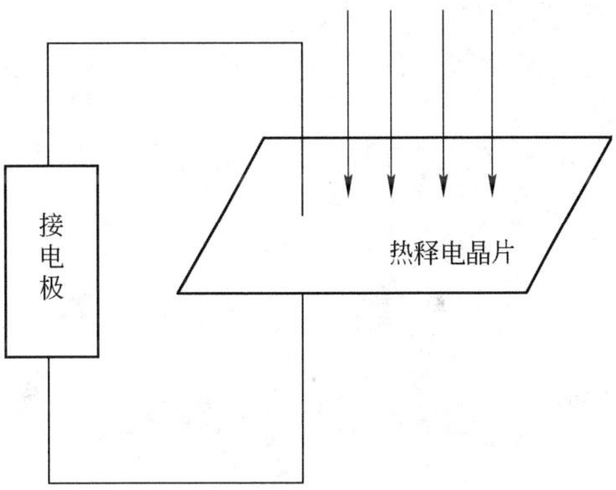


图7-5 热释电晶片制作光源接收器

如图7-5所示，用热释电晶片制作光源接收器，并将热释电晶片与电极连接。热释电晶体受光源照射，可以转换为电流。采用信号转换器，将此电流转换为图像，就是热释电成像的器件。如果热释电晶体所能进行电光转换的光源波长处在红外光范围，则可以制作为红外探测仪或红外成像仪。这些技术已应用在医疗检测和军事、民用等领域。

## 7.4 铁电效应和铁电晶体

### 7.4.1 铁电效应

偶极晶体在外电场作用下可以改变其偶极子方向，这种性质称作铁电性。由于应力也能使自发偶极变化，从而观察到压电效应，因而铁电晶体属于压电晶体。与压电晶体相同，偶极晶体的极轴是固有存在的，也没有对称中心。如果这种偶极子方向在外电场作用下可以取向，就成为铁电体了。可见铁电体是压电体中的一个小部分。铁电体的电偶极子的方向改变称作铁电体的固有自发极化。据此，可以将压电晶体划分为铁电性压电晶体和非铁电性压电晶体。在一定温度范围内，铁电体必然是压电体，而压电体则不一定是铁电体。铁电体的极

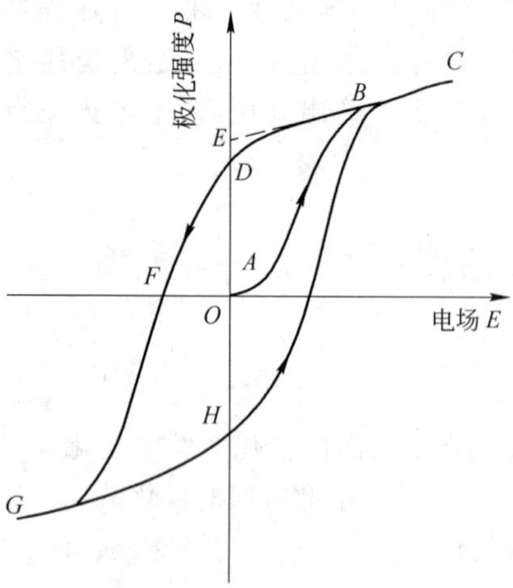


图 7-6 铁电体的电滞曲线

化强度 $P$ 与外电场 $E$ 之间存在电滞回线，因而，可用是否存在电滞回线来判断是否为铁电体。对压电晶体，我们前面已谈到，极化效应和电场强度呈线性关系 $P=\alpha E$。但对于铁电晶体，由于其固有偶极存在，电场作用时就有附加偶极极化，这时 $P-E$ 关系就变为非线性的，而呈现出如图 7-6 所示的电滞曲线。

自发极化的电偶极方向排列一致，形成小区域，形成铁电畴，简称电畴。一般情况下，这些许许多多的小区域取向杂乱无章，没有净的极化强度。当外加电场作用后，这些电畴取向趋向一致。与磁性材料相似，存在一个自发极化的确定温度，称作居里温度 $T_C$，在 $T_C$ 温度以下时才出现自发极化，高于此温度时则消失铁电性。该温度又称作铁电转变温度。

### 7.4.2 铁电材料自发极化产生机理

钙钛矿（$ABO_3$）型铁电体是为数最多的一类铁电体。典型的钙钛矿结构如图 7-7 所示。

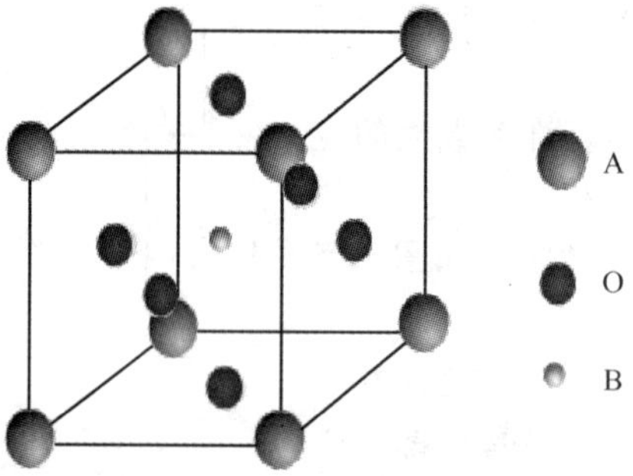


图 7-7 典型的钙钛矿结构

晶体在外电场作用下的极化包括电子极化、离子极化和分子极化三种。$BaTiO_3$ 是典型的铁电材料，在居里温度以下表现出良好的铁电性能，而且是一种很好的光折变材料，可用于光储存。$BaTiO_3$ 晶体具有钙钛矿型结构，当温度稍高于 120℃ 时，立方 $BaTiO_3$ 的晶胞参数 $a=0.401$ nm，$Ti^{4+}$ 和 $O^{2-}$ 中心的距离为 $a/2=0.2005$ nm，而 $Ti^{4+}$ 和 $O^{2-}$ 离子半径之和是 0.196 nm，还有 0.0045 nm 的间隔，即 $Ti^{4+}$ 离子体积比氧八面体空隙体积小，如图 7-8 所示，因此，$Ti^{4+}$ 离子发生位移后的恢复力较小。由于 $Ti^{4+}$ 电价高，当 $Ti^{4+}$ 向某一 $O^{2-}$ 靠近时，使 $O^{2-}$ 的电子云变形，发生强烈的电子位移极化，该电场促使 $Ti^{4+}$ 进一步位移。这种相互作用直到外层电子云相互渗透后产生的排斥力（恢复力）与内电场力（极化力）相平衡为止。$Ti^{4+}$、$O^{2-}$ 相互作用所形成的内电场很大，完全可能超过 $Ti^{4+}$ 位移不大时所产生的恢复力，因此，在一定条件下就有可能使 $Ti^{4+}$ 在新位置上固定下来，使单位晶胞中正负电荷中心不重合，产生偶极矩。

在室温下，钛酸钙的晶胞参数 $a=0.38$ nm，钛、氧离子中心间距为 0.19 nm，比钛、氧离子半径之和小 0.006 nm。这说明氧八面体空隙比钛离子小得多，钛离子位移后恢复力很大，无法在新位置上固定下来，因此不会出现自发极化。

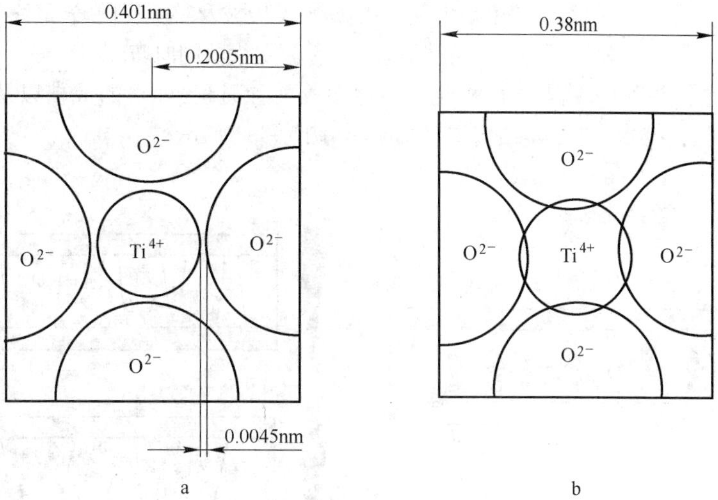


图 7-8　$BaTiO_3$ 和 $CaTiO_3$ 结构的剖面图

a—$BaTiO_3$；b—$CaTiO_3$

### 7.4.3　铁电畴的运动

晶体内部在退极化电场的作用下，就会分裂出一系列自发极化方向不同的小区域，使其各自所建立的退极化电场互相补偿，直到整个晶体对内、对外均不呈现电场为止。这些由自发极化方向相同的晶胞所组成的小区域便称为电畴，分隔相邻电畴的界面称为畴壁。根据磁畴排列方向，有 90°和 180°磁畴，如图 7-9 所示。实验与理论分析表明，电畴壁很薄，只有几个晶胞厚度。钛酸钡晶体中的 180°畴壁大约只有 0.5～2 nm，相当于 10～20 个晶胞厚度。

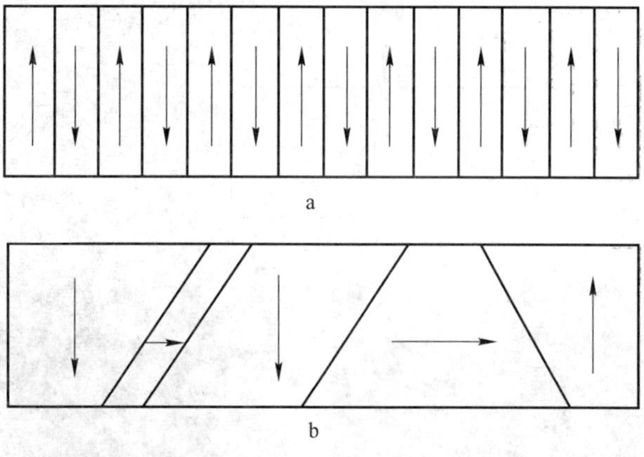


图 7-9　钛酸钡晶体中的电畴示意图

a—反平行的 180°电畴；b—相互垂直的 90°电畴

铁电体的自发极化在外电场作用下反转时，晶体的电畴结构也要发生相应的改变。电畴结构在外场作用下发生改变的过程称为电畴运动。极化反转过程中电畴的运动可以用实验的方法动态地观察到。如果把电场沿着钛酸钡晶体的自发极化轴加到图 7-9a 所示的试样上，实验表明，与电场方向一致的电畴并不通过其畴壁的侧向移动以牺牲反向畴为代价进行扩张，而是在反向畴内部沿着试样的边缘靠近电极处生长出许多极化方向与电场方向一致的尖劈状新畴。新畴成核后便在电场作用下向前推进,穿透整个试样。电场增强时,新畴不断出现,不断向前发展波及整个反向畴,最终便把这种反向电畴变成与外场方向一致,并与相邻的同向畴结合为一个体积更大的同向畴。

图 7-10 所述结果表明,铁电体的极化反转存在着两种过程:即畴的成核以及畴的生长。因此我们可以采用相关技术,对磁畴结构进行加工,如图 7-11 所示。

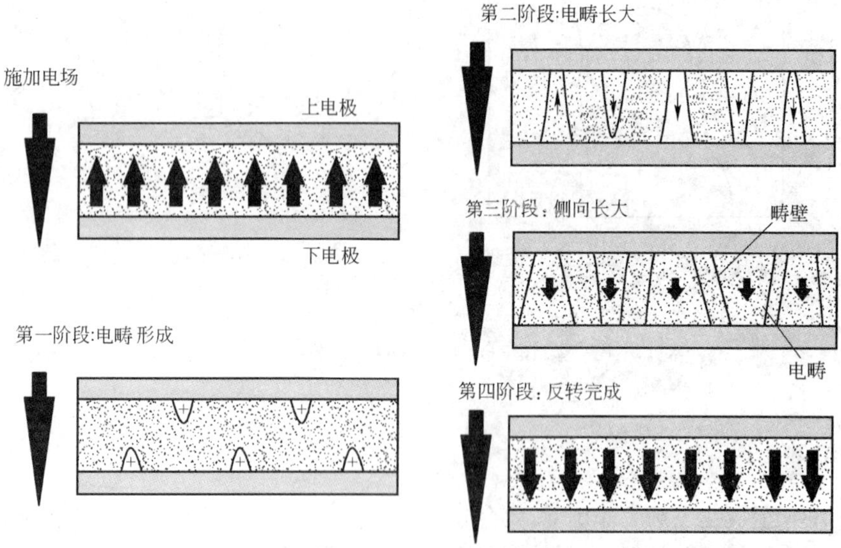


图 7-10　钛酸钡晶体反向畴中尖劈状新畴的成核和扩展

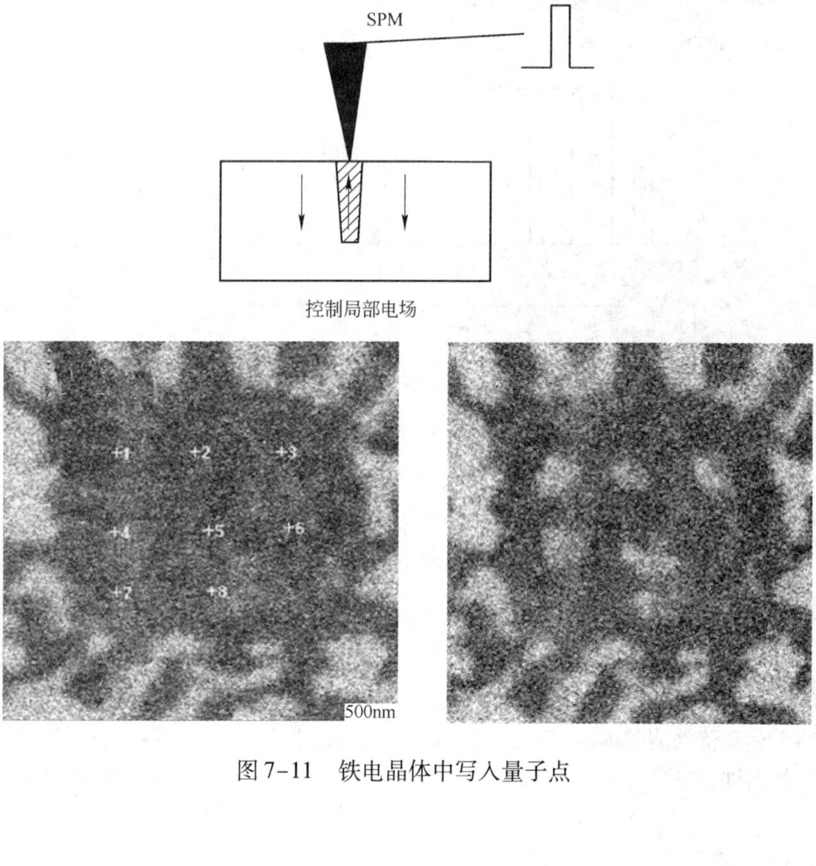


图 7-11　铁电晶体中写入量子点

由于铁电材料具有自发极化，利用外电场作用下自发极化的转向可以做成铁电存储器。

## 思考练习题

一、名词解释

1. 电极化
2. 热释电效应
3. 铁电效应
4. 铁电畴
5. 压电效应
6. 铁电性

二、简答题

1. 简述材料中极化的种类。
2. 简述压电材料的作用机理。
3. 以钛酸钡为例介绍铁电效应产生的机理。
4. 简述铁电晶体中铁电畴的形核与长大过程。
5. 简述铁电晶体与压电晶体之间的关系。

# 8　磁学性能

**本章要点：**

本章重点介绍了磁性材料磁性的来源、磁矩的分布以及相应的磁性材料的分类，在此基础上介绍了磁性材料的磁化与一些应用，最后介绍了新型磁性材料的发展与应用情况。

磁性不只是一个宏观物理量，而且与物质的微观结构密切相关。它不仅取决于物质的原子结构，还取决于原子间的相互作用、键合情况和晶体结构，因此，研究磁性是研究内部结构的重要方法之一。随着现代科学技术和工业的发展，磁性材料的应用越来越广泛，特别是电子技术大发展，对磁性材料提出了新的要求。因此，研究有关铁磁性理论，发展新型磁性材料也是材料科学的重要发展方向之一。本章重点介绍磁性产生的本质、磁性材料的分类、磁化过程以及磁性材料的新发展。

## 8.1　磁的基本性质

先秦时代我们的先人已经积累了许多有关物质磁性的认识，祖先们在探寻铁矿时常会遇到磁铁矿，即磁石（主要成分是 $Fe_3O_4$）。这些发现很早就被记载下来了。《管子》的数篇中最早记载了这些发现："山上有慈石者，其下有金铜。"其他古籍如《山海经》中也有类似的记载。磁石的吸铁特性很早就被人发现，《吕氏春秋》九卷精通篇就有："慈招铁，或引之也。"那时的人称"磁"为"慈"他们把磁石吸引铁看作慈母对子女的吸引。并认为："石是铁的母亲，但石有慈和不慈两种，慈爱的石头能吸引她的子女，不慈的石头就不能吸引了。" 汉以前人们把磁石写做"慈石"，是慈爱石头的意思。

物质的磁性是普遍存在于宇宙中的，这种普遍性首先表现在它无处不在：

（1）物质的各种形态，无论是固态、液态、气态、等离子态、超高密度态和反物质态都会具有磁性。

（2）物质的各个层次，无论是原子、原子核、基本粒子和基础粒子等都会具有磁性。

（3）无限广袤的宇宙，无论是各个天体，还是星际空间，都存在着或强或弱的磁场。例如：地球磁场强度约为 240 A/m，太阳的普遍磁场强度约为 80 A/m，而中子星的磁场强度高达 1013 ~ 1014 A/m。

物质磁性的普遍性还表现在磁性与物质的其他属性之间存在着广泛的联系，并构成多种多样的耦合效应和双重（多重）效应（例如磁电效应、磁光效应、磁声效应和磁热效应等）。这些效应既是了解物质结构和性能关系的重要途径，又是发展各种应用技术和功能器件（例如磁光存储技术、磁记录技术和霍尔器件等）的基础。

在研究一个事物之初，人们往往感兴趣的是这个事物的本源问题，比如大河的发源地、礼仪的历史由来、词句的出处等等，同样我们首先要探讨的是物质磁性的来源，探讨这个问题时，不得不提到一个科学家,尼·玻尔(Niels Bohr,1885~1962)。

1913年7月、9月、11月,经由原子模型最初的创建者、老前辈卢瑟福推荐,《哲学杂志》接连刊载了玻尔的三篇论文——玻尔原子模型的三部曲,他在卢瑟福原子行星模型的基础上,提出了电子在核外的量子化轨道,解决了原子结构的稳定性问题,描绘出了完整而令人信服的原子结构学说。按照玻尔的原子模型,原子内的电子在固定的轨道上绕着原子核做旋转运动,同时还绕自身的轴线做自旋运动。前一种运动产生“轨道磁矩”,后一种运动产生“自旋磁矩”。原子磁矩应该是构成原子的所有基本粒子磁矩的叠加。但是实际上原子核磁矩要比电子磁矩小3个数量级,在一般情况下可以忽略不计。因此,原子磁矩主要来源于原子核外电子的自旋磁矩与轨道磁矩。原子内电子的运动便构成了物质的载磁子。尽管宏观物质的磁性是多种多样的,但这些磁性都来源于这种载磁子。这便是物质磁性来源的同一性。

从理论上分析,材料的磁性来源于原子磁矩;原子磁矩包括电子轨道磁矩、电子自旋磁矩和原子核磁矩;实验和理论都证明,原子核磁矩很小,只有电子磁矩的几千分之一,通常可以忽略不计。

电子绕原子核运动,犹如一环形电流,此环流也应在其运动中心处产生磁矩,称为电子轨道磁矩。设 $r$ 为电子运动轨道的半径,$L$ 为电子运动的轨道角动量,$\omega$ 为电子绕核运动的角速度,电子的电量为 $e$,质量为 $m_e$,根据磁矩等于电流与电流回路所包围面积的乘积的原理,电子轨道磁矩的大小为:

$$m_e = iS = e\left(\frac{\omega}{2\pi}\right)\pi r^2 = \frac{e}{2m}m\omega r^2 = \frac{2}{2m}L \tag{8-1}$$

该磁矩的方向垂直于电子运动轨迹平面,并符合右手螺旋定则。它在外磁场方向上的投影,即电子轨道磁矩在外磁场方向上的分量,满足量子化条件:

$$m_{eZ} = m_l\,\mu_B(m = 0, \pm 1, \pm 2, \cdots, \pm l) \tag{8-2}$$

式中 $m_l$——电子运动状态的磁量子数;

$Z$——表示外磁场方向;

$\mu_B$——玻尔磁子,理论计算 $\mu_B = e/2m = 9.273 \times 10^{-24}$ J/T,它是电子磁矩的最小单位。

电子除了做轨道运动还有自旋,因此具有自旋磁矩。实验测定电子自旋磁矩在外磁场方向上的分量恰为一个玻尔磁子:

$$m_{eZ} = \pm\mu_B \tag{8-3}$$

其符号决定于电子自旋方向,一般取与外磁场方向 $z$ 一致的为正,反之为负。为了确定材料是抗磁性还是顺磁性,要把它放入外磁场中观察其磁性表现。原子中电子的轨道磁矩和电子的自旋磁矩构成了原子固有磁矩,也称本征磁矩。如果原子中所有电子壳层都是填满的,由于形成一个球形对称的集体,则电子轨道磁矩和自旋磁矩各自相抵消,此时原子本征磁矩 $m = 0$。物质的本征磁矩决定着物质的磁性特征,这些我们在后面会进行详细的分析。

在开始磁性探索之前,我们要先介绍一下磁学中的几个重要的物理量,这些物理量我们都将在后面的内容中用到。

(1) 磁矩。由物理学可知,一环形电流周围的磁场,犹如一条形磁铁的磁场;环形电流在其运动中心产生一个磁矩 $m$(或称磁偶极矩),其周围磁场情况与环形电流和条形磁铁的情况相同。因此,可用 $m$ 来代替环形电流与条形磁铁。

一个环形电流的磁矩定义为:

$$m = IS \tag{8-4}$$

式中 $m$——磁矩，方向可用右手定则来确定；

$I$——环形电流的强度；

$S$——环流所包围的面积。

（2）静磁能与磁感应强度。磁矩与外加磁场的作用能称为静磁能。

$$U = -m \cdot B \tag{8-5}$$

磁场在真空中的磁感应强度为 $B_0$，其磁场强度 $H$ 与 $B_0$ 的关系是：

$$B_0 = \mu_0 H \tag{8-6}$$

式中 $\mu_0$——真空中的磁导率。

将材料放入磁场 $H$ 的自由空间，材料中的磁感应强度为：

$$B = \mu H \tag{8-7}$$

式中 $\mu$——空间中的磁导率。

将磁矩 $m$ 放入磁感应强度为 $B$ 的磁场中，它将受到磁场力的作用而产生力矩，其所受力矩为：

$$T = m \times B \tag{8-8}$$

此力矩力图使磁矩 $m$ 处于位能最低的方向。

（3）磁化强度。任何材料在外加磁场作用下都会或大或小地显示出磁性，这种现象称为材料的磁化；材料的磁感应强度又可以写成如下形式：

$$B = \mu_0 H + \mu_0 M = \mu_0 (H + M) \tag{8-9}$$

式中 $\mu_0$——真空中的磁导率；

$M$——材料的磁化强度。

由上式可以看出，材料内部的磁感应强度 $B$ 可看成是由两部分叠加而成：一部分是材料对自由空间磁场的反应 $\mu_0 H$；另一部分是材料对磁化引起的附加磁场的反应 $\mu_0 M$。

从宏观来看，材料的磁化强度与引起磁化的磁场强度密切相关：

$$M = \chi H \tag{8-10}$$

式中 $\chi$——单位体积磁化率。

$\chi$ 可以取正，也可以取负值，取决于材料本身的特性。

（4）退磁场和退磁场能。材料的磁化状态，不仅依赖于它的磁化率，也依赖于样品的形状。当一个有限大小的样品被外磁场磁化时，在它两端出现的自由磁极将产生一个与磁化强度方向相反的磁场，该磁场被称为退磁场。当铁磁体处于开路状态时，即有磁极存在时，就会有退磁场的存在。退磁场的表达式为：

$$H_d = -NM \tag{8-11}$$

式中 $N$——退磁因子。

$N$ 仅仅和材料的形状有关。例如，对一个沿长轴磁化的细长样品，$N$ 接近于 0，而对于一个粗而短的样品，$N$ 就很大。对于一般形状的磁体，很难求出 $N$ 的大小。能严格计算其退磁因子的样品形状只有椭球体。

铁磁体的磁化强度与自身退磁场的相互作用能，被称为退磁场能，由静磁能的公式我们可以得出，退磁场能的计算公式为：

$$E_d = \frac{1}{2}\mu_0 N M^2 \tag{8-12}$$

式中 $\mu_0$——真空中的磁导率。

(5) 磁晶各向异性能。在磁性晶体中，沿着不同的晶向具有不同的磁化曲线，这种磁性各向异性称为磁晶各向异性。外磁场对磁性晶体做功时，磁化功越小的方向越容易磁化，反之则为难磁化。在立方晶系中，沿着 <UVW> 与 <100> 方向的磁化功之差称为磁晶各向异性能，可表达为：

$$E_k = K_1(\alpha_1^2\alpha_2^2 + \alpha_2^2\alpha_3^2 + \alpha_3^2\alpha_1^2) \tag{8-13}$$

式中 $\alpha_1,\alpha_2,\alpha_3$——分别是磁化强度 $M$ 与立方晶体的三个主轴的方向余弦；

$K_1$——磁晶各向异性常数，Fe 的 $K_1$ 是正的，Ni 的 $K_1$ 是负的。

相应于磁晶各向异性能最小的晶轴称为易磁化轴，相应的晶向成为易磁化方向，而相应于磁晶各向异性能最大的晶轴和方向分别称为难磁化轴和难磁化方向。易磁化方向和难磁化方向由磁晶各向异性常数的大小和正负符号所决定。

## 8.2 磁畴的形成

磁性材料在居里温度以下，在单晶体或多晶体中晶粒内形成很多小区域，每个小区域的原子磁矩按照特定方向排列，呈现均匀的自发磁化，这种自发磁化的小区域称为磁畴。磁畴的概念是1907 年由韦斯提出的，1931 年比特用粉纹法直接观察到磁畴图案。如图 8-1 所示为取向硅钢的典型磁畴结构。

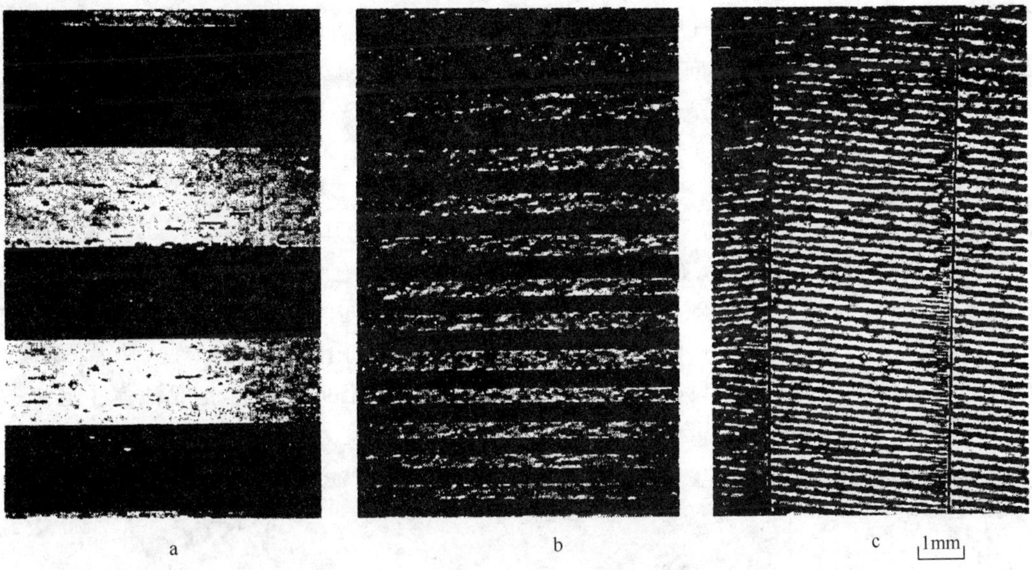


图 8-1 取向硅钢中的磁畴结构及其细化

*a*—化学抛光；*b*—TiN 涂层；*c*—磁畴细化

在铁磁体中，交换作用使晶体自发磁化，磁化强度的方向沿着晶体内的易磁化轴，这样就使铁磁晶体内交换作用能和磁晶各向异性能都达到极小值。但因晶体有一定的大小与形状，整个晶体均匀磁化的结果，必然产生磁极，磁极的退磁场增加了退磁能 $(1/2)NI_S^2$。

例如对一个单轴各向异性的钴单晶。图 8-2a 是整个晶体均匀磁化，退磁场能最大（如果设 $I_S \approx 0.1\ \text{T}$，则退磁能 $(1/2)NI_S^2 \approx 10^{-13}\ \text{J/m}^3$）。从能量的观点出发，分为两个或四个平行反向的自

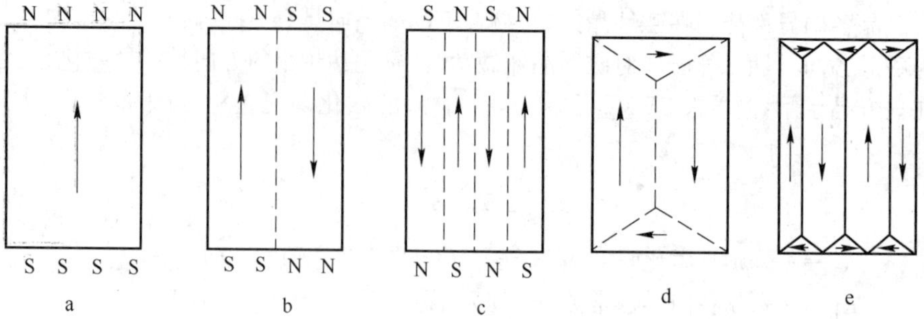


图 8-2 单轴晶体内磁畴的形成

发磁化的区域 b、c 可以大大减少退磁能。物质磁畴的产生就是为了能够减少退磁能。物质磁畴的结构如图 8-3 所示，其中，分割各个磁畴领域的界面就称为磁畴壁。

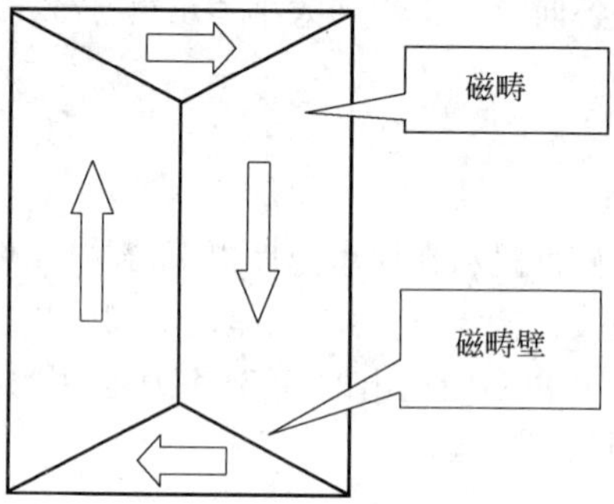


图 8-3 物质磁畴的结构

如果分为 $n$ 个区域(即 $n$ 个磁畴)，能量约可减少 $1/n$，但是两个相邻的磁畴间的畴壁的存在，又增加了一部分畴壁能。因此自发磁化区域(磁畴)的形成不可能是无限的，而是以畴壁能与退磁场能的和为极小值为条件。形成如图 8-2d 和图 8-2e 的封闭畴将进一步降低退磁能，但是封闭畴中的磁化强度方向垂直单轴各向异性方向，因此将增加各向异性能。

## 8.3 磁畴壁的性质

磁畴壁根据其磁矩的分布不同可以分为布洛赫磁畴壁和涅耳磁畴壁。

(1) 布洛赫畴壁。1932 年，布洛赫首先从能量的观点分析了大块的铁磁体的畴壁——布洛赫畴壁。如图 8-4a 所示，经过畴壁厚度时，$I_S$ 由其在一个磁畴内的方向逐渐转到另一磁畴内的方向，在旋转时，$I_S$ 保持平行于畴壁平面，因而在畴壁面上无自由磁极。一般在大块晶体中都属于这一类型。在计算布洛赫畴壁时，一般考虑交换作用与磁晶各向异性能(包括磁弹性能 - 磁致伸缩引起的应力能)的平衡，即它们的和取极小值为条件。

图 8-4 布洛赫壁与涅耳壁的比较

a—布洛赫磁畴壁；b—涅耳磁畴壁

(2) 涅耳畴壁。对于二维薄膜样品，当膜厚足够小时，布洛赫壁的形成对能量降低是不利的。如图8-4a，畴壁中的磁矩在薄膜表面产生磁极，因而增加了退磁能。图8-4b表示涅耳壁。在这种畴壁内，$I_S$ 的方向不是在壁平面内逐渐旋转，而是平行于薄膜表面，逐渐旋转过去。此时，虽然膜面上没有磁极，但是在壁两边有磁极，从而增加了退磁能。比较形成布洛赫壁和形成涅耳壁所增加的退磁能哪个小。

对于布洛赫畴壁，在薄膜厚度为 $D$ 的两面有露出的磁极，产生退磁能。畴壁可以看成椭圆截面的柱体，长轴为 $D$，短轴为畴壁宽度的一半 $\delta/2$。产生的退磁能近似等于（单位畴壁面积）：

$$\gamma_I = \frac{1}{2}NI_S^2\frac{\delta}{2} \approx \frac{\pi\delta^2 I_S^2}{2D} \tag{8-14}$$

而对于涅耳畴壁：畴壁内磁矩分布也可近似看成椭圆截面的柱体，长轴为 $\delta$，短轴为 $D$。产生的退磁能近似为：

$$\gamma_I = \frac{1}{2}NI_S^2\delta \approx \frac{2\pi\delta^2 I_S^2}{\delta + D} \tag{8-15}$$

显然，随着薄膜厚度减小，布洛赫畴壁变窄，畴壁能增加。涅耳畴壁能随膜厚减薄而减小。

## 8.4　技术磁化

材料的磁特性与它的技术磁化过程相联系。磁体在外场作用下，从磁中性状态到饱和状态的过程，就是磁化过程。而在缓慢变化或低频交变磁场中进行磁化，即为技术磁化。技术磁化中所考虑的是磁化已经达到稳定状态的问题。

磁性样品在磁场增加或反向加磁场的情况下都有一些特殊的磁化过程，在磁性材料的研究和应用中都是极其重要的。讨论技术磁化与反磁化首先要求我们弄清楚磁性材料的技术参量，对照着图8-5我们简介一下有关技术磁化的重要磁性参数：

磁滞回线：$defghij$

起始磁化曲线：$Oabcd$

矫顽力：$Og$ ——$H_c$

剩余磁感应强度：$Oe$，$Oi$ ——$B_r$

饱和磁感应强度：$Od$ ——$B_s$

磁导率 $\mu$，起始磁导率 $\mu_i$，最大磁导率 $\mu_m$

微分磁导率 $\mu_d = \Delta B/\Delta H$，可逆磁导率 $\mu_A$ $(\Delta H \to 0)$

$$B = H + 4\pi I, B_S = H + 4\pi I_S$$

饱和磁化强度 $I_s$，剩余磁化强度 $I_r$

$$B = \mu H, \mu = 1 + 4\chi\pi$$

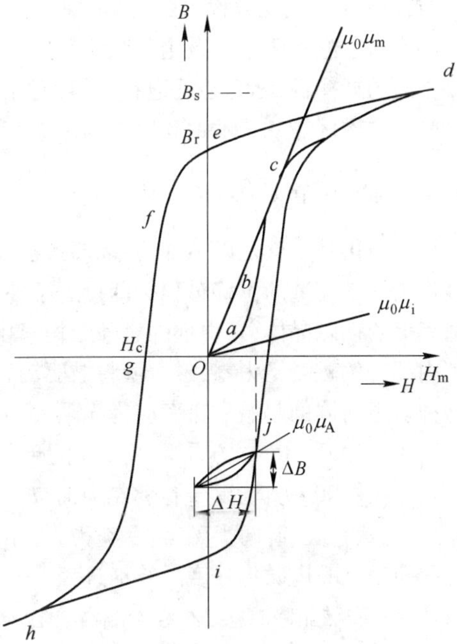


图8-5　重要的技术磁化参数

### 8.4.1 起始磁化曲线

起始磁化过程即为样品从退磁状态开始，外加磁场从零一直加到磁化强度达到饱和 $I_S$ 的磁化过程。退磁状态是指样品没有宏观磁化强度，所以磁化曲线是从 $I-H$ 坐标原点 $O$ 开始。为了使样品处在退磁状态，通常采用零场下，样品从居里温度以上，逐渐降温到室温，并且采用交流退磁的方法。

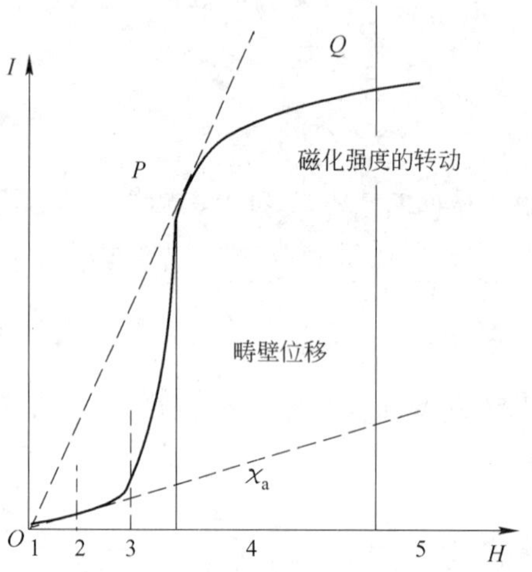


图 8-6 起始磁化曲线

技术磁化过程，包括畴壁位移和磁畴磁化强度的转动两个过程。

如图 8-6 所示，可将 $I-H$ 图划分为如下 4 个区域（参见图 8-6）：

（1）起始或可逆区域。

$$I=\chi_a H \tag{8-16}$$

或

$$B=\mu_a H \tag{8-17}$$

式中 $\chi_a,\mu_a$——起始磁化率和起始磁导率。

（2）瑞利（Rayleigh）区域。

$$I=\chi_a H+\frac{1}{8\pi}\alpha H^2 \tag{8-18}$$

或

$$B=\mu_a H+\frac{1}{2}\alpha H^2 \tag{8-19}$$

（3）最大磁化率区域。磁化强度 $I$ 和磁感应强度 $B$ 急剧增加，磁化率和磁导率经过其最大值 $\chi_m$ 或 $\mu_m$，这个变化被称为巴克豪生跳跃。

（4）趋近饱和区域。磁化曲线缓慢地升高，最后趋近一水平线（技术饱和），这一段过程具有比较普遍的规律性，称为趋近饱和定律（对于多晶铁磁体）。

（5）顺磁区域－技术饱和以上的区域。高场磁化率 $\chi_p$。

### 8.4.2 畴壁位移过程

技术磁化其实就是以畴壁位移和磁矩转动两种方式进行的。一般铁磁体在弱场范围内的磁化过程主要是畴壁的位移过程。即接近于外磁场方向的磁畴长大，远离外磁场方向的磁畴缩小。理想完美的铁磁晶体，它内部的磁畴结构只由其外形的退磁场作用所决定，在外磁场作用下，只要其内部有效磁场不为零，磁畴壁将被驱动，直到畴结构改组到有效场等于零时才稳定下来，因此这种理想晶体的起始磁化率应为无限大。

图 8-7 表示一个立方晶系 $K_1>0$ 的单晶磁化过程，易轴是[100]，磁畴有 180°和 90°两类。当磁场加在[100]方向，畴壁位移结束时，$I_S$ 在[100]方向；当磁场加在[110]方向，畴壁位移结束时，磁畴仍然存在，有两类磁畴，一类为 $I_S$ 在[100]方向，另一类则为 $I_S$ 在[010]方向。进一步磁化过程即是磁畴内磁化强度的转动过程。

实际的铁磁晶体内总是存在着晶格缺陷、杂质和某种形式分布的内应力。结构的不均匀产生对畴壁位移的阻力，使起始磁化率降低为有限数值，而且使畴壁位移过程有可逆和不可逆的区别。

在畴壁位移过程中，铁磁晶体的总自由能（包括外磁场能）将不断发生变化。主要是当畴壁在不同位置时畴壁能发生变化，磁畴内应力能的变化，以及内部杂质引起杂散磁场能的变化等。

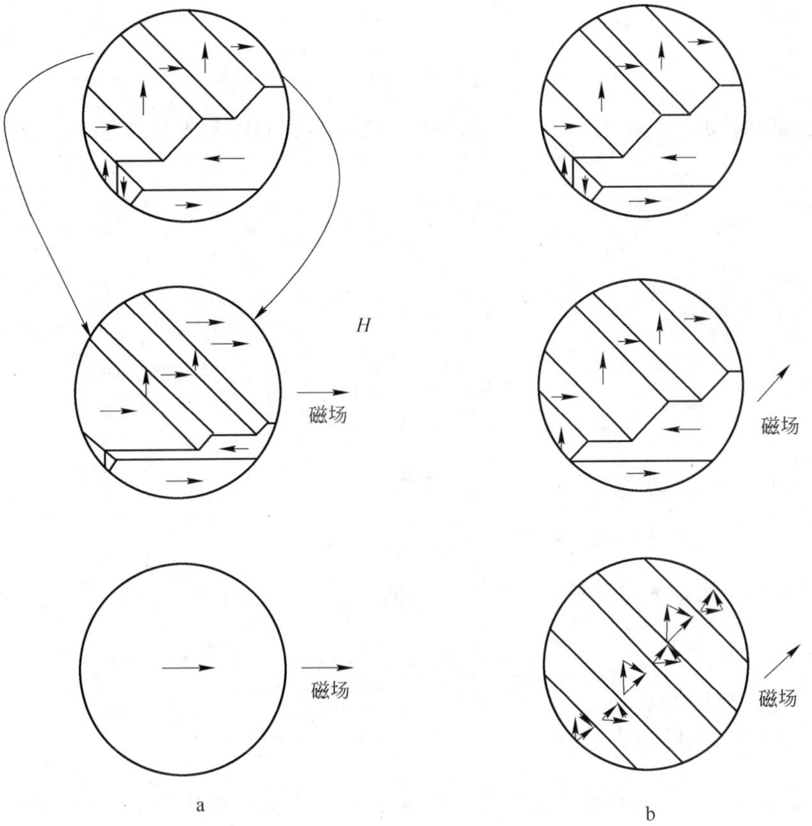


图 8-7 磁畴位移和磁化强度转动

a—$H/\!/[100]$;b—$H/\!/[110]$

如图 8-8 所示,对于 180°畴壁位移,在位移方向铁磁晶体内自由能 $F(x)$ 的变化曲线。未加磁场时畴壁的平衡位置在 $F(x)$ 最小值的位置,如图 8-8b 中的 $a$ 点。

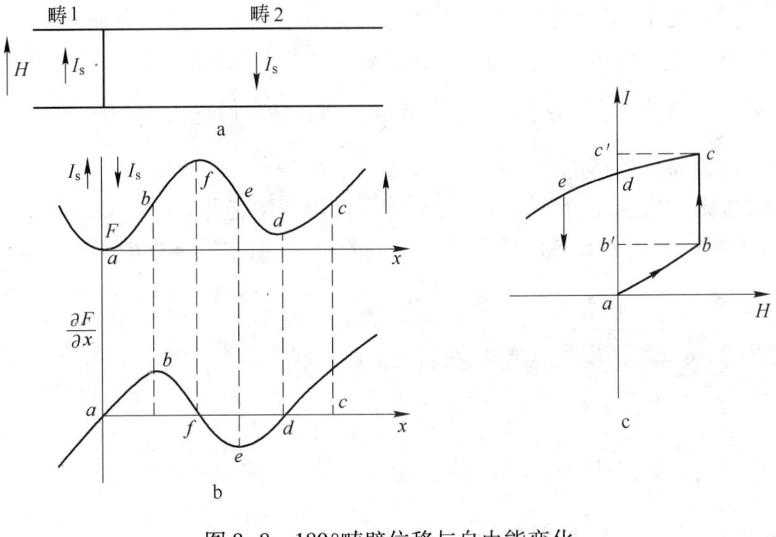


图 8-8 180°畴壁位移与自由能变化

（1）在 $a$ 点：

$$\left(\frac{\partial^2 F}{\partial x^2}\right)_a > 0, \left(\frac{\partial F}{\partial x}\right)_a = 0 \tag{8-20}$$

当外加磁场时，畴壁向右移动。设位移 $dx$，外磁场所做的功等于自由能 $F(x)$ 的增加量。因此有：

$$2HI_S dx = \frac{\partial F}{\partial x} dx \tag{8-21}$$

$a \to b$，$\frac{\partial^2 F}{\partial x^2} > 0$ 是稳定的，是可逆位移过程。

（2）在 $b$ 点：

$$\left(\frac{\partial^2 F}{\partial x^2}\right)_b = 0, \left(\frac{\partial F}{\partial x}\right)_b = \max \tag{8-22}$$

$b \to c$，$\frac{\partial^2 F}{\partial x^2} < 0$ 是不稳定的，是不可逆位移过程。

（3）在 $c$ 点，若去掉外场，畴壁将稳定在 $d$ 点。

显然，可逆与不可逆畴壁位移的临界场的判据为 $\frac{\partial F}{\partial x}$ 是最大值。写成数学表达式如下：

$$H_0 = \frac{1}{2I_S}\left(\frac{\partial F}{\partial x}\right)_{\max} \tag{8-23}$$

### 8.4.3　畴壁位移的理论

通过对畴壁位移过程进行研究分析可以得到很多技术磁化的相关信息。比如计算得出起始磁化曲线的各个参数。

畴壁位移过程中，体系自由能的变化主要有以下两部分。

（1）畴壁能随位置的变化，设畴壁为平面，在位移过程中不变形，畴壁能密度为：

$$\gamma \approx \sqrt{\frac{K_{\text{eff}} A}{\alpha}} \approx \sqrt{(\alpha K_1 + \beta\lambda_S\sigma) A_1} \approx \delta(\alpha K_1 + \beta\lambda_S\sigma) \tag{8-24}$$

式中的第二项 $\beta\lambda_S\sigma$ 为应力能对于畴壁能的贡献。一般情况，张力 $\sigma$ 的分布是不均匀的，随畴壁所在位置不同而变化，很难给出具体表达式，$\delta$ 为畴壁厚度。另一方面，由于铁磁晶体内有杂质存在，畴壁通过杂质时，必将有一部分面积被杂质所代替（或者说被杂质所“穿破”）。

（2）由内应力而生的应力能 $F_\sigma = -\frac{3}{2}\lambda_S\sigma\cos^2\theta$ 因磁畴内磁化方向的改变而发生变化。

由此可提出两种简化的理论模型：

（1）内应力理论。按内应力随位置变化来计算自由能的变化。

对于180°畴壁而言，因相邻磁畴的磁化矢量方向反平行，故磁弹性能基本无变化，可得到：

$$2HI_S = \frac{\partial \gamma}{\partial x} \tag{8-25}$$

无磁场时，180°畴壁的平衡位置 $x_0$ 应在自由能极小处，

$$\left(\frac{\partial^2 \gamma}{\partial x^2}\right)_{x_0} > 0, \left(\frac{\partial \gamma}{\partial x}\right)_{x_0} = 0 \tag{8-26}$$

加磁场而畴壁位移后，可将 $\gamma(x)$ 环绕平衡位置展开为泰勒级数：

$$\gamma(x) = \gamma(x_0) + \frac{1}{2}(x - x_0)^2\left(\frac{\partial^2 \gamma}{\partial x^2}\right)_{x_0} + \cdots \tag{8-27}$$

故得到：

$$2HI_S = \frac{\partial\gamma}{\partial x} = (x - x_0)\left(\frac{\partial^2\gamma}{\partial x^2}\right)_{x_0} \tag{8-28}$$

对 90°畴壁，畴壁位移时，磁弹性能——$(3/2)\lambda_s\sigma\cos 2\theta$ 随位置变化很剧烈，畴壁能本身变化较小，这是因为相邻磁畴内的磁化矢量方向改变 90°，$\cos\theta$ 的变化由 0 到 1，因此：

$$HI_S = \frac{3\lambda_S\sigma}{2} \tag{8-29}$$

（2）参杂理论。如果晶体内包含很多非磁性或弱磁性的杂质而内应力的变化不大。畴壁位移时，畴壁能的变化主要是由于畴壁面积的变化。对于 180°畴壁就有：

$$2HI_S = \frac{\gamma}{S}\frac{\partial S}{\partial x} = \gamma\frac{\partial \ln S}{\partial x} \tag{8-30}$$

式中 $S$——晶体单位体积内发生位移的畴壁总面积；

$\gamma$——畴壁能密度。

利用以上理论可以计算起始磁化率。具体计算过程参见相关书籍。

## 8.5 磁性材料的分类

按物质在外加磁场中被磁化的程度不同，可以明晰的划分为 5 个主要类别即：抗磁体、顺磁体、铁磁体、反铁磁体和亚铁磁体。

（1）抗磁体。某物质受到外磁场 $H$ 作用后，电子轨道运动感生出与其相反的磁化强度 $M$，即 $M = \chi H$，$\chi < 0$，这种磁性称为抗磁性，这种磁化率 $\chi$ 为负值的物质称为抗磁性物质。它的磁化率绝对值也很小，一般为 $10^{-5}$ 数量级。

电子壳层完全填满的惰性气体是典型的抗磁体，还有许多有机化合物、若干金属（Bi、Zn、Ag、Mg 等）、非金属（Si、P、S 等），这些物质的磁化曲线为一条直线。

（2）顺磁体。这种物质在受到外磁场 $H$ 作用后，感生出与磁场 $H$ 同方向的磁化强度 $M$，其磁化率 $\chi > 0$，但数值很小，仅显示微弱磁性，这种磁性称为顺磁性。具有顺磁性的物质称为顺磁体。

它的磁化率 $\chi$ 室温下为 $10^{-3} \sim 10^{-6}$ 数量级。顺磁性物质很多，典型的有稀土金属和铁族元素的盐类等，多数顺磁物质的磁化率与温度 $T$ 有密切关系，服从居里定律：

$$\chi = \frac{C}{T} \tag{8-31}$$

式中 $C$——居里常数；

$T$——绝对温度。

然而更多的顺磁物质服从更为复杂的居里 - 外斯定律：

$$\chi = \frac{C}{T - T_p} \tag{8-32}$$

式中 $T_p$——临界温度，称为顺磁居里温度，K。

（3）铁磁体。铁磁体在一定温度以下，表现出磁化率很大，随着磁场的增强，而出现非线性关系，在磁场强度周期变化的磁化过程中，由于出现磁滞现象，而产生闭合的磁滞回线。铁磁体在很小的磁场作用下就能磁化到饱和，磁化率数值大到 $10 \sim 10^6$ 数量级，其磁化强度 $M$ 与外磁场 $H$ 之间的关系是非线性的复杂函数关系，物质内部的原子磁矩是按区域自发平行取向的。以下几个纯元素晶体具有铁磁性，它们是 $3d$ 的金属铁、钴、镍和 $4f$ 的金属钆、铽、镝、钬、铒、铥，当铁磁性物质的温度高于临界温度 $T_p$（居里温度）时，即转变成顺磁性，并服从居里—外斯定律。

(4) 反铁磁体。当温度达到某个临界值 $T_N$ 以上时,这种物质与正常顺磁物质一样,服从居里—外斯定律,只是顺磁居里温度 $T_p$ 常常小于零,而当温度小于临界温度 $T_N$ 时,这种物质的磁化率不是继续增大,反而降低,并逐渐趋于定值。所以这种物质在温度 $T_N$ 时磁化率具有极大值,这个临界温度称为奈尔温度,这种磁性称为反铁磁性。过渡族元素的盐类和化合物具有反铁磁性,如 MnO、$Cr_2O_3$、CoO 等,它们不显宏观磁性,只有很强的外磁场下才显示出微弱磁性。

(5) 亚铁磁体。这种物质宏观磁性与铁磁性相同,仅仅是磁化率稍低一点,数量级约为 $10^0 \sim 10^3$,但它们的内部结构却与反铁磁体相同。反铁磁体内部磁结构按次晶格自旋呈反向平行排列,每一次晶格磁矩大小相等,方向相反,正好抵消,不显宏观磁性。而亚铁磁体中相反排列的磁矩不等量,所以未完全抵消。因而在没有外加磁场时,一个晶胞中仍具有一定的合成磁矩。具有这种特性的物质称为亚铁磁体。

由以上的分类可以看出,物质的磁性由组成它的原子或离子种类及其合成磁矩以及相邻离子的相互排列所决定。而这些物质属性其根本取决于本征磁矩。当本征磁矩 $m=0$ 的时候,即物质的电子壳层都被填满了的时候,物质的抗磁性表现得十分明显。当本征磁矩 $m\neq0$,这时材料就具有了其他的磁性特征。具体分析如下:

抗磁性材料中的原子、离子或分子没有合成磁矩,这是因为所有的自旋磁矩和轨道磁矩正好抵消,即 $m=0$,只有通过外磁场才能感应出一个较弱的、与外磁场方向相反的磁矩;顺磁材料中的原子或离子在无磁场状态下已有磁矩,但它是无序的(见图 8-9a),在外磁场中,随着磁场强度的增加,磁矩总是沿着外磁场方向而增加;在铁磁材料中,所有离子的合成磁矩在较大的空间范围内有自发平行取向(见图 8-9b);亚铁磁性材料中离子占有不同的次晶格,次晶格离子的磁矩有时在较大的空间范围内有平行取向,不同的次晶格上的离子磁矩可能反平行取向(见图 8-9c);当材料内部反平行排列的磁矩正好互相抵消时,称此材料为反铁磁性材料(见图 8-9d),反铁磁性材料具有顺磁材料($\mu\approx1$)的主要特性。热能对磁排列状态起破坏作用,当一定温度下热能达到一定强度时,则磁有序被破坏。对铁磁和亚铁磁材料而言,在“居里温度”时磁有序被破坏;对反铁磁材料而言,在“奈尔温度”时磁有序被破坏,在这种温度以上,材料变为顺磁性。

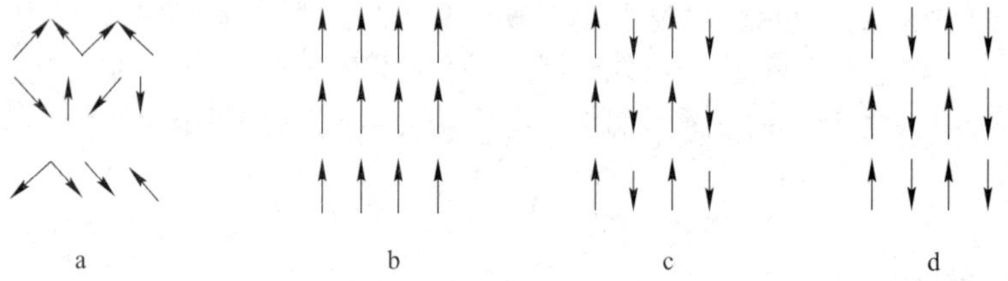


图 8-9 磁矩的排列

a—顺磁性;b—铁磁性;c—亚铁磁性;d—反铁磁性

## 8.6 板材织构与电工钢的导磁性

当多晶体内的晶粒取向趋于一致的时候,多晶体会产生织构现象。如图 8-10 所示,轧材内多数的小晶粒具有类似的取向,图中的小立方体表示晶粒的晶体学取向,即该板材具有择优取向。

所谓再结晶织构是指金属在再结晶(一次、二次)过程中形成的织构。再结晶织构可能和原来的形变织构一致,但更多的是和原来的形变织构完全不同。典型的再结晶织构如取向硅钢产

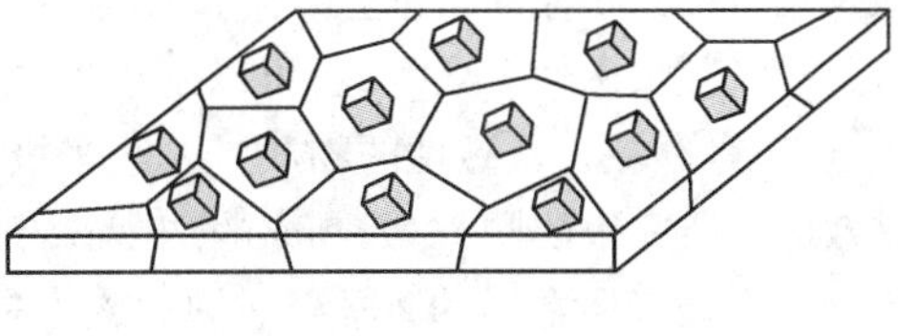
图 8-10 板材的织构现象

品。再结晶织构的形成与再结晶过程中核心的择优取向和选择生长有关，目前提出以下几种理论：

(1) 取向形核理论。在形变织构基体上形成特定的晶体学取向的核心，这些核心长大而成的晶粒必然会具有相对于基体位向的某种特定取向。因为基体是择优取向的，所以这些晶核长大后的晶粒也必然具有择优取向。

(2) 取向长大理论。认为核心不必有特殊取向，但只有那些相对于基体的某些有利特殊取向的核心才有较大的长大速度，其他取向的核心因界面迁移速度太慢，在竞争生长中被淘汰。

电工钢亦称硅钢片，是电力、电子和军事工业不可缺少的重要软磁合金，亦是产量最大的金属功能材料，主要用作各种电机、发电机和变压器的铁心。它的生产工艺复杂，制造技术严格，国外的生产技术都以专利形式加以保护，视为企业的生命。

形成再结晶织构，会使得材料具有各向异性，对材料的性能和应用有重要的影响。

一方面形成再结晶织构具有有害作用，形成再结晶织构引起力学性能的各向异性，对材料的加工性和使用性很不利，如深冲铜板，经过 90% 的冷轧变形，800℃ 退火，形成立方织构{100}<001>，具有方向性，不同方向的塑性不同，顺轧向和垂直轧向(<001>)方向，$\delta=40\%$，与轧向成 45°方向(<110>方向)，$\delta=75\%$，因此在冲制筒形和杯形零件时，各向变形不均匀，造成薄厚不均、边缘不齐，形成所谓的“制耳”现象而使制品报废，如图 8-11 所示。

另一方面，形成再结晶织构具有有利作用，如软磁材料磁性具有各向异性，体心立方金属 <100> 方向为易磁化方向，在小的外磁场作用下即可获得高的磁感应强度。

将织构的后一个作用用在电工钢上，使用控制冷轧变形量和再结晶退火温度可使冷轧硅钢片获得具有易磁化方向的两种再结晶结构，即高斯织构{110}<001>和立方织构{100}<001>，可以保证优良的磁性能。如图 8-12 所示。

图 8-11 制耳现象示意图

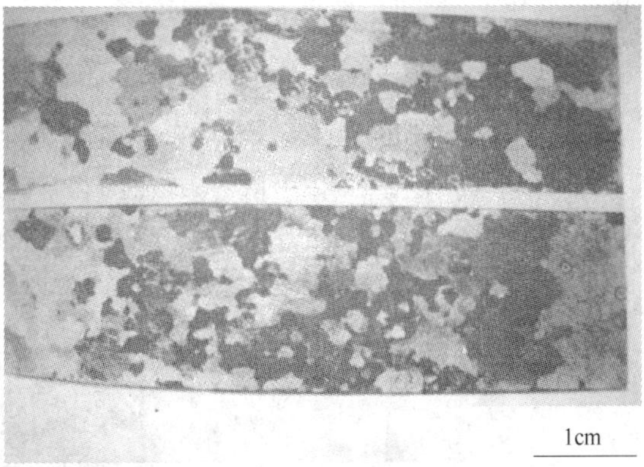

图 8-12 具有织构特征的电工钢

## 8.7 纳米磁性材料

当材料的尺寸为纳米级时，由于纳米尺度下的小尺寸效应、表面效应、量子尺寸效应和宏观量子隧道效应等，其多种电磁特性将会发生变化。例如，光吸收显著增加，并产生吸收峰的等离共振频移；磁有序态向磁无序态、超导向正常相的转变；声子谱发生改变。研究发现，当纳米级强磁性颗粒(Fe－Co 合金,氧化铁等)尺寸为单磁畴临界尺寸时,具有甚高的矫顽力,可制成磁性信用卡、磁性钥匙、磁性车票等,还可以制成磁性液体,广泛地用于电声器件、阻尼器件、旋转密封、润滑、选矿等领域。铁磁性的物质进入纳米级(约 5 nm)时,由于由多畴变成单畴,显示出极强的顺磁效应。研究表明颗粒为 6 nm 的纳米铁晶体的断裂强度较之多晶铁提高 12 倍;纳米磁性金属的磁化率是普通金属的 20 倍,而饱和磁矩是普通金属的 1/2。软磁性能达到高磁导率、高磁感应强度和低矫顽力,而硬磁性能则达到最大磁能积、剩磁、矫顽力三者并高,其中最大磁能积更是翻了数倍。纳米磁粉在磁记录等领域应用潜力很大,而块体纳米磁性材料在微控制器、电机、变压器、磁头等领域有广泛应用前景。因此研究和开发新型纳米磁性材料已引起了世界各国的广泛兴趣。

纳米磁性材料根据其结构特征可以分为纳米颗粒型、纳米微晶型和磁微电子结构材料三大类。

## 8.7.1 纳米颗粒型

纳米颗粒型材料包括磁存储介质材料、纳米磁记录介质、磁性液体、纳米磁性药物、电波吸收(隐身)材料等。

### 8.7.1.1 磁存储介质材料

近年来随着信息量飞速增加,要求记录介质材料高性能化,特别是记录高密度化。高记录密度的记录介质材料与超微粒有密切的关系。若以超微粒作记录单元,可使记录密度大大提高。纳米磁性微粒由于尺寸小、具有单磁畴结构、矫顽力很高的特性,用它制作磁记录材料可以提高信噪比,改善图像质量。

### 8.7.1.2 纳米磁记录介质

如合金磁粉的尺寸在 80 nm ,钡铁氧体磁粉的尺寸在 40 nm ,今后进一步提高密度向“量子磁盘”化发展,利用磁纳米线的存储特性,记录密度达 400 $Gbit/in^2$,相当于每平方英寸可存储 20 万部《红楼梦》。

### 8.7.1.3 磁性液体

它是由超顺磁性的纳米微粒包覆了表面活性剂,然后弥漫在基液中而构成,其组成如图 8-13 所示。利用磁性液体可以被磁场控制的特性,用环状永磁体在旋转轴密封部件产生一环状的磁场分布,从而可将磁性液体约束在磁场之中而形成磁性液体的“O”形环,且没有磨损,可

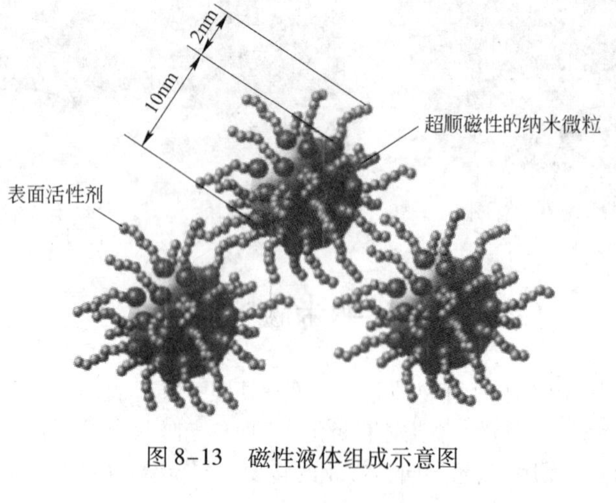


图 8-13 磁性液体组成示意图

以做到长寿命的动态密封。这也是磁性液体较早、较广泛应用的原因之一。此外，在电子计算机中为防止尘埃进入硬盘中损坏磁头与磁盘，在转轴处也已普遍采用磁性液体的防尘密封。磁性液体还有其他许多用途，如仪器仪表中的阻尼器、无声快速的磁印刷、磁性液体发电机、医疗中的造影剂等等。

#### 8.7.1.4 纳米磁性药物

磁性治疗技术在国内外的研究领域在拓宽，如治疗癌症，用纳米的金属性磁粉液体注射进入人体病变的部位，并用磁体固定在病灶的细胞附近，再用微波辐射金属加热法升到一定的温度，能有效地杀死癌细胞。另外，还可以用磁粉包裹药物，用磁体固定在病灶附近，这样能加强药物治疗作用，如图 8-14 所示，为载药用的磁性壳聚糖微球。

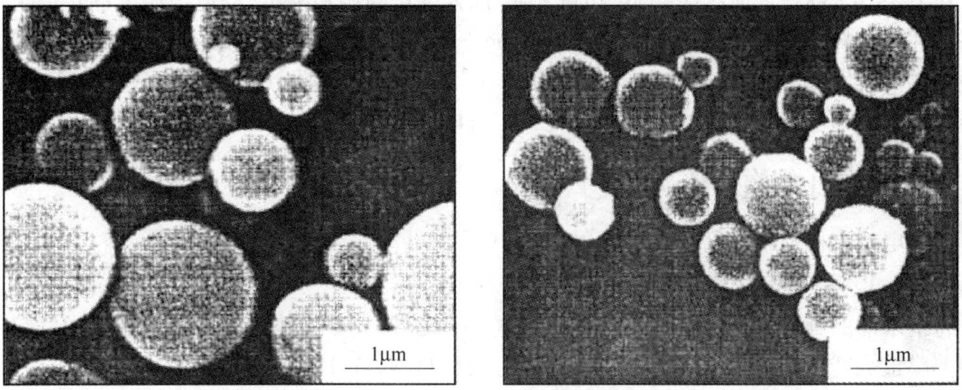


a　　b

图 8-14　不同相对分子质量磁性壳聚糖微球的扫描电镜照片

#### 8.7.1.5 电波吸收(隐身)材料

纳米粒子对红外和电磁波有吸收隐身作用。由于纳米微粒尺寸远小于红外及雷达波波长，因此纳米微粒材料对这种波的透过率比常规材料要强得多，这就大大减少波的反射率，使得红外探测器和雷达接收到的反射信号变得很微弱，从而达到隐身的作用；另一方面，纳米微粒材料的比表面积比常规粗粉大 3～4 个数量级，对红外光和电磁波的吸收率也比常规材料大得多，这就使得红外探测器及雷达得到的反射信号强度大大降低，因此很难发现被探测目标，起到了隐身作用。图 8-15 为美国的 F-22 战斗机，它对雷达探测波的反射截面积只有 F-15 的 1/80，约为 0.08 $m^2$。电磁吸波材料在国防中占据很重要的地位。

图 8-15　采用吸波材料制造的 F－22 战斗机

### 8.7.2 纳米微晶型

纳米微晶型包括纳米微晶稀土永磁材料和纳米微晶稀土软磁材料等。

#### 8.7.2.1 纳米微晶稀土永磁材料

稀土钕铁硼磁体的发展突飞猛进，磁体磁性能也在不断提高，目前烧结钕铁硼磁体的磁能积达到 3978.9 A/m(50MGOe)，接近理论值 5093.0 A/m(64MGOe)，并已进入规模生产。为进一步改善磁性能，目前已经用速凝薄片合金的生产工艺，一般的快淬磁粉晶粒尺寸为 20 ~ 50 nm，如作为黏结钕铁硼永磁原材料的快淬磁粉。为克服钕铁硼磁体低的居里温度，易氧化和比铁氧体高的成本价格等缺点，目前正在探索新型的稀土永磁材料，如钐铁氮、钕铁氮等化合物。另一方面，开发研制复合稀土永磁材料，将软磁相与永磁相在纳米尺寸内进行复合，就可获得高饱和磁化强度和高矫顽力的新型永磁材料。

#### 8.7.2.2 纳米微晶稀土软磁材料

在 1988 年，首先发现在铁基非晶的基体中加入少量的铜和稀土，经适当温度晶化退火后，获得一种性能优异的具有超细晶粒(直径约 10 nm) 软磁合金，后被称为纳米晶软磁合金。纳米晶磁性材料可开发成各种各样的磁性器，应用于电力电子技术领域，用作电流互感器、开关电源变压器、滤波器、漏电保护器、互感器及传感器等，可取得令人满意的经济效益。

### 8.7.3 磁微电子结构材料

磁微电子结构材料包括巨磁电阻材料、磁光存储器等。

#### 8.7.3.1 巨磁电阻材料

将纳米晶的金属软磁颗粒弥散镶嵌在高电阻非磁性材料中，构成两相组织的纳米颗粒薄膜，这种薄膜最大特点是电阻率高，称为巨磁电阻效应材料，在 100 MHz 以上的超高频段显示出优良的软磁特性。

有关巨磁电阻材料我们在后面的章节还会有更加详细的介绍和分析。

#### 8.7.3.2 磁光存储器

当前只读和一次刻录式的光盘已经广泛应用，但是可重复写、擦的光盘还没有产业化生产。最具有发展前途的是磁性材料介质的磁光存储器，其可以像磁盘一样反复多次地重复记录。目前大量使用的软磁盘，由于材料介质和记录磁头的局限性，其存储密度已经达到极限；另外其已经不能满足信息技术的发展要求，无法在一张盘上存储更多的图像和数据。采用磁光盘存储，就能在一张盘上记录数千兆字节到数十千兆字节的容量，并且能反复地擦写使用。

### 思考练习题

一、名词解释

1. 磁畴
2. 矫顽力
3. 磁性材料的居里温度

二、简答题

1. 简述技术磁化过程。
2. 简述磁性材料的分类。
3. 简述磁性产生的本质。
4. 简述各类磁性材料的磁矩分布特征。

# 9　固体的光性质和光功能材料

**本章要点：**

本章重点介绍材料的发光机理。然后介绍半导体材料的光吸收以及激光材料的作用机理。

固体的光性质，从本质上讲，就是固体和电磁波的相互作用，这涉及晶体对光辐射的反射和吸收，晶体在光作用下的发光，光在晶体中的传播和作用以及光电作用、光磁作用等。基于这些性质，可以开发出光学晶体材料、光电材料、发光材料、激光材料以及各种光功能转化材料等。在本章中，我们从固体对光的吸收本质开始，然后介绍光电材料、发光材料、激光材料和隐身材料等。

光通过材料后，其强度或多或少地会减弱，实际上就是一部分光能量被固体吸收——光吸收对材料施加外界作用，如加电磁场等激发，有时会产生发光现象——光发射。这里涉及两个相反的过程：光吸收和光发射。光吸收是指光通过固体时，与固体中存在的电子、激子、晶格振动及杂质和缺陷等相互作用而产生光的吸收。光发射是指固体吸收外界能量时，其中一部分能量以可见光或近于可见光的形式发射出来。

## 9.1　固体对光的吸收与光电转换材料

### 9.1.1　纯净固体对光的吸收

纯净固体对光的吸收可分为基础吸收和激子吸收两种，下面从能带理论对这两种吸收进行系统的分析。

#### 9.1.1.1　基础吸收或固有吸收

前面我们已经对不同固体类型中电子的能带结构进行了分析，我们知道绝缘体和半导体的能带结构如图 9-1 所示，其中价带相当于阴离子的价电子层，完全被电子填满。导带和价带之间存在一定宽度的能隙（禁带），在能隙中不能存在电子的能级。这样，在固体受到光辐射时，如果辐射光子的能量不足以使电子由价带跃迁至导带，那么晶体就不会激发，也不会发生对光的吸收。

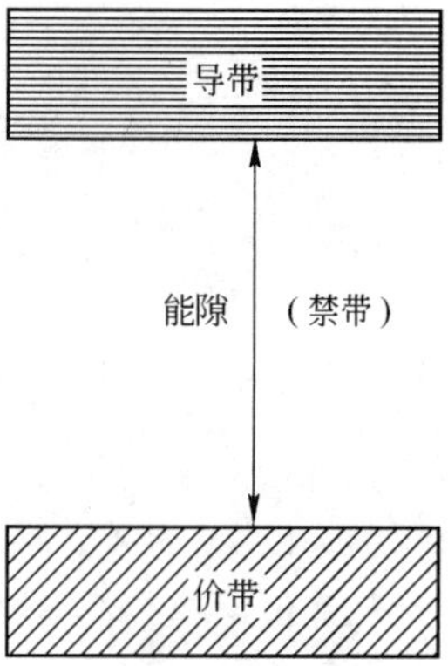


图 9-1　绝缘体和半导体中的能带示意图

例如，离子晶体的能隙宽度一般为几个电子伏，相当于紫外光的能量。因此，纯净的理想离子晶体对可见光以至红外区的光辐射，都不会发生光吸收，都是透明的。碱金属卤化物晶体对电磁波透明的波长可以由 25 μm 到 250 nm，相当于 0.05 ~ 5 eV 的能量。当有足够强的辐射（如紫光）照射离子晶体时，价带中的电子就有可能被激发跨过能隙，进入导带，这样就发生了光吸收。这种与电子由价带到导带的跃迁相关的光吸收，称作基础吸收或固有吸收。例如，$CaF_2$ 的基础吸收带在 200 nm（约 6 eV）附近，NaCl 的基础吸收约为 8 eV，$Al_2O_3$ 的基础吸收约为 9 eV。

#### 9.1.1.2　激子吸收

受光辐射，一个电子由价带跃迁到导带中，价带中留下一个空穴，产生电子－空穴对，但它们彼此具有相互吸引库仑力，它们会形成某一种稳定的束缚态。这种束缚着的电子－空穴对称为激子。能量略低于导带底能量，激子复合后，就会把能量释放出来产生窄的光谱线。

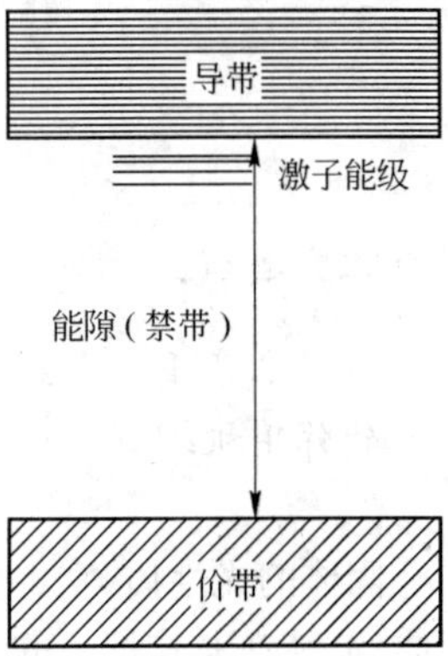

图 9-2　激子吸收示意图

除了基础吸收以外，还有一类吸收，其能量低于能隙宽度，它对应于电子由价带向稍低于导带底处的能级的跃迁有关。这些能级可以看作是一些电子－空穴对，即激子的激发能级，见图 9-2。处于这种能级上的电子，不同于被激发到导带上的电子，不显示光导电现象，它们和价带中的空穴耦合成电子－空穴对，作为整体在晶体中存在着或运动着，可以在晶体中运动一段距离（约 1 μm）后再复合湮灭。

### 9.1.2　缺陷存在时晶体的光吸收

晶体的缺陷有本征的，如填隙原子和空位，也有非本征的，如替代杂质等。这些缺陷的能级位于价带和导带之间的能隙之中。

当材料受到光照时，受主缺陷能级接受价带迁移来的电子，而施主能级上的电子可以向导带迁移，这样就使原本不能发生基础吸收的物质由于缺陷存在而发生光吸收。

半导体中的杂质在能带结构中引起杂质中心能级，分为受主 A 和施主 D；受主为负电中心，形成发光中心能级；施主为正电中心，形成陷阱能级。

图 9-3 给出了各种光吸收的情况。由图中我们可以归纳出几种典型的跃迁过程，以 $E_D$、$E_A$ 代表受主与施主的能量，$E_g$ 为二者之间的结合能。

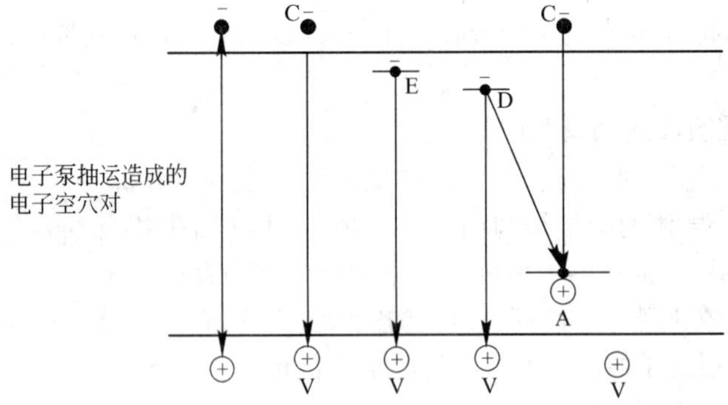

图 9-3　各种光吸收的情况

（1）C→V 过程。在高温下发生的电子由价带向导带的跃迁。

（2）E→V 过程。这是激子衰变过程。

（3）D→V 过程。这一过程中，松弛的束缚在中性杂质上的电子和一个价带中的空穴复合，相应跃迁能量是 $E_g - E_D$。例如对 GaAs 来说，低温下的 $E_g$ 为 1.5192 eV，许多杂质的 $E_D$ 为 0.006 eV，所以 D→V 跃迁应发生在 1.5132 eV 处。因此，发光光谱中在 1.5132 eV 处出现的谱线应归属于这种跃迁。

(4) C→A 过程。本征半导体导带中的一个电子落在受主杂质原子上,并使受主杂质原子电离化,这个过程的能量为 $E_g - E_A$。例如对 GaAs 来说,许多受主杂质的 $E_A$ 为 0.03 eV,所以 C→A 过程应发生在 1.49 eV 处。实际上,在 GaAs 的发光光谱中,已观察到 1.49 eV 处的弱发光谱线,它应当归属于自由电子 - 中性受主杂质跃迁。

(5) D→A 过程。如果同一半导体材料中,施主和受主杂质同时存在,那么可能发生中性施主杂质给出一个电子跃迁到受主杂质上的过程,这就是 D→A 过程。发生跃迁后,施主和受主杂质都电离了。

### 9.1.3　无机离子固体的光吸收

无机离子固体的禁带宽度较大,一般为几个电子伏,相当于紫外光区的能量。因此,当可见光以至红外光辐照晶体时,如此的能量不足以使其电子越过能隙,由价带跃迁至导带。所以,晶体不会被激发,也不会发生光的吸收,晶体都是透明的。而当紫外光辐照晶体时,就会发生光的吸收,晶体变得不透明。禁带宽度 $E_g$ 和吸收波长 $\lambda$ 的关系为:

$$E_g = h\nu = hc/\lambda \tag{9-1}$$

$$\lambda = hc/E_g \tag{9-2}$$

式中　$h$——普朗克常数,$6.63 \times 10^{-34}$ J · s;

　　　$c$——光速。

然而如前所述,在无机离子晶体中引入杂质离子后,杂质缺陷能级和价带能级之间会发生电子 - 空穴复合过程,其相应的能量就会小于禁带宽度 $E_g$,往往落在可见光区,结果发生固体的光吸收。

例如,$Al_2O_3$ 晶体中 $Al^{3+}$ 和 $O^{2-}$ 离子以静电引力作用,按照六方密堆方式结合在一起,$Al^{3+}$ 和 $O^{2-}$ 离子的基态能级为填满电子的封闭电子壳层,其能隙为 9 eV,它不可能吸收可见光,所以是透明的。

当在其中掺入 0.1% 的 $Cr^{3+}$ 时,晶体呈粉红色,掺入 1% 的 $Cr^{3+}$ 时,晶体呈深红色,此即红宝石,可以吸收可见光,并发出荧光。这是由于掺入的 $Cr^{3+}$ 离子具有填满电子的壳层,在 $Al_2O_3$ 晶体中造成了一部分较低的激发态能级,可以吸收可见光。实际上,该材料就是典型的激光材料。

杂质原子在无机绝缘体中光学性质的研究范围十分广泛,作为基质材料的化合物有碱金属卤化物、碱土金属卤化物、Ⅱ - Ⅳ族化合物、氧化物、钨酸盐、钼酸盐、硅酸盐、金刚石和玻璃体等。而掺入作为光学活性中心的杂质离子多数为过渡金属和稀土金属离子等。

## 9.2　半导体的光吸收和光导电现象

### 9.2.1　本征半导体的光吸收

本征半导体的电子能带结构与绝缘体类似,全部电子充填在价带,且为全满,而导带中没有电子,只是价带和导带之间的能隙较小,约为 1 eV。在极低温度下,电子全部处在价带中,不会沿任何方向运动,是绝缘体,其光学性质也和前述的绝缘体一样。

当温度升高,一些电子可能获得充分的能量而跨过能隙,跃迁到原本空的导带中。这时价带中出现空能级,导带中出现电子,如果外加电场就会产生导电现象。因此,室温下半导体材料的禁带宽度决定材料的性质。本征半导体的光吸收和发光,一般说来都源于电子跨越能隙的跃迁,即直接跃迁。价带中的电子吸收一定波长的可见光或近红外光可以相互脱离而自行飘移,并参与导电，即产生所谓光导电现象。当导带中的一个电子与价带中的一个空穴复合时，就会发射出可见光的光子，这就是所谓光致发光现象。

### 9.2.2 非本征半导体的光吸收

掺入半导体的杂质有三类：施主杂质、受主杂质和等电子杂质。这些杂质的能级定域在能隙中，就构成了图 9-3 所示的各种光吸收跃迁方式。

杂质的存在可能成为电子和空穴复合的中心，会对材料的发光产生影响，单独的施主和受主杂质不会影响到材料的光学性质。这是因为只有当激发态电子越过能隙与空穴复合时，才会发生半导体的发光。譬如，N 型半导体可以向导带提供足够的电子，但在价带中没有空穴，因此不会发光。同样，P 型半导体价带中有空穴，但其导带中却没有电子，因此也不会发光。如果将 N 型半导体和 P 型半导体结合在一起形成一个 P－N 结，那么可以在 P－N 结处促使激发态电子（来自 N 型半导体导带）和空穴（来自 P 型半导体价带）复合。我们在 P－N 结处施加一个正偏向压，可以将 N 区的导带电子注入到 P 区的价带中，在那里与空穴复合，从而产生光子辐射。这种发光值发生在 P－N 结上，故称作注入结型发光。这是一种电致发光，是发光二极管工作的基本过程。图 9-4 示出 P－N 结注入发光的原理。

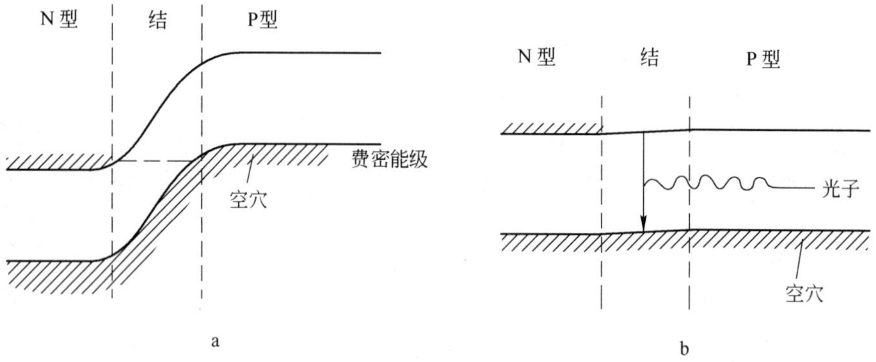


图 9-4　P－N 结注入发光过程示意

a—未加正偏压的 P－N 结；b—加正偏压的 P－N 结

这种将低压电能转变为光的方法是很方便的，已经用于制作发光二极管和结型激光器。利用半导体材料 $GaAs_{1-x}P_x$ 的可调整 $x$ 值来改变能隙，从而制作出从发红光到发绿光的各种颜色的发光二极管。

也可以利用相反过程，用大于能隙宽度的能量的光照射 P－N 结，半导体吸收光能，电子从价带激发到导带，价带中产生空穴。P 区的电子向 N 区移动，N 区的空穴向 P 区移动，结果产生电荷积累，P 区带正电，N 区带负电，如果外接电路，电路中就会有电流通过。利用这种原理可以将太阳能转化为电能。例如，将 N 型半导体 CdS 上电析一层 P 型半导体 $Cu_2S$ 形成 P－N 结，就可以制成高性能的太阳能电池。

### 9.2.3 光导电现象

在晶体对光的基础吸收中，同时会产生电子和空穴成为载流子，对晶体的电导作出贡献。在晶体的杂质吸收中，激发到导带中的电子可以参与导电，但留下来的空穴被束缚在杂质中心，不能参与导电。这样的空穴俘获邻近的电子而复合。当价带电子受光激发到杂质中心时，价带中产生的空穴可以参与导电。图 9-5 表示光导电晶体中载流子的生成和消失。

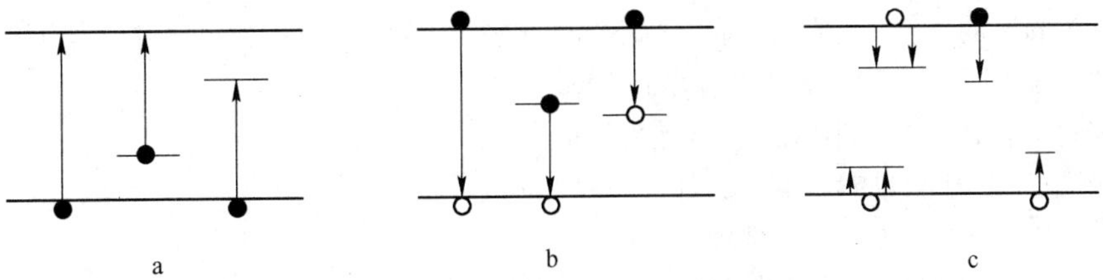


图 9-5　光导电晶体中载流子的生成和消失
a—电子和空穴的生成；b—电子和空穴的复合；
c—晶体的禁带中存在陷阱及其载流子的生成

这样有光辐射激发产生的载流子，一方面在负荷中心消失掉，另一方面在电场作用下可以移动一段距离后，再被陷阱俘获。如果外电场强度大，则载流子再被陷阱所俘获之前在晶体中飘移的距离长、光电流强，但会有一个饱和值（即初级光电流的最大值），图 9-6 为 AgBr 的光导电流随电压的变化情况（ -185℃，照射光波长 546 nm，强度 6. 5 ×1010 个光子/s）。

当电场强度一定时，改变光的强度会对光导电流产生影响。一般地，光导电流强度与光强成正比变化。

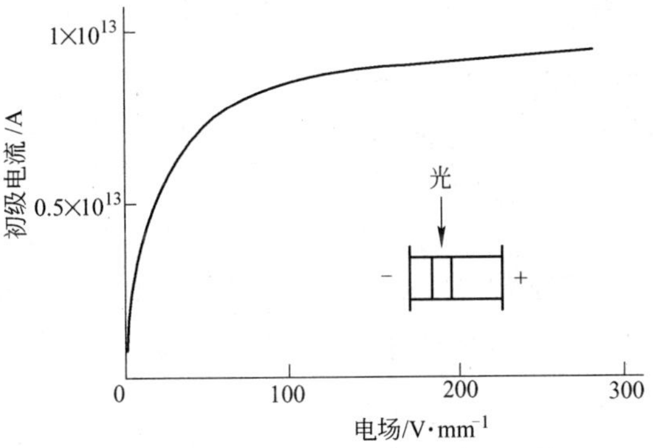


图 9-6　AgBr 的光导电流随电压的变化

利用半导体的光导电效应，把光的信息转化为电的信息，这在现代技术和日常生活中已得到广泛应用。例如，对可见光敏感的 CdS 用于照相机的自动曝光机规定曝光时间的自动装置，半导体硒应用在静电复印机上；利用对红外线敏感的 PbS、PbSe、PbTe 等制成红外线探测器、传感器等。

## 9. 3　固体的发光和发光材料

### 9. 3. 1　发光概论

发光（luminescence）一般用来描述某些固体材料由于吸收能量而随之发生的发射光现象。发光可以以激发光源类型的不同划分为如下发光类型：

（1）光致发光（photoluminescence）。以光子或光为激发光源，常用的有紫外光作激发源。

（2）电致发光（electroluminescence）。以电能作激发源。

（3）阴极致发光（cathodoluminescence）。使用阴极射线或电子束为激发源。

一般而言，对发光材料的特性的研究关注在几个重要基本要素之中，下面简要介绍这些要素，为我们以后的学习做准备。

（1）发光材料的颜色。发光材料有彼此不同的颜色。发光材料的颜色可通过不同方法来表征。

发射光谱和吸收光谱是研究中应用比较多的方法。吸收光谱是材料激发时所对应的光谱，相应吸收峰的波长就是激发时能量对应波长，如图 9-7 所示 ZnS:Cu 的吸收谱带。发射光谱反映发光材料辐射光的情况，对应谱峰的波长就是发光的颜色，如图 9-8 所示。

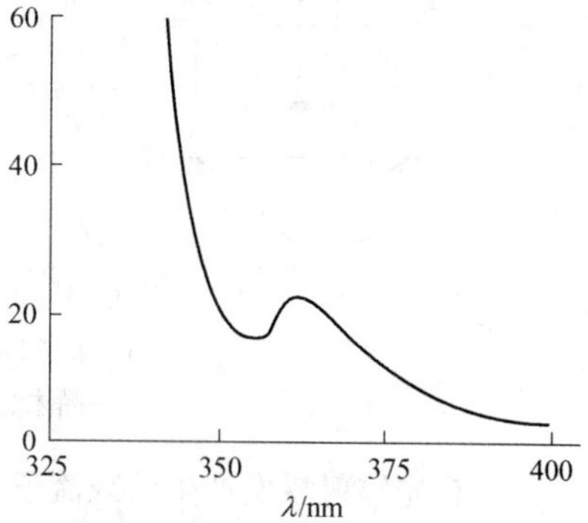


图 9-7 光致发光材料 ZnS:Cu 的吸收光谱

（2）颜色的单色性。从材料的发射光谱来看，发射谱峰的宽窄也是发光材料的重要特性，谱峰越窄，发光材料的单色性越好。我们将谱峰 1/2 高度时缝的宽度称作半宽度。如图 9-9 所示。

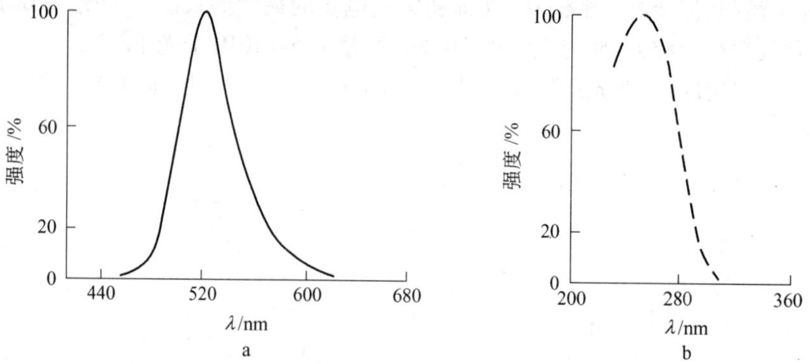


图 9-8 发光材料 $Zn_2SiO_4$:Mn 的发射光谱和吸收光谱

a—发射光谱；b—吸收光谱

依照发射峰的半宽度可将发光材料分为 3 种类型：

1）宽带材料。半宽度约 100 nm，如 $CaWO_4$；

2）窄带材料。半宽度约 50 nm，如 $Sr(PO_4)_2Cl:Eu^{3+}$；

3）线谱材料。半宽度约 0.1 nm，如 $GdVO_4:Eu^{3+}$；

发光材料究竟属于哪一类，既与基质有关，又与杂质有关。例如，将 $Eu^{2+}$ 掺杂在不同的基质中，可以得到上述 3 种类型的发光材料，而且随着基质的改变，发光的颜色也可以改变。

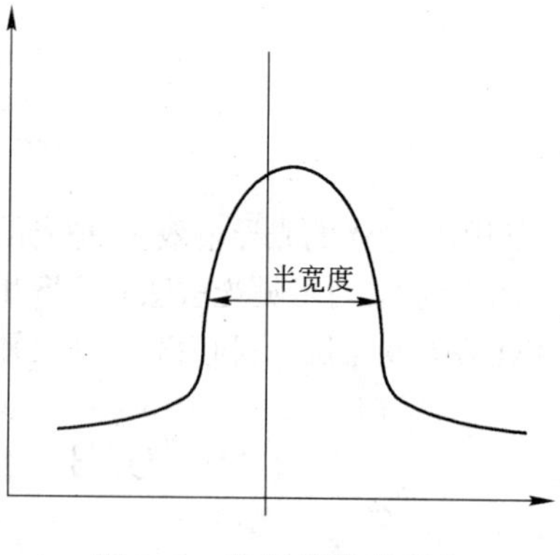


图 9-9 发射峰的半宽度

（3）发光效率。发光材料的另一个重要特性是其发光强度，发光强度也随激发强度而改变。通常用发光效率来表征材料的发光本领，以 $\eta_q$ 代表发光效率，有以下 3 种表示方法。

1）量子效率。发射物质辐射的量子数 $N_{发光}$ 与激发光源输入的量子数 $N_{吸收}$（如果是光致发光则是光子数如果是电子发光则是电子数，余类推）的比值：

$$\eta_q = N_{发光}/N_{吸收}$$

2）能量效率。发光能量与激发源输入能量之间的比值：

$$\eta_q = E_{发光}/E_{吸收}$$

如果是光致发光，则 $E = h\nu$，所以能量效率还可以表示如下：

$$\eta_q = E_{发光}/E_{吸收} = h\nu_{发光}/h\nu_{吸收} = \nu_{发光}/\nu_{吸收}$$

3）光度效率。在光学中，发光强度为1坎德拉(cd)的点光源，在单位立体角(1球面度)内发出的光通量为“1流明”，英文缩写lm。发光的流明数与激发源输入流明数的比值被定义为光度效率：

$$\eta_q = 光度发光流明数/光度吸收流明数$$

(4) 余辉。发光材料的一个重要特性是它的发光持续时间。

依发光持续时间，我们可将发光区分为荧光和磷光。

荧光(fluorescence)：激发和发射两个过程之间的间隙极短，约为小于 $10^{-8}$ s。只要光源一离开，荧光就会消失。

磷光(phosphorescence)：在激发源离开后，发光还会持续较长的时间。

还可以用余辉来表示物质发光的持续时间。余辉的定义为：当激发光停止时的发光亮度(或强度) $J_0$ 衰减到 $J_0$ 的10%时，所经历的时间称为余辉时间，简称余辉。根据余辉可将发光材料分为6个范围：极短余辉，<1 μs；短余辉，1~10 μs；中短余辉，$10^{-2}$ ~1 ms；中余辉，1~100 ms；长余辉，0.1~1 s；极长余辉，>1 s。

(5) 色坐标。发光材料的颜色在商品上主要用所谓色坐标来表示。我们知道，平常所看到的颜色都可以用红、绿、蓝三种彼此独立的基色匹配而成。但在匹配某种颜色时，不是将三种颜色叠加起来，而是从两种颜色叠加的结果中减去第三种颜色。所以，国际照明协会决定选取一组三基色参数 $x$、$y$、$z$ 时的颜色匹配过程中只有叠加的办法，称作 $x$、$y$、$z$ 系统。任何一种颜色 $Q$ 在这种系统中表示为：

$$Q = ax + by + cz \tag{9-3}$$

这3个系数的相对值为：

$$x = \frac{a}{a+b+c};\ y = \frac{b}{a+b+c};\ z = \frac{c}{a+b+c} \tag{9-4}$$

$x$、$y$、$z$ 称作色坐标。由于 $x+y+z=1$，所以如果 $x$、$y$ 确定了，$z$ 值也就定了，因此可以用一个平面图来表示各种颜色。

图9-10就给出了这种颜色坐标图。其中，给出了各种颜色的位置，周围曲线上的坐标相当于单色光。这样任何一种颜色均可用坐标 $x$、$y$ 来表征。

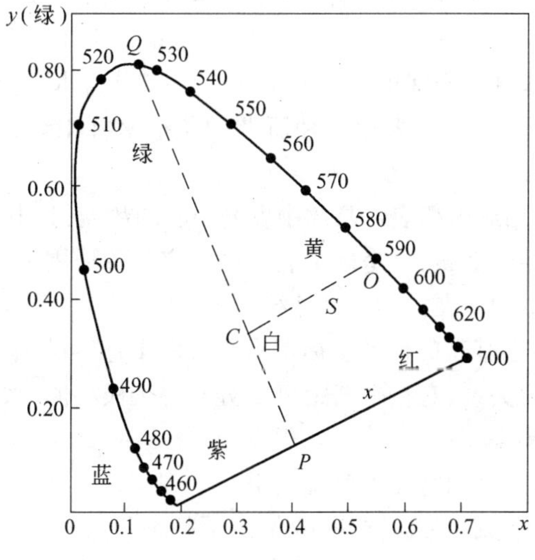


图9-10　CIE颜色坐标图

### 9.3.2　光致发光材料的基本组成

光致发光材料一般需要一种基质晶体结构，如 ZnS、$CaWO_4$ 和 $Zn_2SiO_4$ 等，再掺入少量的诸如 $Mn^{2+}$、$Sn^{2+}$、$Pb^{2+}$、$Eu^{2+}$ 那样的阳离子。这些阳离子往往是发光活性中心，称作激活剂(activators)。有时还需要掺入第二类型的杂质阳离子，称作敏活剂(sensitizer)。图 9-11 说明一般荧光体和磷光体的发光机制。一般说来，发光固体吸收了激活辐射的能量 $h\nu$，发射出能量为 $h\nu'$ 的光，而 $\nu'$ 总小于 $\nu$，即发射光波长比激活光的波长要增大 $\lambda' > \lambda$。这种效应称作斯托克位移(Stokes shift)。具有这种性质的磷光体称作斯托克磷光体。

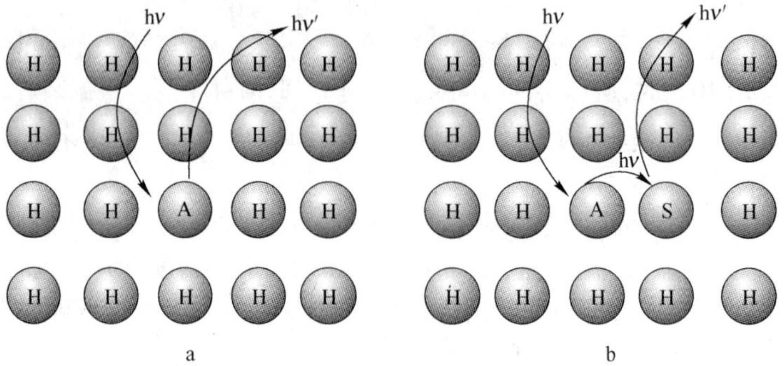


图 9-11　荧光体和磷光体的发光机制

a—荧光体；b—磷光体

### 9.3.3　光致发光原理

晶体中的离子其吸收光谱与发射光谱与自由离子不同。自由离子的吸收光谱与发射光谱的能量相同，并且都是窄带谱或锐线谱(0.01 $cm^{-1}$)。而晶体中离子的发射光谱的能量均低于吸收光谱的能量，并且是宽带谱。这是由于晶格振动对离子的影响所致。与发光中心相联系的电子跃迁可以和基质晶体中的原子(离子)交换能量，发光中心离子与周围晶格离子之间的相对位置、振动频率以及中心离子的能级受到晶体势场影响等。因此，应当把激活剂离子及其周围晶格离子看作一个整体来考虑。相对来说，由于原子质量比电子大得多，运动也慢得多，故在电子跃迁中，可以认为晶体中原子间的相对位置和运动速率是恒定不变的(即弗兰克－康登原理 Franke-Condon)。这样，就可以采用一种所谓的位形坐标来讨论发光中心的吸收和发射过程。

所谓位形坐标图，就是用纵坐标表示晶体中发光中心的势能，其中包括电子和离子的势能以及相互作用在内的整个体系的能量；横坐标则表示中心离子和周围离子的位形(configration)，其中包括离子之间相对位置等因素在内的一个笼统的位置概念。一般地也可代用粒子间核间距作横坐标。图 9-12 是发光中心基态的位形坐标示意图。图中连续的曲线表示势能作为发光中心离子核间距函数的定量变化关系，它在平衡距离 $r_e$ 处有一个极小值，水平线 $v_0$、$v_1$、$v_2$、…表示粒子在基态具有的不同量子振动态。

该模型的应用有很多，以下列举几个典型应用。

(1) 应用之一：解释斯托克位移。图 9-13 给出了基态和激发态的位形示意图，由此可以解释发光的许多特性。激活过程包括电子从基态能级 A 跃迁到激发态的较高能级 B 产生一个活性中心。

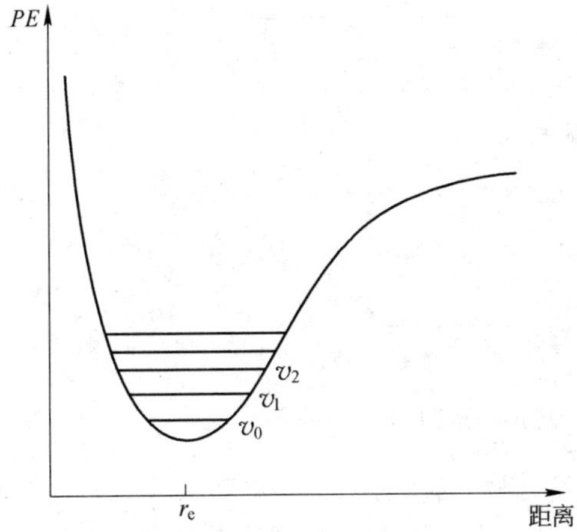


图 9-12 发光中心基态的势能图

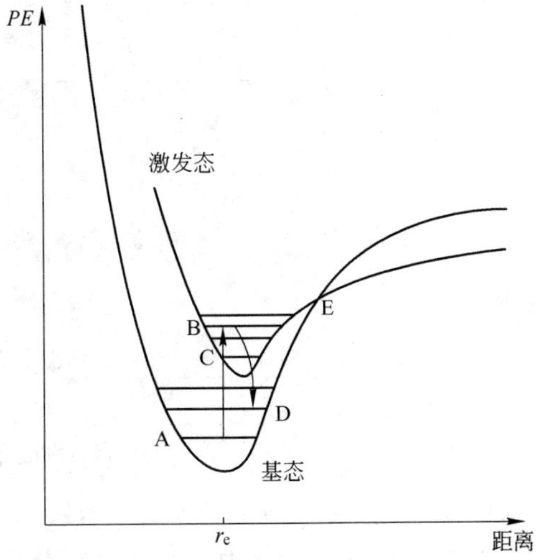


图 9-13 发光中心基态和激发态的势能图

依照弗兰克－康登原理，这个过程体系能量从 A 垂直上升到 B，而离子的位形基本不变。但在激发态，由于离子松弛（即位形改变），电子以热能形式散射一部分能量返到新激发态能级 C 形成新的活性中心。那么，发光过程就是电子从活化中心 C 回到原来基态 A 或 D。显然，激活过程能量 $\Delta EAB > \Delta ECA$ 或 $\Delta ECD$。这就解释了斯托克位移。

（2）应用之二：解释发光“热淬灭”效应。任何发光材料，当温度升高到一定值时，发光强度会显著降低。这就是所谓的发光“热淬灭”效应（thermal-quenching effect）。利用图 9-13 可以解释这一现象。

在图 9-13 中，基态和激发态的势能曲线交叉于 E 点。在该点，激发态的离子在能量不改变的情况下就可以回到基态（E 也是基态势能曲线上的一点），然后再通过一系列的改变振动回到基态的低能级上去。因此，E 点代表一个“溢出点”（spillorer point）。如果处于激发态的离子能获得足够的振动能而达到 E 点，它就溢出了基态的振动能级。如果这样，全部能量就都以振动能的形式释放出来，因而没有发光产生。显然，E 点的能量是临界的。一般说来，温度升高，离子热能增大，依次进入较高振动能级，就可能达到 E 点。

（3）应用之三：解释非辐射跃迁。另外，在吸收了光以后，离子晶格有一定弛豫，故平衡位置 $r_e$ 只有统计平均的意义，实际上是一个极小的区间，因此吸收光谱就包括许多频率（或波长）而形成宽带。这就是固体中离子光谱呈带状的原因。

在上述热淬灭现象的那种情况中，激发离子通过把振动能传递给环境——基质晶格，而失掉了其剩余的能量，返回到较低的能级上。这种跃迁过程不发射电磁波，即光，因而称为非辐射跃迁（non-rediative transition）。

与这种非辐射跃迁类似，在敏活磷光体的机制中还包括一类非辐射能量传递（non-rediative energy transition）。图 9-14 说明这种情况。发生这种能量传递的必要条件是：

1）敏活剂和激活剂离子在激发态具有相近的能级；

2）敏活剂和激活剂离子与基质的晶体结构是相近的。

在发光过程中，激活源辐照使敏活离子跃迁到激发态，这些敏活离子又把能量传递给邻近的激活离子。在传递过程中几乎没有能量损失，同时敏活离子返回它的基态，最后激活离子发光返回基态。

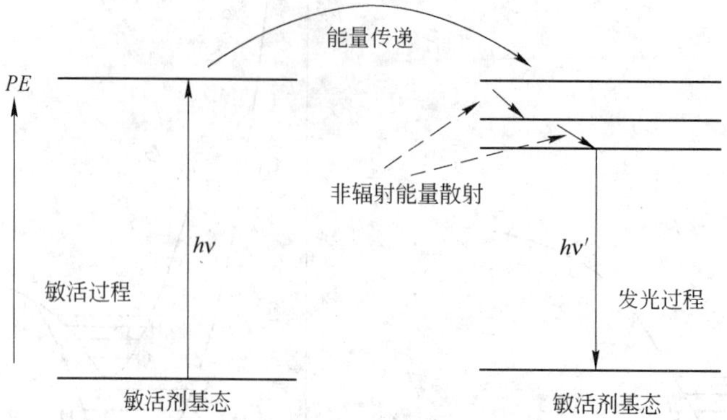


图 9-14　非辐射能量传递示意图

（4）应用之四：解释“毒物”作用。某些杂质对发光材料有“毒物”作用，激发光因材料含有毒物而淬灭。毒物效应往往是以非辐射能传递方式起作用的：能量或从敏活剂或激活剂传递到毒物上，而后者将能量以振动能散射到基质晶格中，以致活性中心不能发光。具有非辐射跃迁的离子有 $Fe^{3+}$、$Co^{2+}$、$Ni^{2+}$ 等，因而在制备磷光材料中应当杜绝这些杂质的存在。

## 9.3.4　反斯托克磷光体

新的一类引起广泛兴趣的发光材料是反斯托克磷光体。这种材料的特点是能发射出高于激活辐照能量的光谱。利用这种磷光体就可能将红外光转变为高能量的可见光，这是具有重要意义的，可以用于红外摄像和监测仪等。反斯托克磷光体研究较为透彻的材料之一是以 $YF_3 \cdot NaLa(WO_4)_2$ 和 $\alpha-NaYF_4$ 等为基质，以 $Yb^{3+}$ 为敏化剂，以 $Eu^{3+}$ 为激活剂的双重掺杂。这些材料可以把红外辐射转化为绿色光。那么这是否违反能量守恒定律呢？其实不然。从发光机理来看，激活过程采用了两种机制：

（1）多级激活机制。激活剂可以逐个接受敏活剂提供的光子，激发到较高的能级；图 9-15a 示意出多级激活机制。

（2）合作激活机制。激活剂可以接受敏活剂提供的两个光子，激发到较高的能级；图 9-15b 示意出合作激活机制。

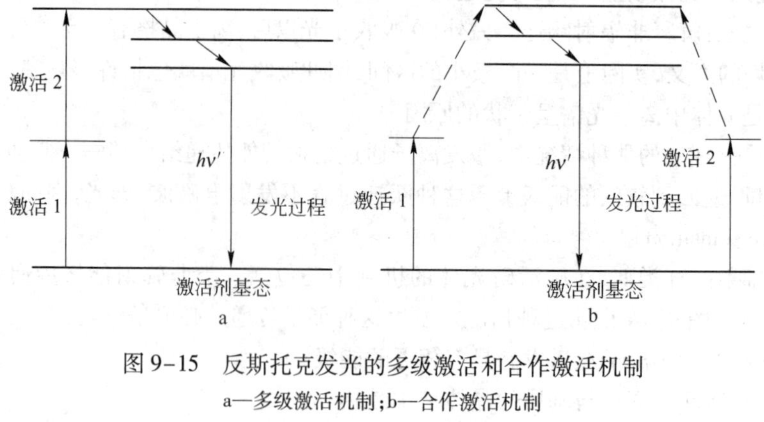


图 9-15　反斯托克发光的多级激活和合作激活机制
a—多级激活机制；b—合作激活机制

## 9.3.5　日光灯用磷光材料

日光灯是磷光材料的最重要应用之一。激发源是汞放电产生的紫外光，磷光材料吸收这种紫外光,发出“白色光”。图9-16绘出了荧光灯的构造示意图,它由一个内壁涂有磷光体的玻璃管内充有汞蒸气和氩气构成。通电后,汞原子受到灯丝发出电子的轰击,被激发到较高能态。当它返回到基态时便发出波长为254 nm和185 nm的紫外光,涂在灯管内壁的磷光体受到这种光辐照,就随之发出白光。这里我们说的是低压汞灯,还有高压汞灯,其原理都一样。

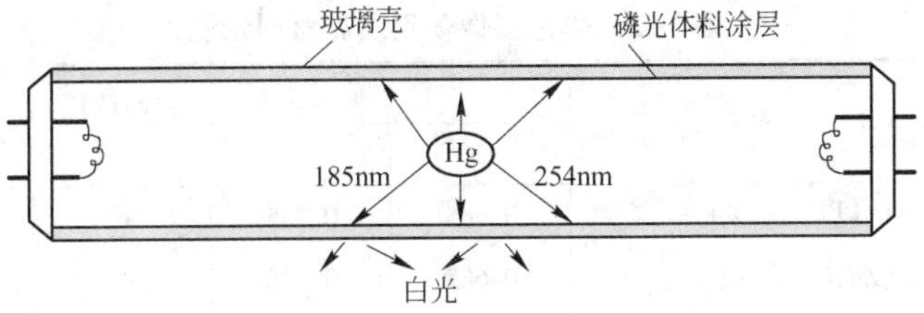


图9-16 日光灯的构造示意图

在荧光灯中广泛应用的磷光体材料是双重掺杂了$Sb^{3+}$和$Eu^{2+}$的磷灰石。基质$Ca_5(PO_4)_3F$中掺入$Sb^{3+}$发蓝荧光,掺入$Mn^{2+}$后发桔黄色光,两者都掺入发出近似白色光。用氯离子部分取代氟磷灰石中氟离子,可以改变发射光谱的波长分布。这是由于基质变化改变了激活剂离子的能级,也就改变了其发射光谱波长。以这种方式小心控制组成比例,可以获得较佳的荧光颜色。表9-1给出了某些灯用磷光体。近年来发展了稀土“三基色”灯用荧光材料。

**表9-1 某些灯用磷光体**

| 磷光体 | 激活剂 | 颜色 |
|---|---|---|
| $Zn_2SiO_4$ | Mn | 绿色 |
| $Y_2O_3$ | Eu | 红色 |
| $CaMg(SiO_3)_2$透辉石 | Tl | 蓝色 |
| $CaSiO_3$硅灰石 | Pb, Mn | 黄桔色 |
| $(Sr,Zn)(PO_4)_2$ | Sn | 桔色 |
| $Ca(PO_4)_2 \cdot Ca(Cl,F)_2$ | Sn, Mn | 白色 |

## 9.3.6 显示用荧光材料

电视机和计算机显示器等使用的荧光材料,就是阴极射线致发光材料,是以电子束为激发源。显像管用荧光材料要求必须具有足够高的发光亮度,一般不低于170 cd/m$^2$;余辉时间要求足够短,在电流密度为0.2 μA/cm$^2$的情况下,激发停止后经过40 μs,发光亮度对初始亮度的比值为0.6~0.8,可见发光效率足够高;最后从工艺上还要求严格的颗粒度。这类材料又依黑白和彩色显像管分为白色发光材料和彩色发光材料。

(1) 白色发光材料。最早研究白色发光材料是一类单一组分的材料,主要有ZnS·CdS:Ag,Au和ZnS·CdS:P,As,但其效率低,没有得到实际的应用,后来又研制了硫氧化合物材料。目前广泛使用的是复合成分材料,例如:

国产$y_7$材料:(Zn,Cd)S:Ag,发黄色光,光谱峰值560 nm;

国产$y_8$材料:ZnS:Ag,发蓝色光,光谱峰值453 nm;

国产$y_{26}$材料:$y_7+y_8$,发白色光,光谱峰值455 nm、558 nm。

还开发出硅酸盐和硫氧化物材料,如发黄色光材料$(Zn,Be)_2SiO_4$:Mn和发蓝色光材料(Ca,

$Mg)SiO_3:Ti$ 等。

(2) 彩色发光材料。彩色电视机显像管用发光材料有红、绿、蓝三种成分组成。为了最佳传送颜色,三种成分的色坐标应当最大可能地接近图 9-10 中各自相应的顶角位置。目前通用的发光粉的某些参数如表 9-2 所示。

**表 9-2 彩色显像管用发光材料示例**

| 颜色 | 组成 | 色度 | | 主峰波长/nm | 能量效率/% | 10%余辉 |
|---|---|---|---|---|---|---|
| | | x | y | | | |
| 红 | $Zn_3(PO_4)_2:Mn$ | 0.665 | 0.335 | 663 | 6.7 | 27 ms |
| | (Zn,Cd)S:Ag | 0.665 | 0.336 | 670 | 16.0 | |
| | $YVO_4:Eu$ | 0.664 | 0.330 | 620 | 7.1 | 1~3 ms |
| | $Y_2O_3:Eu$ | 0.640 | 0.352 | 610 | 8.7 | 1~3 ms |
| | $Y_2O_3S:Eu$ | 0.648 | 0.344 | 626 | 13.0 | 0.5~2 ms |
| 绿 | $Zn_2SiO_4:Mn$ | 0.218 | 0.712 | 525 | 7.4 | 25 ms |
| | (Zn,Cd)S:Ag | 0.300 | 0.600 | 535 | 19.8 | 0.05~2 ms |
| | (Zn,Cd)S:Al | 0.357 | 0.596 | 535 | 18.4 | 15~30 μs |
| | ZnS:Cu,Al | 0.243 | 0.633 | 530 | 21.8 | 15~30 μs |
| 蓝 | ZnS:Cu,Au,Al | 0.332 | 0.602 | 535 | | 15~30 μs |
| | ZnS:,Ag | 0.146 | 0.057 | 450 | 20.4 | 5~15 μs |

在阴极射线发光材料中,几年来发展极快、具有前途的一类材料是稀土型发光材料。稀土型材料既能承担激活剂的作用,也能作为发光材料的基质,而且具有极短余辉、颜色饱和度和性能稳定的特点,并且能够在高密度电子流激发下使用,因此在彩电显像管中得到广泛使用。

在稀土发光材料中,作为材料基质较好的有红色钒酸盐 $YVO_4:Eu$、$Y_2O_3:Eu$ 及 $Y_2O_3S:Eu$ 等。

## 9.3.7 激光材料

激光器简称莱塞(laser)是英文"light amplification by stimulated emission of radiation"单词首写字母的缩写,意为受激发射光放大器。激光器发射的光就是激光,它有三大特点:

(1) 亮度极高,比太阳的亮度高几十亿倍;

(2) 单色性好,谱线宽度与单色性最好的氪同位素 16Kr 灯发出的光相比,也只是后者的十万分之一;

(3) 方向性好,光束的散射角可达到毫弧度。

激光束可用于加工高熔点材料,也可用于医疗、精密计量、测距、全息检测、农作物育种、同位素分离、催化、信息处理、引发核聚变、大气污染监测以及基本科学研究各方面,有力地促进了物理、化学、生物、信息等诸多学科的发展。激光器按其工作物质还可以分为固体激光器、气体激光器和液体染料激光器。可见,激光工作物质对激光器的发展起着决定性的作用。而固体激光晶体的研究和发展是固体化学的一个重要领域。

固体激光器本质上也是满足一定特殊条件的发光固体。激光晶体也包括一种晶体材料作基质,向其中引入某种杂质离子作活化发光中心。与荧光材料和磷光材料不同,激光晶体具有特殊的激活和发光过程:激活过程是将活化中心注入到激发态,称作激励。这样的活化中心具有合理的寿命。换句话说，这些活化中心受激后并不立即发射能量回到基态，而是待激励遍及“全域”。因而激发态比基态具有更多的活化中心。发光时，从一个活化中心发出的光刺激其他活化中心，以致辐射在整个相中进行，于是就构成了相干辐射的强烈光束或脉冲。

最早的激光系统是红宝石激光器(ruby lasser)，由 Maiman 于 1960 年发现，并且至今仍然是一个重要的激光系统。红宝石激光器以刚玉为基质晶体，掺入 0.05%(质量分数)的 $Cr^{3+}$ 作活化中心。图 9-17 是红宝石激光晶体活化中心 $Cr^{3+}$ 的能级结构以及激发和发射原理，图 9-18 是红宝石激光器的构造原理示意图。

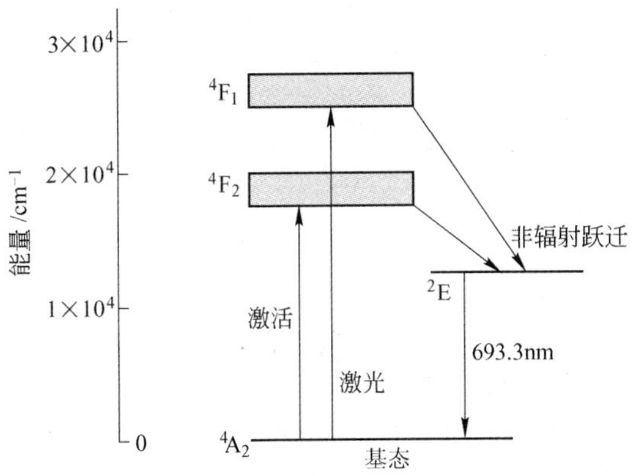


图 9-17　红宝石晶体中 $Cr^{3+}$ 的能级和激光发射

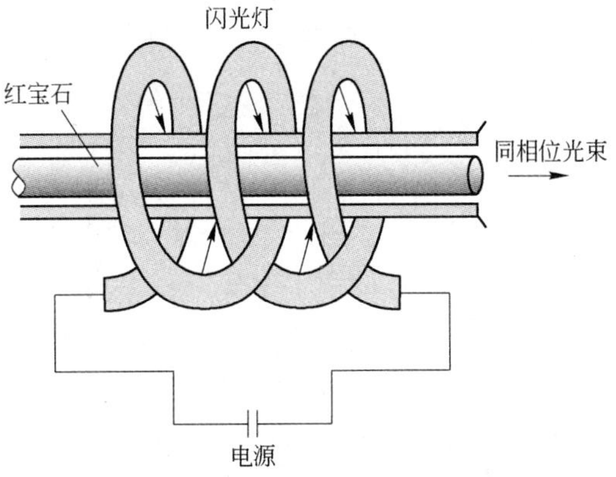


图 9-18　红宝石激光器的构造原理示意图

从图 9-17 来看，譬如说用氙光灯的强可见光照射到红宝石晶体上，$Cr^{3+}$ 离子的 d 电子从基态 $^4A_2$ 激发到较高的激发态 $^4F_1$、$^4F_2$ 能级。这些能级上的电子通过非辐射过程很快回到稍低一些的能级 $^2E$。$^2E$ 激发态能级的寿命非常长，约为 $5\times10^{-3}$ s。这意味着有足够的时间可以将这种激发状况普遍化。从能级 $^2E$ 回到基态就产生激光。在这一转变过程，晶体相中许多离子互相激励、衰变，便产生了强的波长为 693 nm 的相干红光脉冲。

激光晶体按化学分类有以下几种类型：

(1) 简单有序结构氟化物。基质常用 $CaF_2$、$BaF_2$、$HgF_2$ 等，激活离子有 $Nd^{3+}$、$Sm^{3+}$、$Dy^{3+}$、$U^{3+}$ 等。

(2) 氟化物固溶体。$CaF_2-YF_3$、$LiYF_4$ 等为基质，$Gd^{3+}$、$Tb^{3+}$ 为激活离子。

(3) 有序结构的氧化物体系。$Al_2O_3$：$Cr^{3+}$、$LiNbO_3$：$Nd^{3+}$、MgO：$Ni^{2+}$ 以及复合氧化物钇铝石榴石(YAG)等。

(4) 高浓度自激活晶体。如 $NdP_5O_{14}$ 中 $Nd^{3+}$ 的浓度在 50℃ 可达到 $4\times1021\ cm^{-3}$，比 YAG：$Nd^{3+}$ 最高掺杂(约 1.2%)高 60 倍。这类晶体的激活成分本身就是基质的组成，故称作自激活晶体，是发展微型激光器最有应用前景的材料。

(5) 色心晶体。碱金属卤化物，如 LiF：$Nd^{3+}$、LiF：$Na^+$ 等。

(6) 其他类型还有 $Ca_5(PO_4)_3F$：$Nd^{3+}$、$Sr_5(PO_4)_3F$：$Nd^{3+}$、$La_2O_2S$：$Nd^{3+}$ 等。

## 思考练习题

一、名词解释

1. 荧光
2. 磷光

3. 激子
4. 施主能级
5. 受主能级

二、简答题

1. 简述发光材料中几种典型的能级跃迁现象。
2. 简述激光材料的发光机理。
3. 简述发光二极管的发光机理。

## 本篇参考文献

[1] 黄昆原．固体物理学．韩汝琦,改编．北京:高等教育出版社,1988.
[2] C. Kittel. 固体物理导论．杨顺华,译．北京:科学出版社,1979.
[3] 李正中．固体理论．北京:高等教育出版社,1987.
[4] 方俊鑫,陆栋．固体物理学(上册)．上海:上海科学技术出版社,2005.
[5] 阎守胜．固体物理基础．北京:北京大学出版社,2003.
[6] 卢正启．自旋阀巨磁电阻效应及其应用．物理, 1999, 27(6):373~376.
[7] 游彪, 盛雯婷, 孙亮,等．自旋电子学的发展及应用．自然杂志, 2003,(4)．
[8] 赖武彦．自旋电子学和计算机硬件产业．物理, 2002,(7).
[9] 翟宏如, 翟亚．浅介 2007 年诺贝尔物理学奖与自旋电子学．现代物理知识, 2008,(1).
[10] 邢定钰．自旋输运和巨磁电阻——自旋电子学的物理基础之一．物理, 2005,(5).
[11] 戴闻．自旋电子学器件中的相对论效应．物理,2004,(6).
[12] 夏建白, 常凯．自旋电子学和相干态．物理, 2001,(9).
[13] Baibich M N, Broto J M, Fert A, et al. Giant Magnetoresistance of (001) Fe/(001) Cr Magnetic Superlattices. Phys. Rev. Lett. 61, 1988:2472.
[14] Binasch G, Grünberg P, Saurenbach F, Zinn W. Enhanced magnetoresistance in layered magnetic structures with antiferromagnetic interlayer exchange. hys. Rev. B 39, 1989:4828.
[15] 田莳．材料物理性能．北京:北京航空航天大学出版社,2004.
[16] 毛卫民．金属材料的结构与性能．北京:清华大学出版社,2008.
[17] 连法增．材料物理性能．沈阳:东北大学出版社,2005.

# 第三篇　材料的热学性能

# 10　材料的热学性能

**本章要点：**

本章在讨论热容的爱因斯坦模型和德拜模型的基础上，重点讨论了热容在材料分析中的应用。介绍了材料热传导的机理与影响因素。

在实际环境中，主要考虑热学性能而应用的材料并不多，也没有热学材料这一名词，但是热学性能是选用材料要考虑的重要因素，对隔热材料、特殊膨胀材料等更为重要。分析热学性能也是进行材料分析测试的主要手段之一，例如通过测试热容和热膨胀的变化反映材料内部的相变等。本章将主要介绍材料的热容、热传导、热膨胀、热稳定性的基本理论，并简要介绍其应用。

## 10.1　经典热容理论

在普通物理中我们从气体的压强公式和理想气体状态方程已经推导出气体分子的动能：

$$\frac{1}{2}m\bar{v}^2 = \frac{3}{2}kT \tag{10-1}$$

式中　$m$——分子的质量；

$\bar{v}$——分子的平均平动速率；

$k$——玻耳兹曼常数；

$T$——热力学温度。

由上式可以看出气体分子的平动动能只由温度决定。

固体的分子运动动能不能从压强得到，但是可以考虑将气体中的能量按自由度均分的原则扩展到固体。该原则的表述为：在平衡状态下，气体、液体和固体分子的任何一种运动形式的每一个自由度的平均动能都是 $kT/2$，固体中原子具有 3 个自由度，其平均动能为 $3kT/2$。于是可利用能量均分原理算出 1 mol 固体的热运动能量和摩尔定容热容 $C_{mV}$：

$$E = 3kTN_0 = 3RT \tag{10-2}$$

$$C_{mV} = \frac{dE}{dT} = 3R \approx 24.9\ \text{J/(mol·K)} \tag{10-3}$$

这个公式由法国化学家皮埃尔·路易·杜隆（Pierre Louis Dulong）和阿列克西·泰雷兹·帕替（Alexis Thérèse Petit）在 1819 年提出。他们还在常温下得到固体的摩尔定压热容的实验结果：

$$C_{mp} \approx 25.10\ \mathrm{J/(mol \cdot K)} \tag{10-4}$$

这个值与公式中的结果符合得很好,即固体的摩尔热容为常数 $3R$,称之为杜隆 - 帕替定律。但是,1875 年 Weber 就发现不少固体的热容量低于该定律的数值。而且实验指出,固体的 $C_{mV}$随 $T$ 降低而减小,且随 $T \to 0\mathrm{K}$ 而趋于零(见图 10-1)。这种性质只有量子统计才能解释。

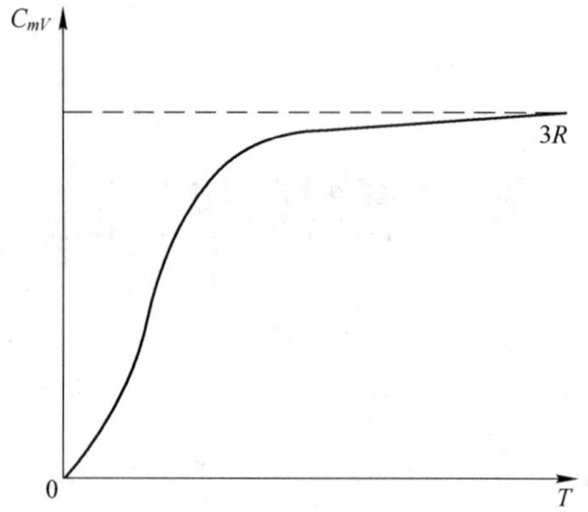


图 10-1 实际情况中材料热容随温度的变化情况

## 10.2 爱因斯坦量子热容理论

### 10.2.1 晶格振动振子的平均能量

1907 年 Einstein 用量子论解释了固体热容随温度下降的事实,这是 1905 年 Einstein 首次用量子论解释了光电效应后,量子论的又一重大的成功。

由量子理论可知,晶格振动的能量是量子化的,角频率为 $\omega_i$ 的振动的能量为:

$$E_i = \left(n + \frac{1}{2}\right)\hbar\omega_i \tag{10-5}$$

式中 $n$——量子数;

$\frac{1}{2}\hbar\omega_i$——系统的最小能量,即零点能;

$\hbar$——狄拉克常数。

零点能对热容无贡献,可以忽略,则:

$$E_i = n\hbar\omega_i \tag{10-6}$$

能量为 $\hbar\omega_i$ 的能量量子即声子。按照玻耳兹曼统计理论,能量为 $E_i$ 的谐振子的数量正比于 $\mathrm{e}^{-\frac{n\hbar\omega_i}{kT}}$,其中 $k$ 为玻耳兹曼常数,$T$ 为热力学温度。角频率 $\omega_i$ 的谐振子的平均能量:

$$\overline{E}_i = \frac{\sum_{n=0}^{\infty} n\hbar\omega_i \mathrm{e}^{-\frac{n\hbar\omega_i}{kT}}}{\sum_{n=0}^{\infty} \mathrm{e}^{-\frac{n\hbar\omega_i}{kT}}} \approx \frac{\hbar\omega_i}{\mathrm{e}^{-\frac{\hbar\omega_i}{kT}} - 1} \tag{10-7}$$

1 mol 的晶体中有 $N_0$ 个原子,每个原子有 3 个自由度,每个自由度相当于一个谐振子在振动,共有 $3N_0$ 个谐振子,所以 1 mol 的警惕晶格振动平均能量为:

$$\overline{E} = \sum_{i=1}^{3N_0} \frac{\hbar\omega_i}{\mathrm{e}^{-\frac{\hbar\omega_i}{kT}} - 1} \tag{10-8}$$

谐振子角频率分布可用函数$\rho(\omega)$表示,在$\omega$与$\omega+d\omega$之间的格波数为$\rho(\omega)d\omega$,1 mol 固体的平均能量为:

$$\overline{E}=\int_0^{\omega_m}\frac{\hbar\omega_i}{e^{-\frac{\hbar\omega_i}{kT}}-1}\rho(\omega)d\omega \tag{10-9}$$

式中,$\omega_m$为最大角频率。因此只要知道振子角频率分布函数$\rho(\omega)$就可以求出平均能量,进而求出热容。但具体材料的$\rho(\omega)$的计算很复杂,所以一般用简化的模型处理。

### 10.2.2 爱因斯坦热容模型

爱因斯坦热容模型的假设:晶体中的所有原子都以相同的角频率$\omega_E$振动,且各个振动相互独立,则由式(10-9)可知 1 mol 晶体的平均能量:

$$\overline{E}=\frac{3n_0\hbar\omega_E}{e^{-\frac{\hbar\omega_E}{kT}}-1}=3N_0\frac{k\theta_E}{e^{\frac{\theta_E}{T}}-1} \tag{10-10}$$

式中,$\theta_E=\dfrac{\hbar\omega_E}{k}$称为爱因斯坦温度,计算表明,其值一般为 100 ~ 300 K。所以晶格振动的摩尔热容:

$$C_{mV}=\left(\frac{\partial\overline{E}}{\partial T}\right)_V=3N_0k\left(\frac{\theta_E}{T}\right)^2\frac{e^{\theta_E/T}}{(e^{\theta_E/T}-1)^2} \tag{10-11}$$

高温时候,$T\gg0$很大,$\theta_E/T\ll1$,所以:

$$\left(\frac{\theta_E}{T}\right)^2\frac{e^{\theta_E/T}}{(e^{\theta_E/T}-1)^2}\approx1 \tag{10-12}$$

$C_{mV}\approx3N_0k=3R$,因此,杜隆-帕替定律是爱因斯坦热容模型在高温下的一个特例。

在温度很低的时候,$T\to0$ K 时有$\theta_E/T\gg1$,所以:

$$C_{mV}\approx3N_0k\left(\frac{\theta_E}{T}\right)^2e^{-\theta_E/T}\approx3N_0ke^{-\theta_E/T} \tag{10-13}$$

可见,$T\to0$ K,$C_{mV}\to0$这个结果与图 10-2 很符合。爱因斯坦模型解决了杜隆-帕替定律不能解释的低温下固体热容同温度有关的实验事实,但是从式(10-13)中可以看出,温度降低的时候$C_{mV}$按指数规律快速下降,比实验值下降得快了些。这是因为爱因斯坦模型只考虑了振动的平均角频率,忽略了其他振动频率。虽然这样,也已说明了这个简单模型的特有成就。更正确的理论见德拜模型。

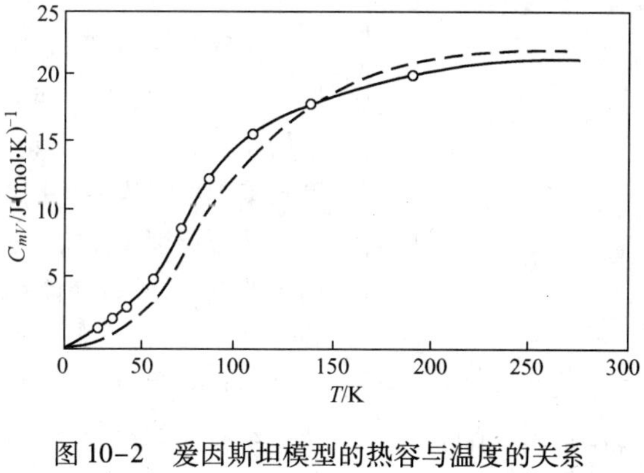


图 10-2 爱因斯坦模型的热容与温度的关系

### 10.2.3　德拜热容模型

爱因斯坦把固体中各个原子的振动看作相互独立的，因而 $3N$ 个振动频率都相同。而实际原子之间有很强的相互作用，振动格波的频率不是固定的，而是有一个分布。尽管 Einstein 的模型仍有不足之处，但 Einstein 使用一个可调参数 $\omega_E$ 就可以基本解释热容 - 温度关系的做法应当看作热物理工作的一个典范之作。这充分说明，能量量子化才是解释晶格振动问题的关键，这也间接印证了提出用声子概念解释晶格振动问题的必要性。

德拜修正了原子是独立谐振子的概念，而考虑晶格的集体振动模式，他假设晶体是连续弹性介质，原子的热运动以弹性波的形式发生，每一个弹性波振动模式等价于一个谐振子，能量是量子化的，并规定了一个弹性波频率上限 $\omega_D$，称之为德拜频率。

德拜热容假设：晶体是各向同性的连续介质，晶格振动具有从 $0 \sim \omega_m$ 的角频率分布，则对具有 $N$ 个原子的晶体有 $3N$ 个自由度，即有 $3N$ 个谐振子在振动，因此：

$$\int_0^{\omega_m} \rho(\omega)\,\mathrm{d}\omega = 3N \tag{10-14}$$

通过推导计算，德拜得出的晶体平均能量为：

$$\overline{E} = 9NkT\left(\frac{T}{\theta_D}\right)^3 \int_0^{\theta_D/T} \frac{x^3}{e^x - 1}\mathrm{d}x \tag{10-15}$$

所以晶体的热容为：

$$C_V = \left(\frac{\partial \overline{E}}{\partial T}\right)_V = 9Nk\left(\frac{T}{\theta_D}\right)^3 \int_0^{\theta_D/T} \frac{x^4 e^x}{(e^x - 1)^2}\mathrm{d}x \tag{10-16}$$

当 $N = N_0$，得到摩尔热容：

$$C_{mV} = 9N_0 k\left(\frac{T}{\theta_D}\right)^3 \int_0^{\theta_D/T} \frac{x^4 e^x}{(e^x - 1)^2}\mathrm{d}x \tag{10-17}$$

高温时，$T \gg 0$，很大，$\theta_D/T \ll 1$，所以：

$$\left(\frac{T}{\theta_D}\right)^3 \int_0^{\theta_D/T} \frac{x^4 e^x}{(e^x - 1)^2}\mathrm{d}x \approx \frac{1}{3} \tag{10-18}$$

$C_{mV} \approx 3N_0 k = 3R$，因此，杜隆 - 帕替定律也可以看成是德拜热容模型在高温下的一个特例。

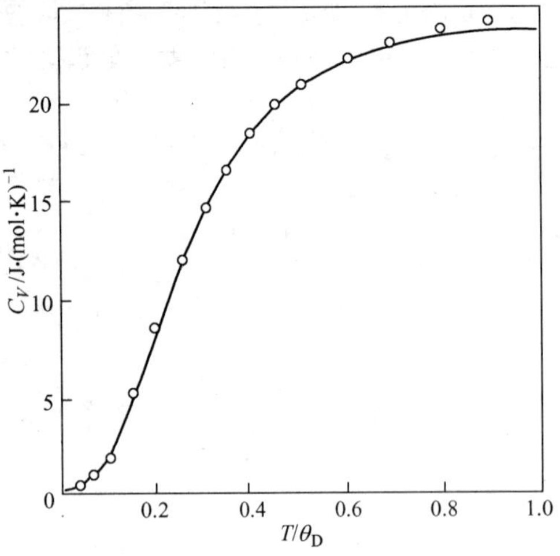


图 10-3　金属镱热容的实验值与德拜理论计算值的比较

低温时，$T \to 0$ K，$\theta_D/T \to \infty$，则有 $C_{mV} = bT^3$，$b$ 为一个常数。可见低温下固体的摩尔热容与温度的三次方成正比，这种关系成为德拜三次方定律。

德拜理论在低温与实验是相符的，温度越低，符合程度越好。如图 10-3 所示为金属镱热容的实验值与德拜理论计算值的比较。德拜模型较爱因斯坦模型更接近实际情况。

德拜温度 $T_D(\theta_D)$ 是一个衡量晶体物理性质的重要参量，多数晶体在 200 ~ 400 K 之间，个别弹性模量大、密度低的晶体，如金刚石、铍、硼等达到 1000 K 以上。从德拜温度数值可以估出晶格振动频率的量级，约为 $10^{13}\ \mathrm{s}^{-1}$ 数量级，处于红外光区。德拜温度可以看作是一个分界温度，近似地表示了经典理论的使用范围，在该温度以下，许多模式被冻结，必须使用量子理论处理。

德拜理论提出后相当长一段时间内曾被认为与实验符合得相当精确。然而随着低温测量技术的发展，越来越暴露出德拜理论与实验间仍存在显著的偏差，不同温度下得到的德拜温度数值不同就是德拜理论局限性的明证。一个常用的比较理论与实验的办法是在各个不同温度令理论函数 $C_V(T/T_D)$ 与实验值相等而定出 $T_D$。假若德拜理论精确成立，各个温度下确定出的 $T_D$ 都应该相同。但实际证明不同温度下得到的 $T_D$ 是不同的。另外，对于一些化合物的热容计算也是与实验不同的。

德拜模型的局限性是容易理解的，因为使用弹性波色散关系描述格波的假设是一种近似，它忽略了格点的不连续性，对于那些长波或频率低的波，它们不连续性的效果是不重要的，采用这个近似是允许的。可是当波长短到足以与原子间距相比较时，德拜近似就失效了，所以，德拜模型在解释晶格热容的实验结果方面已经证明是相当成功的，特别是在低温下，德拜理论是严格成立的，需要指出的是德拜模型仍然只是一个近似的理论，仍有它的局限性，并不是一个严格的理论。

### 10.2.4　热容的实际应用——热分析法

实际中的材料有单相和多相的区分，对于单相材料，在低温下热容都是随着温度升高单调增大的，在高温下热容可能增大或者保持不变。但是，在有相变时则会有不同的规律。在相变过程中会有热容和相变潜热的变化，分析焓变以确定热容和相变潜热是研究相变的有效方法。基于这一原理，热分析已经成为研究相变最便利、最有效的方法之一。

传统的热分析有量热计法、萨克斯法和斯密特法。由于实验精度不高和操作困难，这些方法的应用已经很少。现代常用的热分析方法有：差热分析法（DTA）、差示扫描量热法（DSC）和热重法（TG）。

#### 10.2.4.1　差热分析法

差热分析（DTA）是在程序控制温度条件下，测量样品与参比物（基准物，是在测量温度范围内不发生任何热效应的物质，如 MgO 等）之间的温度差与温度关系的一种热分析方法。在实验过程中，将样品与参比物的温差作为温度或时间的函数连续记录下来，即差热曲线，如图 10-4 所示。

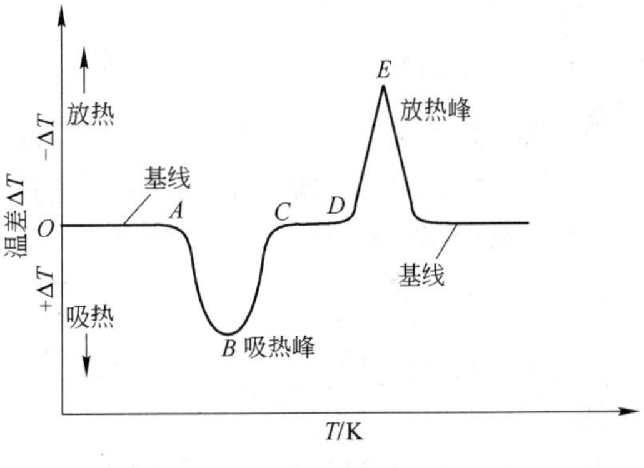

图 10-4　典型的差热曲线

依据差热分析曲线特征，如各种吸热与放热峰的个数、形状及相应的温度等，可定性分析物质的物理或化学变化过程，还可依据峰面积半定量地测定反应热。

#### 10.2.4.2　差示扫描量热法

差示扫描量热法（DSC）是在程序控制温度条件下，测量输入给样品与参比物的功率差与温度关系的一种热分析方法。差示扫描量热法克服了差热分析法以温差间接表达物质热效应，且差热分析曲线影响因素很多，难于定量分析的缺陷，具有分辨率高、灵敏度高等优点。能定量测定多种热力学和动力学参数，且可进行晶体微细结构分析等工作，如样品的焓变、比热容等的测定。

#### 10.2.4.3　热重法

热重法（TG）是在程序控制温度条件下，测量物质的质量与温度关系的热分析方法。

其数学表达式为：

$$\Delta W = f(T) \quad 或 \quad (\tau) \tag{10-19}$$

式中 $\Delta W$——重量变化；

$T$——绝对温度；

$\tau$——时间。

热重法试验得到的曲线称为热重曲线（即TG曲线）。

TG曲线以质量（或质量分数）为纵坐标，从上到下表示减少，以温度或时间作横坐标，从左自右增加，试验所得的TG曲线，对温度或时间的微分可得到一阶微商曲线DTG和二阶微商曲线DDTG。

用于热重法的装置是热天平（热重分析仪）。热失重的特点是定量性强，能准确地测量物质的质量变化及变化的速率。热失重的试验结果与实验条件有关。

## 10.3 材料的热传导

### 10.3.1 热传导的宏观现象

热传导是指材料中的热量自动从热端传向冷端的现象。类似于扩散定律，从大量实验结果归纳出热传导的傅里叶定理，即材料各点的温度不随时间变化时，在时间 $\Delta t$ 内沿 $x$ 轴正方向传过 $\Delta S$ 截面积上的热量为：

$$\Delta Q = -k_t \frac{dT}{dx}\Delta S\Delta t \tag{10-20}$$

式中 $k_t$——热导率；

$T$——热力学温度；

$\frac{dT}{dx}$——温度梯度。

傅里叶定理的含义为单位时间内通过材料垂直于导热方向的单位截面积的热量与温度梯度成正比；热导率前面的负号表示传热方向与温度梯度方向相反。定义单位时间内通过材料垂直于导热方向的单位截面积的热量为能流密度，以 $J$ 表示，则有：

$$J = \frac{\Delta Q}{\Delta S\Delta t} = -k_t \frac{dT}{dx} \tag{10-21}$$

能流密度与温度梯度成正比，是傅里叶定律的另一种表述方式，与扩散第一定律有相似的形式。

对于非稳态传热，材料各点的温度是随时间变化的，因此温度梯度与时间有关。例如一个孤立体系内部传热就是非稳态的。实际传热过程非稳态更加普遍些。例如，不考虑材料与外界的热交换，则材料热端温度逐渐降低，冷端温度逐渐升高，各点温度梯度不断变化，到平衡时趋于零。

对非稳态传热，有：

$$\frac{\partial T}{\partial t} = \frac{k_t}{\rho C_p} \times \frac{\partial^2 T}{\partial x^2} \tag{10-22}$$

式中，$t$ 为时间；$\rho$ 和 $C_p$ 分别为材料的密度和等压比容热。定义导温系数（或称为热扩散率）为：

$$\alpha = \frac{k_t}{\rho C_p} \tag{10-23}$$

则有：

$$\frac{\partial T}{\partial t}=\alpha\frac{\partial^2 T}{\partial x^2} \tag{10-24}$$

与扩散第二定律有相同的形式。因此只要确定了初始条件与边界条件，非稳态传热在不同的时间内的温度分布也可以用类似于扩散第二方程的解法求出。

非稳态传热同时有热量的传导和温度的变化，导温系数是一个将二者联系起来的物理量，反映非稳态传热时的温度变化速率。在相同的加热或冷却条件下，导温系数越大，材料各部分温差越小，即温度分布越均匀。因此对经受骤冷骤热的材料大的导温系数对减小其热应力具有特殊意义。例如钢在淬火的时候经历急速冷却，如果导温系数大，则冷却过程中从表面到内部的温度梯度小，就不容易由于热应力太大而导致开裂。对陶瓷材料，热应力导致的开裂是更为严峻的问题。

### 10.3.2 热传导的机理

在气体分子运动理论中已经知道气体靠分子的碰撞传递能量。而固体中的原子只能在其平衡位置附近做微小的振动，所以固体中的传热主要靠电子和声子进行，高温下还有光子的参与。

高温处的质点（原子或分子）的热振动强烈，振幅较大，通过质点间的作用力使其附近质点的振动加强，热运动能量增大，由此发生了热量的传递或转移，即通过声子碰撞使其邻近原子的振动增强，发生热传递。

定义声子两次碰撞间走过的路程为声子自由程 $\lambda_p$，该自由程两端的温差：

$$\Delta T=-\lambda_p\frac{dT}{dx} \tag{10-25}$$

声子从热端带到冷端的热量为 $C_V^p\Delta T$，其中 $C_V^p$ 为声子对热容的贡献。若声子沿热传导方向 $x$ 的速度为 $v_{px}$，则单位时间内通过单位界面的热量即能流密度为：

$$J=C_V^p v_{px}\Delta T=-C_V^p v_{px}\lambda_p\frac{dT}{dx} \tag{10-26}$$

定义声子两次碰撞的时间间隔为弛豫时间 $\tau_p$，则 $\lambda_p=\tau_p v_{px}$，所以：

$$J=-C_V^p v_{px}^2\tau_p\frac{dT}{dx} \tag{10-27}$$

根据能量按自由度均分的原理有：

$$\overline{v}_{px}^2=\frac{1}{3}v_p^2 \tag{10-28}$$

式中 $\overline{v}_{px}^2$——$v_{px}^2$ 的平均值；

$v_p$——声子的平均速率。

又知平均自由程 $\lambda_p=v_p\tau_p$，所以：

$$J=-\frac{1}{3}C_V^p v_p\overline{\lambda}_p\frac{dT}{dx} \tag{10-29}$$

与式（10-21）对比可知声子的热导率：

$$k_t^p=\frac{1}{3}C_V^p v_p\overline{\lambda}_p \tag{10-30}$$

与声子导热类似，对电子导热也有电子的热导率：

$$k_t^e = \frac{1}{3} C_V^e v_e \overline{\lambda}_e \tag{10-31}$$

式中 $C_V^e$——电子对热容的贡献，$C_V^e = \frac{\pi^2 k^2 n_e}{2E_F^0} T$，$E_F^0 = \frac{1}{2} m v_e^2$；

$v_e$——电子的平均速率；

$\overline{\lambda}_e$——电子的平均自由程，$\overline{\lambda}_e = v_e \tau_e$。

因此有：

$$k_t^e = \frac{\pi^2 n_e k^2 T \tau_e}{3m} \tag{10-32}$$

式中 $n_e$，$\tau_e$，$m$——分别为电子密度、电子的平均弛豫时间和质量；

$T$——热力学温度；

$k$——玻耳兹曼常数。

除了声子和电子的导热外，高温时材料中还有明显的光子热传导。这是因为高温时材料中分子、原子和电子的振动、转动等运动状态的改变会辐射放出电磁波，波长在 400 ~ 40000 nm 的可见光和红外线有较强的热效应，成为热射线，其传递过程为热辐射。考虑到黑体辐射能：

$$E_T = 4\sigma_0 n^3 T^4 / c \tag{10-33}$$

式中 $\sigma_0$——斯忒藩－玻耳兹曼常数，$\sigma_0 = 5.67 \times 10^{-8}$ W/(m$^2$·K$^4$)；

$n$——折射率；

$c$——真空中的光速。

有辐射热容量：

$$C_r = \frac{\partial E_T}{\partial T} = 16\sigma_0 n^3 T^3 / c \tag{10-34}$$

因光子在材料中的速度 $v_r = c/n$，有光子的热导率：

$$k_t^r = \frac{1}{3} C_r v_r \overline{\lambda}_r = \frac{16}{3} \sigma_0 n^2 T^3 \overline{\lambda}_r \tag{10-35}$$

式中 $\overline{\lambda}_r$——光子的平均自由程。

值得注意的是，光子导热机制主要发生于透明材料中。在透明材料中，光子的平均自由程 $\overline{\lambda}_r$ 较大，$k_t^r$ 较大。半透明材料 $\overline{\lambda}_r$ 很小，不透明材料 $\overline{\lambda}_r = 0$，光子的导热可以忽略。一般单晶陶瓷和玻璃是透明的，在 500 ~ 1000℃ 辐射传热已经比较明显。普通的烧结陶瓷由于是晶相与非晶相，且有气相，一般不透明。辐射传热的作用很小。多晶陶瓷和金属一般都是不透明的，其辐射传热作用很小。多晶陶瓷材料在 1500℃ 以上光子的导热才变得明显起来。

## 10.3.3 实际材料的导热

### 10.3.3.1 金属和合金的导热

对纯金属有：$C_V^e / C_V^p \approx 0.01$，$v_p \approx 5 \times 10^3$ m/s，$v_e = 10^6$ m/s，$\overline{\lambda}_p \approx 10^{-9}$ m，$\overline{\lambda}_e \approx 10^{-8}$ m，所以可以计算出 $\frac{k_t^e}{k_t^p} = \frac{C_V^e v_e \overline{\lambda}_e}{C_V^p v_p \overline{\lambda}_p} \approx 20$。即纯金属的主要导热机制为电子导热，电子热导率比声子热导率大得

多,所以纯金属有大的热导率。

由于金属传热和导电都以自由电子为主要载体,所以影响电导率的因素也同样影响热导率。杂质和缺陷是会降低电导率的,他们也同样会降低热导率。合金中杂质原子对电子起散射作用,杂质浓度上升,电子的自由程降低,所以电子热导率降低,导热是声子和电子的共同贡献。可见合金的热导率比相应的纯组元都要低。

#### 10.3.3.2 陶瓷材料和高分子材料的导热

陶瓷的导热主要为声子导热,高温时有光子导热。温度、成分、晶态结构、气孔等都对其热导率有一定的影响。

晶态陶瓷的热导率随温度的变化规律可从式(10-27)推测。其中,声子的速率 $v_p$ 可以看成常数,即不随温度变化。在低温下平均自由程 $\overline{\lambda}_p$ 基本保持最大值,声子热容 $C_V^p$ 与温度 $T^3$ 成正比。温度增高到一定值后,$C_V^p$ 的增大变慢,$\overline{\lambda}_p$ 随温度的升高而减小,使 $k_t^p$ 达到极大值。温度再升高,$C_V^p$ 几乎恒定在 $3R$,$\overline{\lambda}_p$ 与温度成反比,$k_t^p$ 随温度的升高成反比下降。温度继续升高,由于有光子导热的作用,热导率再次随温度的升高而升高。非晶态陶瓷的热导率总是比晶态陶瓷的低。

陶瓷固溶体的热导率与合金固溶体有类似的趋势,即由于异类原子附加的散射作用,固溶体的热导率随浓度的增高而减小。

许多陶瓷是复相的,其中有晶相和玻璃相共存,也可能是有两个或多个晶相,一般都含有气相。对复相陶瓷的简化模型认为它是由连续相和均匀分布于其中的分散相组成。如果不考虑相界附加的散射作用,则可以推导出复相陶瓷的热导率:

$$k_t = k_c \frac{1 + 2V_d(1-\theta)/(1+2\theta)}{1 - V_d(1-\theta)/(1+2\theta)} \tag{10-36}$$

式中 $\theta$——连续相和分散相的热导率之比,$\theta = k_c/k_d$;

$V_d$——分散相的体积分数。

对复相合金和复合材料也有类似的规律。对于包含气孔的陶瓷材料,可将气孔看成是分散相,由于气孔热导率 $k_d \approx 0$,$\theta \to \infty$,当气孔率 $V_d$ 不大时,上式可简化为:$k_t \approx k_c(1 - V_d)$,即气孔增多,热导率降低。

高分子材料一般没有自由电子,在其使用温度下一般也不会发生光子导热,所以其主要导热机制是通过分子与分子碰撞的声子热传导,其电导率和热导率都很低,可用作绝热材料。低温区,温度升高使热容增大,引起热导率增大,到玻璃化温度时达到最大。玻璃化温度以上,高分子材料的分子排列变得疏松,使其热导率降低。

## 思考练习题

一、名词解释

1. 杜隆 - 帕替定律
2. 声子
3. 德拜温度

二、简答题

1. 简述热容在材料分析中的应用。
2. 简述热容的德拜模型。

## 本篇参考文献

[1] Carslou H S, Jaeger J C. Conduction of heat in solids. Oxford Univ, Press, 1959.
[2] 张洪济. 热传导理论. 北京:高等教育出版社,1992.
[3] 王兴安,梅飞鸣. 辐射传热. 北京:高等教育出版社,1984.
[4] Sparrow E N, Cess R D. Radiation heat transfer. 北京:高等教育出版社,1984.
[5] 梁昆淼. 数学物理方法. 第3版. 北京:人民教育出版社,1998.

# 第四篇　材料中的缺陷与力学性能

## 11　材料中的缺陷与力学性能

**本章要点：**

材料中的缺陷对力学性能具有重要的影响。本章重点介绍了材料中位错的定义、结构、增殖以及位错的运动，介绍了材料组织结构的变化与材料力学性能之间的关系，在此基础上论述了超级钢的研发状况。

人们很早就利用金属的塑性来加工金属，但对其机理的了解到 20 世纪 30 年代才开始。1926 年弗兰克尔估出了晶体理论剪切强度，他假设晶体中原子排列是完整的，变形时原子做整体的刚性运动，以 $G$ 代表剪切模量，估出理论剪切强度为：

$$\tau_m = \frac{G}{2\pi}$$

计算得到的理论剪切强度与实际晶体强度相差 3 ~ 4 个数量级，即使修正后为：

$$\tau_m = \frac{G}{30}$$

这个结果与实际情况仍相差很大。

按照理想晶体的模型，晶体在滑移时，滑移面上各个原子在切应力作用下，同时克服相邻滑移面上原子的作用力前进一个原子间距，完成这一过程所需的切应力就相当于晶体的理论剪切屈服强度，这是一个很大的数值，例如 Cu 单晶体的理论剪切屈服强度约为 1540 MPa，但它实际的屈服强度仅为 1 MPa，二者相差巨大。

晶体的实际强度与理论强度之间的巨大差异，使人们对理想晶体模型及其滑移方式产生怀疑，认识到晶体中原子排列绝非完全规则，滑移也不是两个原子面之间集体的相对移动，晶体内部一定存在着很多缺陷，即薄弱环节，使塑性变形过程在很低的应力下就开始进行，这种内部缺陷就是位错。滑移是通过位错在切应力作用下在晶体中逐步移动实现的，所需的切应力大大减小。

1934 年，泰勒、波朗依、奥罗了几乎同时提出位错的概念，泰勒把位错和塑性变形时的滑移过程联系起来。

1939 年，柏格斯（Burgers）提出用柏氏矢量来表征位错，并引入螺位错的概念。

1947 年，柯垂尔（Cottrell）提出溶质原子与位错的交互作用。

1950 年，弗兰克（Frank）与瑞德（Read）提出位错增殖机制。

1950 年，人们用透射电镜观测到晶体中位错的存在与运动。

# 11.1 位 错

## 11.1.1 位错概念的产生

晶体的范性形变是提高金属材料的性能和制造金属制品的重要手段。基于生产的需要,早在位错作为一种晶格缺陷被认识之前,人们对晶体范性形变的宏观规律已经作了广泛的研究。当一块单晶体发生范性形变时,在它的表面出现一些线状痕迹,经放大观察,发现它们是晶体相邻部分彼此相对滑动在表面上造成的小台阶,这些痕迹被称为滑移线。进一步分析和测量表明,晶体滑移总是沿着一定的密排晶面和密排方向进行的,这就是所谓的滑移面和滑移方向,而且,只有当沿着某一滑移系统(即一个滑移面和其上的一个滑移方向)的切应力达到一定的临界值时,滑移才开始进行,这个必要的应力被称为临界分切应力。对于退火状态的纯金属单晶体,如铜、铝、锌等,临界分切应力经常在 10 ~ 100 $g/mm^2$,即 $10^{-5} \sim 10^{-4}\mu$ 之间,$\mu$ 是该晶体的切变模量。

如何从原子角度来理解滑移过程呢?最简单的设想是以理想完整晶体模型为出发点,假定滑移时滑移面两侧的晶体像刚体一样,所有原子同步平移,即表现为所谓的刚体滑移。曾经按照刚体滑移模型计算了为使晶体开始滑移所必需的应力。如图 11-1 所示。图中 $\tau$ 是加于晶体的与变形相平衡的切应力,其大小随滑移面两侧晶体相对位移量变化,而最终是决定于滑移面两侧原子间的相互作用。由于晶格的周期性,它应该是切位移 $x$ 的周期函数。

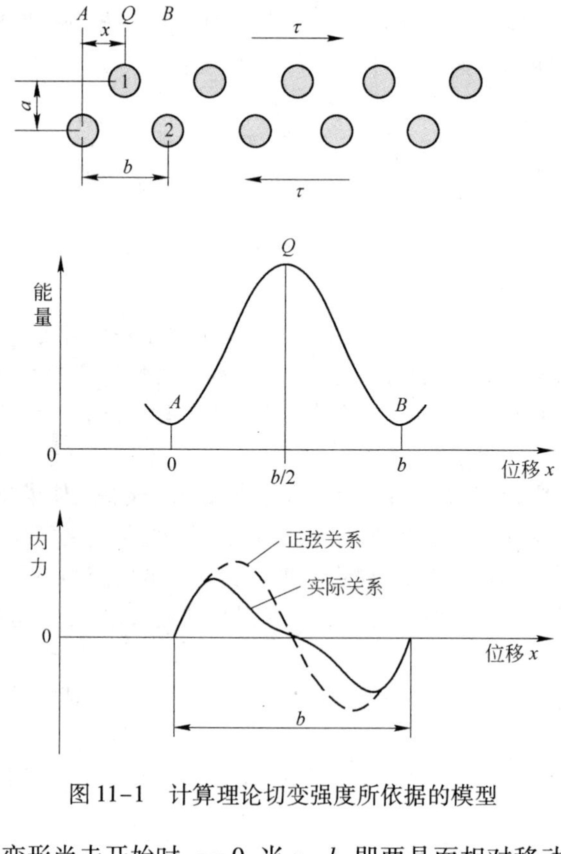


图 11-1 计算理论切变强度所依据的模型

考虑到当 $x=0$,即变形尚未开始时,$\tau=0$;当 $x=b$,即两晶面相对移动一个原子间距,原子的排列又恢复变形前的起始状态时,$\tau=0$;而且,当 $x=b/2$,$\tau$ 也等于0,这是因为此时原子处于对称位置,每个原子所受的来自其他原子的使它向左和向右的作用力互相抵消。所以,作为近似处理,可以假定切应力 $\tau$ 是切位移 $x$ 的正弦函数。

$$\tau=\tau_{m}\sin\left(\frac{2\pi x}{b}\right) \tag{11-1}$$

式中 $\tau_m$——正弦曲线的振幅;

$b$——周期。

在位移值很小的情况下,上式简化为:

$$\tau=\tau_{m}\frac{2\pi x}{b} \tag{11-2}$$

与此同时,晶体在变形很小的时候应该满足虎克定律,即:

$$\tau=\mu\gamma=\mu\frac{x}{a} \tag{11-3}$$

式中 $\mu$——切变模量;

$\gamma$——切应变。

从式(11-2)和式(11-3),可得到最大切应力:

$$\tau_{m}=\frac{\mu}{2\pi}\frac{b}{a} \tag{11-4}$$

若 $a=b$,则:

$$\tau_{m}=\frac{\mu}{2\pi} \tag{11-5}$$

最大切应力 $\tau_m$ 即所谓的理论切变强度,亦即理论临界分切应力,因为当外加应力达到 $\tau_m$ 之后,理想完整晶体就开始发生滑移变形。

与晶体的实际强度相比,$\mu/2\pi$ 显得太大了。差值的一个来源是由于对原子间相互作用力所作的正弦曲线近似。然而,即使采取更切实际的原子间作用力规律来代替上面所用的正弦关系,也仅仅把 $\tau_m$ 减小到 $\mu/30$ 左右,它仍比临界分切应力的实验值高出 3～4 个数量级。就是说,实际晶体在比式(11-5)给出的理论值小一千到一万倍的应力作用下就开始滑移变形。

理论切变强度与实际切变强度之间的巨大差异最终要求从根本上否定刚性相对滑移的假设,换句话说,必须承认滑移首先从晶体中的局部薄弱地区开始,然后再逐渐扩大到整个晶面。这种被称为逐步滑移的概念揭示了已滑移区和未滑移区边界的一种特殊原子排列形式,它具有能在微小应力作用下运动并导致范性形变的性质。1934 年第一次有人提出,在未变形的晶体中本来就包含有这种形式的晶格缺陷,并称之为位错。

### 11.1.2 位错的结构

位错实质上是原子的一种特殊组态,因此熟悉它的结构特点是掌握位错各种性质的基础。位错两种基本的形态是刃型位错和螺型位错,在此基础上形成介于它们之间的混合型位错。为了突出位错本身的形态,讨论将从简单立方晶体开始。在特殊性中存在着普遍性,通过简单立方晶体我们也会得到较一般的结论。

#### 11.1.2.1 刃型位错

如前所述,位错相当于局部滑移区的边界,现在就从这个途径来了解位错的结构。

图 11-2 表示一块单晶体,其中 *ABCD* 为滑移面,*ABEF* 为已滑移区, *ABEF* 上边的晶体相对下边向左移动一个原子间距,*EFCD* 为未滑移区,*EF* 是已滑移区和未滑移区的边界,在现有情况

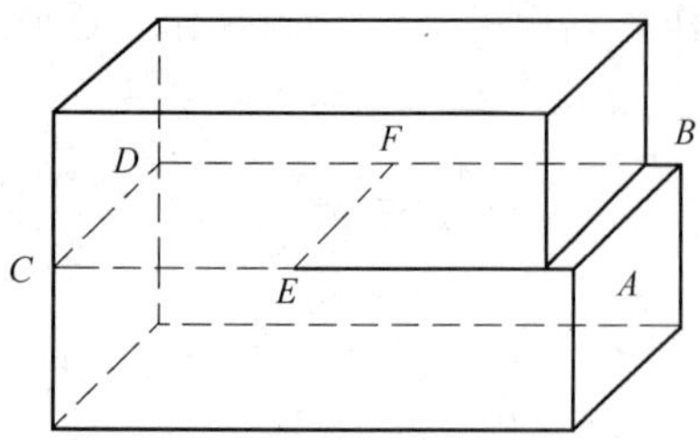

图 11-2　含有刃型位错的晶体

下它与滑移方向垂直。

为了弄清 *EF* 线周围的原子排列状态，想象地把晶体放大到能看见其中的原子，如图 11-3 所示。图中右下侧表示滑移面上已经发生滑移的部分，上下相对移动一个原子间距，而左半晶体尚未滑移，结果在晶体内部出现了一个多余的半原子面，多余半原子面与滑移面的交线即滑移区边界 *EF*。显然沿着 *EF* 线原子失掉了正常的相邻关系，因而是一种晶格缺陷。由于它位于多余半原子面边缘，好像刀刃，所以称为刃型位错。在图 11-4 中画出了包含位错线并与滑移面垂直的一组原子面，通过它可以进一步看清与刃型位错相联系的多余半原子面。习惯上把多余半原子面在滑移面上边的刃型位称为正刃型位错，反之称为负刃型位错。

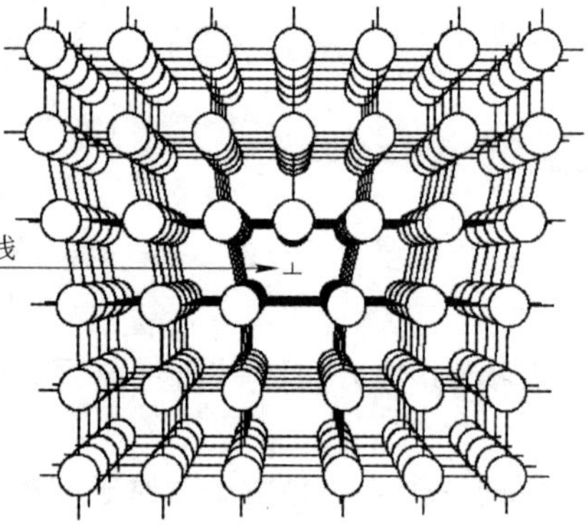

图 11-3　刃型位错的原子组态

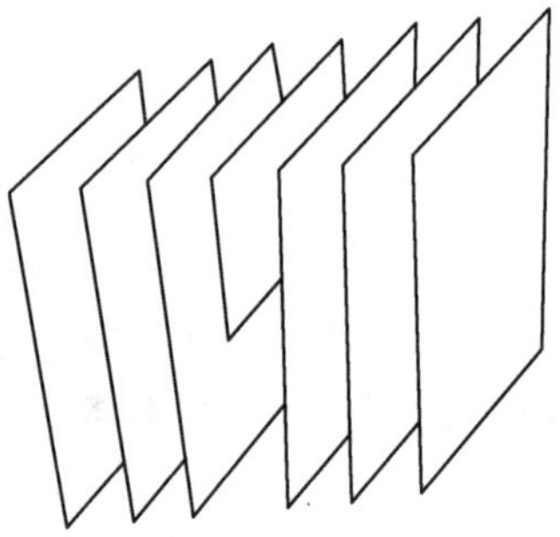
图 11-4　与刃型位错相联系的多余半原子面

刃型位错在晶体中引起畸变。在多余半原子面这一边，原子间距缩小，受到压缩变形；在另一边原子间距增大，受到膨胀变形。位错两侧的晶面稍有倾斜，形成剪切变形。畸变在位错中心处最大，随着距离的增大逐渐减小。一般把原子错排严重到失掉正常相邻关系的区域称为位错核心，从微观看，这是一个细长的管形区域。而其他地方，除了弹性畸变外，原子排列接近于完整晶体，仍然可视为晶体的好区。

**11.1.2.2　螺型位错**

参看图 11-5a 并仿照上面的讨论。发现与上面相同的是，晶体在滑移面的一部分 *ABEF* 上相对滑移一个原子间距，在另一部分 *CDEF* 上没有滑移。不同的是，这一次局部滑移区边界 *EF* 与滑移方向平行。

为了分析 *EF* 线附近的原子排列，取出滑移面上下相邻的两个晶面，并且投影到与它们平行的平面上，如图 11-5b 所示。图中小圆圈代表上层晶面的原子，小黑点代表下层晶面的原子。不难看出 *EF* 线周围的原子也失掉了正常的相邻关系，它们围绕着 *EF* 线连成了一个螺旋线，而被 *EF* 线所贯穿的一组原来是平行的晶面则变成了一个以 *EF* 为轴的螺旋面（见图 11-6）。鉴于原子排列的这种特点，此种晶格缺陷被称为螺型位错。根据旋进方向，螺型位错分为左旋的与右旋的两种，图 11-5a 中的螺型位错是右旋的。螺型位错只引起剪切畸变，而不引起体积的膨胀和收缩。同样，随着距离的增大，畸变逐渐减小。

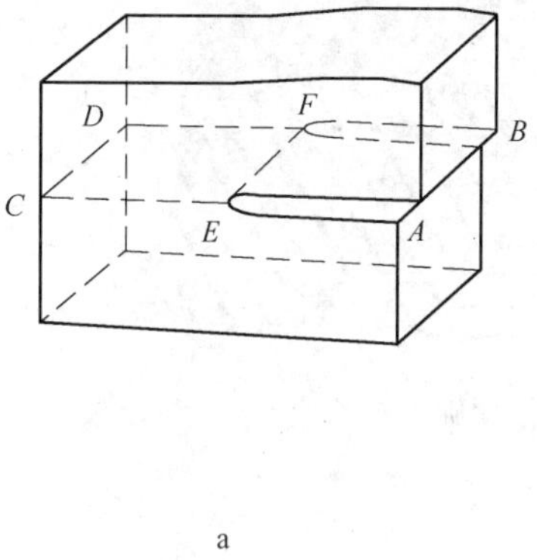


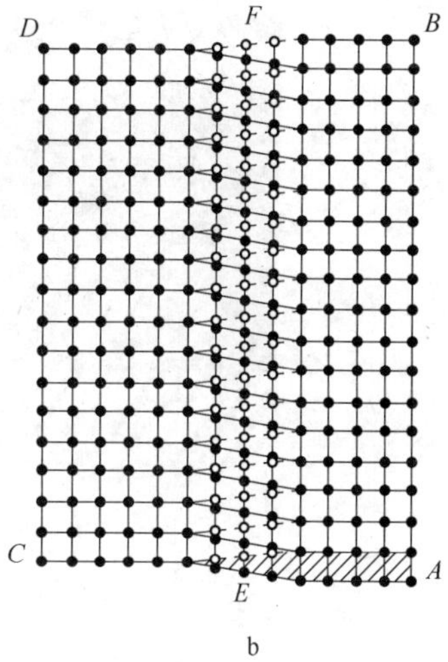


图 11-5 含有螺型位错的晶体

a—螺型位错示意图;b—螺型位错的原子组态

从图 11-5a 可以看到,在晶体表面上,与螺型位错露头点压连接着一个台阶 *EA*,这是螺型位错固有的特点。如果沿着 *EA* 向晶体表面添加原子,台阶将绕正点转动,每转一周,晶体表面增加一层原子,但台阶本身永远不会被填平。

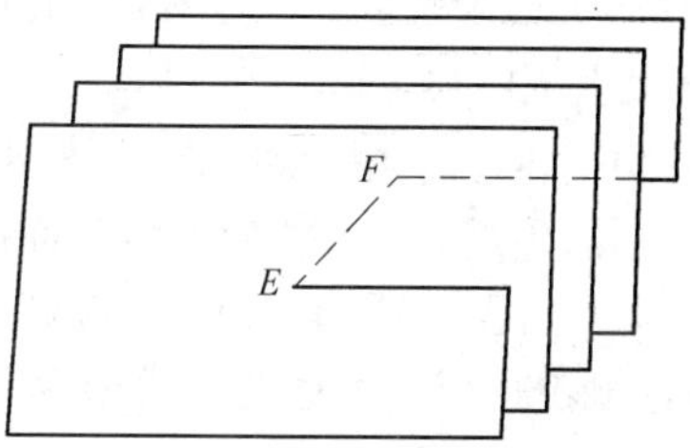


图 11-6 被螺型位错所贯穿的一组晶面

如图 11-7 所示,在气相或溶液中生长的晶体,如果按照完整晶体的方式,即每长满一层晶面之后,要等到在它上面形成二维核心后方能继续生长新的一层晶面,根据理论上的分析,为了得到可观察的生长速度所需要的过饱和度应该达到50%。实际上,在仅有1%过饱和度的情况下晶体就能以显著的速度长大。这个现象可以用螺型位错来解释。由于在螺型位错露头处有一个表面台阶,它能够起晶体生长前沿的作用,而且随着晶体长大,这个台阶永不消失,这就免除了每生长一层晶面之后重新产生二维核心的必要性,因此,大大降低了晶体生长所需的过饱和度。在均匀介质中,台阶上各点接受原子的机会相同,前进的线速度相同,然而角速度却是近位错端大于远位错端,于是台阶最后变成如图 11-8 的蜷线形状,并称为生长蜷线。在很多天然和人工生长的晶体表面都发现了生长蜷线,蜷线台阶的高度恰好等于晶面间距或其整数倍,说明它们的确是螺型位错露头引起的,图 11-9 是碳化硅晶体螺旋生成的形貌。

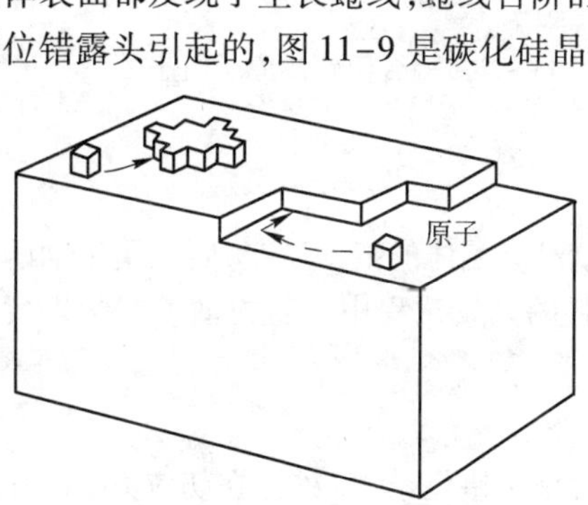


图 11-7 完整晶体的生长

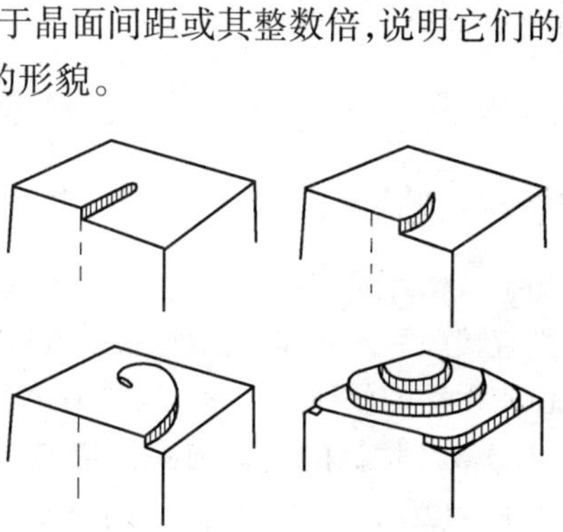

图 11-8 螺型位错露头处生长蜷线的形成

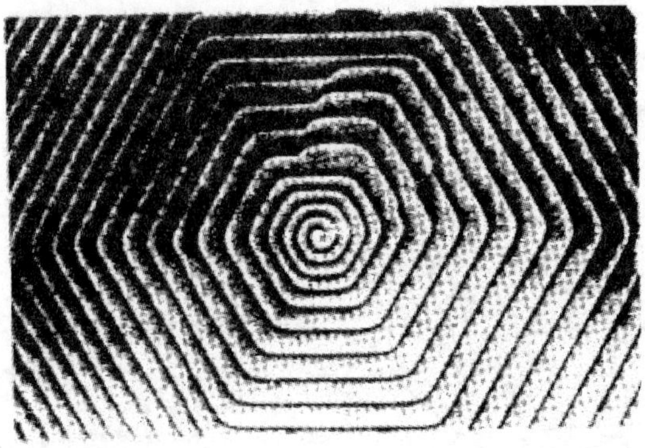

图 11-9　碳化硅晶体螺旋生成形貌

#### 11.1.2.3　混合型位错

前面讨论的两种位错都是直线形的,而且它们与局部相对滑移方向的夹角，一个垂直,一个平行,这都是特殊情况,现在考虑滑移面上曲线形状的位错。设想图 11-10 所示晶体中滑移面 *ABCD* 上的 *AEF* 部分发生了局部滑移,滑移区的边界 *EF* 是一曲线。采取与螺型位错相同的方法分析 *EF* 线附近的原子排列,即取出与滑移面相邻的两个原子面,并把它们投影到平行的平面上,如图 11-11 所示。从图 11-11 可以看出,在 *F* 处,由于曲线与滑移方向平行,原子排列与图 11-5b 相同,是纯螺型位错;在 *F* 处,由于曲线与滑移方向垂直,原子排列与图 11-3 相同,是纯刃型位错,不过现在是垂直于滑移面而不是沿着位错线观看。图中 *F* 端附近有三列小圆圈与两列小黑点相配合,中间一列小圆圈即相当于多余半原子面边缘。在 *EF* 上的其他各点,曲线与滑移方向既不平行也不垂直,原子排列介于螺型位错与刃型位错之间,所以称为混合型位错。

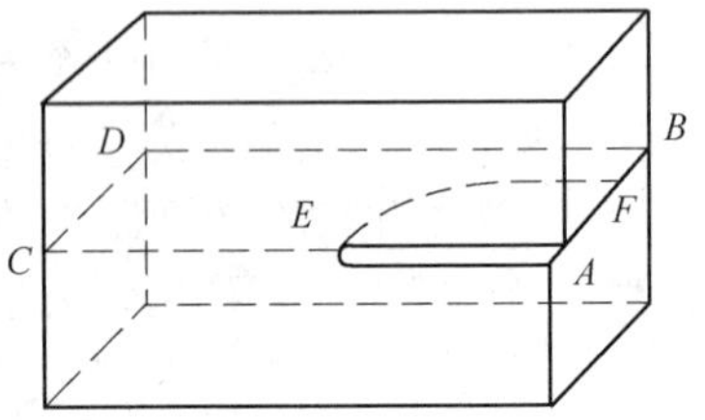


图 11-10　含有混合型位错的晶体

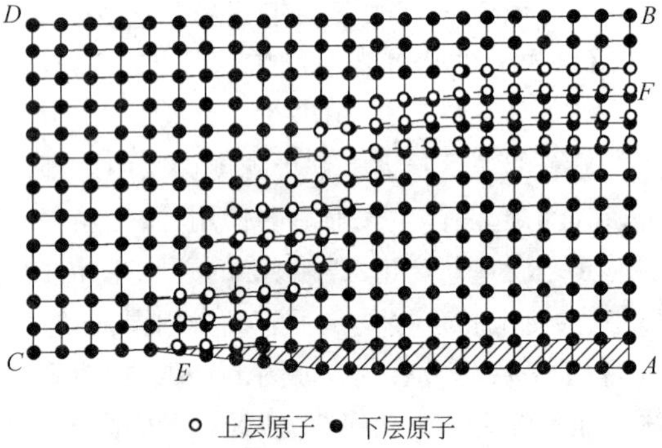


图 11-11　混合位错的原子组态

### 11.1.3　位错的运动

运动是位错性质的一个重要方面,没有位错的运动就没有晶体的范性形变,而位错运动的难易程度则直接关系到晶体的强度,位错在超级钢等新材料的开发过程中一直扮演着非常重要的角色。位错运动的两种基本形式是滑移和攀移。

#### 11.1.3.1　位错的滑移与晶体形变

在图 11-12a 中,小圆圈表示原子的初始位置,一个刃型位错位于“1”处。在切应力 $\tau$ 的作用下,原子发生移动,其中动作比较明显的在图中以小黑点表示出来。与此同时,位错从位置“1”,移动到位置“2”。如果应力继续作用于晶体,还会有同样的原子位移,位错也将继续向前移动。

现在，位错是在包含其柏格斯矢量的平面上运动，这种运动称为位错的滑移，位错在上面滑移的这个晶面称为位错的滑移面。

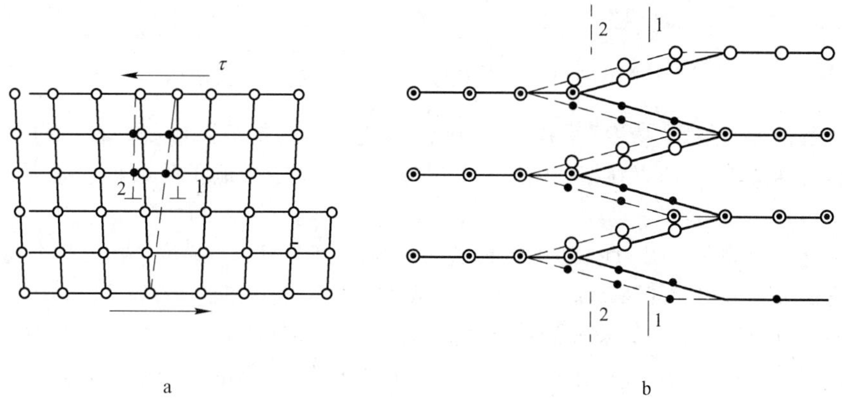


图 11-12　位错滑移时周围原子的运动
a—刃型位错滑移时周围原子的动作；b—螺型位错滑移时周围原子的动作

图 11-12b 表示螺型位错的运动。如同图 11-5b，图中小圆圈代表上层晶面中的原子，小黑点代表下层晶面中的原子，位错中心开始时在 1—1 处。在适当的切应力作用下，原子移动到虚线所标志的位置，同时位错从 1—1 移动到 2—2。螺型位错的这种运动也称为滑移，因为它在上面运动的晶面也包含了它的柏格斯矢量。

现在可以归纳起来说，位错线与其柏格斯矢量组成的面称为滑移面，位错在滑移面上的运动称为滑移。对于刃型位错，柏格斯矢量与位错线垂直，所以只有唯一的滑移面；而螺型位错与其柏格斯矢量平行，通过位错线的晶面同时也就包含它的柏格斯矢量，所以都可以成为它的滑移面，这种情况使得螺型位错在滑移运动时有可能从一个晶面转移到另一个晶面上去，这样的过程称为交滑移。

从图 11-12a 和图 11-12b 可以看到，位错移动一个原子间距只需周围原子有很小的位移，位错的继续滑移也不需要物质迁移。位错滑移过程与接力赛跑有些相似，不过被依次向前传递的是一种特殊的原子组态，对于刃型位错，它是一个多余半原子面，对于螺型位错，它是一个螺旋面的轴线。

虽然位错滑移一个原子间距时原子移动很少，但是当位错滑移距离超过位错宽度，在它经过的地方就积累起接近于位错柏格斯矢量 $\boldsymbol{b}$ 的相对移动，而且遗留下来的畸变随位错远离越来越小。所以从宏观看，在位错滑过的区域，滑移面两侧的晶体沿着位错柏格斯矢量方向相对移动一个大小为 $b$ 的距离。位错继续向前滑移，滑移区面积随着扩大，最后位错到达晶体表面，整个晶体沿滑移面相对移动一个柏格斯矢量，在表面上产生高度为 $b$ 的台阶，如图 11-13 和图 11-14 所示。若有 $n$ 个柏格斯矢量相同的位错走过，表面上将产生 $nb$ 高的台阶，成为在显微镜下可以看到的滑移线。由此可见，位错的滑移运动造成了晶体的范性形变，宏观观测到的晶体滑移面即位错的滑移面，晶体的滑移方向即位错柏格斯矢量的方向。

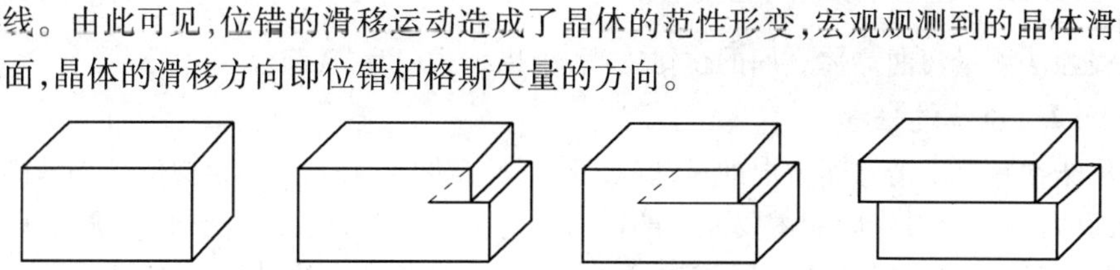

图 11-13　一个刃型位错滑过晶体的示意图

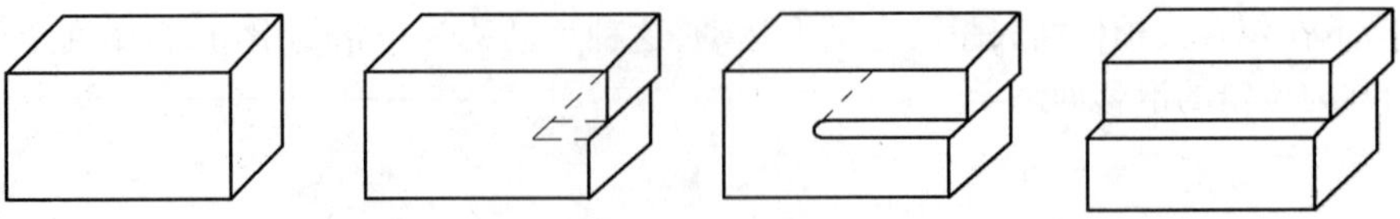

图 11-14 一个螺型位错滑过晶体的示意图

晶体的范性形变也用“应变”来描写，与弹性形变不同的是范性形变分布不均匀，原因是位错的分布和运动不均匀，所以在把位错运动与晶体宏观形变定量地联系起来时，要从平均的效果去估计。

设有一立方形晶体如图 11-15 所示，横截面积为 $A$，高为 $H$。当一位错扫过整个横截面，两侧晶体沿柏格斯矢量方向相对移动 $b$，它对晶体宏观切应变 $\gamma$ 的贡献为 $b/H$。如果一位错仅扫描过滑移面的一部分 $\alpha A$，从平均效果看，晶体相对滑移量为 $\alpha b$，对切应变的贡献为 $\alpha b/H$。如果有柏格斯矢量相同的许多位错位于一系列互相平行的滑移面中，它们的总长度为 $L$，平均移动距离为 $s$，则晶体的平均滑移量为 $(Ls/A)b$，相应切应变为：

$$\gamma = \frac{Ls}{A}b\frac{1}{H} = \frac{L}{V}sb = \rho_V sb \tag{11-6}$$

此式表明当柏格斯矢量相同的位错密度为 $\rho_V$，而且它们的平均滑移距离为 $s$ 时，引起的晶体范性切应变 $\gamma$ 为 $\rho_V sb$。

晶体范性形变过程中常见的范性弯曲现象，是位错不均匀滑移和特殊分布的结果。一个正刃型位错，由于它有多余的半原子面，因而会使晶体顶边比底边长一个原子间距 $b$。如果范性形变在晶体中残留一群未被抵消的同号刃型位错，如图 11-16 所示，便将引起范性弯曲。晶体弯曲度与相应位错密度的关系可以如下估计：每一个位错产生的上下边长差为 $b$，现在上下边长差为 $(r+a)\theta - r\theta = \theta d$，所以应有多余刃型位错的数量为 $\theta d/b$。另一方面，在弯曲度不太大时晶体正面面积近似为 $\theta rd$，因而位错密度为：

$$\rho_s = \frac{\theta d}{b} \cdot \frac{1}{\theta rd} = \frac{1}{br} \tag{11-7}$$

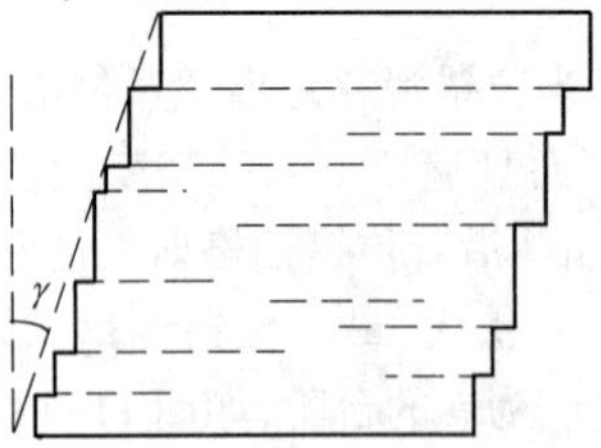


图 11-15 位错滑移与晶体的范性形变

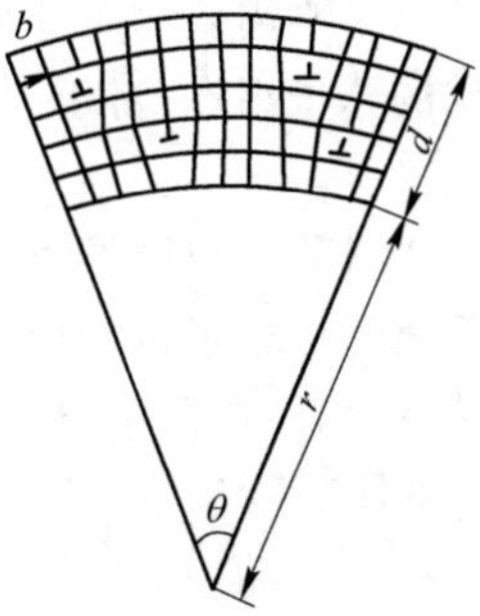


图 11-16 晶体的范性弯曲

曾以浸蚀法测量弯曲晶体表面的位错密度，结果与式(11-7)符合。

### 11.1.3.2 位错的攀移

刃型位错在垂直于滑移面方向的运动称为攀移。从图 11-3 可见，刃型位错的攀移相当于多余半原子面的伸长或缩短，因而需要原子的迁移。对于一个正刃型位错来说，当原子从多余半原子面边缘跳入晶格间隙位置，作为间隙原子扩散开去，或者跳入从晶体中扩散到位错近旁的空位，都能使位错向上攀移；反之，若有间隙原子扩散到位错线上，或者位错旁边晶格位置上的原子加入多余半原子面,留下空位扩散开去,都会使位错向下攀移。位错攀移的这种机制不可避免地要在位错线或多余半原子面边缘产生曲折,如图 11-17 所示,它们称为位错的割阶。割阶是原子附着或脱离多余半原子面可能性最大的地方。例如图中 $B$ 处的原子与多余半原子面的联结较其他原子弱,所以容易离开;而在 $A$ 处,外来原子则比较容易留住,因为这里可以在两个方向与多余半原子面键合。刃型位错通过割阶沿位错线运动实现攀移与位错扭折之于位错滑移有些相似。

因为需要原子扩散,对于大多数金属,位错攀移在常温下是很难进行的,但是在高温的许多过程(如蠕变、回复)中却起着重要作用。

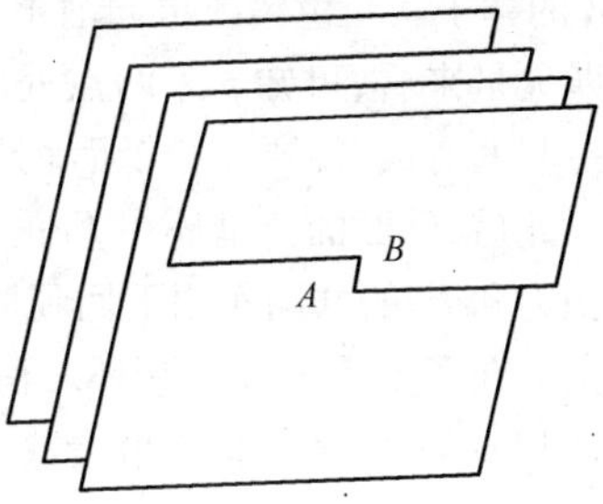

图 11-17　位错割阶

晶体中的点缺陷在一定温度有一定平衡浓度,单位时间内,跳到位错线上的原子数与离开位错线的原子数相等,因而位错实际上并不攀移。假如晶体中有了过剩的点缺陷,譬如空位,这时单位时间内跳到位错上的空位数就要超过离开位错的空位数,从而产生位错攀移的驱动力,这种力称为化学力。假设在某一温度下,晶体中空位的平衡浓度为 $C_0$,而实际浓度为 $C$,则空位的化学势,即与一个空位消失于位错相关的自由能变化为:

$$u_s = \frac{\partial F}{\partial n} = kT\ln\frac{C}{C_0} \tag{11-8}$$

单位长度位错攀移单位距离时牵涉到的空位数为 $1/b^2$,相应的自由能变化就被定义为单位长度位错线所受的化学攀移力,即:

$$F_s = \frac{1}{b^2}kT\ln\frac{C}{C_0} \tag{11-9}$$

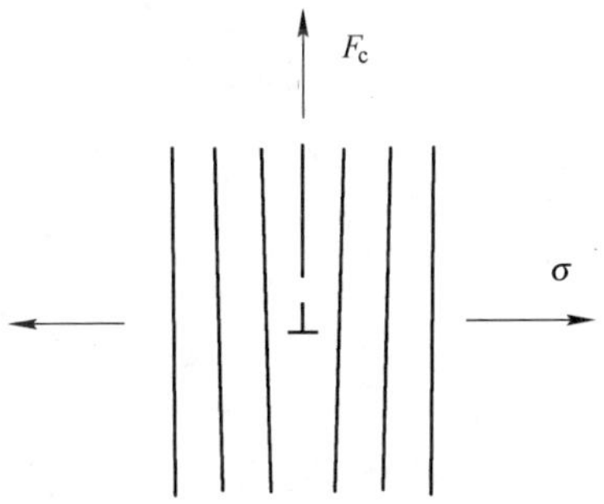

图 11-18　位错所受的弹性攀移力

另外,正刃型位错向上攀移,多余半原子面缩小,引起局部体积收缩;反之,向下攀移引起局部体积膨胀。在这个过程中,如果有垂直于多余半原子面的弹性应力分量,它就要作功。如图 11-18 所示,假设垂直于多余半原子面的应力分量为 $\sigma$,当单位长度位错线移动 $\mathrm{d}y$ 时,$\sigma$ 所作的功为 $-b\sigma\mathrm{d}y$。与前面的位错滑移驱动力一样,可以定义单位长度位错线所受的弹性攀移驱动力为:

$$F_c = -\frac{b\sigma\mathrm{d}y}{\mathrm{d}y} = -\sigma b \tag{11-10}$$

式中　$b$——位错强度;

　　$\sigma$——与柏格斯矢量方向平行的正应力分量。

负号表示如果 $\sigma$ 为拉应力,则 $F_c$ 指向下;如果 $\sigma$ 为压应力,则 $F_c$ 指向上。

假若晶体中同时存在满足上述条件的应力和过饱和点缺陷,位错所受的攀移驱动力就是 $F_s$ 和 $F_c$ 二者之和。

位错攀移速度受到割阶浓度、割阶移动速度以及空位扩散速度的制约。

#### 11.1.3.3　位错的增殖

在充分退火的一般金属晶体中,位错密度约为 $10^6 \sim 10^8/\mathrm{cm}^2$。范性形变时,大量位错滑出晶体,在表面形成滑移线,但同时位错密度却增加到 $10^{11} \sim 10^{12}/\mathrm{cm}^2$ 的数量级。可见,在范性形变过程中位错以某种机构增殖了。一种已经实验证实的位错增殖机构称为弗兰克－瑞德(Frank－Read)源。

设想晶体中某滑移面上有一段刃型位错 $AB$,它的两端被位错网节点钉住,如图 11-19a 所示。当外加切应力满足必要的条件时，位错线 $AB$ 将受到滑移力的作用而发生滑移运动。在应力场均匀的情况下，沿位错线各处的滑移力 $F_t=\tau b$ 大小都相等，位错线本应平行向前滑移，但是由于位错 $AB$ 的两端被固定住，不能运动，势必在运动的同时发生弯曲，结果位错线变成曲线形状，如图 11-19b 所示。位错所受的力 $F_t$，总是处处与位错线本身垂直，即使位错弯曲之后也还是这样，所以在它的继续作用下，位错的每一微元线段都要沿它的法线方向向外运动，经历图 11-19c ~ d 的样子。当位错线再向前走出一段距离，图 11-19d 的 $p$、$q$ 两点就碰到一起了。从位错的柏格斯矢量来看，可知 $p$、$q$ 两点处应该一个是左旋螺型位错，一个是右旋螺型位错，所以当它们遇到一起的时候，便要互相抵消。于是，原来的整个一条位错线现在被分成两部分，如图 11-19e 所示。此后，外面的位错环在 $F_t$ 的作用下不断扩大，直至到达晶体表面，而内部的另一段位错将在线张力和 $F_t$ 的共同作用下回到原始状态。过程到此并没有结束，因为应力还继续加在晶体上，事实上在产生了一个位错环之后的位错 $AB$ 还将在 $F_t$ 的作用下继续不断地重复上述动作。这样，图 11-19 所示的结构就会放出大量位错环，造成位错的增殖。

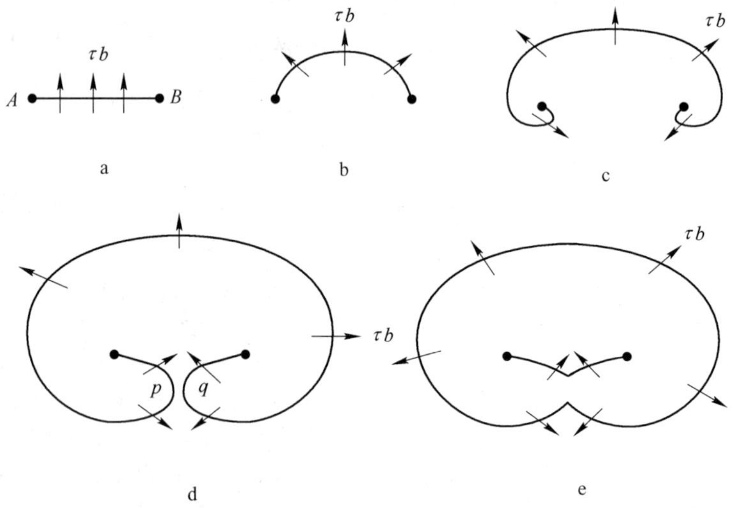


图 11-19　弗兰克 - 瑞德源的动作过程

由于位错滑移之后，在它扫过面积两侧的晶体要发生一个 $b$ 的相对滑移，故当一个位错扫过整个滑移面，到达晶体表面的时候，整个滑移面的两侧就沿着位错柏格斯矢量的方向相对滑移一个 $b$，并在晶体表面产生一个高度为 $b$ 的台阶。弗兰克 - 瑞德源提供了一个可以在应力作用下放出大量位错环的机构，如果它放出了 1000 个位错环，并且都滑移到晶体表面，那么滑移面两侧的晶体就要相对滑移 1000 个 $b$，晶体表面就会出现 $1000^b$ 高的台阶，造成晶体的宏观变形和可见的滑移线。

下面进一步讨论为了开动弗兰克 - 瑞德源需要有多大的应力。为此，首先考虑一段弧形位错在滑移力与线张力共同作用下的平衡。设想滑移面上的一段微元位错线 $ab$ 在滑移力 $F_t$ 及线张力 $T$ 的共同作用下达到平衡。平衡时位错线 $ab$ 的张角为 $\delta\theta$，曲率半径为 $R$。按静力学，这时应有：

$$2T\sin\frac{\delta\theta}{2}=F_tR\delta\theta \tag{11-11}$$

考虑到 $\delta\theta$ 很小，该式可简化为：

$$2T\frac{\delta\theta}{2}=F_tR\delta\theta \tag{11-12}$$

或：

$$F_t = \frac{T}{R} \tag{11-13}$$

把 $F_t = \tau b$ 及 $T = \frac{1}{2}\mu b^2$ 代入式（11－13），得到：

$$\tau = \frac{\mu b}{2R} \tag{11-14}$$

此式表明，当位错弧线达到平衡时，外加应力与弧线的曲率半径成反比，即位错曲率半径越小，要求与之相平衡的切应力越大。此外，位错环的形状与位错的种类、应力大小等因素密切相关，如图 11－20 所示。

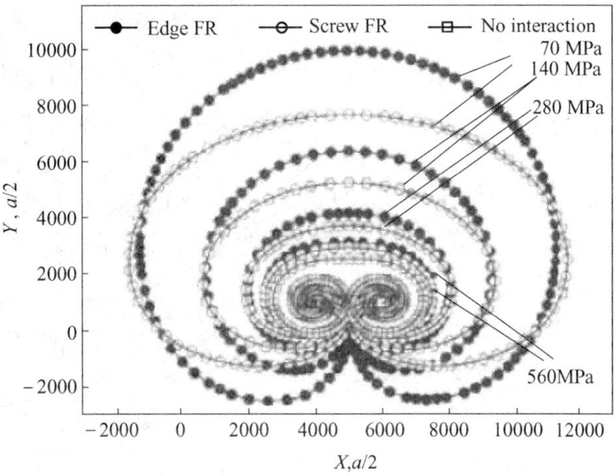


图 11－20　不同种类位错在应力作用位错环的增殖

再看看图 11－19 中弗兰克－瑞德源的位错线 *AB* 应力与之平衡，曲率越大，相平衡的切应力也越大。图 11－19b 表示位错线弯成了半圆形，与在此之前和在此之后的各种状态比较，此时曲率最大，所以需要最大的切应力。可见，一个弗兰克－瑞德源受到适当切应力的作用时，就开始运动和弯曲。起初，为了弯曲能继续进行，所需的应力越来越大，直到位错弯成半圆形，相应的应力达到最大值，此后，位错再向外膨胀，曲率重又减小，所需的应力也减小。因此，为了使弗兰克－瑞德源开动并放出位错的力决定于状态（b），也即是与半圆形位错相平衡的切应力就是使弗兰克－瑞德源开动的临界应力。

图 11－21 是一个典型的弗兰克－瑞德源的照片，它是将位错线以 Cu 沉淀缀饰后，以红外显微镜观察到的。这个位错源正在释放位错环的时候被缀饰质点固定住了。由于硅是共价键晶体，错排能垒很高，所以位错线表现出明显的取向性。

弗兰克－瑞德源的位错增殖机构实质上是由一段可滑移位错和两个被钉扎的端点构成的。两个被钉扎的端点不一定必须是位错网的节点，其他障碍物也可以起钉扎位错的作用。例如螺型位错交叉滑移就可以自行提供这样的钉扎点。在图 11－22 中，一个螺型位错开始在 $P_2$ 面中滑移，可能由于遇到某种障碍或局部应力状态的变化，位错的一段交叉滑移到 $Q$ 面，并且在绕过障碍之后又回到与 $P_2$ 面相平行的 $P_1$ 面，这时留在 $Q$ 面上的两段位错是刃型的，不能随 $P_1$、$P_2$ 面上的位错一起前进，结果 $P_1$、$P_2$ 面上的位错就会以图 10－23 所描述的方式增殖位错。这种情况通常被称为位错的双交滑移增殖机构。

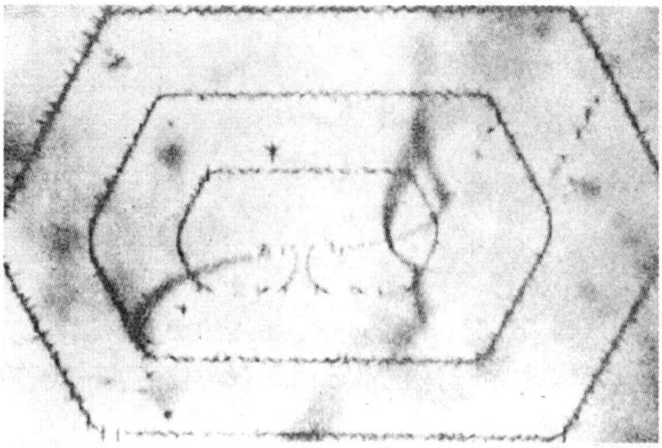

图 11-21　硅单晶中的弗兰克－瑞德源

有时一个可滑动位错只有一端被固定,这种位错在切应力的作用下将形成蜷线并绕固定点转动,当它转动的圈数足够多时,同样可以产生大量滑移的效果,所以这种结构也称为单点源。

如果牵制位错端点的是一个螺型位错或具有螺型分量的位错,那么位错的扫动面将不是一个平面,而是一个螺旋面。如图 11-23 所示,可以看出,位错每旋转一周便上升到相邻的一个原子面,同时在每一个原子面上产生相当于扫动位错柏格斯矢量的滑移。这种机制被用来作为形变孪晶形成过程的一种解释。

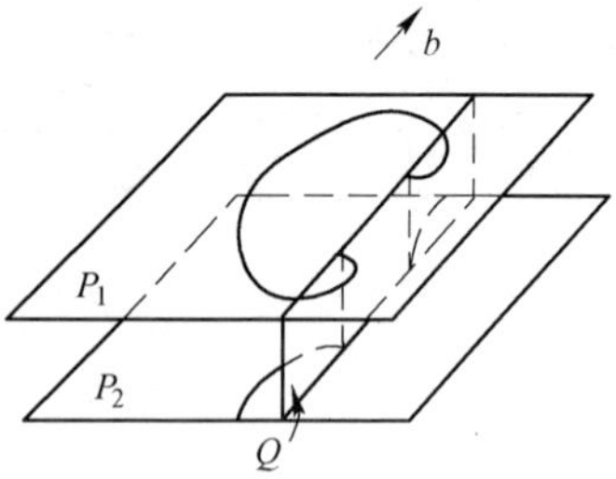


图 11-22　双交滑移位错增殖机构

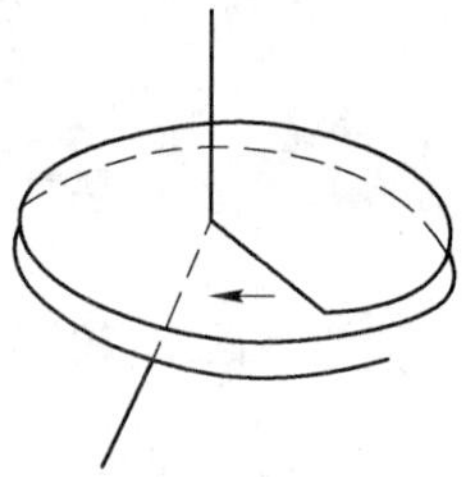

图 11-23　孪晶形成的位错机制

## 11.2　晶体的范性形变和屈服

材料在应用过程中会承受外力,力的作用会导致材料发生变形。金属在外力作用下,当外力不太大时,只发生弹性形变,即去除应力后弹性形变随之消失。但外力超过一定限制时,金属即将发生去除应力后也不能回复的变形,即范性变形。如图 11-24 所示为工程上通常用拉伸试样测得的应力－应变曲线,图中的直线部分表示材料的弹性变形。对于有明显屈服点的材料,屈服点表征着材料范性形变的开始,对没有明显屈服点的金属材料,应力－应变曲线是平滑的,这时可以采用发生一定范性变形量时的强度来表示屈服强度,称为条件屈服强度。例如 $\sigma_{0.2}$ 或 $\sigma_{0.02}$ 即为残留范性变形为 0.2% 或 0.02% 时的条件屈服强度。应力 $\sigma$ 定义为 $\sigma=\dfrac{P}{A_0}$,$P$ 为外力,$A_0$ 为试棒原始截面面积。应变 $\varepsilon$ 定义为 $\varepsilon=\dfrac{\Delta l}{l_0}$,$l_0$ 为试棒标距长度,$\Delta l=l-l_0$,$l$ 为每瞬时的试棒长度。应力超过屈服强度以后,随范性变形的增加,应力也相应增加,这个现象称为加工硬化。在这一段应力－应变曲线上的每一点的斜率 $\theta=\dfrac{\mathrm{d}\sigma}{\mathrm{d}\varepsilon}$称为加工硬化率。当应力达到抗拉强度(通称 $\sigma_b$)

后试棒开始出现“缩颈”现象，这时加工硬化的增加已不足以补偿试棒截面的缩小，进一步的范性变形主要集中在缩颈区域，因此应力值开始随应变的增加而下降，直至断裂。断裂应力 $\sigma_f$ 低于 $\sigma_b$。所谓面缩率 $\psi$ 定义为 $\psi=\frac{A_f}{A_0}$，$A_f$ 是断裂处的最小截面积。

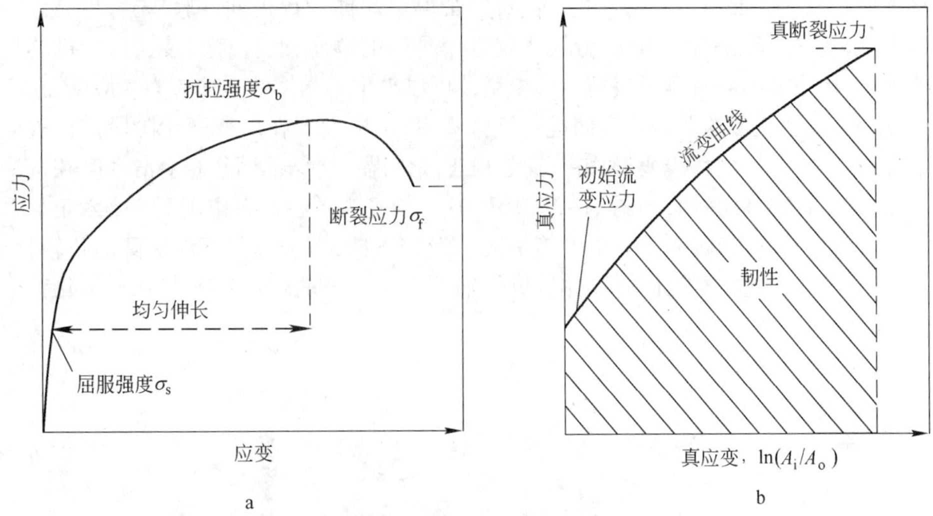


图 11-24　工程力学中的应力与应变的关系

a—延性金属典型的工程应力－应变曲线；b—延性金属的真应力－应变曲线

一般金属的弹性变形只有千分之几，而范性变形视材料不同而不同，延性好的金属可以达到百分之几十，因此弹性变形量与范性变形量相比一般是很小的。

这种应力－应变曲线的应力 $\sigma$ 和应变 $\varepsilon$ 值分别是以不变的试棒原始截面积 $A_0$ 和标距长度 $l_0$ 作分母的，它不能反映出在试验的任一瞬间试棒真实的应力－应变情况。为表现每一瞬间的真实情况，可以采用真应力－应变曲线，真应力 $\sigma_T$ 定义为 $\sigma_T=\frac{P}{A_i}$，$P$ 及 $A_i$ 为瞬时外力和试棒瞬时的最小截面积。真应变，或称自然延伸，可以有两种表示方法，一种是定义为试棒瞬时长度变化的积分，即 $\varepsilon_T=\int_{l_0}^{l_i}\frac{dl}{l}=\ln\left(\frac{l_i}{l_0}\right)$，$l_i$ 为瞬时长度减去弹性变形。为了正确表现缩颈出现后的情况，另一种真应变的表示方法为 $\varepsilon_T=\ln\left(\frac{A_i}{A_0}\right)$，$A_i$ 为瞬时的最小截面积。

典型的真应力－应变曲线如图 10－24b 所示，可见在断裂之前试棒截面上的真应力是一直在增大的，并没有如图 10－24a 那样的下降。这样的曲线又称为流变曲线，每一瞬间的应力称为流变应力，初始的流变应力就是屈服应力。

所谓材料的韧性就是指试棒断裂前所吸收的能量，即：

$$\int_{\varepsilon_0}^{\varepsilon_f}\sigma_T d\varepsilon \tag{11-15}$$

也就是流变曲线下面的面积。

当然，材料试验不只是拉伸试验一种，还可以进行材料的压缩、弯曲、剪切、扭转以及在复合应力条件下的试验，由此得出在该条件下的应力－应变曲线。实际上，在屈服应力以下，金属已经发生有微量的范性变形，灵敏的测量仪器可以测量出这微量的变形。

金属范性形变的机制是金属及合金力学性质的基本问题之一，因为研究不同成分和组织的金属与合金在各种条件下的范性行为都离不开范性变形的基本机制,它也是位错理论的基本出发点。在本节中将讨论金属范性变形的主要机制——滑移及孪生,并进而研究金属的屈服问题。

### 11.2.1 金属的滑移及滑移系

滑移是金属范性变形的最主要方式。设对一金属单晶体进行拉伸试验,先将单晶体表面抛光(一般用电解抛光),然后用X射线劳埃法测定单晶体的位向,然后将其装在试验机的夹具上进行拉伸试验,在拉伸的同时测量负荷和形变量就可以得出单晶体的拉伸应力-应变曲线。

把经过一定范性变形的单晶体表面进行显微观察,可以发现在形变开始阶段试样表面出现了许多平行的线条,称作滑移线或滑移带,这是由于晶体沿一定结晶面作相对滑动时在试棒表面出现的阶梯。以六角晶体为例,如图11-25所示,这个模型表示在拉力作用下一个六角晶系单晶体试样沿其基面的滑移,滑移面上右侧的箭头表示滑移方向,它一般并不和椭圆的长轴相重合,试样经过滑移变形后被拉长了,同时晶体对拉伸轴发生了明显的转动。图11-26是几种金属单晶体拉伸时的滑移图像。

a　　b　　c　　d

图11-25 晶体滑移示意图

a,b—原来状态;c,d—拉伸后

实际上,在光学显微镜下观察到的滑移线或滑移带,在电子显微镜下观察往往是由很多更细的滑移线组成的,如图11-27所示。在光学显微镜下观察到的典型滑移带之间的距离为$10^{-3}$～$10^{-4}$ cm,滑移带高度为$10^{-4}$～$10^{-5}$ cm。图11-28是铝单晶体在90 K下形变7%的滑移形貌电子显微镜照片。

滑移具有固定的晶体学特征,即能够发生滑移的晶面是一定的,这种晶面称为滑移面。在滑移面上滑移按一定的晶向进行,这个方向称为滑移方向。一个滑移面和在这个面上的一个滑移方向组成一个滑移系。不同晶格类型的金属,其滑移系各不相同,金属随成分、温度等因素的不同滑移面也可能发生变化,但总的说,滑移面都是该金属的原子密排面,滑移方向是原子的密排方向。例如面心立方金属及合金的滑移面是{111}面,滑移方向是<110>方向。但是铝在高温时{100}面是滑移面,而滑移方向仍是<110>方向。体心立方金属的滑移方向是<111>方向,但滑移面的情况比较复杂,已经肯定的是{110}和{112}面,但滑移可能是沿着三个面{110}、{112}、{123}或两个同类型的面,如两个{110}面沿共同的滑移方向同时或交替进行滑移,这在样品表面所遗留的滑移痕迹是曲折的,因此体心立方金属的滑移形貌不像前面讲的面心立方或

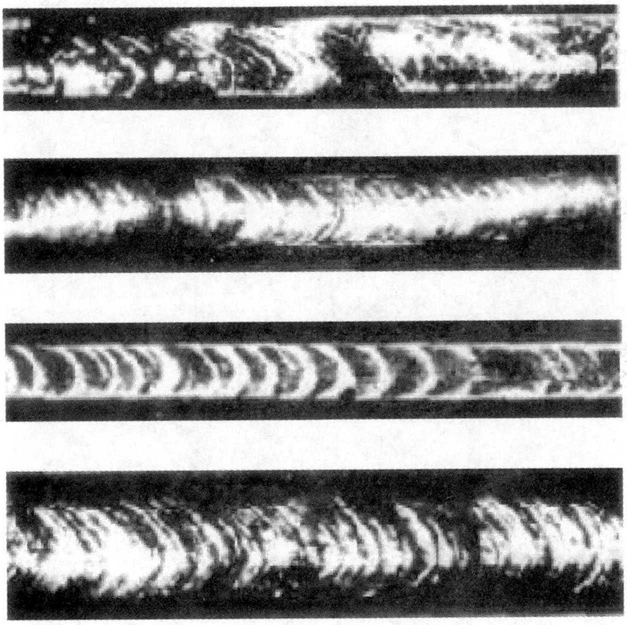


图 11-26 几种金属晶体的滑移图像

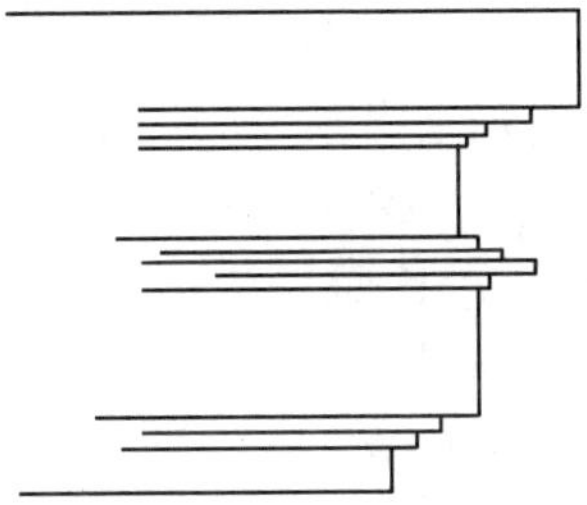

图 11-27 滑移线示意图

图 11-28 铝单晶体在 90 K 形变 7% 时的滑移线

密排六角金属只有一个滑移系动作时所表现的直线，滑移线是弯曲的波浪形，如图 11-29 所示，即这些滑移线是由具有共同滑移方向的若干滑移面的滑移所形成的，即所谓“铅笔型”滑移，如图 11-30 所示。由于滑移线呈波浪形，很难确定滑移面的指数，因此体心立方金属的滑移面问题至今尚未完全搞清。Andrade 提出，一些体心立方金属的滑移面与温度有如表 11-1 的关系，表中 $T/T_m$ 为实验温度和金属熔点的绝对温度的比值。虽然其他体心立方金属和合金不一定符合这个规律，但它反映了温度对滑移面可能有影响。

**表 11-1 一些体心立方金属滑移面与温度的关系**

| 金 属 | $T/T_m$ | 滑 移 面 |
|---|---|---|
| W、Mo、Na | 0.08～0.24 | {112} |
| Mo、Na、β 黄铜 | 0.26～0.50 | {110} |
| Na、K | 0.8 | {123} |

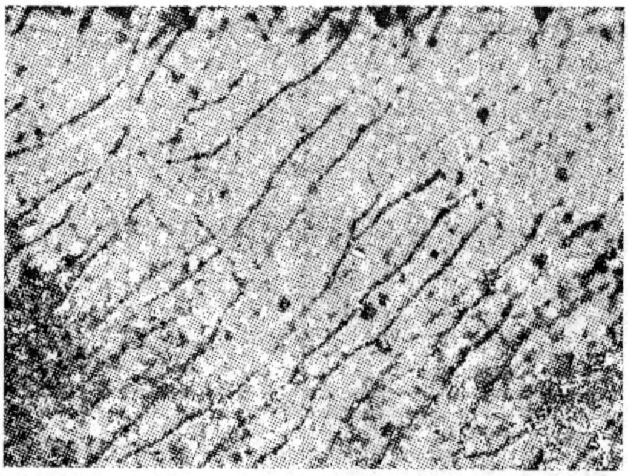

图 11-29 α 铁中的滑移带(375×)

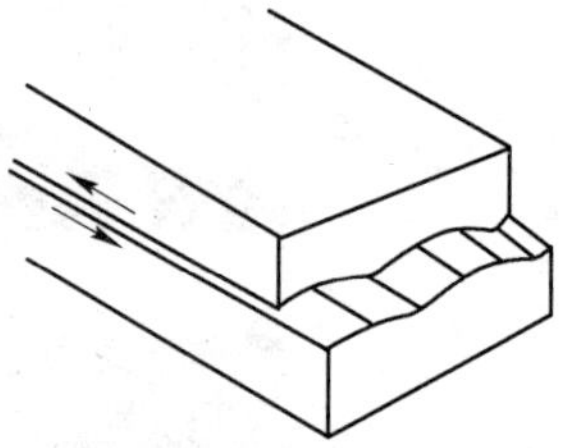

图 11-30 铅笔型滑移

密排六角金属的基面{0001}是滑移面,滑移方向是 $<2\bar{1}\bar{1}0>$。对于镁,当温度升高时,除{0001}外,还增加了新的滑移面,因为滑移的痕迹是曲折的,滑移面的指数不易精确测定,新的滑移面可能是 $\{10\bar{1}0\}$、$\{10\bar{1}1\}$ 及 $\{10\bar{1}2\}$。决定六角晶格滑移面的一个非常重要的因素是 $c/a$。如将原子视为小球,则密排六角金属的 $c/a$ 应为 1.633。密排六角金属可以按 $c/a$ 分成三类:$c/a$ 大于 1.633 的(如镉、锌),滑移面为基面;$c/a$ 小于 1.633 的(如钛、锌、铍等),除基面外,$\{10\bar{1}0\}$ 也是它们的滑移面,钛是其中比较突出的一个,其基面滑移还不如 $\{10\bar{1}0\}$ 和 $\{10\bar{1}1\}$ 面的滑移来得显著;纯镁的 $c/a$ 为 1.624,接近于理想的 $c/a$ 值,基面是主要的滑移面,在特殊取向时可能出现如 $\{10\bar{1}0\}$ 面的滑移。在镁中加入 14%(摩尔分数)的锂,$c/a$ 由 1.624 减小至 1.61,这个镁-锂合金除{0001}面外,$\{10\bar{1}0\}$ 面的滑移也很显著。

合金元素对固溶体基体滑移系的影响研究得还不多。根据已有的结果看,面心立方固溶体的滑移系和纯金属的一样,但合金元素对密排六角和体心立方金属的滑移系可能有影响,锂对镁的影响已如上所述,在体心立方铁中加硅,当硅含量在 5% 以下时,滑移面与纯 α 铁相似,为{110}、{123}和{112},但硅含量在 5% 以上时,沿{110}面的滑移最为显著。

滑移方向是原子密排方向,滑移面也是密排面,虽然有时它不一定是最密排的面,但密排程度也是很高的。从晶体学知道两个平行的相邻同指数晶面,其面间距以原子最密排面为最大,次密排面则次之,原子密度小的面其面间距也小。所以滑移容易沿着原子密度比较大的晶面和方向进行。正如第 10 章所述,从位错运动的角度来看,滑移面间距愈大,派-纳力愈小,位错运动愈容易。当温度升高时,原子热振动的振幅加大,可能促使原子密度最大的面和次大的面的差别减小,因此在较高温度时可能出现新的滑移面。合金元素对固溶体滑移系的影响可能也是由类似原因造成的。

对于某一金属来说,滑移系的多少在很大程度上决定了这种金属形变的能力。面心立方金属的滑移面{111}共有四组,每组晶面包含有 3 个 <110> 类型的滑移方向,故共有 12 个滑移系。密排六角金属如只有基面滑移,而基面上有 3 个滑移方向,故只有 3 个滑移系。体心立方金属如按滑移面{111}、{112}、{123}计,滑移方向为 <111>,则共有 48 个滑移系。

### 11.2.2 临界分切应力

实验表明,要使单晶体发生滑移,在滑移系上作用的切应力必须达到一个临界值,而与在该晶面上作用的正应力无关。这个切应力因不同晶体而不同,同一种晶体其中杂质含量不同时这个切应力也有差别,这个切应力称为临界分切应力或临界切应力。大多数纯金属的临界切应力数值一般都很小,在 10 ~ 100 g/mm² 之间,数值的大小与杂质的关系很大。

温度升高,临界分切应力下降(见图 11-31)。在较低的温度,临界分切应力随温度的升高下降比较显著,而在较高的温度,临界分切应力随温度的变化不大。在一个较大的温度范围内,临界分切应力的变化只有 4、5 倍。不同滑移系的临界分切应力随温度变化的程度不同,例如对镁来说,在比较低的温度沿{0001}面和{10$\bar{1}$1}面滑移的临界切应力差别较大,这时{0001}面是唯一的一组滑移面。但在较高温度,沿这两组晶面滑移的临界分切应力相差较小,因此这时也可以出现{10$\bar{1}$1}面的滑移。

当拉伸轴与单晶体的位向关系为已知,就可以计算出作用在滑移系上的分切应力来。如图 11-32 所示,设 $P$ 为拉力,$A$ 为试样的面积,滑移面法线与拉伸轴所呈角度为 $\phi$,故滑移面面积为 $\frac{A}{\cos\phi}$。$\lambda$ 为拉伸轴与滑移方向的夹角,则作用在滑移方向上的切应为:

$$\tau = \frac{P}{A}\cos\phi\cos\lambda \tag{11-16}$$

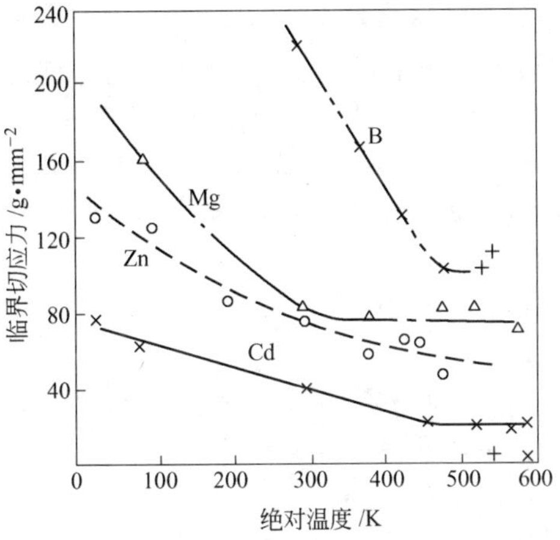


图 11-31　临界分切应力与温度的关系

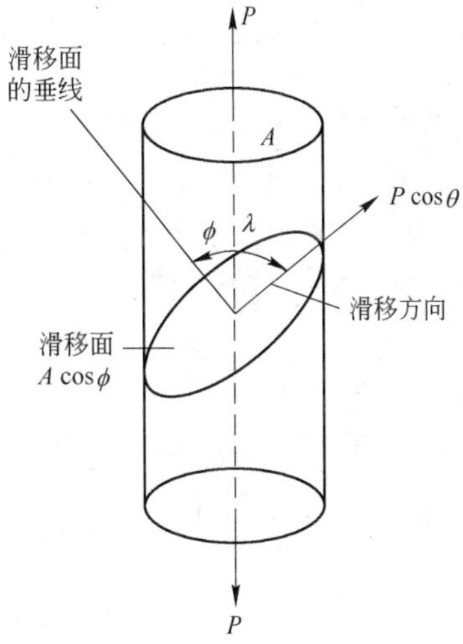


图 11-32　拉力、滑移面和滑移方向间的几何关系

如屈服应力为 $\sigma_0$,即正应力达到 $\sigma_0$ 时晶体开始发生滑移,$\sigma_0=\frac{P_0}{A}$,$P_0$ 为屈服时的外加负荷,此时切应力 $\tau$ 为临界分切应力,即:

$$\tau = \sigma_0\cos\phi\cos\lambda \tag{11-17}$$

图 11-33 是镁单晶体的屈服应力和单晶位向的关系,图中曲线是根据式(11-17)计算得到的,点为实测数据,可见计算值与实验数值符合得很好,由图 11-33 可以看出,当 $\phi$、$\lambda$ 均为 45°时,晶体的屈服应力最小。$\cos\phi\cos\lambda$ 又被称为位向因子。

### 11.2.3　金属单晶体的滑移形变

当拉伸轴方向固定时,在滑移进行的同时,将发生晶体对拉伸轴的旋转。晶体的旋转和加力

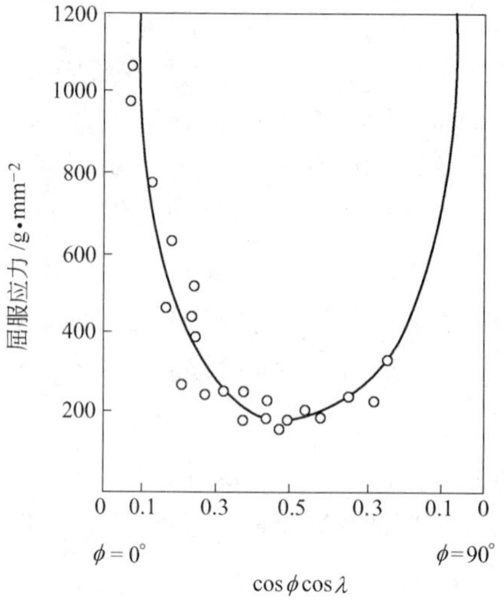


图 11–33 镁单晶屈服应力与晶体位向的关系

的方式有密切关系，由于样品夹头的运动使晶体只能沿拉伸轴方向伸长，而不能自由地沿滑移面和滑移方向滑移，所以在拉伸过程中，滑移面和滑移方向将向拉伸轴方向旋转，也就是说晶体在形变过程中相对于加力方向发生了再取向。晶体旋转的结果是要使滑移方向和拉伸轴一致。晶体的取向因子在旋转过程中自然也相应地不断变化，因而作用到滑移系上的有效分切应力也不断变化。在不考虑加工硬化的条件下，由于晶体的转动，要使晶体继续滑移所需要的外力也在不断变化，即可能增大，也可能减少，这种由于晶体旋转而引起的硬化或软化效应被称为几何硬化或几何软化，它与加工硬化不是一回事。晶体在压缩变形时也同样发生晶体对压缩轴的转动，如图 11–34 所示，压缩的结果是使滑移面向与压缩板平行的方向转动。

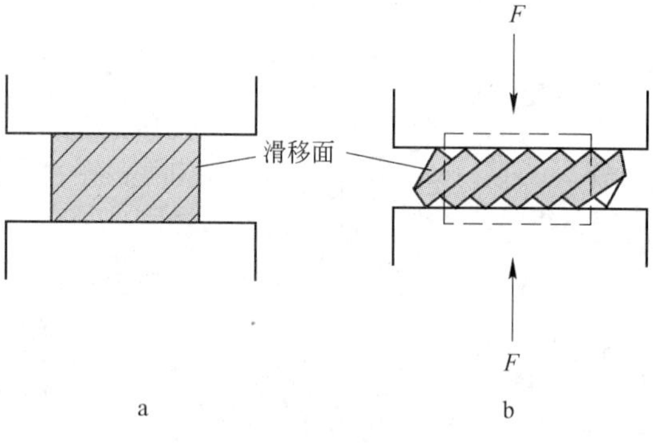


图 11–34 压缩时晶体的转动

a—压缩前；b—压缩后

上述的单滑移是指只有一组滑移面的密排六角晶体的滑移情况。对于有几个滑移系的金属（例如面心立方晶体），在与拉伸轴成一定位向的条件下，初始的范性变形也可能借单滑移方式进行，但以后就将有不止一个滑移系动作，在多数位向条件下可能形变一开始就有一个以上的滑移系动作。为了描述晶体相对于拉伸轴的转动和各滑移系的动作，比较方便的方法是利用晶体位向的极射赤面投影。用极射投影图来表示晶体的位向是将晶体对拉伸轴的转动表示为在极射投影图上拉伸轴向滑移方向的转动。如图 11–35 所示是面心立方晶体的一个极射投影图的一部分，$P$ 点表示拉伸轴开始时的位向。它与滑移面$(1\bar{1}1)$法线方向的夹角为 $\phi$，与滑移方向(101)的夹角为 $\lambda$。

当进行拉伸时，$P$ 点将沿虚线大圆向[101]方向转动，使 $\lambda$ 减小，$\phi$ 增大。当 $P$ 点达到[100]－[111]线上时，第二个滑移系$(1\bar{1}1)$－[110]在几何上变得同样有利，如果这个滑移系与老滑移系的硬化情况相同，则将开始发生双滑移。这两个滑移系又称为共轭滑移系。共轭滑移系滑移所引起的晶体旋转倾向于使拉伸轴向[110]极点移动，由于两个滑移系所产生的旋转可以部分抵消，因此拉伸轴将沿[100]－[111]对称线运动，以保持两个滑移系受到相同的有效切应力，直到拉伸轴达到[211]点，此时两个滑移方向和拉伸轴在同一个平面上而处于拉伸轴的两侧，因此二者的旋转效应将完全抵消，继续拉伸也不再发生位向的变化。有的金属由于初始滑移系产生的加工硬化，使试样拉伸轴位向达到对称线以后仍继续单滑移，直到过了一点头之后，共轭滑移系才开动，这被称为超越现象，说明共轭滑移系的开动比较困难。这种现象可以反复数次，此时发生的不是双滑移，而是两个滑移系交替动作。

除双滑移外，晶体中还可以出现更多滑移系上的滑移，这种在一个滑移系以上的滑移统称为多滑移。图 11-36 是在室温拉伸铜多晶试样后形成的滑移带。

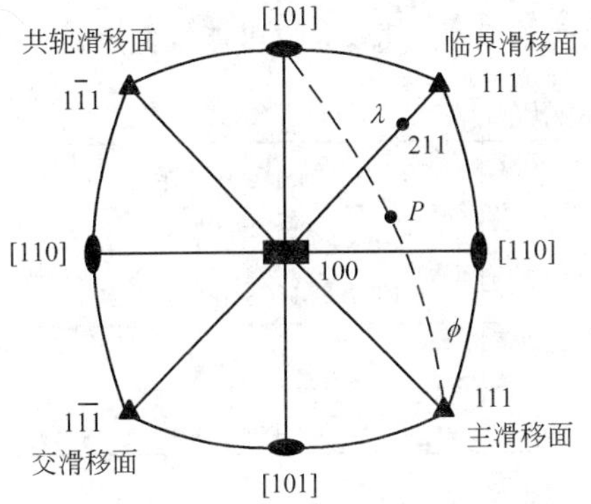


图 11-35　面心立方晶体极射投影图

图 11-36　铜多晶试样拉伸后形成的滑移带 ×173 倍
（采自 C. Brady，美国国家标准局）

### 11.2.4　多晶体的范性形变

多晶体形变的特点：不同于单晶；每一晶粒的取向“软”和“硬”不同，形变先后及形变量也不同。为保持整体的连续性，每个晶粒的形变必受相邻晶粒所制约。

研究发现在多晶体中，晶粒尺寸 $d$ 与屈服强度 $\sigma_y$ 的关系符合 Hall－Patch 关系式（简称 H－P 关系）：

$$\sigma_y = \sigma_0 + k_y d^{-1/2} \tag{11-18}$$

式中　$\sigma_0$——晶内阻力或晶格摩擦力；

$k_y$——和晶格类型、弹性模量、位错分布及位错被钉扎程度有关的常数。

除屈服强度外，流变应力、断裂强度等与晶粒尺寸间也有 H-P 关系，但 $\sigma_0$ 与 $k_y$ 常数的意义及数值不同。H-P 关系可用位错理论或其他方法导出。在这里不做赘述。

H-P 关系揭示了晶界存在会引起强度的增加。而双晶试验表明，试样的屈服强度随两个晶粒取向差加大而加大；把取向差与强度的关系曲线外推到取向差为零时，屈服强度大体和单晶的各种取向的屈服强度的平均值接近。说明晶界本身对强度的贡献不是主要的，而对强度的贡献主要来自晶粒间的取向差。因相邻晶粒取向不同，为保持形变时应变连续，各晶粒形变要协调，在晶界附近会进行多系滑移，正是这些多系滑移增加了形变阻力，从而增加强度。图 11-37 所示为铝多晶的多系滑移。

#### 11.2.4.1 形变织构

在单向形变的条件下（例如拉伸、压缩、轧制、拔丝、挤压等），随着形变量的增加，晶粒不但逐步碎化，而且由于各个晶粒依受力方向而发生相应的转动，使各个晶粒的某些位向逐渐趋向一致，形成“择优取向”或称形变织构。随着形变织构的产生，多晶体的各向异性也逐步发展。

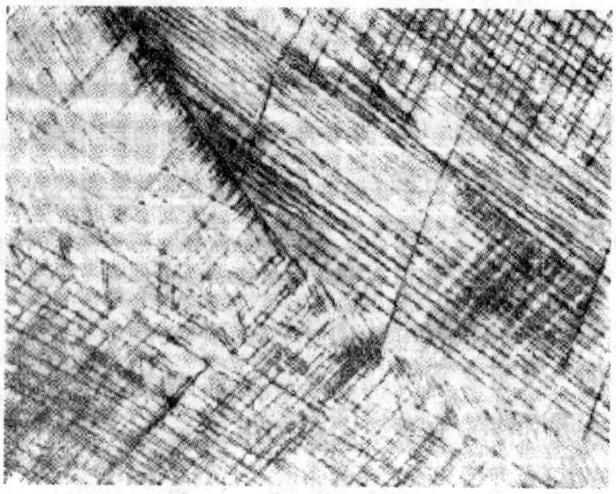

图 11-37 铝多晶的多系滑移

表 11-2 列出了金属形变织构的取向，其中丝织构指的是在拉拔方向上晶体的择优取向，板织构除列出在轧制方向上的择优取向外，还列出了与轧面平行的晶面的择优取向（见图 11-38）。形变织构的择优取向程度是随形变量的增加而增加的，有的金属随形变量的增加不但在择优取向的程度上有变化，其取向也可能发生变化。

**表 11-2 金属的形变织构**

| 结构类型 | 丝纤维织构 | 板（轧制）织构 |
| --- | --- | --- |
| 面心立方 | $\langle 111\rangle$ $\langle 100\rangle$ | $\{110\}\langle 1\bar{1}2\rangle$、$\{112\}\langle 11\bar{1}\rangle$<br>$\{123\}\langle 41\bar{2}\rangle$、$\{146\}\langle 21\bar{1}\rangle$ |
| 体心立方 | $\langle 110\rangle$ | $\{001\}$ $\langle 110\rangle$ |
| 密排立方 | $\langle 10\bar{1}0\rangle$ | $\{0001\}$ $\langle 10\bar{1}0\rangle$ |

用 X 射线方法可以测定织构的择优取向程度。在形变前，X 射线德拜相的环在各个方向的强度是一致的，产生织构后在某些方向上强度集中。随形变量的增加，这种强度的集中愈明显。织构的发展程度可以用极图表示，有关的原理和方法可以参看有关 X 射线晶体学的书籍。

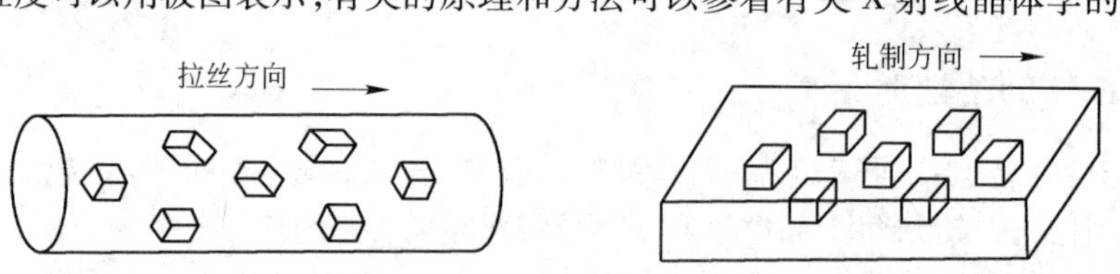


a b

图 11-38 丝织构和板织构示意图

a—丝织构；b—板织构

#### 11.2.4.2 晶体的屈服

前面几节对晶体范性形变的基本机制作了介绍，在讨论晶体的屈服之前先简单回顾一下位错在晶体范性形变中的作用。如前所述，引起滑移的理论临界切应力应该是：

$$\tau_m = \frac{\mu}{2\pi} \cdot \frac{b}{a} \tag{11-19}$$

由于 $a \approx b$，故 $\tau_m$ 约为 $\mu/2\pi$，此即理论切变强度。

得出这一理论切变强度的正弦曲线模型比较粗糙,进一步考虑到在切变过程中可能通过在力学上是稳定的可能组态,这样计算出来理论切变强度可以比 $\mu/2\pi$ 低些,约为 $\mu/30$。

如果近似取 $\mu$ 值为 $3\times10^3$ kg/mm², 则理论切变强度为 100 kg/mm², 而实际单晶体的临界分切应力一般只在 $10^{-1}\sim10^{-2}$ kg/mm² 数量级,即理论值与实际值有几个数量级的差别。

正如在晶体缺陷一篇中所讲到的,理论与实际的巨大差别在于晶体的范性形变不是整排原子的相对切变,而是通过位错的运动来实现的,由于位错在很低的应力下即可运动,因此晶体滑移的临界分切应力甚低。如果将晶体中的位错去掉,那么可以预期它的强度将达到理论切变强度。如表 11-3 所示,事实上晶须的切变强度也确实接近理论值。在达到屈服应力以前,晶须可以产生比一般晶体大得多的弹性变形。由晶须的应力 - 应变曲线也可看出(见图 11-39),晶须一旦屈服,位错得以运动和增殖,屈服强度立即急剧下降。

**表 11-3 几种晶须材料的力学性能**

| 纤维种类 | 铁 | 铜 | 银 | 锡 | 硅 | 玻璃 |
|---|---|---|---|---|---|---|
| 直径/μm | 1.6 | 1.25 | 3.8 | 1.8 | ~1 | 3 |
| 拉伸屈服强度/kg·mm⁻² | 1340 | 300 | 176 | — | 390 | 345 |
| 临界分切应力/kg·mm⁻² | 364 | 82 | 72 | — | — | — |
| 弹性应变/% | 6 | 2.2 | 3.1 | 3 | (2) | (3.4) |

关于纯金属的屈服,麦克林(Mclean)提出可将金属分为一个软组,一个硬组。"软"金属包括面心立方金属和以基面滑移的密排六角金属,"硬"金属包括体心立方金属和成非基面滑移位向的密排六角金属(许多离子晶体与"硬"金属的特性相似)。"软"金属单晶体的屈服应力约在 100 g/mm² 以下,而"硬"金属单晶体的屈服应力就大得多,可以达到 1 kg/mm², 甚至更多。

单晶体的屈服一般都比较明显,但特别是对"软"金属来说,在达到屈服应力之前已经有微量的范性形变。图 11-40 是用灵敏的应变仪测量的一个"软"金属单晶体的切应力 - 应变曲线,它的宏观屈服应力约为 20 g/mm² 左右,但实际上从 6 g/mm² 起已经偏离弹性范围,不过这里面有相当一部分是滞弹性应变,即在去掉负荷后,部分应变立即回复,而另一部分应变则逐渐回复。例如图 11-40 中应力为 15 g/mm² 时应变为 0.002%,但去掉负荷后保留下来的永久变形大约只

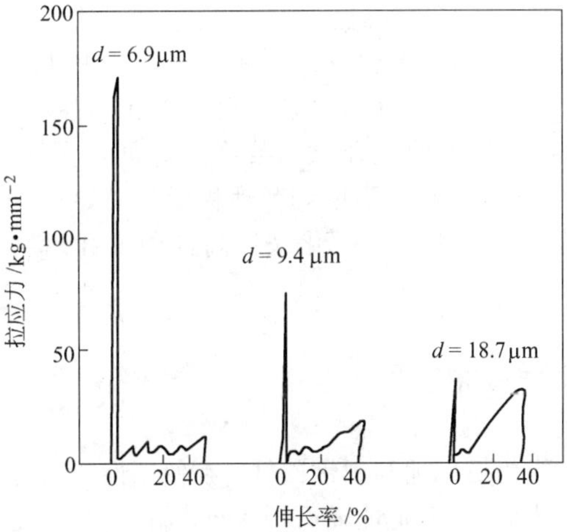


图 11-39 铜晶须的应力 - 应变曲线
(试样轴向为 <111>)

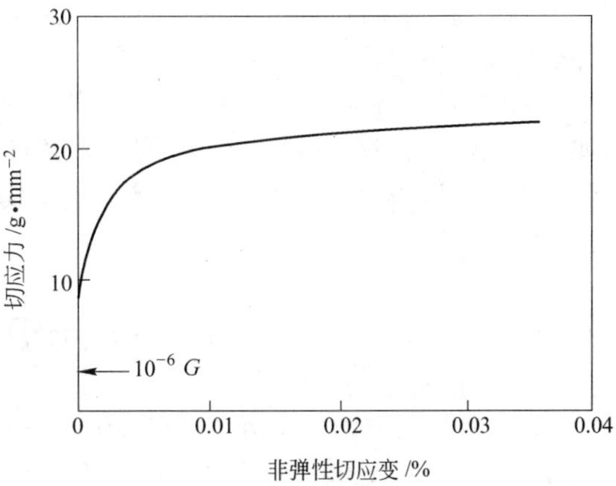


图 11-40 锌单晶基面滑移的切应力 - 应变曲线

是此数的 1/10。金属晶体的屈服应力对组织是敏感的，至少对“软”金属来说是如此。随着把单晶体提纯，杂质愈来愈少，单晶体愈来愈完善，则测得的屈服应力就愈来愈低。不过还不能认为现今所测得的单晶体屈服应力已经可以完全排除杂质等因素的干扰，只有晶格的派－纳力对位错运动的阻力了。至于“硬”金属，屈服开始时比较明显，看来与晶体的本质特点有关。

多晶体的屈服一般不像单晶体那样突然。图 11－41 中给出了 3 根从不同文献中得来的铜单晶体的应力－应变曲线。由图可见，多晶体的屈服应力比单晶体高很多，特别是铜。

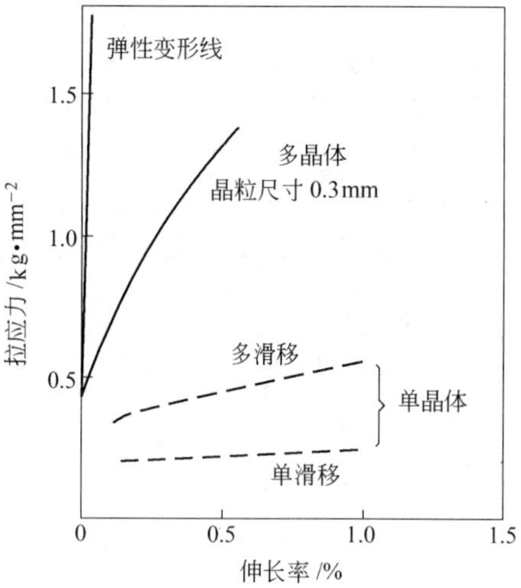


图 11－41　铜应力－应变曲线的开始阶段

多晶体的屈服是渐进的，屈服强度比单晶体高，但不能认为多晶体中的位错在受到与单晶体的位错同等的应力时还不能运动。多晶体的弹性各向异性对多晶体的屈服也有一定影响，例如最大弹性模量方向与应力方向平行时，晶粒能承受较多的负荷。在晶界附近，由于弹性的不连续也会造成应力集中。但总的来说，弹性各向异性的影响不大。由于应力集中，在某些地方位错甚至可能在低于单晶体屈服应力的条件下就可以运动。多晶体的宏观屈服应力比单晶高得多的主要原因是多晶体的位错密度一般比单晶体位错密度约大 100 倍，晶界的存在也使晶体的加工硬化率比单晶体高，而没有明显屈服点的多晶体的宏观屈服应力（例如前述的 $\sigma_{0.02}$、$\sigma_{0.2}$ 等）总是规定在发生一定量的范性变形之后，因此加工硬化对屈服强度的影响很大。

#### 11.2.4.3　加工硬化

金属材料在再结晶温度以下塑性变形时强度和硬度升高，而塑性和韧性降低的现象，称为加工硬化，又称冷作硬化。产生原因是，金属在塑性变形时，晶粒发生滑移，出现位错的缠结，使晶粒拉长、破碎和纤维化，金属内部产生了残余应力等。加工硬化的程度通常用加工后与加工前表面层显微硬度的比值和硬化层深度来表示。

加工硬化给金属件的进一步加工带来困难。如在冷轧钢板的过程中会愈轧愈硬以致轧不动，因而需在加工过程中安排中间退火，通过加热消除其加工硬化。又如在切削加工中使工件表层脆而硬，从而加速刀具磨损、增大切削力等。但有利的一面是，它可提高金属的强度、硬度和耐磨性，特别是对于那些不能以热处理方法提高强度的纯金属和某些合金尤为重要。如冷拉高强度钢丝和冷卷弹簧等，就是利用冷加工变形来提高其强度和弹性极限。又如坦克和拖拉机的履带、破碎机的颚板以及铁路的道岔等也是利用加工硬化来提高其硬度和耐磨性的。

## 11.3　超级钢的强化机理

超级钢即为超细晶粒钢，该钢是 20 世纪 90 年代末为更好地利用钢铁材料在使用性能上的优势，并进一步改进传统钢铁材料的一些不足，减少材料消耗，降低能耗而研制的新材料，其研究的最终目标是使钢铁的实用强度和寿命加倍。

超级钢具有高强度、高韧性的力学性能特征和超洁净、高均匀性、超细化的组织和成分特征。所谓洁净化，一是最大限度地降低钢中 S、P、O、H、N 等杂质元素的含量；二是严格控制钢中夹杂物的数量、成分、尺寸、形态和分布。目前,国外一些先进钢厂对 S、P、O、H、N 的总量已控制在 $50 \times 10^{-6}$ 以下,达到超洁净钢的水平,且具有进一步降低的趋势。高均匀性是指成分、组织和性能的高度均匀,材料微区结构越均匀,所对应材料的抗冲击性能越高。超细晶粒是指晶粒尺寸达到 0.1 ~ 10 μm,细化晶粒是唯一能够同时提高金属材料强度和韧性的强化方法。

传统细晶粒钢的晶粒尺寸通常在 100 μm 以下。随着冶金技术和生产工艺的不断进步,细晶的尺寸不断缩小,甚至达到了微米,超细晶粒钢不包括传统细晶钢,按超细晶粒钢发展进程和其尺寸大小,可分为以下两类。

(1) TMCP 钢。控轧后立即加速冷却所制造的钢,称为 TMCP(thermo-mechanical control process)钢。利用 TMCP 工艺在实验室中,晶粒尺寸可达到几个微米,但在实际工业生产中,所得钢的晶粒尺寸小于 50 μm,最小可达 10 μm。

(2) 新一代钢铁材料。新一代钢铁材料的主要特征是:在充分考虑经济性的条件下,钢材具有高洁净度、超细晶粒、高均匀度的特征,强度比常用钢材提高一倍,钢材使用寿命增加一倍。高洁净度是指 S、P、O、N、H 元素的总含量小于 0.008%,这样不但可提高钢材原有的性能,有时还可赋予钢材新的性能。超细组织是指晶粒尺寸在 0.1 ~ 10 μm 之间,细化晶粒是唯一能提高强度而不降低韧性甚至提高韧性的方法。高均匀度指的是成分、组织和性能很均匀,波动范围很小。在钢的化学成分 - 工艺 - 组织 - 性能的关系中,强调了组织的主导地位,即其超细的微观组织表现出优异的综合性能。

### 11.3.1 晶粒细化的基本理论

从前面所讲的位错理论来看,晶界是位错运动过程中的障碍。晶界增多,对位错运动的阻碍作用增强,致使位错在晶界处塞积(即位错密度增加),金属的强度增加;在单个晶粒内部,塞积的位错群的长度减小,应力集中较小,不足以使位错源开动,必须增加外力。

前面已经给出了细晶强化的理论依据,即 Hall-Petch 公式,从 H-P 公式中可以看出,在材料的种类一定的时候,$d$ 越小则 $\sigma_y$ 越大,材料的强度就越高。

细化晶粒不仅能提高材料的强度,还可以改善材料的塑性和韧性。因为晶粒越细,单位体积内的晶粒数就越多,变形时同样的变形量可分散到更多的晶粒中发生,以产生比较均匀的变形,这样,因局部应力集中而引起材料开裂的几率较小,使材料在断裂前就有可能承受较大的塑性变形,得到较大的伸长率、断面收缩率和具有较高的冲击载荷抗力。

### 11.3.2 细化晶粒理论在实际工业中的应用

为了最大限度地利用晶粒细化机制来提高强度,使得这一理论在实际工业生产中得以应用,起先很多学者致力于探讨目前条件下所能够得到的晶粒细化极限。利用等通道挤压(ECAE, equal channel angular extrusion)和累积叠轧(ARB, accumulative roll bonding)可以在实验室条件下得到晶粒尺寸 1 μm 左右甚至 1 μm 以下的样品,其拉伸实验曲线如图 11-42 所示。

其他研究者也得到了类似的结果,从这些研究中我们发现,仅靠晶粒细化的作用就可使屈服强度大幅度提高(甚至可翻两番,由 200 MPa 提高到 800 MPa),这个数据足以让研究者欢欣鼓舞。但是当我们把目光转向这种微细晶粒钢的应用时,难免要对这些数据伴随的另一组数据表示担心:这种屈服强度的大幅度提高是以牺牲塑性为代价的。当晶粒尺寸小于 1 μm 时,塑性急剧下降,强屈比极低,晶粒尺寸小于 0.5 μm 时已很难发现屈服强度与抗拉强度的区别。这说明,在实际的应用中,不应绝对追求钢中晶粒的细化,工业生产所需求的是适度细化超级细晶粒钢。在大量实验研究和理论分析的基础上,考虑到在现有轧制设备上能够实现,把热轧带钢目标晶粒尺寸定位在 3 ~ 5 μm，棒线材和中厚板 5 ~ 10 μm，工业实验和工业生产的数据表明，这种钢材强度翻番，塑性良好，强屈比满足要求。

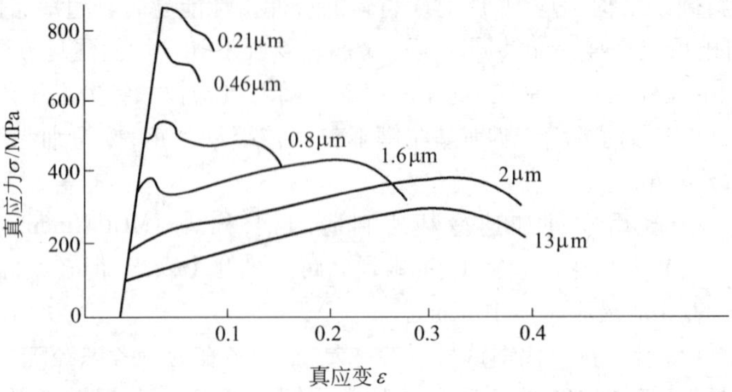


图 11-42　不同晶粒尺寸试样的拉伸曲线

目前对于细晶粒钢的研究还在进行中，大致概况如图 11-43 所示，如何获得更细晶粒的钢，以及提升细晶粒钢的综合性能成为研究工作的关键所在。

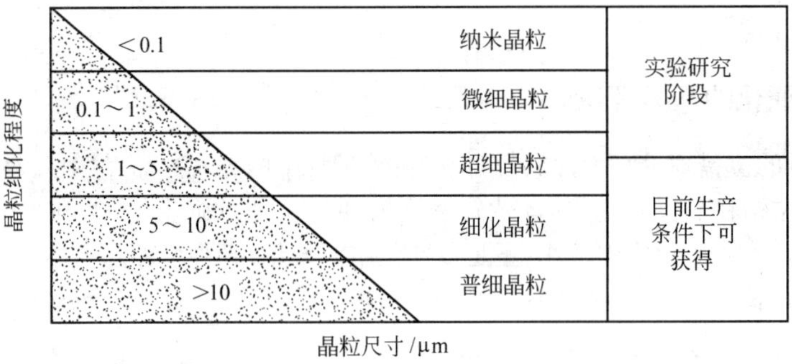


图 11-43　细晶粒钢的研究概况

## 11.3.3　超级钢的工艺方法和强韧化特点

欲获得超细晶粒钢，有多种工艺方法，例如：同一快速加热条件下的热处理反复多次作用、金属粉末机械研磨、控轧、控冷、TMCP、复合 TMCP 法等。利用生产工艺技术是获得超细晶粒的主要手段。生产工艺技术是超细晶粒钢具有优良强韧综合性能的决定因素，因此超细晶粒钢与传统钢所不同的是其化学成分不能用于预测钢种的强度。

超细晶粒钢的主要特点是碳含量低，因此其强化手段不是通过增加碳含量和合金元素含量，而是通过晶粒细化、相变强化、析出强化等相结合的方法来达到提高强韧化的目的。晶粒细化（变形细化和相变细化）是唯一能够同时提高钢强度和韧性的方法，故其成为超细晶粒钢最佳的强化机制。利用第二相粒子析出的沉淀强化是超细晶粒钢采用的另一种强化机制，高温时在奥氏体内形成的粒子虽然对控制晶粒长大有效，但不会造成强化，强化粒子是低温时在奥氏体或铁素体内形成的，位错与亚结构强化也是一种有效的强化方式。

## 11.3.4　超级钢的工业应用

超级钢的工业应用可以归纳为以下几方面：

（1）应用于汽车工业。超级钢首先在汽车制造业找到了市场。超级钢零部件可以减轻车身自重、减少油耗，正是汽车制造企业急需的新材料。上海宝钢生产的400 MPa级超级钢用于一汽集团卡车底盘发动机前置横梁，各项指标全部满足要求，且吨钢成本较原来可节省200～300元。一汽集团已将超级钢横梁列为企业标准。宝钢、鞍钢生产的超级钢已向一汽持续批量供货。卡车纵梁是关键承重件，500 MPa级超级钢在这方面的应用经济效益更加明显。本钢生产的500 MPa级超级钢已为辽宁金州车架厂、吉林辉南车架厂供货，武钢、珠钢的超级钢也已向二汽集团供货。

（2）应用于建筑业。在建筑行业中，应用超级钢替代传统Ⅱ级钢筋具有良好前景。可以扭转我国混凝土用钢水平的落后局面。建设部新修订的混凝土结构设计规范已将屈服强度为400 MPa级的Ⅲ级钢筋作为主导受力钢筋。可以预见，普通的200 MPa级钢筋将逐渐被400～500 MPa级的钢筋取代，低成本高强度的超级钢棒线材将为建筑业提供有力的支撑。在经济高速发展的大背景下，建筑业的繁荣将为超级钢棒线材提供广阔的市场空间。2003年，首钢生产了1000多吨超级钢钢筋用于国家大剧院。

（3）应用于其他行业领域。过去依靠添加微合金元素来改善性能的造船用钢、桥梁用钢、容器用钢等均可考虑通过细化晶粒来提高强度，改善韧性，保证所需要的性能。过去我国一些轧钢厂，特别是中厚板厂在产品性能（主要是力学性能）不合格时，常用添加微合金元素V、Ti、Nb的方法来改善性能，使产品的成本上升。如果按照超级钢的思路，利用控制轧制及冷却过程的参数细化晶粒，改善性能，可以节省微合金元素，降低成本，增强产品的市场竞争能力。

### 11.3.5 超级钢的发展前景

一般来说，材料强度和壁厚的关系可用下述经验公式计算：

$$t_1/t_2 = \sqrt{6s_2/6s_1} \qquad (11\text{-}20)$$

式中，$t_1$、$t_2$ 和 $6s_1$、$6s_2$ 分别表示两种材料的厚度和屈服强度。若按强度加倍来计算：$t_2 = 0.707t_1$。

由此可见，若将超级钢应用于汽车制造中，可有效地减轻车体重量，减少能源消耗和环境污染。若将其应用到道路、桥梁、高层建筑等方面，不仅可以减轻零件的重量，还可以延长这些基础设施更新换代的时间，有效节约能源。此外，若将耐热钢用于火力发电，可有效地提高发电效率，日本已经计划建设超临界压力发电厂，把转动涡轮的蒸汽温度提高到923 K，压力提高到35.5 MPa。一旦建成这种发电厂，其发电效率就能从原有发电厂（811 K，24.9 MPa）的39.8%提高到43%，既节约了煤炭等燃料的消耗，二氧化碳等污染物的排放量也能大幅度减少，可谓节能、环保一举两得。

超级钢研发、生产及应用将成为世界钢铁工业的新亮点，必将成为未来主流钢材品种，在全球资源日益匮乏的条件下，促使钢铁工业焕发新的生机走上良性可持续发展之路。作为发展中国家的中国，超级钢的发展更符合中国的国情，已被列为"十一五"重点发展的新材料之一。超级钢的发展将促使现有钢材品种全面升级换代，产品结构将得到根本优化，将达到"普钢超级化、特钢更优化"，提升钢铁企业市场竞争力，奠定中国钢铁强国的地位，超级钢也必将在未来的建设中发挥不可替代的作用。

## 11.4 钢材生产的控轧控冷技术

通过降低终轧温度的方法来改善钢的力学性能，早在20世纪30年代已为人们注意。1925

年 H. Hanemann 和 Pluke 发现，通过降低最终热加工的变形温度可使 α 晶粒细化，从而提高轧制产品的力学性能。然而，由于低温轧制的较大的轧制负荷使一般轧机难以承受，因而这项技术在很长时间并未在工业上得到实际应用。20 世纪 50 年代，采用控制轧制生产出 352 MPa 级别的 C-Mn 钢，是世界上首次采用形变热处理(thermo-mechanical treatment)工艺进行的商业性生产。直至 20 世纪 60 年代，人们认识到 Nb 对奥氏体再结晶的强烈阻止作用，可使钢在相对高的温度下控轧，这项技术才开始得到广泛的注意和应用。20 世纪 60 年代中期英国的研究人员对控制轧制开始进行了系统的研究，之后日本和法国的科研人员也相继进行了深入的探索和开发。此后，钢材生产中开始广泛采用控轧控冷技术。

热机械控制加工(TMCP，thermo mechanical controlling processing)在国内称为控轧控冷，是一种广泛应用于改善 HSLA 钢组织性能的热加工工艺，控制轧制和控制冷却代表了高强度低合金钢的发展方向。具体地讲，TMCP 工艺就是一种定量地、预定程序地控制热轧过程中的变形温度、变形量(压下量)、变形道次、变形间歇停留时间、终轧温度以及终轧冷却速度、终冷温度等工艺参数的加工工艺，即 TMCP 工艺包括控制轧制工艺和轧后控制冷却工艺。TMCP 工艺与常规轧制工艺的主要差别在于，TMCP 工艺不仅通过热加工使钢材达到规定的形状和尺寸，而且通过形变控制和相变控制的综合作用使钢的晶粒尺寸得到显著细化、组织结构得到控制，从而使钢材具有优良的综合性能。

### 11.4.1 控制轧制

控制轧制是一项人为地使奥氏体中尽可能大量地形成铁素体相变核的晶格异质(heterogeneity)，并有效地将铁素体晶粒细化的技术。控制轧制技术的要点可具体归纳如下：

(1) 尽可能降低加热温度，即将开始轧制前的奥氏体晶粒微细化。

(2) 使中间温度区的轧制道次程序最佳化，通过反复再结晶使奥氏体晶粒细化。

(3) 加大奥氏体未再结晶区的累积压下量，增加奥氏体每单位体积的晶粒界面积和变形带面积。

通常将控制轧制工艺分为三个阶段：

(1) 奥氏体再结晶型轧制。再结晶型控制轧制，是在变形过程中和变形后自发产生奥氏体再结晶的区域中进行轧制，在此温度范围内，通过形变—再结晶反复交替进行，使奥氏体细化，从而使相变后铁素体细化。

(2) 奥氏体未再结晶型轧制。奥氏体未再结晶区的温度范围变化于 950℃ ~ $A_{r3}$之间。该区轧制的特点是轧制过程中不发生奥氏体再结晶现象。塑性变形使奥氏体晶粒被拉长，形成变形带，它是奥氏体向铁素体转变时优先形核的部分。奥氏体晶粒被拉长，将使铁素体形核带增加。随着变形量的增加，变形带数量增加，而且分布更加均匀，相应的相变后铁素体晶粒也更细小，且分布均匀。

在轧制过程中，如果在未再结晶温度范围内增加变形量，可使奥氏体向铁素体相变开始温度($A_{r3}$)升高。累计变形量的增加，也促使 $A_{r3}$温度升高。相变温度升高，促使相变组织中多边形铁素体数量增加，珠光体数量相应减少。

(3) 奥氏体与铁素体并存的两相区轧制。在两相区轧制，变形使奥氏体晶粒继续被拉长，在晶粒内部产生新的滑移带，并在这些部位形成新的铁素体晶粒。先析出的铁素体，经变形后，铁素体晶粒内部形成大量的位错，这些位错处在高温下形成亚结构。亚晶强化使强度进一步提高。实践表明，非再结晶区变形突破了再结晶区所能达到的奥氏体晶粒尺寸极限，但在一定的变形量下非再结晶的晶粒细化也会达到某一极限，这一极限只有通过两相区变形才能突破。

控制轧制的主要目的在于在相变过程中，通过控制热轧条件而在奥氏体基体中引入高密度的铁素体形核位置，包括奥氏体晶粒边界、由热变形而激发的孪晶界面和变形带，从而细化相变后的组织。通过控轧铁素体可细化到 ASTM11-13 级，即铁素体晶粒小于 10 μm，以至于达到 4 μm，由此引起的强化作用约等于 210 ~ 300 MPa。目前商业生产的最小平均铁素体晶粒尺寸可控制到 3 μm，实验室可获得尺寸为 1 ~ 2 μm 的铁素体晶粒。

为了达到上述目的，对控轧过程中的有关工艺参数应该予以控制，其中主要参数是板坯再加热温度、形变量（压下量）和形变温度。

## 11.4.2　控制冷却

众所周知，控轧是使晶粒细化和提高强度的重要手段和途径。然而，对管线钢来说，仅依靠控轧，只能获得 15 μm 左右的 $\alpha$ 晶粒，还达不到低温韧性所要求的 5 μm 左右的微细晶粒。为此，还必须采用控冷工艺使 $\alpha$ 晶粒进一步细化。控冷工艺的根本特点是可以进一步提高强度而不危及脆性转变温度，其主要原因是可以使晶粒极大地细化。

轧后的控制冷却是控轧管线钢的近代发展。控制冷却工艺是在轧制完成后，控制轧后钢的开冷温度、冷却速度和终冷温度，达到控制相变类型、细化晶粒和控制析出等目的，提高强度和韧性。管线钢控制轧制后引入加速冷却使 $\gamma \rightarrow \alpha$ 相变温度下降，过冷度增大，从而增加了铁素体的形核率。同时，由于冷却速度加快，阻止或延迟了碳、氮化物在冷却过程中过早析出，因而易于生成更加弥散的析出物。进一步提高冷速，则可形成贝氏体和针状铁素体，进一步改善了钢的强韧性。

**思考练习题**

一、名词解释

1. 韧型位错
2. 螺型位错
3. 超级钢

二、简答题

1. 简述位错的结构。
2. 简述位错的运动。
3. 简述位错增殖机理。
4. 论述位错与材料的强化之间的关系。
5. 简述超级钢中位错的作用。
6. 简述钢的控轧机理。

## 本篇参考文献

[1] 余宗森. 金属物理. 北京:冶金工业出版社,1980.
[2] 余永宁. 金属学原理. 北京:冶金工业出版社,2000.
[3] 胡赓祥. 蔡珣. 材料科学基础. 上海:上海交通大学出版社,2002.
[4] 王国栋,刘相华,杜林秀,等. C - Mn 超级钢的工业化生产和应用. 中国冶金. 2004,(8).

# 第五篇　表面结构与性能

## 12　表面结构与性能

**本章要点：**

表面和界面是构成晶态固体组织的重要组成部分，其结构不同于晶体内部，因而有很多重要的不同于晶体内部的性质，表面和界面会对材料的诸多性能产生影响。本章重点介绍了材料表面的结构特征以及与表面密切相关的吸附与润湿等现象，论述了金属高温氧化的规律性，简介了金属表面的磷化、钝化等表面处理技术。

### 12.1　研究表面的意义

人们常说，表面文章当少做。不过，德国科学家格哈德·埃特尔（Gerhard Ertl）却在表面化学领域取得了杰出成就，做出了扎扎实实的“表面文章”。他不仅开创了表面化学的方法论，更造就了许多惠及人类日常生活的应用成果。

表面化学在20世纪前半叶得到迅猛发展，大量的研究成果被广泛应用于涂料、建材、冶金、能源等行业。20世纪60年代末起，表面化学开始成为一项独立的基础学科。埃特尔则是最早洞察到表面化学研究巨大潜力的科学家之一，不仅奠定了表面化学研究的方法论，更在诸多实际应用领域获得了重要研究成果。

人们早就知道，氮肥对于农业生产而言具有举足轻重的作用。20世纪初发展起来的哈伯-博施法使得将大气中的氮制成氨成为可能，但人们在寻找制备反应的催化剂方面苦无收获。而埃特尔的研究发现，氨的合成反应在铁催化剂表面进行时效率大大提高，使这一技术的产业化成为现实，这给人类社会的农业生产带来了巨大的经济效益。

此外，汽车排放出的尾气中含有大量一氧化碳，如果不加净化则会对人类生活造成危害。埃特尔有关一氧化碳在金属铂表面的氧化过程的研究，催生了汽车尾气净化装置。埃特尔甚至还成立了一个专门的学校，来传授他开创的各类精妙的试验技巧与丰富的经验。

正如瑞典皇家科学院所说，“埃特尔的方法论既被用于学院里的研究，也被用于工业生产中的化学过程。”这位科学大师用他的睿智与勤勉，做出了一篇福泽人类的“表面文章”。

表面是指固体表层一个或数个原子层的区域。表面层所处的特殊位置，使其具有的性质与固体内部明显不同，例如：由于偏析造成化学成分与体内不同，原子排列情形不同，能吸附外来原子或分子形成有序或无序的吸附层等。

由于固体表面的研究具有重大科学和实际意义，已经形成一门新学科——表面科学，它包括表面物理、表面化学和表面分析技术三个主要方面。它有很多应用，例如金属和合金材料的腐蚀、磨损和断裂等问题，半导体器件的性能，多相催化机理，材料的老化和寿命以及受控热核反应装置中的材料问题等。

## 12.2 固体的表面及表面力场

为了描述实际表面的构成，早在1936年，西迈尔兹就把实际表面区分为两个部分（见图12-1），一部分是所谓“内表面层”，它包括基体材料和加工硬化层；另一部分是所谓“外表面层”，它包括吸附层、氧化层等，对于约定条件下的表面，其实际组成及各层的厚度，与表面制备过程、环境以及材料本身的性质有关。因此，实际表面的结构和性质是很复杂的。

固体表面可分为三类：理想表面、清洁表面和覆盖表面。

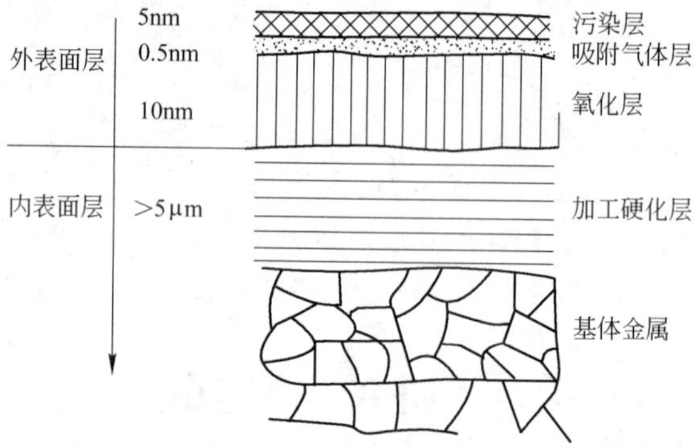


图12-1 固体表面的西迈尔兹描述

### 12.2.1 理想表面

对于没有杂质的单晶，作为零级近似可将清洁表面理想为一个理想表面，其示意图如图12-2所示。这是一种理论上的结构完整的二维点阵平面。忽略了晶体内部周期性势场在晶体表面中断的影响，忽略了表面原子的热运动、热扩散和热缺陷等，忽略了外界对表面的物理化学作用等。

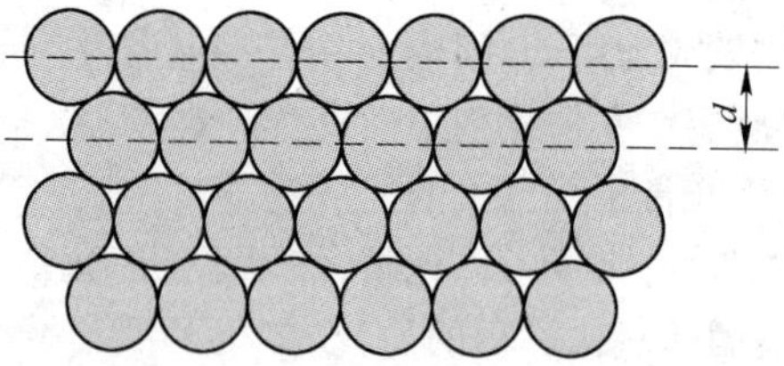


图12-2 理想表面结构示意图

这种理想表面作为半无限的晶体，体内的原子的位置及其结构的周期性，与原来无限的晶体完全一样。

### 12.2.2 清洁表面

清洁表面是指不存在任何吸附、催化反应、杂质扩散等物理化学效应的表面。这种清洁表面的化学组成与体内相同，但周期结构可以不同于体内。根据表面原子的排列，清洁表面又可分为台阶表面、弛豫表面、重构表面等。

(1) 台阶表面。台阶表面不是一个平面，它是由有规则的或不规则的台阶的表面组成的。以 Pt(557) 有序原子台阶表面为例，其示意图如图 12-3 所示。

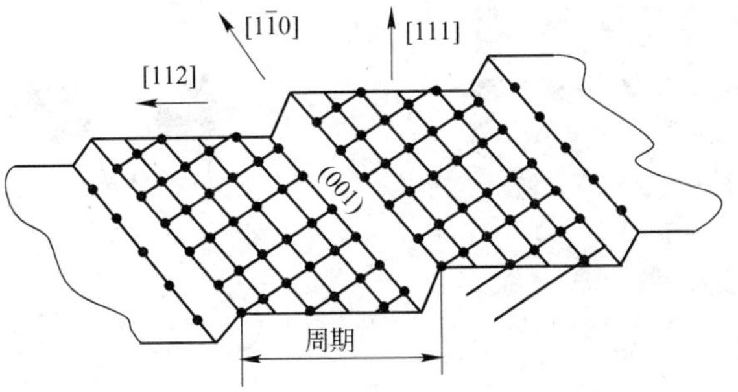


图 12-3　Pt(557) 有序原子台阶表面示意图

(2) 弛豫表面。由于固相的三维周期性在固体表面处突然中断，表面上原子产生的相对于正常位置的上、下位移，称为表面弛豫，如图 12-4 所示。

(3) 重构表面。重构是指表面原子层在水平方向上的周期性不同于体内，但垂直方向的层间距则与体内相同。如图 12-5 所示。

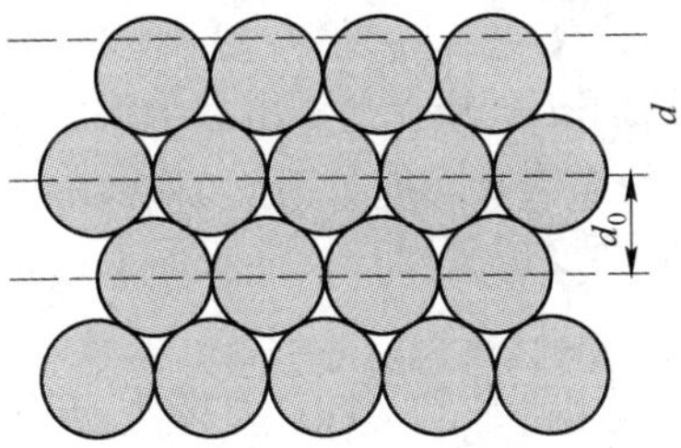


图 12-4　弛豫表面示意图

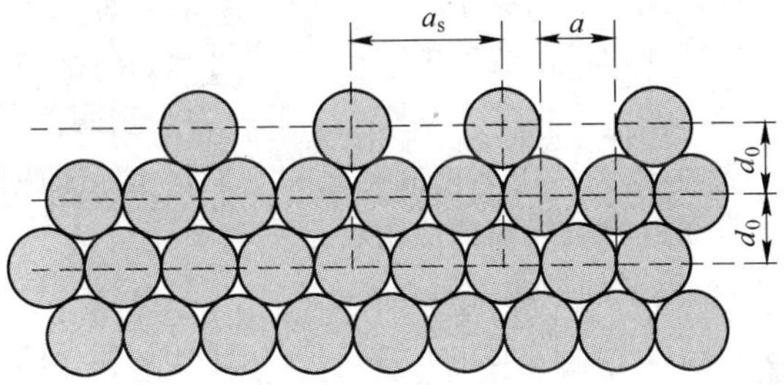


图 12-5　重构表面示意图

## 12.2.3　覆盖表面

当有其他的原子进到表面而出现另外的表面结构时，称这种表面为覆盖表面。这些外来的原子可以来自外部，如周围环境气氛、接触物的污染以及原子溅射束；可以来自内部，即从晶体内部分离出来的杂质。把原来晶体表面称作衬底，覆盖表面就覆盖在这层衬底表面上。覆盖表面也可分为两种类型：偏析表面和吸附表面。

(1) 偏析表面。由两种以上组元组成的金属(包括金属中的杂质)，其表面的元素成分与体内不同，其中一种或几种多于正常体内平均值，这种现象叫表面偏析。这样形成的表面叫偏析表面，如图 12-6 所示。

表面偏析是在某些表面作用力的驱动下，元素向表面固相扩散的结果，一般表面偏析限制在几个原子层内(有时可达 20 个原子层)，而且数量很小。

(2) 吸附表面(见图 12-7)。研究实际表面结构时，可将清洁表面作为基底，然后观察吸附表面结构相对于清洁表面的变化。吸附物质可以是环境中外来原子、分子或化合物，也可以是由体内扩散出来的物质。吸附物质在表面，或简单吸附，或外延形成新的表面层，或进入表面层的一定深度。吸附是有选择性的，对于被吸附原子在衬底表面所处的位置则有以下几种情况：

1）顶吸附，被吸附原子位于衬底原子的顶部；

2）桥吸附，被吸附原子位于衬底原子之间；

3）中心吸附，被吸附原子位于几个衬底原子的中心。

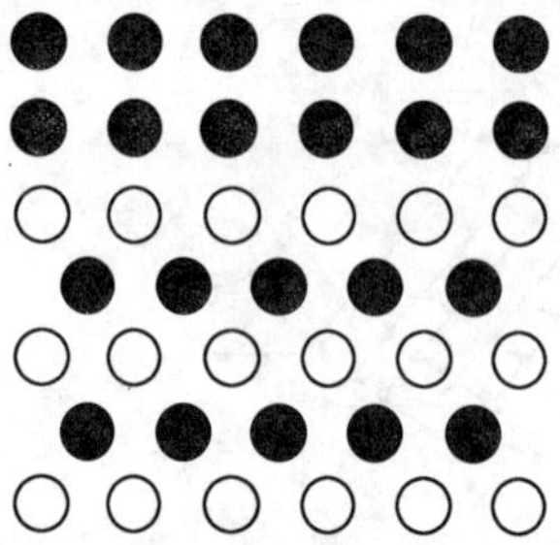

图 12-6　偏析表面示意图

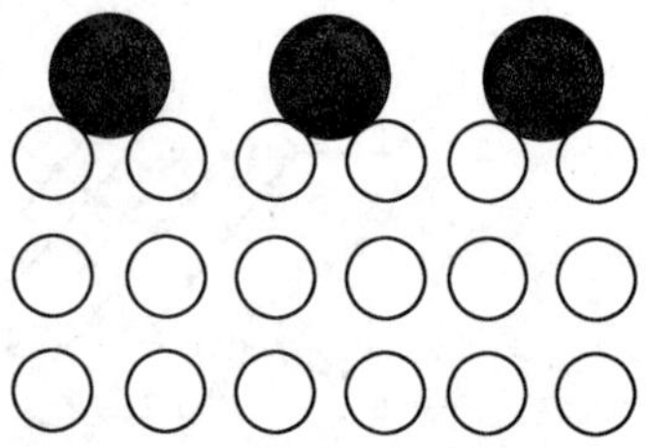

图 12-7　吸附表面示意图

## 12.3　实际固体的表面结构

### 12.3.1　表面力

固体表面上的吸引作用，是固体的表面和被吸引质点的相互作用所产生的，这种相互作用力称为固体表面力。依性质不同，表面力可分为化学力和分子引力。

（1）化学力。化学力本质上是静电力。当固体吸附剂利用表面质点的不饱和价键将吸附物吸附到表面之后，吸附剂可能把它的电子完全给予吸附物，使吸附物变成负离子（如吸附于大多数金属表面上的氧气）；或吸附物把其电子完全给予吸附剂，而变成吸附在固体表面上的正离子（如吸附在钨上的钠蒸气）。

多数情况下吸附是介于上述二者之间的，即在固体吸附剂和吸附物之间共有电子，并且经常是不对称的。

（2）分子引力，也称范德华力。一般是指固体表面与被吸附质点（例如气体分子）之间相互作用力。主要来源于三种不同效应：

1）定向作用，主要发生在极性分子（离子）之间；

2）诱导作用，主要发生在极性分子与非极性分子之间；

3）分散作用，主要发生在非极性分子之间。

对不同物质，上述三种作用并非均等的。例如对于非极性分子，定向作用和诱导作用很小，可以忽略，主要是分散作用。

### 12.3.2　晶体表面结构

表面力的存在使固体表面处于较高能量状态。但系统总会通过各种途径来降低这部分过剩的能量，这就导致表面质点的极化、变形、重排并引起原来晶格的畸变。对于不同结构的物质，其表面力的大小和影响不同，因而表面结构状态也会不同。

威尔（Weyl）等人基于结晶化学原理，研究了晶体表面结构，认为晶体质点间的相互作用，键强是影响表面结构的重要因素，提出了晶体的表面双电层模型，如图 12-8、图 12-9 所示。

可以预期，对于其他由半径大的负离子与半径小的正离子组成的化合物，特别是金属氧化物如 $Al_2O_3$、$SiO_2$ 等也会有相应效应。

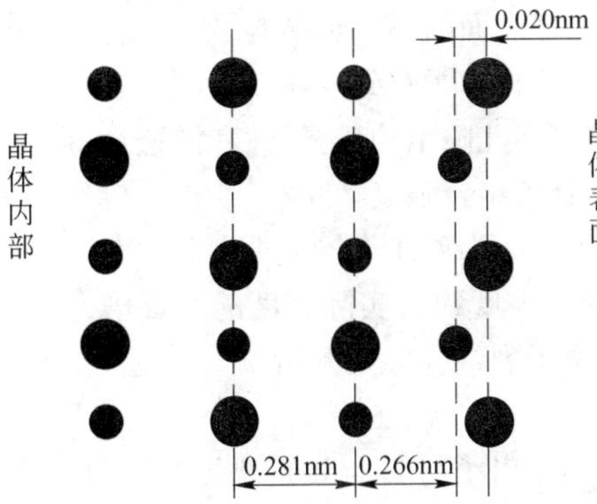


图 12-8 离子晶体表面的电子云变形和离子重排

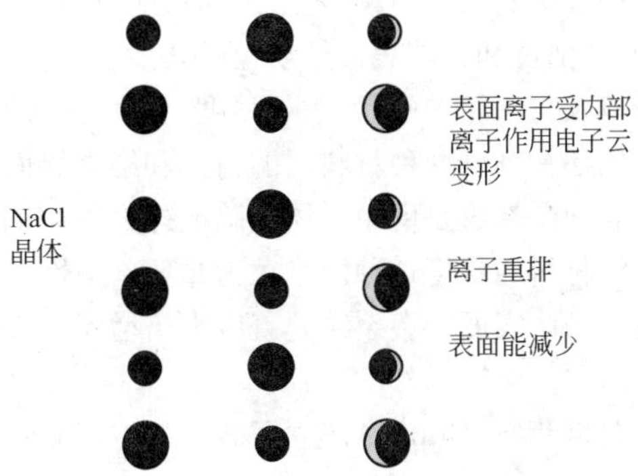


图 12-9 NaCl 表面层中 $Na^+$ 向里 $Cl^-$ 向外移动并形成双电层

### 12.3.3 粉体表面结构

粉体在制备过程中,由于反复地破碎,不断形成新的表面。表面层离子的极化变形和重排使表面晶格畸变,有序性降低。因此,随着粒子的微细化,比表面增大,表面结构的有序程度受到愈来愈强烈的扰乱并不断向颗粒深部扩展,最后使粉体表面结构趋于无定形化。

基于 X 射线、热分析和其他物理化学方法对粉体表面结构所作的研究测定,提出两种不同的模型。一种认为粉体表面层是无定形结构;另一种认为粉体表面层是粒度极小的微晶结构。

粉体表面层是无定形结构的实验验证如下:

(1) 石英的相变吸热峰面积随 $SiO_2$ 粒度的变化。

(2) 石英密度值随粒度的变化。

粉体表面层是微晶结构的实验验证:对粉体进行更精确的 X 射线和电子衍射研究发现,其 X 射线谱线不仅强度减弱而且宽度明显变宽。因此认为粉体表面并非无定形态,而是覆盖了一层尺寸极小的微晶体,即表面是呈微晶化状态。由于微晶体的晶格是严重畸变的,晶格常数不同于正常值而且十分分散,这才使其 X 射线谱线明显变宽。对鳞石英粉体表面的易溶层进行的 X 射线测定表明,它并不是无定形质。

玻璃表面结构表面张力的存在,使玻璃表面组成与内部显著不同,在熔体转变为玻璃体的过程中,为了保持最小表面能,各成分将按其对表面自由能的贡献能力自发地转移和扩散。

在玻璃成型和退火过程中,碱、氟等易挥发组分自表面挥发损失。因此,即使是新鲜的玻璃表面,其化学成分、结构也会不同于内部。这种差异可以从表面折射率、化学稳定性、结晶倾向以及强度等性质的观测结果得到证实。玻璃中的极化离子会对表面结构和性质产生影响。对于含有较高极化性能的离子如 $Pb^{2+}$、$Sn^{2+}$、$Sb^{3+}$、$Cd^{2+}$ 等的玻璃,其表面结构和性质会明显受到这些离子在表面的排列取向状况的影响。这种作用本质上也是极化问题。

例如铅玻璃,由于铅原子最外层有 4 个价电子($6s^2 6p^2$),当形成 $Pb^{2+}$ 时,因最外层尚有两个电子,对接近于它的 $O^{2-}$ 产生斥力,致使 $Pb^{2+}$ 的作用电场不对称,$Pb^{2+}$ 以 $2Pb^{2+} Pb^{4+} + Pb^0$ 方式被极化变形。

### 12.3.4 固体表面的几何结构

实验观测表明,固体实际表面是不规则而粗糙的,存在着无数台阶、裂缝和凹凸不平的峰谷。这些不同的几何状态同样会对表面性质产生影响,其中最重要的是表面粗糙度和微裂纹。表面粗糙度会引起表面力场变化，进而影响其表面性质。固体表面的不平坦结构，使表面力场变得不均匀，其活性和其他表面性质也随之发生变化。粗糙度还直接影响到固体比表面积、内外表面积比值以及与之相关的属性，如强度、密度、润湿性、孔隙率和孔隙结构、透气性和浸透性等。此外，粗糙度还关系到两种材料间的封接和结合界面间的吻合和结合强度。

表面微裂纹是由于晶体缺陷或外力作用而产生的。微裂纹同样会强烈地影响表面性质，对于脆性材料的强度这种影响尤为重要。脆性材料的理论强度约为实际强度的几百倍，正是因为存在于固体表面的微裂纹起着应力倍增器的作用，使位于裂缝尖端的实际应力远远大于所施加的应力。

葛里菲斯（Griffith）建立了著名的玻璃断裂理论，并导出了材料实际断裂强度与微裂纹长度的关系：

$$R=\sqrt{\frac{2E\alpha}{\pi C}} \tag{12-1}$$

式中 $R$——断裂强度；

$E$——弹性模量；

$\alpha$——表面自由能；

$C$——微裂纹长度。

## 12.4 表面缺陷与表面扩散

表面缺陷及其运动规律是表面物理的一个重要课题。它的研究不仅有助于了解表面静态微观结构和动态性质，而且它和许多工艺技术，包括薄膜技术问题交织在一起，具有广泛的实用性。

### 12.4.1 表面缺陷

表面缺陷模型（TLK 模型）清洁表面实际上不会是完整表面，因为这种原子级的平整表面的熵很小，属热力学不稳定状态，故而清洁表面必然存在台阶结构等表面缺陷。图 12–10 是单晶表面的 TLK 模型。这个模型是由柯塞尔（Kossel）和史垂斯基（Stranski）分别提出的有关晶体表面模型的设想。TLK 中的 T 表示低晶面指数的平台（terrance）；L 表示单分子或单原子高度的台阶（ledge）；K 表示单分子或氮原子尺度的扭折（kink）。

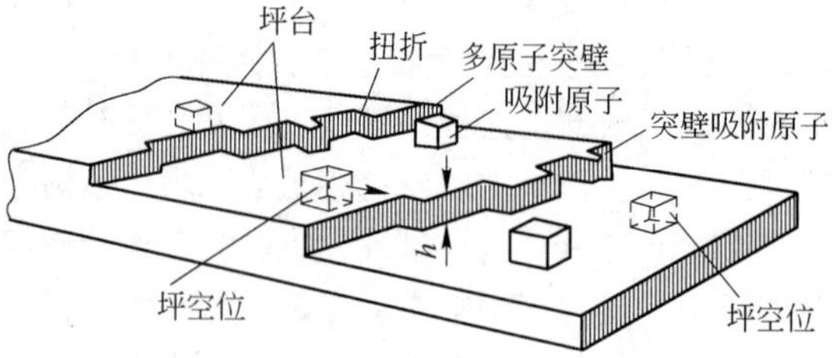


图 12–10 单晶表面的 TLK 模型

由图 12–10 可见，实际晶体的外表面往往不是一个密排面，而是由许多密排面的台阶构成。密排面尽管裸露在表面上，但密排面并不与表面吻合。从图中还可以看出，实际晶体表面包括很多互相平行的平台面或台面。这些平台面都与晶体内某个低面指数的原子平面平行。在两个平台面之间存在着一个边壁或棱阶（ledge），这个边壁可以完全是平面，也可以是由一些弯折的折台组成，也即在边壁中还可能存在拐结或坎坷（kink）。因此，TLK 模型的基本特征是，相邻原子平台被单层原子高度的边壁(或台阶)所隔开,原子壁或台阶本身呈横向凹凸状,同一原子边壁可有一个或多个拐结。在表面上存在两种基本缺陷,平台吸附原子和平台空格点。这两种缺陷也可被吸附在边壁上,从而分别形成边壁吸附原子和边壁空格点这样两种复合表面缺陷。

低能电子衍射 LEED 等实验证实,许多单晶体的表面有平台、台阶和扭折。电子束从不同台阶反射时会产生位差。如果台阶密度较高,各个台阶的衍射线之间会发生相干效应。在台阶规则分布时,表面的 LEED 斑点分裂成双重的;如果台阶不规则分布,则一些斑点弥散,另一些斑点明锐。

表面原子的束缚能可以近似地认为与最近邻和次近邻的原子数成正比,所以在边壁上的附着原子要比在平台上的附着原子键合得更牢固。在平衡时,这些不同状态的表面原子都有一定的浓度。其中,束缚能最大的位置上附着原子的浓度最大,而在平台上附着的原子浓度是非常小的。

单晶表面边壁和拐结的数目与表面的热起伏和表面的几何尺寸有关。在热平衡条件下,若不考虑几何尺寸因素,那么表面缺陷的浓度就固定不变,而且只是温度的函数(对压强的依赖性一般可以忽略)。吸附原子、坪空格点、边壁吸附原子和(热)拐结尤其如此。定性地讲,TLK 表面的最简单的缺陷,是平台吸附原子和坪空格点。它们对表面的结合能低于其他表面缺陷,而它们在表面上的迁移率则比其他缺陷的大。故通常以吸附原子或坪空格点的运动代替表面扩散。

### 12.4.2　表面扩散

由表面结构的 TLK 模型可知,真实表面在这个原子尺度上都有许多缺陷,因此有许多不同位置可以安置表面原子,在图 12-10 所示的表面上预计会发生如下一些扩散过程:

(1) 单个吸附原子也许会在跳跃过几个晶格常数长的距离后跃过一个平台;

(2) 吸附原子也许会沿着一个突缘的长度方向扩散;

(3) 空位也许会由于接连被表面原子所充填而向四周扩散。当然,更复杂的过程也可能发生。

所谓表面扩散,即原子或分子沿着表面做二维的迁移运动。吸附于固体表面的原子和分子,与固体的表面原子之间可以不断地进行能量的交换,从表面获得能量涨落。如果它们在垂直于表面的动量足够大,便能克服吸附能的势垒,而从表面脱附。如果垂直方向的动量不够大,但是却有足够大的横向动量,则这些吸附的原子或分子就能够沿着表面做二维的运动。吸附的原子或分子要从表面上的一个吸附位置 A 迁移到另一个吸附位置 B,必须具有一定的激活能来越过这两个位置之间的势垒即吸附能的差值。吸附在低能面上的原子,其结合能低而解吸率较高。但是若原子迁移到一个棱阶或弯结位置上之后,它就会结合得较牢固,解吸概率要降低。原子在解吸前的扩散距离 $X_s$ 为:

$$X_s = \sqrt{D\tau_a} \tag{12-2}$$

式中　$\tau_a$——平均吸附时间;

$D$——扩散系数。

一些实验结果证实,边壁的生长速度要比直接碰撞在主晶面或坪台上的生长速度快得多,原因就在于吸附在主晶平面上的原子横向迁移(扩散)到边壁上才会被牢固地俘获,在主晶面上没有原子俘获的位置。但必须指出,若在这些主晶面上有间距小于 $X_s$ 的台阶存在,而且这些台阶棱边上还有间距小于 $X_s$ 的拐结的话,那么入射到表面上的原子到达拐结的位置的概率就大。这样,晶棱不再从晶面上接受原子,晶面和晶棱都可以用与粒子直接碰撞的生长速度生长。也就是说,若表面上俘获位置的密度大于 $1/X_s^2$,则该俘获效果几乎与高能晶面相同。

相对晶界和体扩散而言，表面扩散所需的激活能最小，即单个原子或分子沿金属表面的扩散速度最快，这主要是由于单个原子或分子在表面上可能迁移运动的间隙位置相对在体内要多些或者说有“附加的自由度”。例如坪台上吸附的原子甚至可能跳过最邻近的一个原子的顶部迁移到较远的间隙位置。同时，在表面单个原子或分子的平均跳动频率高，因而它们的迁移率都比在体内的大些，这两方面原因的综合最终导致了表面扩散比体内扩散要快得多。

最后指出，表面扩散不仅依赖于外界环境（温度、气压等），还取决于晶体面化学组分、晶格结构、电子结构及与之相关的表面势。例如，表面再构和表面弛豫效应将改变晶体表面原子密度和电子密度，使表面势相应地变化，通过库仑力相互作用而影响表面原子或离子的扩散。

## 12.5　表面技术的应用——金属表面化学处理

金属的表面化学处理即是通过化学或者电化学手段，使金属表面形成稳定的化合物膜层的方法。这种经过化学处理而生成的膜层称之为化学转换膜。化学成膜处理的机理是金属与特定的腐蚀液接触而在一定的条件下发生化学反应，由于浓差极化作用和阴极极化作用等，使金属表面生成一层附着力良好的，能保护金属不易受水和其他腐蚀介质影响的化合物膜。由于化学转化膜是金属基体直接参与成膜反应而成的，因而膜与基体的结合力比电镀层和化学镀层这些外加膜层都大得多。成膜的典型反应可以用下式表示：

$$mM + nA^{z-} \longrightarrow M_mA_n + nze \qquad (12\text{-}3)$$

式中　M——参加反应的金属或镀层金属；

A——介质中的阴离子。

根据形成膜时所采用的介质，可将化学转化膜分为以下几类：

（1）氧化物膜。金属在含有氧化剂的溶液中形成的膜，其成膜过程称为氧化。

（2）磷酸盐膜。金属在磷酸盐溶液中形成的膜，其成膜过程称为磷化。

（3）铬酸盐膜。金属在含有铬酸或者铬酸盐的溶液中形成的膜，其成膜过程在我国习惯称为钝化。

化学转化膜几乎在所有的金属表面都能生成，目前工业上应用较多的是铁、铝、锌、铜、镁及其合金的转化膜。

### 12.5.1　氧化处理

钢铁的化学氧化是指钢铁在含有氧化剂的溶液中进行处理，使其表面生成一层均匀的蓝黑到黑色膜层的过程，也称金属的“发蓝”或“发黑”。根据处理温度的高低，钢铁的化学氧化可分为化学氧化和常温化学氧化。这两种方法所用的处理液成分不同，膜的组成不同，成膜机理也不同。

（1）钢铁的高温化学氧化。高温化学氧化法是传统的钢铁“发黑”方法。主要采用含有亚硝酸钠的浓碱性溶液，在140℃左右的温度下处理15～90 min。高温化学氧化得到的是以磁性氧化铁（$Fe_3O_4$）为主的氧化膜，膜厚一般只有0.5～1.5 μm，最厚可达2.5 μm。氧化膜具有较好的吸附性。将氧化膜浸油或做其他后处理，其耐蚀性可大大提高。由于氧化膜很薄，对零件的尺寸和精度几乎没有影响，因此在精密仪器、光学仪器、武器及机器制造业中得到广泛应用。

（2）钢铁的常温化学氧化。钢铁的常温化学氧化，即为一般所说的“常温发黑”。是20世纪

80年代后迅速发展的新技术。与高温发黑相比,常温发黑具有节能、高效、操作简便、成本较低、环境污染小的特点。常温发黑液中大多为 $CuSO_4-H_2SeO_3$ 体系的发黑液,并按一定配比加入磷酸、磷酸盐或硝酸、亚硝酸盐或氯化物等缓冲液,以及柠檬酸、柠檬酸盐等添加剂。常温发黑得到的表面膜主要成分为 CuSe,其功能与 $Fe_3O_4$ 相似。钢铁的常温氧化的发黑机理到目前为止研究得尚不够成熟,争议颇多。对其有兴趣的读者可以参看相关书籍。在此不做详细叙述。

有色金属业常会用到氧化处理过程,主要介绍如下:

(1) 铝及铝合金的化学氧化。铝及铝合金经过化学氧化可得到厚度为0.5~4 μm的氧化膜,膜层多孔,具有良好的吸附性,可作为有机涂层的底层,但其耐磨性和耐蚀性都不如阳极氧化膜好。化学氧化法的特点是设备简单,操作方便,效率高,不消耗电能,成本低。该法适用于一些不适合阳极氧化的铝制品的表面处理。

铝的pH值在4.45~8.38之间均能形成化学氧化膜,但机理尚不清楚,估计与铝在沸水介质中的成膜反应是一致的。铝在沸水中成膜属于电化学的性质,即在局部电池的阳极上发生如下的反应:

$$Al \longrightarrow Al^{3+} + 3e$$

阴极反应:

$$3H_2O \longrightarrow 3OH^- + \frac{3}{2}H_2$$

阴极反应导致金属与溶液界面液相区的碱度提高,于是进一步发生以下反应:

$$Al^{3+} + 3OH^- \longrightarrow AlOOH + H_2O$$

产生在界面液层中的AlOOH转化为难溶的 $\gamma-Al_2O_3 \cdot H_2O$ 晶体,并且吸附在表面上,形成了氧化膜。

(2) 镁合金的化学氧化。用化学氧化法可在镁合金表面上获得厚度为0.5~3 μm的氧化膜。由于氧化膜薄而软,使用中易损伤,所以一般用作有机涂料的底层,以提高涂料与基体的结合力和防护性能。

(3) 铜及铜合金的化学氧化。通过化学氧化的方法,可以在铜及黄铜、青铜等铜合金表面获得各种颜色的膜层,膜层主要成分是CuO或 $Cu_2O$。铜及铜合金表面漂亮的膜层具有很好的装饰功能。

### 12.5.2 铝及铝合金的阳极氧化

前面在讲到铝的化学氧化时已经提到了铝及铝合金的阳极氧化,阳极氧化是指在适当的电解液中以金属作为阳极在外加电流作用下,使其表面生成氧化膜的方法。通过选择不同类型、不同浓度的电解液,以及控制氧化时的工艺条件,可以获得具有不同性质、厚度在几十至几百微米(铝自然氧化膜厚度为0.010~0.015 μm)的阳极氧化膜。下面所述是铝及铝合金氧化膜的性质和用途。

(1) 多孔性。铝及铝合金阳极氧化后获得的氧化膜具有多孔的蜂窝状结构,膜层的空隙率决定于电解液的类型和氧化的工艺条件。这种氧化膜的多孔性不仅可以用于涂镀层的底层,提高金属的装饰效果,而且可以用作纳米材料生成的模板,其形貌如图12-11所示。

基于阳极多孔氧化铝模板(AAO)辅助生长的方法已经被广泛应用于合成纳米线、纳米管、纳米点等低维纳米材料。在形状控制方面,除了直的纳米线和纳米管外,AAO也被应用于制备其他形状的纳米结构,如Y形、枝状和竹节状。图12-12所示为基于氧化铝模板制备 $TiO_2$ 纳米阵列薄膜的过程。

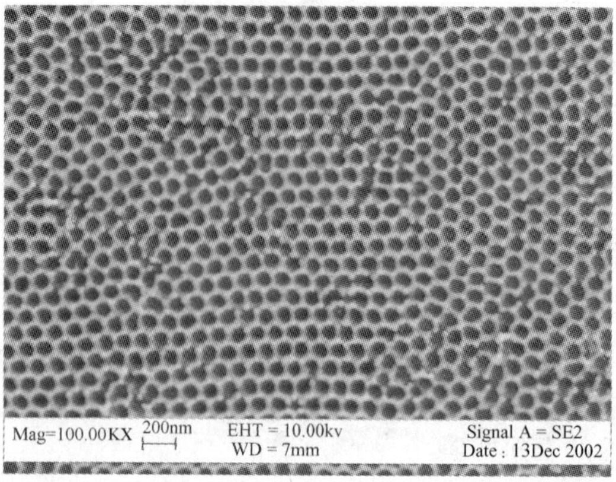


图 12-11 多孔氧化铝模板(AAO)的高倍 SEM 图像

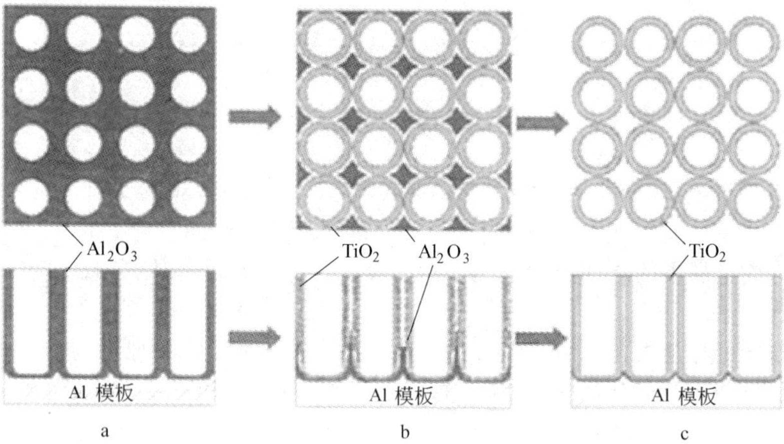


图 12-12 基于 AAO 制备 $TiO_2$ 纳米阵列薄膜的方法示意图

a—氧化铝模板;b—通过化学反应消耗氧化铝生成 $TiO_2$;c—氧化铝模板被完全消耗

(2) 耐磨性。铝氧化膜具有很高的硬度,可以提高金属表面的耐磨性。当膜层吸附润滑剂后,能进一步提高其耐磨性。

(3) 耐蚀性。氧化铝膜在空气中很稳定,因此具有较好的耐蚀性,其耐蚀能力与膜层厚度、组成、空隙率、基体材料的成分及结构的完整性有关。为提高膜的耐蚀能力,阳极氧化后的膜层通常再进行封闭和喷漆处理。

(4) 电绝缘性。阳极氧化膜具有很高的绝缘电阻和击穿电压,可以用作电解电容器的电介质层或电器制品的绝缘层。其中具有代表性的应用就是铝电解电容器。

铝电解电容器的截面如图 12-13 所示。由于在生成 $Al_2O_3$ 的过程中,铝箔片上各处的氧化反应速度各不相同,在氧化膜形成终了时,靠近金属铝一边的氧化膜内,总散布着一些未被氧化的铝原子(称为 n 区);而靠近电解质一边的氧化膜内,则存在着一定数量的过剩氧原子(一般称为电解质溶液正铝箔城面圈 P 区);只有中间部分才是纯粹的 $Al_2O_3$(一般称为 i 区)。由此,覆盖在铝箔表面的氧化铝薄膜又可细分为 P、n、i 三个小区。由于 n 小区中的铝原子有自由电子,P 小区中的氧原子有自由移动的“正电荷”—“空穴”(与 P 型半导体材料中的空穴相类似),所以 P、n 小区都具有一定的导电能力。相比之下,i 小区则为良好的绝缘层。

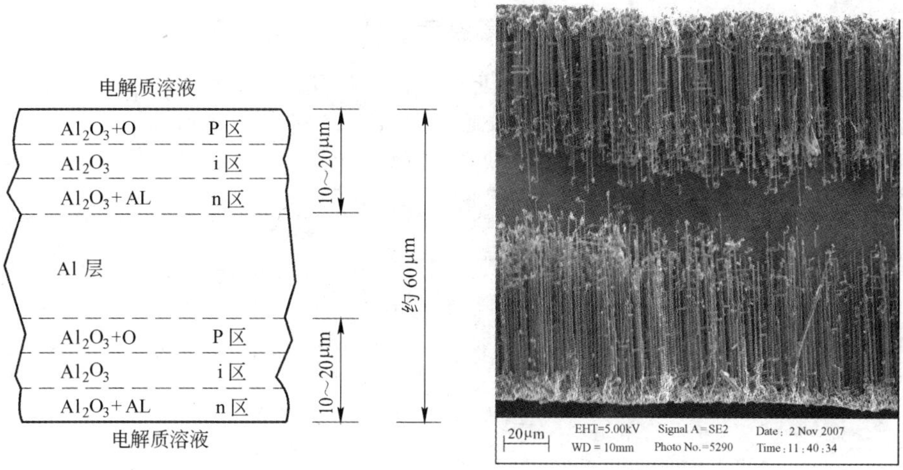


图 12-13　铝电解电容器的截面示意图

这种导电区和绝缘区的分布决定了电解电容器只能接入正向电压，反向则会导致击穿。当接上正向电压时，即 P 区与负极相通，n 区接电源正极时，n 区中的部分 Al 原子失去电子成为 $Al^{3+}$ 离子，可使 n 区的导电性大大下降（自由移动电荷减少）。同理，P 区中的氧原子得到电子后，P 区的绝缘性能也将增强很多；而当接上反向电压时，$Al_2O_3$ 膜内的 P 区与正极相通，n 区接电源负极，故 O 原子和 Al 原子不会得失电子。这样，P、n 二区因具有导电性，直接成为 i 小区的二电极板，故 i 区中将要发生如下反应：

$$Al^{3+} + 3e^- \longrightarrow Al$$

$$O^{2-} - 2e^- \longrightarrow O$$

随着反应的持续进行，i 区不断蜕化成能导电的 P 区和 n 区。最终，氧化膜失去了绝缘性能成为一个导体（即击穿）。当电流导通时，由于急剧的发热及各种电化学反应，电容器内部结构将迅速遭到破坏。因此，电解电容器绝对禁止反向接入电压。

铝电解电容器以单位体积电容量大、体积小、重量轻、价廉而著称，在各种电子电路中被广泛用于低频滤波、音频耦合、隔直流、储能等，属于大量使用的、不可取代的电子元件之一。为适应电子整机不断向小型化、高密度组装化方向迅速发展，将进一步缩小铝电解电容器体积，提高比容，延长寿命，降低等效串联电阻。

（5）绝热性。铝氧化膜是一种很好的绝热层，其稳定性可达 1500℃，因此在瞬间高温下工作的零件，由于氧化膜的存在，可防止铝的熔化。氧化膜的热导率很低，约为 0.419～1.26 W/(m·K)。

（6）结合力。阳极氧化膜与集体金属的结合力很强，很难用机械的方法将它们分离，即使膜层随基体弯曲直至破裂，膜层与基体金属仍保持良好的结合力。

## 思考练习题

1. 实际金属表面具有怎样的结构特征？
2. 简述高温金属的氧化与控制措施。
3. 电子铝箔为什么可以实现发孔处理？
4. 金属表面机械处理后会对渗镀等工艺产生何种影响？

## 本篇参考文献

[1]　姚寿山,李戈扬,胡彬．表面科学与技术．北京:机械工业出版社,2005.
[2]　赵文轸．材料表面工程导论．西安:西安交通大学出版社,2002.
[3]　何业东．材料腐蚀与防护概论．北京:机械工业出版社,2005.
[4]　孙希泰．材料表面强化技术．北京:化学工业出版社,2005.

# 第六篇　高分子物理

# 13　高聚物分子链结构

**本章要点：**

高分子科学的简史、现状和特点；高分子链的结构层次，化学组成，键接方式，高分子链的构型，共聚物结构及性能，分子构造；高分子相对分子质量及其分布，高分子链构象，高分子链的柔顺性，高分子链的构象统计。

## 13.1　概　　论

### 13.1.1　高分子科学的诞生与发展

从远古时代开始，木材、棉、麻、丝、毛、漆、橡胶、皮革和各种天然树脂等天然高分子材料已经在人们的生活和生产中得到了广泛的应用。蚕丝纺织、纤维造纸、桐油大漆作涂料，是我们祖先的伟大发明和技术。19 世纪人们通过化学反应对天然高分子进行改性：1839 年 Goodyear 发明了天然橡胶的硫化；1855 年英国人 Parks 由硝化纤维素和樟脑制得了赛璐珞；1883 年法国人 Chardonnet 以硝化纤维素为原料，运用硫氢化铵脱硝，发明了人造丝等。在早期，人们合成聚合物的目的只是为了寻找象牙、龟甲这些材料的替代品。1907 年，Baekeland 采用苯酚和甲醛合成了酚醛树脂，并发明了加入木料提高其韧性的工艺并推广应用到电器行业（故其俗名为"电木"），这是第一种真正意义上的合成聚合物。

1920 年，德国化学家 Hermann Staudinger 发表了"论聚合"的论文，提出了大分子是通过共价键连结起来的长链结构。而当时学术界普遍认为聚合物是由小分子通过次价力结合而成的聚集体。20 年代，Staudinger 用 X 射线衍射、氢化天然橡胶等方法驳斥了缔合学说。随后，超离心机、渗透计等可用于聚合物的分子量测定。1930 年，Staudinger 提出了溶液黏度与相对分子质量的关系式，高分子学说逐渐被接受。

人工合成的高分子根据其反应可划分为两大类：加成反应和缩合反应。1927 年，德国通过加成反应合成了聚甲基丙烯酸甲酯（有机玻璃）。1928 年 Carothers 受聘于美国杜邦公司，开始致力于寻找新的人造纤维，并于二战前通过缩合反应制备了尼龙（聚酰胺）并使之商业化，二战中用作制造降落伞。1933 年，英国帝国化学工业公司决定采用高压法加成聚合乙烯单体，并于 1939 年放大至工业生产规模，高压聚乙烯具有优异的介电性能，首先用于雷达中作为电路绝缘体。至此，人们全面证明了长链结构的概念，对高分子结构的认识产生了飞跃，从过去的胶体化学范畴中解脱出来。1950 年，聚对苯二甲酸乙二醇酯（涤纶）

纤维在英国实现工业化生产。1951 年，杜邦公司将聚丙烯腈纤维（人造羊毛）工业化。高压聚乙烯产品成本昂贵，1953 年德国化学家 Karl Ziegler 发现了一种立体活性催化剂（三乙基铝－四氯化钛），使得乙烯在低压下聚合得到高结晶度的高密度聚乙烯。不久，意大利科学家 Giulio Natta 采用相似催化剂（$TiCl_3$ 代替 $TiCl_4$），合成出有规立构聚丙烯，并导入了高分子空间规则性概念。当时适逢石油化工兴起，Ziegler-Natta 催化剂不仅给高分子化学工业以剧烈冲击，而且引起了化学工业的结构重组。随后，美国采用类似催化剂合成了有规立构聚异戊二烯。这三类产品及其衍生物，立即被全世界工业界所接受，转化为高分子产品。

高分子学说一旦确立，便有力地促进了合成高分子工业的发展，加之五六十年代石油大规模开采利用提供了价廉的原料，一大批合成材料生产出来并迅速商品化，它们作为纤维、塑料、橡胶、涂料、黏合剂使用。1930 年后，高分子物理也得到迅速发展：Scherrer 将 X 射线衍射方法引入到聚合物聚集态结构研究之中；Kuhn 等把统计力学方法用于高分子链的构象统计，建立了橡胶高弹性统计理论；Flory 和 Huggins 利用晶格模型推导出高分子溶液的热力学性质，使得渗透压等高分子稀溶液的依数性质得到了理论解释；Flory 在流体力学理论研究的基础上，把热力学和流体力学联系起来，使高分子溶液的黏度、扩散、沉降等宏观性质与分子的微观结构联系起来。Watson 利用 X 射线衍射法研究高分子晶态结构，确定了脱氧核糖核酸的双螺旋结构。来自物理学家的贡献也日趋增大，最活跃的两位是 Samuel Edwards 和 Pierre-Gilles de Gennes。de Gennes 引入了重归一化群的方法来进行高分子链的统计，并与 Edwards 联手研究聚合物中的扩散机制。聚合物物理（包括链统计、橡胶弹性、结晶机制、黏弹性与塑性、介电行为）逐渐成为一个十分明确的分支学科。

### 13.1.2 高分子材料的市场经济地位

20 世纪 50 年代中期，随着石油大量开采，世界能源从煤炭转向石油，石油作为初级能源使用伴随产生轻质烷烃副产物，由此可以较低成本制造以乙烯为基础的聚合物，如聚乙烯（PE）、聚丙烯（PP）、聚苯乙烯（PS）和聚氯乙烯（PVC）等。一经批量生产，聚合物材料就以价廉、质量轻、韧性好、耐腐蚀、容易加工成型等特点，被广泛用来替代木材、石材、玻璃和金属等传统材料。2000 年，在美国材料市场经济份额中金属材料占 38%，无机非金属材料占 17%，聚合物材料占 26%，其他占 19%。

目前，具有重要工业应用价值的聚合物材料约有 13000 种，实际上这些聚合物材料都是以 30～40 种不同类型的聚合物为基础衍生出来的。塑料根据其用途可分为三类：通用塑料、工程塑料和高性能塑料。通用塑料指大量生产的热塑性材料，主要为聚乙烯（PE）、聚丙烯（PP）、聚苯乙烯（PS）和聚氯乙烯（PVC）及其衍生物，约占整个塑料消耗量的 80%。工程塑料具有较高的力学性能和热稳定性，可以承受复杂的外力作用，主要有聚酰胺（PA）、聚碳酸酯（PC）、聚对苯二甲酸乙二醇酯（PET）、聚甲醛（POM）、苯乙烯共聚物（ABS、SAN 等），约占整个塑料消耗量的 19%。高性能塑料指一些具有特殊性能的材料，如高耐热性工程塑料，聚砜、聚醚酮、聚酰亚胺、聚苯硫醚、聚芳基酰胺等，这些材料生产加工困难，价格高，消耗量小，用于一些特殊场合。塑料的主要应用领域包括包装、建筑、汽车、电子电器工业等。聚合物材料在包装行业消耗量最大，发展最快，但也带来大量难降解垃圾等问题。建筑行业用于管材、门窗型材、屋顶附件、涂料、保温材料等。汽车功能配件、控制配件、结构配件、车门组件、内饰片材、贮物箱都可用聚合物制造，常用聚合物有聚丙烯和聚氨酯等。

纤维的主要品种有聚酯纤维、聚酰胺纤维、聚丙烯腈纤维、聚丙烯纤维等。1998 年我国成为世界化学纤维第一大生产国,2003 年达 1181 万吨,占国内纤维总产量的 65.7%,占世界化学纤维产量的 1/3。

### 13.1.3　高分子材料结构和性能特点

与低分子相比,高分子化合物的主要结构特点是:

(1) 相对分子质量大,相对分子质量存在着一定分布。

(2) 高分子链有一定的内旋转自由度,可以使主链弯曲而具有柔性。

(3) 结构不均一性,其晶态有序性较小分子晶体差,存在很多缺陷,但其非晶态结构却又比小分子液体有序程度高。

(4) 由于一个高分子包含很多结构单元,因此结构单元间的互相作用对其聚集态结构和物理性能有着十分重要的影响。

(5) 高分子的结构是非常复杂的,整个高分子结构是由不同层次所组成的。

高分子材料具有优良的性能,如质量轻(低密度),大多塑料密度为 0.9 ~ 2.2 $g/m^3$;电绝缘性好;导热系数小;化学稳定性较好(抗腐蚀);功能的可设计性强,如广泛的力学性能;优良的加工性能。这些优异的使用和加工性能是由高分子内在因素——大分子结构所决定的。高分子材料的物理性能是分子运动的宏观表现,而描述结构是了解分子运动的基础。研究高分子结构,了解分子内和分子间相互作用本质,就能够了解分子运动的实质,从而建立起微观结构与宏观性能之间的联系。

### 13.1.4　高分子物理的研究内容

高分子物理是研究高分子结构与其物理性能之间的关系的一门学科,它是在固体物理、物理化学、材料力学、流体力学等基础上发展起来的一门学科。高分子结构与性能之间通过分子运动联系起来。高分子如此庞大,结构复杂,运动形式多样,经典力学难以描述其分子运动,只有采用统计力学的方法,因此分子运动的统计学是高分子物理的第三方面。

高分子物理包括以下三个方面的研究内容:(1)高分子结构,包括高分子链结构和聚集态结构;(2)高分子材料的性能,主要是力学性能,包括黏弹性、高弹性和断裂强度;(3)高分子分子运动。

高分子链结构是指单个高分子的结构和形态,高分子链结构又分为近程结构与远程结构。近程结构属于化学结构,又称一级结构。远程结构包括分子的大小与形态、链的柔顺性及分子在各种环境中所采取的构象,又称二级结构。

## 13.2　高分子链的近程结构

高分子链的近程结构是指链结构单元的化学组成、键接方式、空间立构、序列结构、支化和交联等问题。

高分子是由很大数目($10^3$ ~ $10^5$)的结构单元通过共价键连接而成的长链状分子。高分子链中这种重复结构单元的数目称为聚合度($n$)。

### 13.2.1　结构单元的化学组成

高分子链是由单体在聚合反应中相互连接形成的链状分子,其主链的化学组成不同,聚合物的性质不同。常见聚合物化学组成如下:

(1) 常见热塑性塑料。

$-[CH_2-CH_2]_n-$　聚乙烯

$-[CH_2-CH(CH_3)]_n-$　聚丙烯

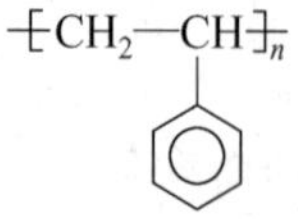

聚苯乙烯

$-[CH_2-CHCl]_n-$　聚氯乙烯

$-[CH_2-C(CH_3)(COOCH_3)]_n-$　聚甲基丙烯酸甲酯

(2) 典型的合成橡胶。

$-[CH_2-CH=CH-CH_2]_n-$　聚1，4-丁二烯

$-[CH_2-C(CH_3)=CH-CH_2]_n-$　聚异戊二烯

(3) 广泛应用的合成纤维。

$-[NH(CH_2)_6NH-CO(CH_2)_4CO]_n-$　尼龙6，6

$-[CH_2-CH(CN)]_n-$　聚丙烯腈

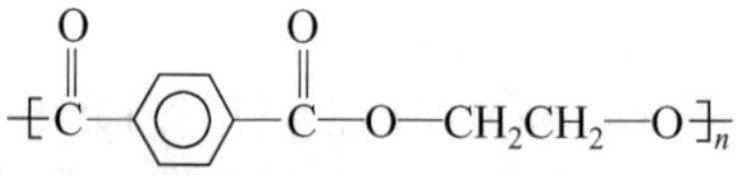

聚对苯二甲酸乙二醇酯

根据主链化学成分,高分子链分为碳链高分子、杂链高分子和元素高分子。

碳链高分子分子主链全部由碳原子以共价键相连接,如聚乙烯(PE)、聚苯乙烯(PS)等。它们大多由加聚反应制得,具有不易水解、较易成型加工等优点。

杂链高分子分子主链由碳与氧、氮、硫等两种或两种以上原子以共价键连接而成,如聚甲醛(POM)、聚对苯二甲酸乙二醇酯(PET)等。它们由缩聚反应或开环聚合制得,分子主链带有极性,易水解,耐热性和强度较高,常用作工程塑料。

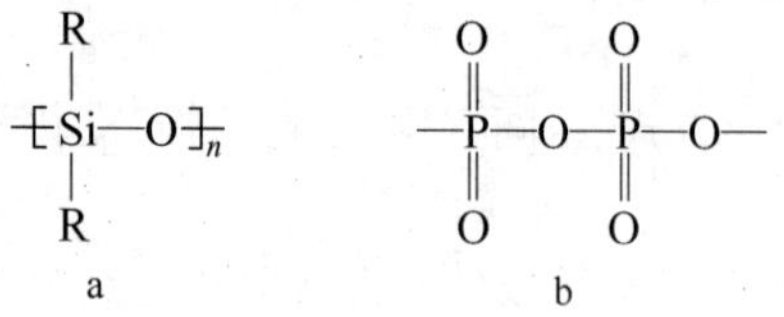

图 13-1　元素有机高分子和无机高分子
a—聚硅氧烷;b—聚偏磷酸

元素高分子主链中不含碳,含有硅、硼、磷、铝、钛、砷、锑等元素,元素高分子根据其侧链是否含有有机基团分为:元素有机高分子和无机高分子。元素有机高分子具有无机物的热稳定性和有机物的弹塑性,如聚硅氧烷等;无机高分子耐高温性能优异,但强度较低,如聚偏磷酸、氯化磷腈等,如图 13-1 所示。

高分子链的端基往往来自单体、引发剂、溶剂或分子量调节剂,端基占聚合物整体的量很少,但却直接影响聚合物性能,尤其是热稳定性。链的断裂可从端基开始,所以封闭端基可以提高聚合物的耐热性,聚甲醛的端羟基酯化后热稳定性明显提高。另外,通过对端基的研究,可以获得合成机理的有关数据和测定相对分子质量及支化度。

## 13.2.2 构型

构型(confignration)是分子中由化学键所固定的原子在空间的几何排列,是对分子中最邻近原子间的相对位置的表征。这种排列是稳定的,要改变构型必须经过化学键的断裂和重组。构型不同的异构体有键接异构体、旋光异构体和几何异构体。

### 13.2.2.1 结构单元的键接方式

键接结构(linkage isomerism)是结构单元在高分子链中的连结方式。在缩聚和开环聚合中,结构单元的键接方式一般是固定的,但在烯类单体的加成聚合过程中,键接方式可以是头-尾相接,也可以是头-头(尾-尾)结构。自由基或离子聚合的产物中通常以头-尾连接为主,当取代基位阻效应小以及链生长端共轭稳定性低时,会得到较大比例的头-头或尾-尾结构(见图13-2)。自由基聚合的聚偏二氟乙烯中,头-头结构的几率为10%~12%。

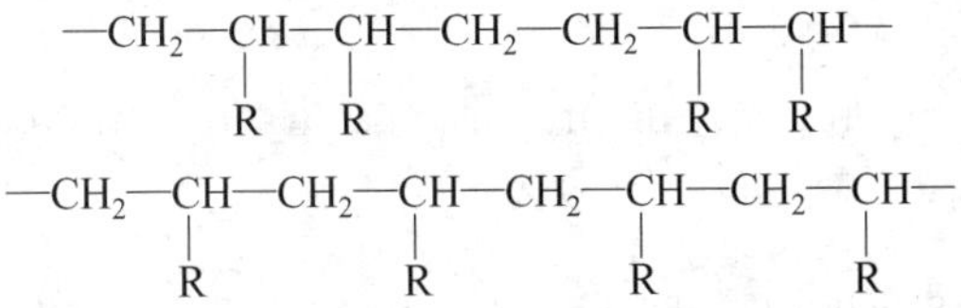

图13-2 不同键接方式:头-头键接和头-尾键接

双烯类单体的键合结构更加复杂,如异戊二烯的聚合过程中存在1,2-加成,3,4-加成和1,4-加成(见图13-3)。其中1,4-加成形成主链双键而存在顺反式结构。

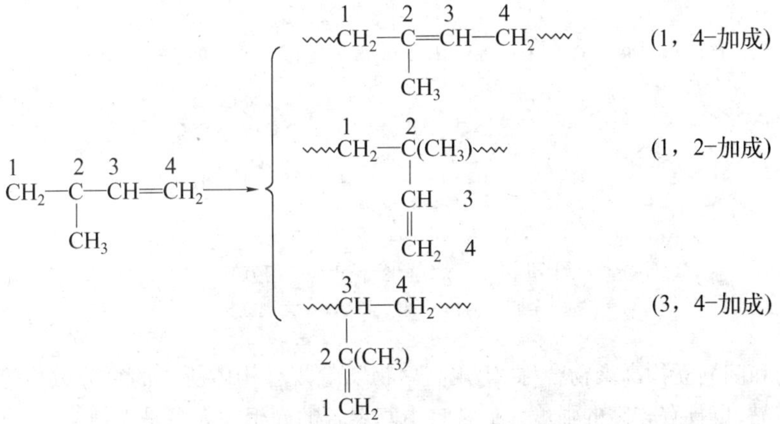


图13-3 异戊二烯的聚合过程

单体单元的键合方式对聚合物的性能有很大影响,如用作纤维的高聚物,一般要求分子链中的单体单元排列规整,以保证其具有较好的结晶性和强度。在维尼纶制备过程中,只有头-尾键合的聚乙烯醇才能与甲醛缩合生成聚乙烯醇缩甲醛,而头-头键合就不易发生缩醛化,在产物中残留了羟基,使纤维的缩水性增大。

### 13.2.2.2 结构单元的空间构型

旋光异构(optical isomerism)是由于不对称原子的存在有机物构成互为镜像的两种异构体,

表现出不同的旋光性。正四面体的中心原子上 4 个取代基不对称时，成为不对称中心原子，产生异构体，如—( $CH_2$ - CHX)$_n$—，每一个结构单元中有一个不对称碳原子，每一个链节就有两种旋光异构体。高分子链中含有很多不对称碳原子，通常由于内消旋和外消旋作用，高分子不表现出旋光性。只有聚 a - 氨基酸、聚乙基醚等高分子，链中手性碳原子的 4 个取代基完全不同，链节之间无消旋作用，整个高分子链具有旋光性，许多生物大分子具有旋光性。

高分子链的立体构成可分为三种：全同立构(isotactic)——全部由一种旋光异构单元键接而成；间同立构(syndiotactic)——由两种旋光异构单元交替键接而成；无规立构(atactic)——由两种旋光异构单元完全无规键接而成。(Natta 发明了这些名词，其夫人为语义学家。)如果把主链上的碳原子排列在平面上成为锯齿状，H 和 R 分别处于平面的上下两册，则全同立构链中的取代基 R 都位于平面同侧，间同立构链中的取代基 R 交替排列在平面的两侧，无规立构链中的 R 在平面两侧任意排列。乙烯基聚合物的立构方式如图 13-4 所示。

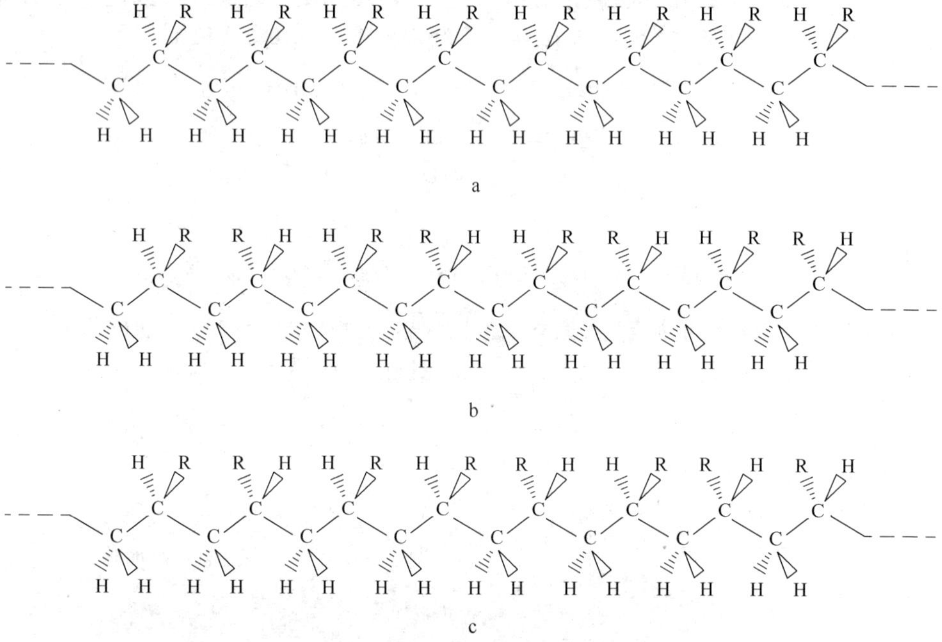

图 13-4 乙烯基聚合物的立构方式

a—全同立构；b—间同立构；c—无规立构

全同立构和间同立构高聚物合称“等规高聚物”，等规异构体所占的百分数称等规度。等规度越高越易结晶，也具有较高的强度。通常自由基聚合的高聚物大多是无规的，只有用特殊的催化剂(如 Ziegler-Natta 催化剂)才能制得有规立构高聚物。

几何异构(geometric isomerism)：当主链上存在双键，且组成双键的两个碳原子同时被两个不同的原子或基团取代时，由于基团在双键两侧排列的方式不同而有顺式和反式构型之分，称之为几何异构体。在双键一侧称为顺式，在双键两侧称为反式，如图 13-5 所示。

取代基的定向和异构主要是由合成方法所决定，自由基聚合常常得到无规立构聚合物，而 Ziegler-Natta 催化剂进行定向聚合，得到有规立构聚合物。构型对聚合物的性能起着很重要作用。如用钴、镍和钛催化系统可制得顺式构型含量大于 94% 的顺丁橡胶，钒系或醇烯催化剂制得反式聚丁二烯，易结晶，室温下是弹性较差的塑料。天然橡胶含有 98% 以上的 1,4 -

顺式异戊二烯及2%左右的3,4-聚异戊二烯,$T_m=28℃$,$T_g=-73℃$,柔软而具有弹性。古塔波胶为反式聚异戊二烯,有两种结晶状态,$T_m$分别为65℃和56℃,$T_g=-53℃$,在室温下为硬韧状物。

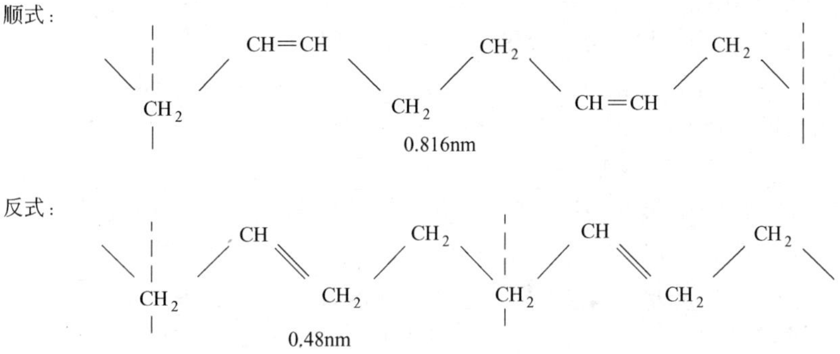


图 13-5 顺式和反式聚1,4-丁二烯

## 13.2.3 高分子共聚物(copolymer)

由两种或两种以上单体共同聚合而成的聚合物称为共聚物(copolymer)。按其连接方式,二元共聚物可分为无规型(random)、交替型(alternate)、接枝型(graft)和嵌段型(block)四类,如图13-6所示。

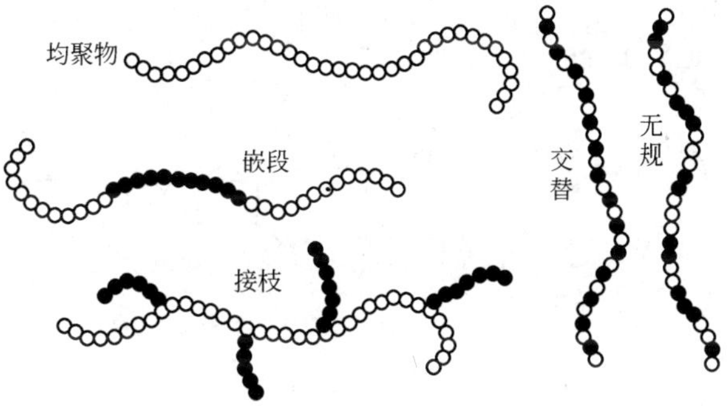


图 13-6 均聚物与共聚物

无规共聚物和交替共聚物是短序列共聚物,嵌段共聚物和接枝共聚物是长序列共聚物,通过连续而分别进行的两步聚合反应得到,又称多步聚合物。共聚物的命名原则是将两单体名称以短划相连,前面冠以"聚"字,例如聚丁二烯-苯乙烯,或称丁二烯-苯乙烯共聚物,在两单体之间插入-co-,-alt-,-b-,-g-,以区别无规、交替、嵌段和接枝。

描述共聚物结构的参数有平均组成、单体单元序列的平均长度及其组成分布和序列分布。共聚物组成可用化学法(元素分析、官能团测定等)和光谱法(红外、紫外、核磁共振等)及同位素测定方法;测定共聚物组成分布的方法有交叉分级法,在密度梯度场中的平衡沉降法和凝胶色谱法。测定序列长度的方法有化学方法和物理方法,化学方法根据链的断裂或侧基团的反应,来计算序列长度。物理方法采用光谱法、X射线衍射和差热分析法。

不同类型的共聚物结构对材料性能的影响各不相同。无规共聚物中两种单体无规则排列,既改变了结构单元的相互作用,也改变了分子间的相互作用,性能与均聚物有很大差异。如丁二烯和丙烯在 Ziegler-Natta 催化剂作用下进行交替共聚，可以得到丁丙胶，其性能与顺式 1,4 - 聚异戊二烯接近。

长序列共聚物由于宏观均相微观相分离，往往得到兼具各组分特性的材料，为高分子材料的改性提供了广泛的可能性。如聚苯乙烯是一种廉价且强度高的聚合物，但它非常脆。早在 20 世纪 30 年代人们就发现将 PS 与一种合成橡胶共聚可以消除 PS 的脆性，经过 10000 多次实验 ABS 最终于 1953 年商业化。丙烯腈具有腈基、耐化学腐蚀，提高制品的拉伸强度和硬度；丁二烯组分呈现橡胶状韧性，提高制品冲击强度；苯乙烯组分的高温流动性好，便于成型加工。由丙烯腈、丁二烯、苯乙烯组成的三元接枝共聚物（ABS 树脂）为质硬、耐腐蚀、坚韧、抗冲击的热塑性塑料。采用阴离子聚合法制得苯乙烯和丁二烯的三嵌段共聚物 SBS，分子链中段是聚丁二烯，顺式占 40% 左右，相对分子质量约 7 万，常温下处于橡胶态；两端为聚苯乙烯，相对分子质量 1.5 万，为硬性塑料，两者不相容形成两相结构。聚丁二烯形成连续的橡胶相，聚苯乙烯形成微区分散在橡胶相中对聚丁二烯起交联作用。SBS 是一种加热可以熔融，室温具有弹性，可用注塑方法加工而不需要硫化的一类橡胶，称为热塑性弹性体。聚氨酯是由刚性段和柔性段组成的多嵌段共聚物，改变相对分子质量、刚性段和柔性段化学组成和比例以及嵌段序列，可设计出一系列从涂料、胶黏剂、弹性体、发泡塑料到硬塑料等适用范围很宽的高分子材料。

近年来，长序列共聚物的相分离更成为纳米材料的前沿课题，提供了制备微纳米尺度有序结构的新方法。

### 13.2.4 分子构造（architecture）

分子构造是指高聚物分子链的几何形状，主要有线形、支化和交联三类。其中支化链又可分为短支化链、长支化链、超支化链、星形链、梳形链（见图 13-7）。

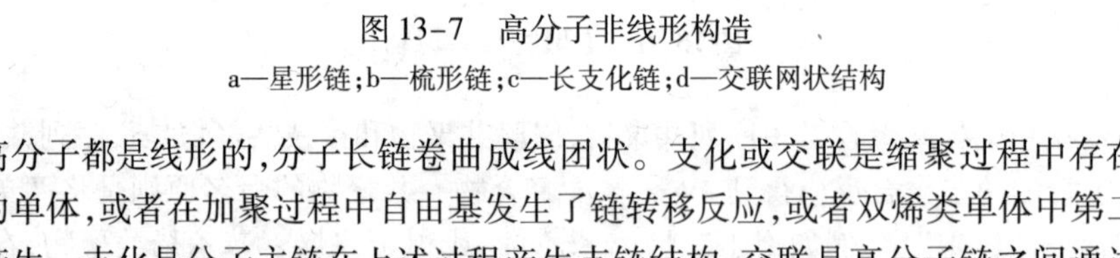

a　　b　　c　　d

图 13-7 高分子非线形构造

a—星形链；b—梳形链；c—长支化链；d—交联网状结构

通常高分子都是线形的，分子长链卷曲成线团状。支化或交联是缩聚过程中存在 3 个或多个官能团的单体，或者在加聚过程中自由基发生了链转移反应，或者双烯类单体中第二双键活化等情况下产生。支化是分子主链在上述过程产生支链结构，交联是高分子链之间通过支链连结成一个三维网状大分子。线形高分子通过大分子卷曲相互穿插形成物理交联，这种交联作用对分子运动约束相对比较弱，在受热、溶剂或机械力作用时，物理交联作用可逆，故线形高分子可溶（解）可熔（融）；网状高分子通过共价键化学交联，不溶不熔，热固性塑料（酚醛、环氧、不饱和聚酯等）和硫化橡胶都是交联高分子。

交联或支化结构，通常用单位体积中交联点（或支化点）的数目（交联点密度或支化点密度）或相邻交联点（或支化点）之间的链的平均相对分子质量（网链长度或支化长度）来表征。

分子构造对聚合物性能有很大影响。支化高分子的化学性质与线形分子相似，但支化对其物理力学性能、加工流动性能影响显著。短支链支化破坏了分子结构的规整性，降低了晶态聚合物的结晶度。长支链支化影响聚合物的熔融流动性能。如低密度聚乙烯(LDPE)由于支化破坏了分子的规整性,结晶度降低。而高密度聚乙烯(HDPE)是线形分子,结晶度高,密度、熔点、硬度等都高于LDPE。交联度越大,材料弹性越差,硬度和强度增加。如交联度小的橡胶(含硫5%以下)弹性较好,交联度大的橡胶(含硫20%～30%)弹性差,交联度再增加,机械强度和硬度增加,最终失去弹性而变脆。

20世纪80年代发现了树枝状聚合物。近年来,星形和接枝共聚物进一步发展了树枝状聚合物(dendrimer)。从中心出发,聚合物形成多重分支结构,是一类新型的超支化高分子,典型结构如图13-8所示,这些聚合物的合成与应用是一个尚待开拓的领域。

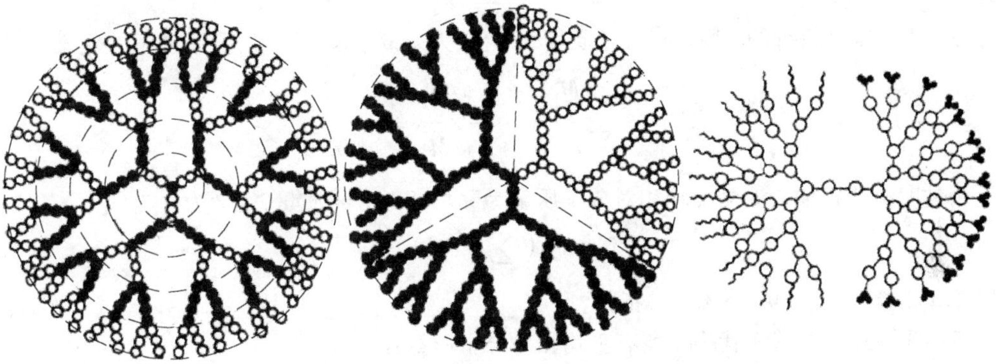

a b c

图13-8 树枝状聚合物的几种类型

a—多层圈;b—多块体;c—双亲性(两个半球分别具有亲水性和疏水性的Janus Particles)

## 13.3 高分子链的远程结构

高分子链的远程结构包括分子的大小(相对分子质量及其分布)和形态(构象)。

### 13.3.1 高分子的相对分子质量及其分布

高分子是由小分子单体聚合而成,虽然两者的化学结构相似,但其物理性能却有很大差异。如烷烃1～4个碳原子是气体,5～18个碳是液体,18个以上的是脆性固体,当相对分子质量超过4000以后,性质发生突变,称为又强又韧的聚乙烯。可见相对分子质量及其分布对聚合物性能有重要影响,是表征高分子的一个重要指标。除少数几种蛋白质以外,高分子的相对分子质量都是不均一的,即具有多分散性,因此高分子的相对分子质量只有统计意义,只能用统计平均值和相对分子质量分布来表示,如数均分子量、重均分子量和多分散系数。

假定在某一高分子试样中含有若干种相对分子质量不相等的分子,该试样的总质量为$w$,总摩尔数为$n$,种类数用$i$表示,第$i$种分子的相对分子质量为$M_i$,摩尔数为$n_i$,质量为$w_i$,在整个试样中的质量分数为$W_i$,摩尔分数为$N_i$,则这些量之间存在下列关系:

$$\sum_i n_i = n;\quad \sum_i w_i = w$$

$$\frac{n_i}{n} = N_i;\quad \frac{w_i}{w} = W_i$$

$$\sum_i N_i = 1;\quad \sum_i W_i = 1$$

$$w_i = n_i M_i$$

以数量为统计权重的数均相对分子质量，定义为：

$$\overline{M}_n = \frac{w}{n} = \frac{\sum_i n_i M_i}{\sum_i n_i} = \sum_i N_i M_i$$

以重量为统计权重的重均相对分子质量，定义为：

$$\overline{M}_w = \frac{\sum_i w_i M_i}{\sum_i w_i} = \frac{\sum_i n_i M_i^2}{\sum_i n_i M_i} = \sum_i W_i M_i$$

以 $z$ 值为统计权重的 $z$ 均相对分子质量，$z_i$ 定义为 $w_i M_i$，则 $z$ 均相对分子质量的定义为：

$$\overline{M}_z = \frac{\sum_i z_i M_i}{\sum_i z_i} = \frac{\sum_i w_i M_i^2}{\sum_i w_i M_i} = \frac{\sum_i n_i M_i^3}{\sum_i n_i M_i^2}$$

用黏度法测得稀溶液的平均相对分子质量为黏均相对分子质量，定义为：

$$\overline{M}_\nu = \left(\sum_i W_i M_i^a\right)^{1/a}$$

这里的 $a$ 是指$[\eta] = KM^a$ 公式中的指数。

迈耶霍夫用一个式子代表了所有平均相对分子质量：

$$\overline{M} = \frac{\sum_i w_i M_i^\beta}{\sum_i w_i M_i^{\beta-1}}$$

式中，对于数均，$\beta = 0$；对于重均，$\beta = 1$；对于 $Z$ 均，$\beta = 2$；对于黏均，$\beta = 0.8 \sim 1$。这种表达很便于记忆。

这些相对分子质量也都可以写成积分的形式，下面将最重要的数均和重均相对分子质量的一些变换的形式归纳如下：

$$\overline{M}_n = \frac{\sum_i n_i M_i}{\sum_i n_i} = \sum_i N_i M_i = \int_0^\infty N(M) M \mathrm{d}M$$

$$= \frac{\sum_i w_i}{\sum_i \frac{w_i}{M_i}} = \frac{1}{\sum_i \frac{W_i}{M_i}} = \frac{1}{\int_0^\infty \frac{W(M)}{M} \mathrm{d}M}$$

$$\frac{1}{\overline{M}_n} = \sum_i \frac{W_i}{M_i} = \overline{\left(\frac{1}{M}\right)}_w$$

$$\overline{M}_w = \frac{\sum_i n_i M_i^2}{\sum_i n_i M_i} = \frac{\sum_i w_i M_i}{\sum_i w_i} = \sum_i W_i M_i = \int_0^\infty w(M) M \mathrm{d}M$$

根据定义式，很易证明：

当 $a = 1$ 时，$\overline{M}_\nu = \sum_i W_i M_i = \overline{M}_w$；当 $a = -1$ 时，$\overline{M}_\nu = \dfrac{1}{\sum_i \frac{W_i}{M_i}} = \overline{M}_n$。

数均、重均、$Z$ 均相对分子质量的统计意义还可以分别理解为线均、面均和体均（即一维、二维、三维的统计平均)。对于多分散试样,$\overline{M}_z > \overline{M}_w > \overline{M}_\nu > \overline{M}_n$;对于单分散试样,$\overline{M}_z = \overline{M}_w = \overline{M}_\nu = \overline{M}_n$(只有极少数像 DNA 等生物高分子才是单分散的)。

用于表征多分散性(polydispersity)的参数主要有两个。

(1) 多分散系数(heterodisperse index,简称 HI)

$$d = \overline{M}_w / \overline{M}_n$$

(2) 分布宽度指数。

$$\sigma_n^2 \equiv \overline{[(M - \overline{M}_n)^2]_n} = \overline{M}_n^2 (d - 1)$$

对于多分散试样,$d > 1$ 或 $\sigma_n > 0$

对于单分散试样,$d = 1$ 或 $\sigma_n = \sigma_w = 0$

高聚物相对分子质量的测定方法有:端基分析法、黏度法、超速离心沉降法、凝胶渗透色谱法、沸点升高和冰点降低法、膜渗透压法、光散射法等。

(1) 端基分析法。如果线形高分子的化学结构明确,且链末端为可以用化学方法(如滴定)或物理方法(如放射性同位素测定)分析的基团,那么测定一定重量高聚物中端基的数目,即可求得试样的数均相对分子质量。最早期测定聚合物相对分子质量的方法只有端基分析法。

(2) 黏度法。利用毛细管黏度计测定高分子稀溶液的相对黏度,求得高分子的特性黏数,然后利用特性黏数与相对分子质量的关系式可计算高聚物的黏均分子量。早在 1930 年,Staudinger 就基于刚性分子链假设提出了溶液黏度与相对分子质量的关系式。

(3) 超速离心沉降法。20 世纪 30 年代由瑞典科学家 Svedberg 发明,1937 年批量生产,成为测量相对分子质量的一种主要技术。

(4) 凝胶渗透色谱法(gel permeation chromatography,GPC)。又称体积排除色谱法,是目前最广泛应用的方法。当试样随淋洗溶剂进入由多孔填料组成的柱子后,溶质分子即向多孔性凝胶的内部孔洞扩散。较小的分子除了能进入大的孔外,还能进入较小的孔,而较大的分子只能进入较大的孔,甚至完全不能进入孔洞而先被洗提,因而尺寸大的分子先被洗提出来,尺寸小的分子较晚被洗提出来,分子尺寸按从大到小的次序进行分离,其原理如图 13-9 所示。该技术 1952 年开始研究,1964 年由 Moore 完善。

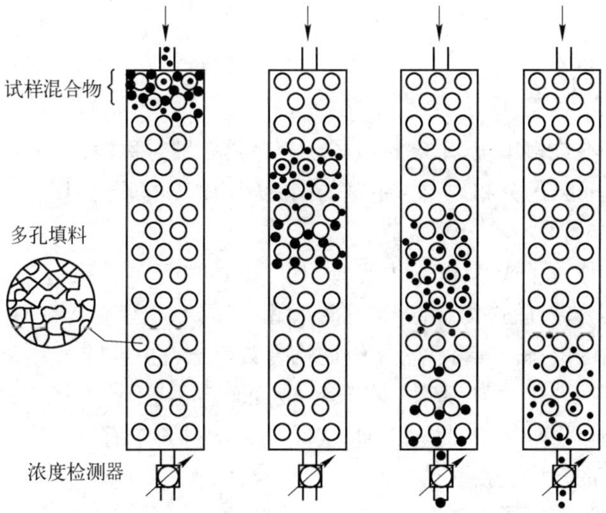


图 13-9　GPC 原理示意图

### 13.3.2　相对分子质量对聚合物性能的影响

聚合物有许多重要特性的一个根本原因是相对分子质量大。因而随相对分子质量增大聚合物的许多性能发生了变化,变化趋势如下:

(1) 柔顺性增大。但达到临界相对分子质量 $M_C$ 约 $10^4$ 后符合统计规律,柔性与相对分子质量无关。

(2) 力学性能提高。冲击强度没有 $M_C$,但抗张强度存在 $M_C$,抗张强度:

$$T = A - B/\overline{M}_n$$

(3) 黏度增加,熔融指数下降,可加工性下降。$M_C$(相当于开始缠结相对分子质量)之前 $\eta_0 = KM_w$,$M_C$ 之后 $\eta_0 = K\overline{M}_w^{3.4\sim3.5}$。

(4) 溶解速率下降。

(5) 熔点提高。相对分子质量趋于∞时熔点为平衡熔点。

$$\frac{1}{T_m} - \frac{1}{T_m^0} = \frac{R}{\Delta H_w} \cdot \frac{2}{\overline{P}_n}$$

(6) 结晶速率下降。

(7) $T_g$ 和 $T_f$ 均提高,$T_g$ 有 $M_C$(相当缠结分子质量)但 $T_f$ 没有 $M_C$。相对分子质量对 $T_g$、$T_f$ 和 $T_b$ 的影响如图 13-10 所示。

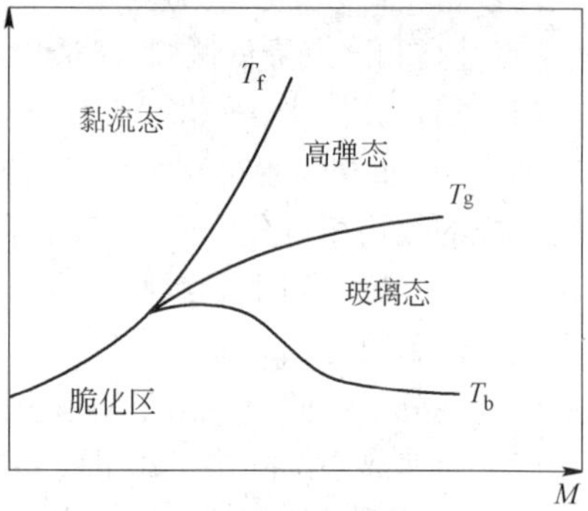


图 13-10　相对分子质量对 $T_g$、$T_f$ 和 $T_b$ 的影响

相对分子质量和相对分子质量分布是影响材料使用性能和加工性能的重要因素。聚合物的相对分子质量达到某一数值后,才能显示出具有实用价值的机械强度,称为临界相对分子质量。聚合物相对分子质量大,机械强度高,但相对分子质量增加后,分子间相互作用力增加,导致高温流动黏度增加,使加工成型变得困难。高聚物中含有大量低分子量尾端,则产品易起泡,强度低;而含有较多的高分子尾端,纺丝过程中就会堵塞纺丝孔,挤压、吹塑过程中会造成结块现象。因此,高聚物的相对分子质量和分布在一定范围内才比较合适。

### 13.3.3　高分子链的构象

高分子主链中存在许多单键,单键 σ 电子云分布具有轴对称性,以 σ 键相连的两个原子可以相对旋转而不影响电子云的分布。由于单键的内旋转而产生的分子中原子在空间位置上的变化称为构象(conformation)。

当碳链上没有其他原子或基团时,内旋转是自由的。由于碳—碳键角为 109.5°,一个键的自转会引起相邻键绕其公转,轨迹为圆锥形。高分子链有成千上万个单键,单键内旋转的结果会导致高分子链总体卷曲的形态。实际高分子链的构象数目比自由旋转时为少,一方面,单键上非键合原子或基团之间存在着排斥力,致使内旋转不能完全自由,不能任意取某种构象,也不能任意地从一种构象过渡到另一种构象;另一方面,实际高分子材料中有许多高分子链,它们之间内相互作用也限制了构象的自由变换。

由于高分子链中近邻原子上连有基团(至少有氢原子),单链内旋转要克服一定的能垒。从势能图 13-11 上可见,反式(trans)能量最低,是最稳定的状态,旁式(ganshe)次之,顺式(cis)能量最高。反式用 t 表示，旁式有两种，记为 g 和 g’。

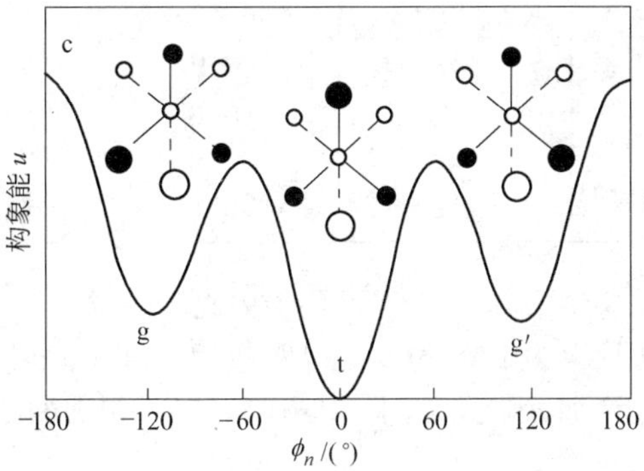


图 13-11 丁烷中 C—C 键的内旋转位能

聚乙烯分子链在晶相中采用全反式（即 ttttt）的构象，称锯齿形构象，能量最低最稳定。而当侧基较大时，取全反式构象会导致相邻侧基产生大的排斥力，因而全同聚丙烯采取 t 和 g 交替排列（即 tgtgtg 或 tg′tg′tg′）的构象，称螺旋形构象。聚丙烯的一个螺旋周期包括 3 个结构单元，称 $3_1$ 螺旋。在晶体中，分子在晶格中的紧密堆积提供了外部的稳定作用，高分子链得以保持其锯齿链或螺旋状等形态。在较高温度时，热能足以克服旋转势垒，分子链不再采取规整的周期构象序列，而采取无规线团构象。

分子的构象因热运动而在不断地变化，因此高分子链的内旋转构象具有统计意义。统计规律表明，高分子呈蜷曲构象的几率较大，蜷曲的无规线团是线形高分子的主要形态。因此高分子链的内旋转是导致高分子链呈蜷曲构象的主要原因。分子链在空间所取的蜷曲状态取决于条件和环境的变化。

### 13.3.4 高分子链的柔顺性

高分子链的柔顺性是指高分子能够改变其构象的性质，内旋转的单键数目越多，内旋转受阻越小，构象数越大，链段越短，柔顺性越好。链段（segment）：高分子链上划分出来的可以任意取向的最小链单元，即高分子链上能够独立运动的最小单元。它是高分子物理学中的一个重要概念。

高分子链的柔顺性主要取决于其分子结构：

（1）主链结构。主链杂原子单键使柔性增大，原因是键长键角增大，以及杂原子上无取代基或少取代基。不同单键键长键角不同（见表 13-1），柔性不同，其顺序如下：—Si—O— > —C—N— > —C—O— > —C—C—。

**表 13-1 键长与键能**

| 化学键 | 键长/nm | 键能/kJ · mol$^{-1}$ | 化学键 | 键长/nm | 键能/kJ · mol$^{-1}$ |
|---|---|---|---|---|---|
| C—C | 0.154 | 347 | C═O | 0.123 | 716 |
| C═C | 0.134 | 615 | C—N | 0.147 | 293 |
| CC | 0.120 | 812 | C═N | 0.127 | 615 |
| C—H | 0.109 | 414 | C N | 0.116 | 891 |
| C—O | 0.143 | 352 | C—Si | 0.187 | 289 |
| Si—O | 0.164 | 368 | N—H | 0.101 | 389 |

续表 13-1

| 化 学 键 | 键长/nm | 键能/kJ · mol$^{-1}$ | 化 学 键 | 键长/nm | 键能/kJ · mol$^{-1}$ |
|---|---|---|---|---|---|
| C—S | 0.181 | 259 | S—H | 0.135 | 339 |
| C═S | 0.171 | 477 | O—H | 0.096 | 464 |
| C—Cl | 0.177 | 331 | O—O | 0.148 | 138 |
| S—S | 0.204 | 213 | Si—N | 0.174 | — |

主链含有芳杂环结构使柔性下降,因为芳环不能内旋转而减少了构象数。

主链含有共轭双键使柔性大为下降,分子链呈刚性,因为共轭 π 电子云不能旋转。

主链含有孤立双键柔性增加,因为双键上的取代基较少,相邻的单键键角较大(120°),内旋转容易。

归纳以上结论,主链柔性顺序有如下一般规律:

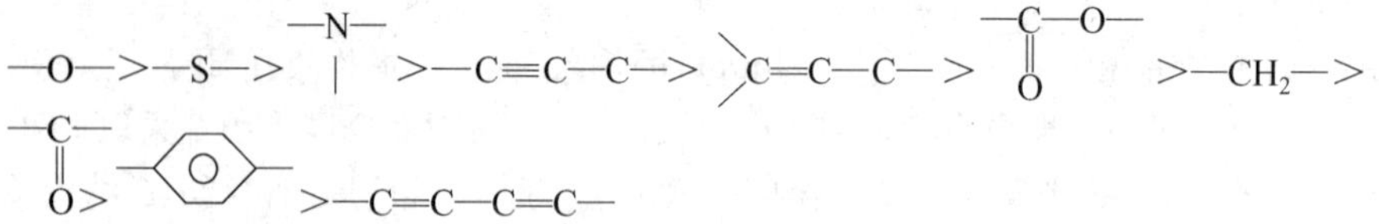

(2) 侧基。侧基极性越大,柔性越小,因为极性增加了分子间作用力。极性侧基的比例越大,分子内旋转越困难,柔顺性越差。极性侧基的分布,侧基对称取代时,极性相互抵消,分子间作用力小,分子间距离增加,柔性较好。

非极性侧基主要考虑其体积大小。一般来说,侧基体积较大,内旋转空间阻碍大,柔性下降。但柔性侧基随着侧基增长,柔性增加,如聚甲基丙烯酸酯类,随酯的碳原子数增加柔性增加,直至 18 个碳。

(3) 其他因素。交联、结晶、形成氢键等因素都会使分子间作用力增加,从而柔性减少。此外温度、外力作用、速度等外部因素也会影响柔性。

## 13.3.5　高分子链的构象统计

高分子链由于内旋转呈蜷曲构象,对于这种瞬息万变的无规线团状高分子,可以采用链的末端距和链的回转半径来表征其分子尺寸。

### 13.3.5.1　均方末端距

无规线团的两个末端的直线距离称为末端距 $h$。当相对分子质量相同时,$h$ 反映链的卷曲程度(即柔顺性);当卷曲程度相同(都属无规卷曲)时,$h$ 反映高分子的尺寸。

$h$ 是一个向量,统计平均值为零,因而改用标量$\overline{h^2}$表征高分子的尺寸,称为均方末端距,也常用均方根末端距$(\overline{h^2})^{1/2}$来表征,它的量纲与长度单位一致。

均方末端距的计算公式可由利用不同简化模型通过几何计算法(或统计方法)导出。假设有 $n$ 个键,每个键的键长为 $l$,导出以下公式:

(1) 自由结合链(不考虑键角限制和内旋转内垒障碍)。

$$\overline{h^2_{f,i}} = nl^2$$

(2) 自由旋转链(规定键角,不考虑内旋转能垒障碍)。

$$\overline{h^2_{f,r}} = nl^2\,\frac{1-\cos\theta}{1+\cos\theta} \approx 2nl^2$$

($\theta$ 取作键角 109°28′)

（3）受阻旋转链（规定键角，考虑内旋转内垒障碍）。

$$\overline{h}^2_{\theta,\varphi} = nl^2 \frac{1-\cos\theta}{1+\cos\theta} \cdot \frac{1+\overline{\cos\varphi}}{1-\overline{\cos\varphi}}$$

式中，$\theta$ 为键角的斜角 70°32′，所以 $\cos\theta \approx 1/3$；$\varphi$ 为旋转角；$\overline{\cos\varphi}$为旋转角受阻函数：

$$\overline{\cos\varphi} = \frac{\int_0^{2\pi} e^{-E(\varphi)/KT}\cos\varphi d\varphi}{\int_0^{2\pi} e^{-E(\varphi)/KT} d\varphi}$$

式中，$E(\varphi)$为内旋转能垒。由于受阻函数很复杂，通常用离散函数代替此连续函数计算。$\overline{h}^2_{\theta,\varphi}$比较接近 $\theta$ 状态实测值$\overline{h}^2_0$。

（4）若分子链为伸直链，按锯齿形计算其伸直长度 $L_{max}$ 可导出：

$$L_{max} = nl\sin(\theta/2) = \left(\frac{2}{3}\right)^{1/2} nl = 0.82nl$$

$$L^2_{max} = (2/3)n^2 l^2$$

比较以上各式，可见 $L^2_{max} > \overline{h}^2_{\theta,\varphi} > \overline{h}^2_{f,r} > \overline{h}^2_{f,j}$

### 13.3.5.2　均方回转半径

对于支化聚合物和环形聚合物可以采用均方回转半径表征其分子尺寸。其定义是：假定高分子链中包含许多链单元，每个链单元的质量为 $m_i$，设从高分子链的质心到第 $i$ 个链单元的距离为 $s_i$，取全部链单元的 $s_i^2$ 对质量的平均，就是链的均方换转半径。

### 13.3.5.3　统计计算法

均方末端距的计算公式也可以由统计方法导出，末端距的分布函数 $W(h)$ 服从 Gauss（高斯）分布：

$$W(h)dh = \left(\frac{\beta}{\sqrt{\pi}}\right)^3 e^{-\beta^2 h^2} 4\pi h^2 dh, \beta^2 = \frac{3}{2nl^2}$$

定义：均方末端距 $\overline{h^2} = \dfrac{\int_0^\infty h^2 W(h)dh}{\int_0^\infty W(h)dh}$

均方旋转半径 $\overline{s^2} = \dfrac{1}{n_e}\sum_{i=1}^{n_e} s_i^2$

式中　$n_e$——链段数；

$s_i$——由整个分子链的质量中心到第 $i$ 个链段的矢量（见图 13-12）。

由高斯链可以导出$\overline{s^2} = \dfrac{1}{6}\overline{h^2}$。

由统计方法处理得到自由结合链的数据：

（1）均方末端距 $\overline{h^2} = \int_0^\infty h^2 W(h)dh = nl^2$；

（2）最可几末端距（分布图的极大值处）h＊＝1/β。

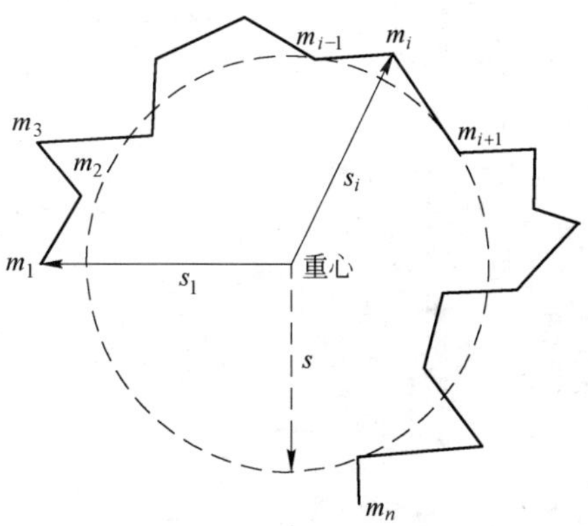

图 13-12　高分子链的旋转半径

## 思考练习题

一、名词解释

1. 键接异物

2. 构型

3. 构象

4. 柔顺性

二、简答题

1. 试讨论线形聚异戊二烯可能的构型。

2. 将苯乙烯(S)与顺式1,4－丁二烯(B)按20∶80的重量比合成的无规共聚物和SBS三嵌段共聚物在性能上可能有什么区别?

3. 写出下列各组高聚物的结构单元,比较各组内几种高分子链的柔性大小并说明理由:

(1) 聚乙烯,聚丙烯,聚苯乙烯;

(2) 聚乙烯,聚乙炔,顺式1,4聚丁二烯;

(3) 聚丙烯,聚氯乙烯,聚丙烯腈;

(4) 聚氯乙烯,聚偏二氯乙烯,聚氯丁二烯,聚1,2－二氯乙烯。

4. 说明下列高分子链的构象:(1) 非晶态聚苯乙烯;(2) 晶态聚乙烯;(3) 晶态全同立构聚丙烯。

5. 为什么大多数聚合物没有旋光性?

6. 乙烯基聚合物的聚合度 $n=10^5$,键长为0.154 nm,键角为109.5°,将改高分子链视为自由旋转链,则其均方旋转半径和最大拉伸比等于多少?

7. 一个聚合物样品由相对分子质量为10000、30000和100000三个单分散组分组成,计算下述混合物的$\overline{M}_W$和$\overline{M}_n$。

(1) 每个组分的分子数相等;(2) 每个组分的重量相等。

# 14　高聚物的聚集态结构

**本章要点：**

高聚物聚集态结构，分子间作用力；晶态结构，单晶，球晶，结晶聚合物结构模型，高聚物结晶能力，结晶动力学，结晶热力学，结晶度；高聚物非晶态结构；高聚物取向态结构，取向机理，取向应用；高聚物的液晶态结构，高分子液晶结构，液晶的分类，液晶的物理结构；高聚物织态结构，相容性。

高聚物的聚集态结构是高分子链之间的几何排列和堆砌结构。高分子链结构决定聚合物基本性质，而高分子聚集态结构是影响聚合物材料性能的重要因素。了解高分子聚集态的结构特征、形成条件及其与材料性能之间的关系，可以控制加工成型条件，有效地进行材料设计。

聚集态结构是指高分子材料的整体内部结构，包括晶态结构、非晶态结构、液晶态结构、取向态结构和织态结构，又称三级结构。高聚物聚集态是由很多大分子通过分子间的相互作用而形成，在讨论高分子聚集态结构之前，先了解高分子之间的相互作用力。

## 14.1　高聚物分子间作用力

### 14.1.1　范德华力与氢键

范德华力包括静电力、诱导力和色散力，是永久存在于一切分子之间的一种吸引力，没有方向性和饱和性。

静电力是极性分子之间的引力，是极性分子的永久偶极之间的静电相互作用，它的大小与分子偶极的大小有关，还与绝对温度 $T$ 以及分子间距离 $R$ 的六次方成反比。静电力作用能量一般在 12.6 ~ 20.9 kJ/mol。极性高分子，如 PMMA、PVC、PVA 等，静电力是分子间主要作用力。

诱导力是极性分子的永久偶极对其他分子产生诱导偶极之间的相互作用力。极性分子周围存在着分子电场，其他分子靠近极性分子时，会在电场作用下产生诱导偶极。诱导力的作用能一般在 6.3 ~ 12.6 kJ/mol。

色散力是分子瞬间偶极之间的相互作用力。瞬间偶极是在某一瞬间，分子的正负电荷中心不重合产生的。色散力作用能大小一般在 0.8 ~ 8.4 kJ/mol，存在于一切分子中，在非极性分子中几乎占分子间相互作用总能量的 80% 以上。

氢键是极性很强的 X—H 键上的氢原子，与另外一个键上电负性很大的原子 Y 上的孤对电子相互吸引而形成的一种键（X—H…Y），有方向性和饱和性。氢键的强弱决定于 X、Y 的电负性大小和 Y 的半径，键能一般为 20.9 ~ 41.9 kJ/mol。具有氢键的高聚物一般都有较大的机械强度及较高的耐热性。

### 14.1.2　内聚能密度

高聚物分子间作用力的大小常用内聚能和内聚能密度（CED）来衡量。

内聚能是为克服分子间作用力,1 mol 的凝聚体汽化时所需要的能量。

$$\Delta E = \Delta H_V - RT \tag{14-1}$$

式中 $\Delta E$——内聚能;

$\Delta H_V$——摩尔蒸发热(或 $\Delta H_S$,摩尔升华热);

$RT$——汽化时所做的膨胀功。

内聚能密度是单位体积凝聚体汽化时所需要的能量。

$$\mathrm{CED} = \frac{\Delta E}{V_m}$$

式中,$V_m$ 为摩尔体积。

对于高分子化合物,无法直接测定内聚能,只能间接估计。将溶液黏度最大的那种溶剂(最良溶剂)的内聚能密度当作该种高聚物的内聚能密度。测定交联高聚物在各种溶剂中的平衡溶胀,出现最大溶胀比时相应溶剂的内聚能密度即为该高聚物的内聚能密度。

分子间作用力对聚合物凝聚态结构与性能有很大的影响。内聚能密度在 300 J/cm$^3$ 以下的聚合物,是非极性聚合物,分子间的作用力主要是色散力,分子链属于柔性链,具有高弹性,可用作橡胶;CED 大于 400 J/cm$^3$ 的聚合物,由于分子链上有强的极性基团或者分子间能形成氢键,相互作用很强,因而有较好的力学强度和耐热性,加上易于结晶和取向,可成为优良的纤维材料;CED 在 300 ~ 400 J/cm$^3$ 之间的聚合物,分子间相互居中,适合于作塑料。

## 14.2 高聚物的晶态结构

由于高分子链的长链结构和分子链间作用力使得高聚物结晶时,自由运动受阻,妨碍其规整堆砌排列,使得高分子只能部分结晶且结晶不完善。高分子晶体特点有:晶体结构复杂,其晶胞由链段组成,高分子链常以折叠链片晶形态存在于晶体中。

### 14.2.1 高聚物晶胞结构

晶体中高分子链通常采取比较伸展的构象,以使其构象能尽可能降低。当分子无取代基或取代基很小时,常取平面锯齿形的全反式构象,如聚乙烯和聚乙烯醇;有取代基且体积较大时,只有等规立构聚合物才能结晶,全同聚合物由于临近非键合原子的排斥力,常采取反旁螺旋形构象,使得晶体中分子链构象能最低,如全同聚丙烯和全同聚苯乙烯。间同聚合物取代基分得开,全反式常是其能量最低的构象,如聚 1,2 - 丁二烯、聚丙烯腈、聚氯乙烯等。

聚乙烯是正交晶系,晶胞尺寸为 $a = 0.742$ nm,$b = 0.495$ nm,$c = 0.255$ nm,每个晶胞含有两个链节。过 4 条棱平面与 $bc$ 面夹角为 41° ~ 49°,中心链平面与过棱平面的夹角为 82°(见图 14-1a)。

全同聚丙烯由于结晶条件不同可生成多种晶型,其中 a 晶型是最普通的一种,属于单斜晶系,$a = 0.665$ nm,$b = 2.096$ nm,$c = 0.650$ nm,$\beta = 90°20'$,$N = 4$(见图 14-1b 和图 14-1c)。

### 14.2.2 高聚物结晶的形态学

结晶形态学研究的对象是单个晶粒的大小、形状以及它们的聚集方式。聚合物在不同的结晶条件下,可以形成不同形态的晶体,主要有单晶、球晶、伸直链晶片、纤维状晶、串晶、树枝晶等,如图 14-2 所示。

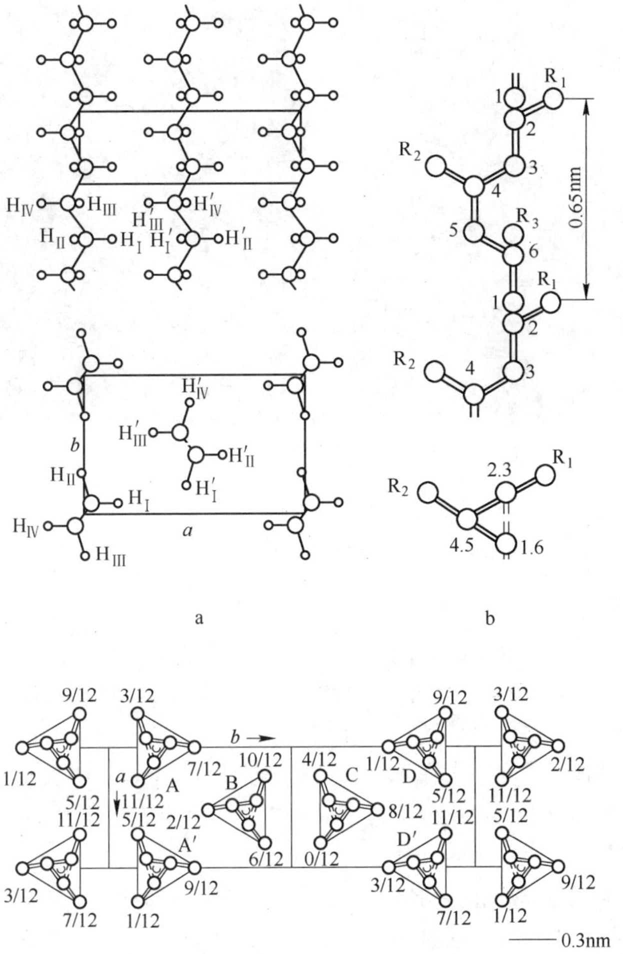


a　　b

c

图 14-1　典型聚合物晶体结构

a—聚乙烯晶体结构；b—全同聚丙烯分子键构象；c—全同聚丙烯晶体结构

a　　b　　c

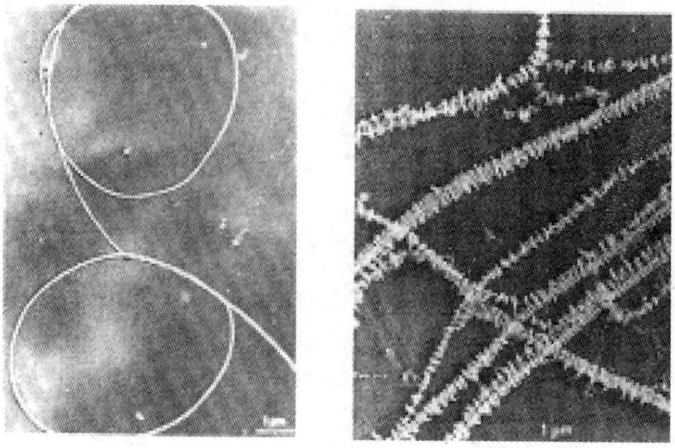

d　　　　e

图 14-2 五种典型的结晶形态

a—单晶；b—球晶；c—伸直链片晶；d—纤维状晶；e—串晶

#### 14.2.2.1 单晶

1957 年，Keller 在质量分数 0.01% 的聚乙烯二甲苯溶液中，生成了菱形薄片状的晶体，其边长为数微米而厚度为 10 nm 左右。高分子单晶一般是在极稀的溶液中，以缓慢速度降温结晶形成。在较高的压力下，聚合物单晶体还可以在熔体中形成。在电镜下可以观察到它们是具有规则几何形状的薄片状晶体，厚度通常在 10 nm 左右，电子衍射结果表明聚合物分子链垂直于片晶平面。因此，长达几百纳米的聚合物分子链在晶片中是以折叠方式排列的。

#### 14.2.2.2 球晶

球晶是结晶高聚物中最常见的一种结晶形态。从熔体冷却结晶或从浓溶液中析出常得到球晶。尺寸从几纳米到几毫米，可以通过偏光显微镜直接观察，在正交偏光显微镜下球晶呈现典型的 Maltase 黑十字图像，如图 14-3 所示。

球晶成核初期阶段形成一个多层片晶，然后逐渐向外张开生长，不断分叉形成捆束状形态，最后形成填满空间的球状晶体。球晶生成过程如图 14-4 所示。在某些条件下，球晶的黑十字消

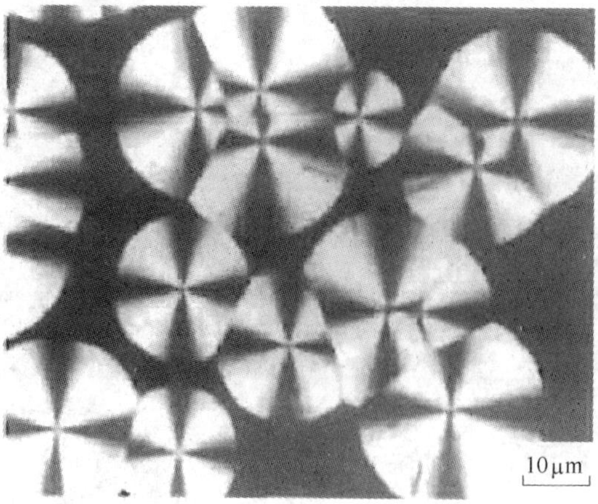


图 14-3 等规聚苯乙烯薄膜上的球晶(正交偏振光)

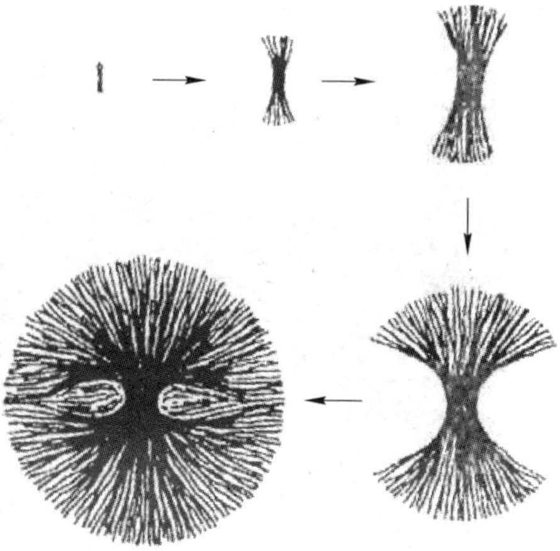

图 14-4 球晶生长过程

光图像还呈现明暗相间的消光同心环，如图 14-5a 所示。这些同心消光圆环是折叠链晶片扭曲生长的结果，如图 14-6 所示。电镜照片发现（见图 14-5b），球晶是由许多径向发射生长的微纤组成，这些微纤就是长条状的晶片，其厚度在 10 ~ 20 nm 之间，在这些晶片中，分子链也取垂直于晶片平面方向排列，因此晶片中分子链的方向总是垂直于球晶的半径方向。

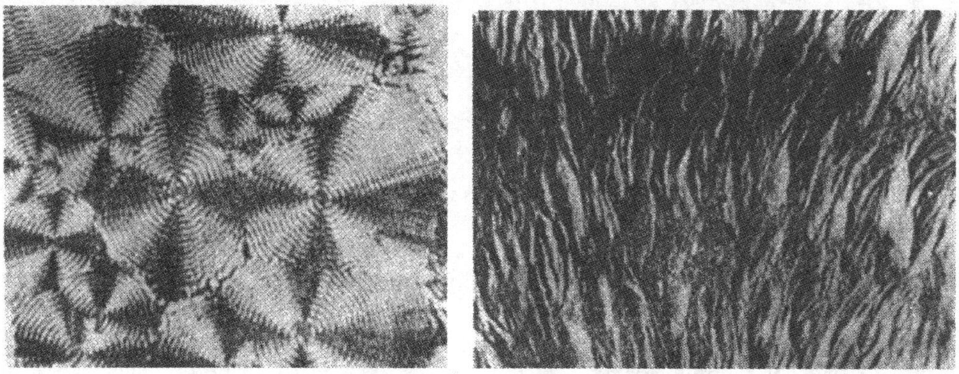

a　　　　b

图 14-5　聚乙烯球晶偏光显微镜照片（a）和扫描电镜照片（b）

球晶对材料性能有很大影响：球晶尺寸大，透明性差（晶相和非晶相共存，折光率不同导致界面发生折射和反射），冲击强度小，拉伸强度大。

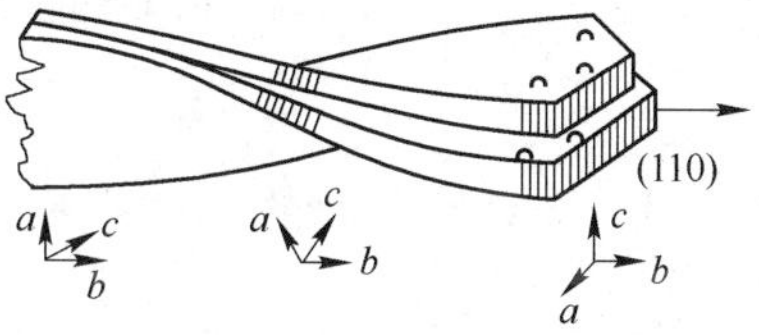


图 14-6　扭转晶片示意图

### 14.2.2.3　其他结晶形态

球晶的形成是由于高聚物在各个方向的结晶速率相等。如果结晶速率与方向有关，可产生树枝晶、串晶等结晶形态。

溶液浓度较大或结晶温度较低的条件下，高分子的扩散成为结晶生长的控制因素，此时在突出的棱角上要比其他邻近处的生长速度快，从而倾向于树枝状地生长，最后形成树枝状晶体。组成树枝晶的基本结构单元也是折叠链片晶，它是在特定方向上择优生长的结果。

当存在流动场时，高分子链伸展，并沿着流动方向平行排列，在适当情况下，可以发生成核结晶，形成纤维状晶。例如，聚乙烯二甲苯稀溶液在激烈搅拌的条件下，在 105℃ 溶液中生长纤维状晶。

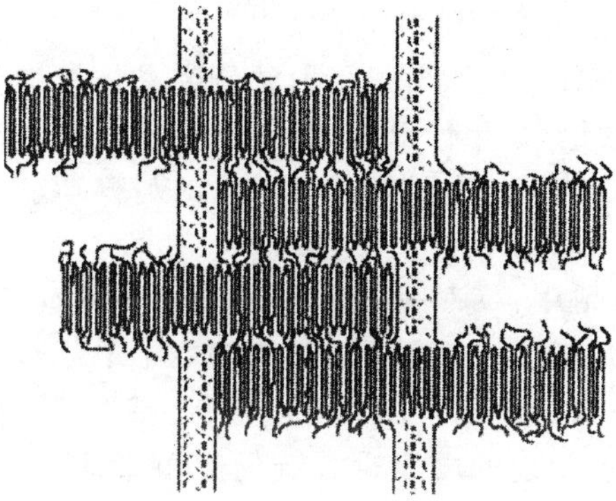

图 14-7　串晶结构示意图

高分子溶液温度较低时，边搅拌边结晶，或熔体流体诱导成核可以形成串珠式结构的晶体。由伸直链结构的中心线（直径 5 ~ 10 nm）和附生的间隔折叠链片晶组成状似羊肉串的形态，故称之为串晶（见图 14-7）。串晶结构具有 $3\times10^5$ MPa 的弹性模量，而常规注塑聚合物材料的弹性模量约为 1000 MPa。整个模塑制件具有串晶结构，串晶内部的伸展链约占材料的 1% ~ 3%，其弹性模量可提高到 $4\times10^3 \sim 2\times10^4$ MPa，刚性提高 5 ~ 20 倍，这种增强称为自增强。自增强 PE 制件断面图如图 14-8 所示。

聚合物在高压和高温下结晶时，可以得到厚度与其分子链长度相当的晶片，称为伸直链片晶。聚合物球晶在低于熔点的温度下加压热处理也可得到伸直链晶体。高分子链完全伸展，平行规整排列，晶片厚度与分子链的长度相当，是热力学上最稳定的高分子晶体，其熔点高于其他结晶形态晶体。聚乙烯在226℃于480 MPa压力下结晶8 h得到的伸直链晶片(见图14-9)，晶体的熔点为140.1℃，结晶度达97%，密度为0.9938 g/cm$^3$，伸直链长度达$3\times10^3$ nm。

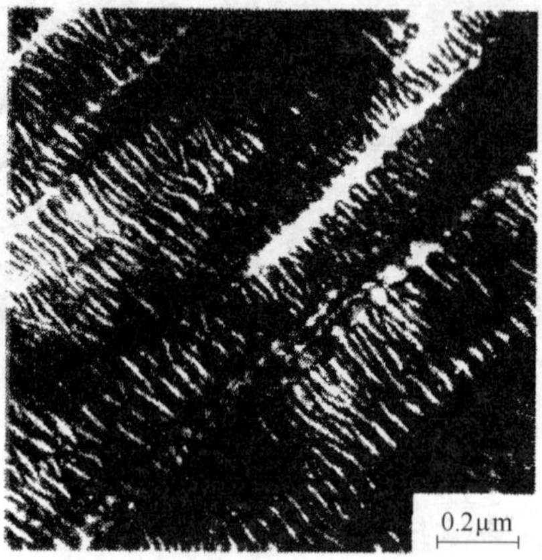


图14-8 自增强PE制件断面图

图14-9 PE伸直链晶体的电镜照片

### 14.2.3 结晶聚合物的结构模型

高分子链在晶体中的排列方式，在实验观察的基础上提出了很多模型，包括缨状微束模型、折叠链模型、松散折叠链模型、隧道折叠链模型、插线板模型。由于实验条件的局限，各种模型都存在一定的片面性，但可对实验中观察到的一些现象加以解释，有助于了解高聚物结构与性能之间的关系。

(1) 缨状微束模型(fringed micelle model)(见图14-10)在20世纪40年代被提出。模型从结晶聚合物X射线图上衍射花样和弥散环同时出现，以及测得晶区尺寸远小于分子链长度等主要实验事实出发，认为结晶聚合物中，晶区和非晶区相互穿插同时存在，晶区内分子链相互平行排列成规整结构。晶区尺寸小，一根分子链可以穿过几个晶区和非晶区，晶区一般是无规取向；非晶区中分子链的堆砌是完全无序的。该模型解释了X射线衍射图中衍射环和弥散环共存的现象，也解释了高聚物宏观密度小于晶胞密度等许多实验结果。

(2) 折叠链模型(folded chain model)(见图14-11)。X射线衍射法研究晶体结构只能观察到几纳米范围内的分子有序排列情况。20世纪50年代以来，电镜用来研究聚合物凝聚态结构，可以直接观察到几十微米范围内的晶体结构。通过聚乙烯单晶的观察，Keller提出折叠链模型，认为伸展的分子链倾向于聚集在一起形成链束，链束细长，表面能很大，极不稳定，会自发折叠成带状结构，进而形成规则的晶片。每一根高分子链在晶区连续折叠，相连的链段在晶片中的空间排列是相邻的，故称近邻规整折叠。该模型解释了单晶薄片厚度为10 nm，且分子链垂直于单晶薄片的事实。Fischer根据单晶表面松散、无序等对折叠链模型加以修正，提出近邻松散折叠链模型。晶片中相连的两段折叠链仍然相邻排列，但折叠处是环圈松散无序。该模型也解释了高分子单晶片不是平板状而是中空角锥状(类似屋顶)。

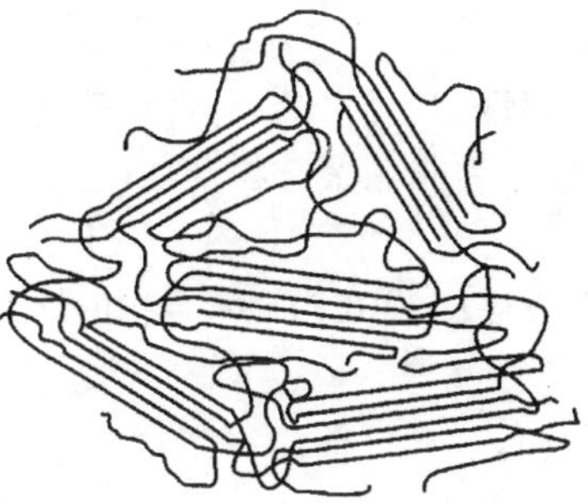

图 14-10 缨状微束模型

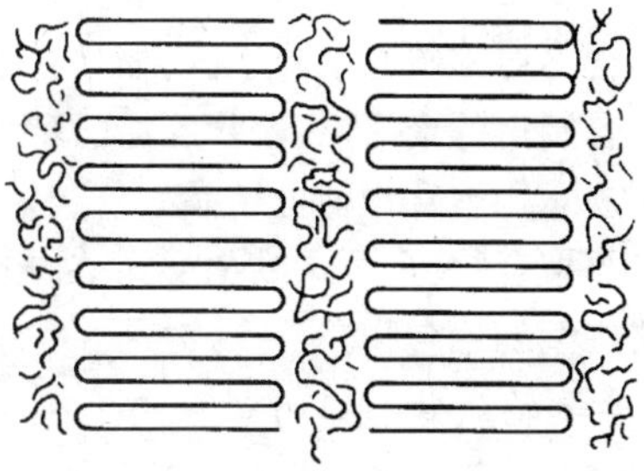

图 14-11 折叠链模型

(3) Flory 提出了插线板模型(见图 14-12),认为高分子无规线团在熔体中松弛时间长,结晶速度快,结晶时分子链来不及作规整折叠,只能对局部链段作必要调整,以便进入晶格,分子链是完全无规进入晶片的。在晶区中,相邻排列的两段分子链是非邻接的链段,属于不同的分子链。在非晶区,晶片上方的那段分子链无规排列也不紧凑,类似插线板上的电线。该模型为小角中子散射所证实。

(4) 隧道折叠链模型(见图 14-13)是综合了高聚物晶态结构中各种可能存在的形态后,提出的折中模型,适合用来表征半结晶聚合物中复杂的结构形态。

图 14-12 插线板模型

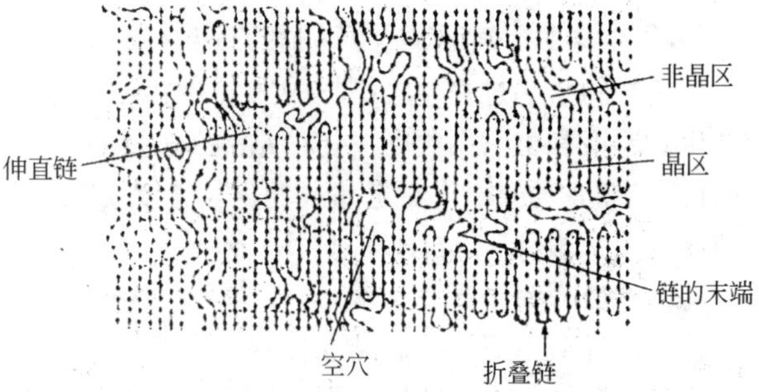


图 14-13 隧道折叠链模型

从实验事实来看,不同模型适用于不同的场合,单层片晶折叠链模型适合,多层片晶和熔体结晶插线板模型更适合。

### 14.2.4 高聚物的结晶过程

聚合物结晶过程能否进行,必须具备两个条件:(1) 聚合物的分子链具有结晶能力,分子链具有化学和几何结构的规整性,这是结晶的必要条件——热力学条件;(2) 适宜的温度和充分的时间——动力学条件。

#### 14.2.4.1 高分子结构与结晶能力

A 链的对称性

高分子链的对称性越高,越容易结晶。例如:聚乙烯和聚四氟乙烯分子主链上全部是碳原子,结构对称,容易结晶,其结晶度高达 95%;聚氯乙烯由于氯原子破坏了结构的对称性,失去了结晶能力。

分子主链含有杂原子的聚合物,如聚甲醛、聚酯、聚醚、聚酰胺、聚砜等,虽然对称性有所降低,但仍属对称结构,都具有不同程度的结晶能力。

B 链的规整性

主链含不对称碳原子分子链，如具有空间构型的规整性，则仍可结晶，否则就不能结晶。如自由基聚合制得的聚丙烯、聚苯乙烯、聚甲基丙烯酸甲酯等为非晶聚合物，但由定向聚合得到的等规或间规立构聚合物则可结晶。

二烯类聚合物：全顺式或全反式结构的聚合物有结晶能力；顺式构型聚合物的结晶能力一般小于反式构型的聚合物。

C 共聚物的结晶能力

无规共聚通常会破坏链的对称性和规整性，从而使结晶能力降低甚至完全丧失。嵌段共聚物的各嵌段基本上保持着相对独立性，能结晶的嵌段可形成自己的晶区。

D 影响结晶能力的其他因素

分子链的柔性：结晶时，高分子链需要一定的柔顺性使链段向结晶表面扩散和排列，聚对苯二甲酸乙二醇酯的结晶能力要比脂肪族聚酯低。

支化使链的对称性和规整性受到破坏，结晶能力下降，高压聚乙烯由于支化，其结晶能力要低于低压法制得的线性聚乙烯。

交联限制了链的活动性，轻度交联聚合物尚能结晶，高度交联则完全失去结晶能力。分子间的作用力过大，会使分子链柔性下降，从而影响结晶能力；但分子间形成氢键时，则有利于晶体结构的稳定。

#### 14.2.4.2 结晶速度及其测定方法

聚合物的结晶过程包含晶核的形成和晶粒生长两个阶段，因此结晶速度应包含成核速度、晶粒的生长速度和由它们共同决定的结晶总速度。测定成核速度主要用偏光显微镜直接观察单位时间内形成晶核的数目；测定晶粒的生长速度用偏光显微镜法直接测定球晶的线增长速度；结晶总速度可用膨胀计法、光学解偏振法、差示扫描量热法（DSC 法）来测定结晶过程进行到一半所需时间的倒数作为结晶总速度。

体膨胀计法是研究等温结晶过程较经典的方法。其原理是利用结晶过程中聚合物的体积发生收缩来考察结晶进行的情况。以 $h_0$、$h_\infty$ 和 $h_t$ 分别表示体膨胀计起始、最终和时间 $t$ 时的读数，以对时间 $t$ 的作图可得到反 S 形曲线。

#### 14.2.4.3 Avrami 方程用于高聚物的结晶过程

由于结晶时有序排列而体积收缩，若比体积在时间为 0、$t$ 和 ∞ 时分别为 $V_0$，$V_t$ 和 $V_\infty$，则等温结晶过程可用 Avrami 方程描述：

$$体积收缩率 = \frac{V_t - V_\infty}{V_0 - V_\infty} = \exp(-kt^n) \qquad (14\text{-}2)$$

通过双对数作图（见图 14-14），从斜率求 $n$，从截距求 $k$。$n$ 称 Avrami 指数，与成核机理和生长方式有关，等于生长的空间维数和成核过程的时间维数之和。异相成核的时间维数为 0，均相成核为 1。$k$ 用来表征结晶总速率，$k$ 越大，结晶速率越快。从 $k$ 和 $n$ 值可以了解结晶过程的生长速度和成核机理。

用来反映结晶速率的还有另一个参数 $t_{1/2}$，是体积收缩率为一半时所需要的时间，$t_{1/2}$ 越小结晶越快。

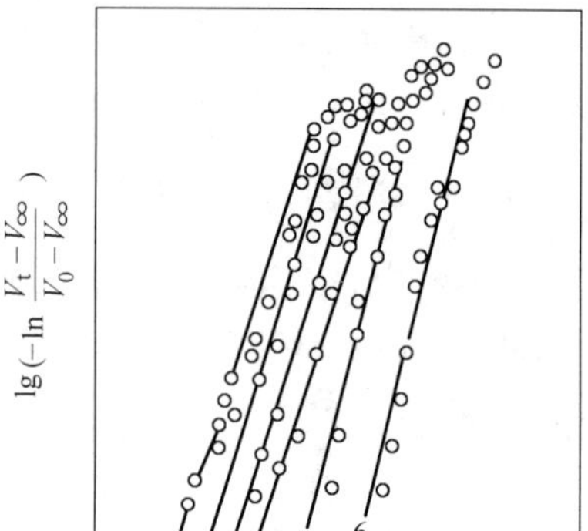


图 14-14 尼龙 1010 等温结晶的 Avrami 作图

$$k=\frac{\ln 2}{t_{1/2}^{n}} \tag{14-3}$$

上述 Avrami 关系所处理的是结晶总速率，而偏光显微镜可以直接观察到球晶的径向生长速度，球晶生长线速度 G 与温度 T 的数学表达式（Hoffmann 方程）：

$$G(T)=G_0\mathrm{e}^{-\frac{E_D}{RT}}\mathrm{e}^{-\frac{\Delta F^*}{RT}} \tag{14-4}$$

式中 $E_D$——连段扩散进入结晶界面所需的活化自由能；

$\Delta F^*$——形成稳定晶核所需的活化自由能。

指数第一项又称迁移项，第二项为成核项。$E_D$ 与结晶温度和玻璃化温度之差成反比，$\Delta F^*$ 与熔点和结晶温度之差的一次或二次方成反比。

#### 14.2.4.4 结晶速度与温度的关系

用膨胀计法测定一系列温度下的等温结晶过程，可以得到一组结晶速度值 $t_{1/2}^{-1}$，以 $t_{1/2}^{-1}$ 对温度 $T$ 作图，得到结晶速度－温度曲线。通过偏光显微镜观察，作出球晶径向生长速度对温度图，也得到类似曲线。

研究结果表明，高聚物本体结晶速度－温度曲线都呈单峰形，结晶温度范围都在其玻璃化温度与熔点之间，在熔点以上晶体被熔融，在玻璃化温度以下链段运动被冻结。在某一适当温度下，结晶速度将出现极大值，并可用熔点 $T_m$ 和玻璃化温度 $T_g$ 估算最大结晶速度 $T_{max}$：

$$T_{max}=0.63T_m+0.37T_g-18.5 \tag{14-5}$$

聚合物的结晶速率与温度的这种关系，是其晶核生长速度和晶粒生长速度存在不同温度依赖性的共同作用结果。成核过程涉及核的生成和稳定，是一个热力学过程。温度过高，分子的热运动过于剧烈，晶核不易形成，已形成的晶核也不稳定，易被分子热运动所破坏。因而随着温度的降低，均相成核的速度趋于增大。与之相反，晶粒的生长过程取决于链段向晶核的扩散和规整堆砌的速度，是一个动力学过程。随着温度的降低，熔体的黏度增大，不利于链段的扩散运动，因而温度升高有利于晶粒的生长速度。

#### 14.2.4.5 影响结晶速度的其他因素

分子结构的差别是决定不同高聚物结晶速度快慢的根本原因。一般来说，链的结构简单，对称性高，立体规整性好，取代基的空间位阻小，结晶速度就越大。同一种聚合物随相对分子质量的增大，由于熔体的黏度增大，使链段向晶核表面扩散变得困难，因而使结晶速率降低。

杂质的存在对高聚物的结晶过程有很大的影响，有些杂质起成核剂作用促进结晶，有些杂质起稀释剂作用阻碍结晶。例如对聚烯烃而言，常用脂肪酸碱金属来促进成核，由于体系中的晶核密度增加，提高了结晶速率，同时使球晶的半径大大减小。

在应力作用下，分子链发生取向排列，从而大大促进了结晶作用。对于一些通常条件下难于结晶的聚合物，在应力的作用下却可发生结晶。例如，天然橡胶常温下结晶需几十年，但在拉伸条件下只要几秒钟就能结晶，除去外力，结晶则又熔融。

### 14.2.5 结晶热力学

#### 14.2.5.1 结晶高聚物的熔融与熔点

小分子晶体在熔融过程中，体系的热力学函数随温度的变化范围很窄，一般只有 0.2℃左右，称之为熔点。结晶聚合物的熔融过程，呈现一个较宽的熔融温度范围，这个范围称熔限；一般将其最后完全熔融时的温度称为熔点 $T_m$（见图 14-15）。

结晶高聚物熔融时还出现边熔融、边升温的现象，这是由于结晶高聚物中含有完善程度不同的晶体的缘故，不完善的晶体在较低温度下就能熔融，较完善的晶体在较高的温度下才能熔融。如果以缓慢的速度升温，不完善的晶体在低温被破坏后可以生成较完善的晶体，导致熔限变窄。

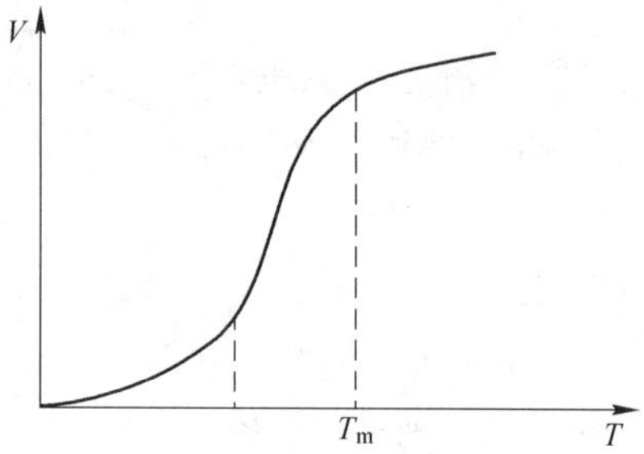

图 14-15 结晶聚合物的熔限和熔点

### 14.2.5.2 结晶热力学及影响高聚物熔点的因素

聚合物的熔融过程，从热力学上来说，它是一个平衡过程，因而可用以下的热力学函数关系来描述：

$$\Delta G = \Delta H - T_m \Delta S = 0 \qquad (14\text{-}6)$$

即：

$$T_m = \Delta H/\Delta S \qquad (14\text{-}7)$$

式中 $\Delta H$，$\Delta S$——分别为摩尔熔化热和摩尔熔化熵。

凡是分子结构有利于增加分子间或链段间的相互作用力的，则在熔融过程中 $\Delta H$ 增加，而使熔点升高；增加高分子链内旋转的阻力，使高分子链比较僵硬，则在熔融过程中构象变化较小，即 $\Delta S$ 较小，也使熔点升高。

下面讨论各因素对 $T_m$ 的影响。

(1) 分子结构对 $T_m$ 的影响。

1) 分子间作用力。通过在主链或在侧链上引入极性基团或形成氢键，则可使 $\Delta H$ 增大，熔点提高。例如，主链基团可以是酰胺—CONH—、酰亚胺—CONCO—，这些基团都易在分子间形成氢键，从而使分子间的作用力大幅度增加，熔点明显提高。

分子链侧基的极性也对分子间的作用力有显著影响。例如，在聚乙烯（$T_m$ = 138.7℃）分子链上取代了—CH3（等规聚丙烯，$T_m$ = 176℃）、—Cl（聚氯乙烯，$T_m$ = 212℃）和—CN（聚丙烯腈，$T_m$ = 317℃），随侧基的极性增加，熔点呈递升的趋势。

2) 分子链的刚性。增加分子链的刚性，可以使分子链的构象在熔融前后变化较小，即 $\Delta S$ 较小，故使熔点提高。一般在主链上引入环状结构、共轭双键或在侧链上引入庞大的刚性取代基均能达到提高熔点的目的。

3) 分子链的对称性和规整性。增加分子链对称性和规整性，使熔融过程所发生熵变较小，故有较高的熔点。例如，聚对苯二甲酸乙二酯的 $T_m$ 为 267℃，而聚间苯二甲酸乙二酯的 $T_m$ 仅为 240℃；聚对苯二甲酰对苯二胺（Kevlar）的 $T_m$ 为 500℃，而聚间苯二甲酰间苯二胺的 $T_m$ 仅为 430℃。

通常反式聚合物比相应的顺式聚合物的熔点高一些，如反式聚异戊二烯（杜仲胶）$T_m$ 为 74℃，而顺式聚异戊二烯的 $T_m$ 为 28℃。

等规聚丙烯的分子链在晶格中呈螺旋状构象，在熔融状态时仍能保持这种构象，因而熔融熵较小，故熔点较高。

(2) 结晶温度对熔点的影响。结晶温度越低，熔点越低，熔限越宽，而在较高的温度下结晶，则熔点较高，熔限较窄。

$$T_m = T_m^0\left(1 - \frac{1}{\upsilon}\right) + \frac{T_c}{\upsilon} \qquad (14\text{-}8)$$

式中，$\upsilon$ 是与结构有关的参数。

(3) 晶片厚度与熔点的关系。结晶的熔点随着晶片厚度的增加而增加。

$$T_m = T_m^0\left(1 - \frac{2\sigma_e}{l\Delta h}\right) \qquad (14\text{-}9)$$

式中 $l$——片晶厚度；

$\Delta h$——单位体积的熔融热；

$\sigma_e$——表面能；

$T_m^0$——平衡熔点。

(4) 拉伸对高聚物熔点的影响。对于结晶高聚物，牵伸能帮助高聚物结晶，提高了结晶度，同时也提高了熔点。

要使聚合物结晶能自发进行，必须使 $\Delta G = \Delta H - T\Delta S < 0$，结晶过程是放热的，$\Delta H$ 为负值，且是链堆砌从无序到有序的变化，$\Delta S$ 为负值，不利于结晶自发进行。在结晶前对聚合物进行拉伸，高分子链在非晶相中已具有了一定的有序性，故 $|\Delta S|$ 就变小了，有利于结晶。同时熔点提高。

## 14.2.6 结晶对高聚物物理力学性能的影响

### 14.2.6.1 结晶度概念及其测定方法

结晶高聚物中，通常晶区和非晶区共存。结晶度是指高聚物中结晶部分含量的量度。由于晶区和非晶区的界线不明确，其数值随测定方法不同而变化。较为常用的有密度法、X 射线衍射法、红外光谱法等。

(1) 密度法。

1) 假定试样的比容 $v$ 等于晶区和非晶区比容线形加和，即：

$$\nu = X_c \nu_c + (1 - X_c)\nu_a \tag{14-10}$$

则：

$$X_c = \frac{(\nu_a - \nu)}{(\nu_a - \nu_c)} = \frac{(1/\rho_a - 1/\rho)}{(1/\rho_a - 1/\rho_c)} = \frac{\rho_c(\rho - \rho_a)}{\rho(\rho_c - \rho_a)} \tag{14-11}$$

2) 假定试样的密度等于线性加和：

$$\rho = X_c \rho + (1 - X_c)\rho_a \tag{14-12}$$

$$X_c = \frac{(\rho - \rho_a)}{(\rho_c - \rho_a)} \tag{14-13}$$

(2) X 射线衍射法。通过衍射图上结晶和非晶部分峰面积求出结晶度。

### 14.2.6.2 结晶对高聚物性能的影响

聚合物结晶对聚合物的力学性能、密度、光学性质、热性质、耐溶剂性、染色性以及透气性等均有明显的影响。

结晶度的提高，拉伸强度增加，而伸长率及冲击强度趋于降低；相对密度、熔点、硬度等物理性能也有提高。一般地说，弹性模量也随结晶度的提高而增加。但冲击强度则不仅与结晶度有关，还与球晶的尺寸大小有关，球晶尺寸小，材料的冲击强度要高一些。

结晶聚合物通常呈乳白色，不透明，因为晶区与非晶区的界面会发生光散射。减小球晶尺寸到一定程度，不仅提高了强度(减小了晶间缺陷)，而且提高了透明性(当尺寸小于光波长时不会产生散射)。

聚合物的结晶度高达 40% 以上时，由于晶区相互连接，贯穿整个材料，因此它在 $T_g$ 以上仍不软化，其最高使用温度可提高到接近材料的熔点 $T_m$，这对提高塑料的热形变温度具有重要意义。

另外，晶体中分子链的紧密堆砌，能更好地阻挡各种试剂的渗入，提高了材料的耐溶剂性；但是，对于纤维材料来说，结晶度过高不利于其染色。因此，结晶度的高低，要根据材料使用的要求来适当控制。

## 14.3 高聚物的非晶态结构

聚合物非晶态包括玻璃态、高弹态、熔融态及结晶聚合物中的非晶部分。其结构不具有三维长程有序，用一般的结构分析方法得不到多少信息，故目前对其结构的表征和理论的解释仍处于定性的水平，是高分子结构研究的重要课题。许多学者试图阐明非晶态高聚物的结构本质，提出了不同的描述高聚物非晶态结构的模型，常见的有无规线团模型和两相球粒模型。

### 14.3.1 无规线团模型

1949 年，Flory 根据统计热力学理论推导出无规线团模型，该模型认为非晶态聚合物中的每一根高分子链都是无规线团构象，分子之间任意相互贯穿无规缠结，整个非晶固体是均相的，不存在局部有序的结构。

### 14.3.2 两相球粒模型

两相球粒模型又称折叠链缨状胶束粒子模型，该模型认为非晶态聚合物存在着具有一定程度局部有序的球粒结构，包含粒子相和粒间相，而粒子相又分为有序区和粒界区。在有序区中，分子链折叠排列比较规整，尺寸约为 2 ~ 4 nm。粒界区围绕有序区形成，由折叠链弯曲部分、链端、缠结点和连接链组成，尺寸约为 1 ~ 2 nm。粒间区主要由无规线团、低分子物、分子链末端、连结链组成，大小约 1 ~ 5 nm。该模型可以解释聚合物结晶过程很快和非晶态聚合物的密度要比无规线团计算的密度高的原因。

无规线团模型和两相球粒模型是相互对立的，焦点在于非晶态结构是完全无序还是局部有序。小角中子散射证实了聚合物无论在固体中还是在溶液中，分子链均以无规线团状存在，但其结果并不能排除在无规线团内部小的区域内存在几个链单元的局部平行排列。

## 14.4 高聚物的取向态结构

### 14.4.1 高聚物的取向现象

大分子链、链段或微晶在某些外场（如拉伸应力或剪切应力）作用下，可以沿着外场方向有序排列，这种有序的平行排列称为取向（orientation），所形成的聚集态结构，称为取向态结构（见图 14-16）。无论结晶或非晶高聚物，在外场作用下（如拉伸力）均可发生取向。聚合物材料的成型加工往往引起其分子链的取向，如熔融状态下的注射成型或挤出成型、处于橡胶状态的热成型以及处于固体状态时的拉伸成型都会导致分子取向。

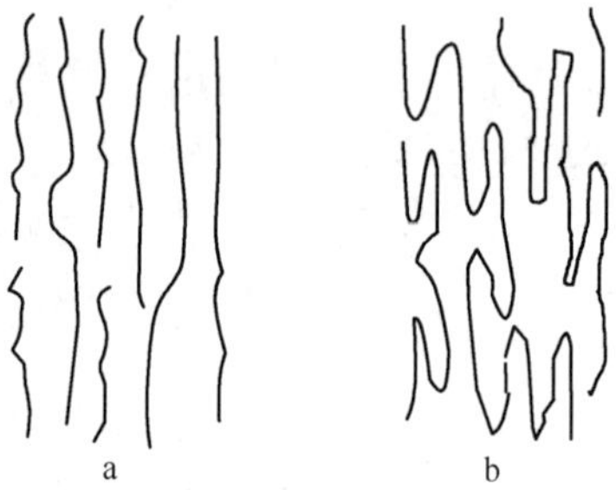


图 14-16 高分子取向示意图

a—分子取向；b—链段取向

### 14.4.2 高聚物的取向机理

取向条件(温度、拉伸速度等)不同,聚合物的取向单元也不同。

非晶态聚合物有两种不同的取向单元——整个分子链和链段。链段的取向通过单键的内旋转运动来完成,链段沿外场作用方向平行排列。例如:在高弹态下拉伸,可以使链段取向,但整个分子链的排列仍然是杂乱无章的。在黏流态下,外力可使整个分子链取向,分子链均沿外场方向平行排列,它通过各链段协同运动完成。

对于结晶聚合物来说,在外场作用下,还发生微晶的取向,即伴随着晶片的倾斜、滑移过程,原有的折叠链晶片被拉伸破坏,重排为新的取向折叠链晶片、伸直链微晶或由球晶转变为微纤结构等等。

取向过程是分子的有序化过程,取向态结构是一维或二维空间在一定程度上有序。热运动会使分子趋于无序状态,解取向过程是自发过程。为了维持取向状态,获得取向材料,必须在取向后迅速降温至玻璃化温度以下,使分子和链段运动冻结起来。

按照外力作用方式不同,取向可分为单轴取向和双轴取向。单轴取向如纤维的拉伸,分子链沿纤维方向排列;双轴取向如薄膜的拉伸,分子链取平行于薄膜平面的任意方向,在薄膜平面上各向同性。

### 14.4.3 取向度

取向程度可以用取向函数 $f$ 表示:

$$f=\frac{1}{2}(3\cos^2\overline{\theta}-1) \tag{14-14}$$

式中 $\theta$——取向角,即分子链主轴方向与取向方向之间的夹角。

理想的单轴取向:$\cos^2\overline{\theta}=1,\overline{\theta}=0,f=1$;

完全未取向的材料:$\cos^2\overline{\theta}=\frac{1}{3},\overline{\theta}=54.73°,f=0$。

### 14.4.4 取向的应用

未取向时,大分子链和链段的排列是随机的,因而呈现各向同性。取向后,在取向方向上原子之间的作用力以化学键为主,而在与之垂直的方向上,原子之间的作用力以范德华力为主,因此取向态主要结构特征是各向异性。由此使材料在力学、光学和热学性能上取向前后产生显著差别。

力学性能,取向使抗张强度及绕曲疲劳强度在取向方向上大大增加,而在与其垂直的方向上降低;光学性能方面产生双折射现象;取向还使聚合物 $T_g$ 增加,结晶聚合物密度和结晶度增加。

取向在生产中有重要的应用:

(1) 纤维的牵伸和热处理(一维材料)。纤维的生产包含拉伸处理过程,这使分子取向,大幅度提高纤维强度;热定型(热处理)使部分链段解取向,又使纤维获得弹性。利用分子链取向和链段取向速度不同,使纤维提高了拉伸强度,又保持较高的弹性伸长。

(2) 薄膜的单轴或双轴取向(二维材料)。单轴拉伸极大地提高了一个方向的强度,常用作包装袋。双轴拉伸使薄膜平面上两个方向的强度均提高,双轴拉伸聚丙烯、双轴拉伸聚酯等应用广泛。一般吹塑膜也有一定程度的双轴取向效果。

# 14.5 高聚物的液晶态结构

## 14.5.1 液晶

液晶是介于完全有序晶体与各向同性液体之间的一种中间状态，确切地说，它是一种取向有序的流体，它既有液体的易流动性，又有晶体的光学各向异性，是某些物质在熔融态或在溶液状态下所形成的有序流体的总称。液晶态指物质既具有液态的流动性，又保留有分子排列的一维或二维有序性，从而在物理性质上呈各向异性的状态。

1888 年奥地利植物学家 Reinitzer 发现苯甲酸胆甾醇酯在 145.5℃熔融后，变成浑浊的各向异性液体，直到温度高于 178.5℃后，才成为各向同性的透明液体。德国科学家 Lehan 证实了这种具有晶体特征双折射现象的浑浊液体是一种新的物质状态，并取名为液晶。1922 年法国物理学家 Friedel 提出了液晶结构分类方法，后又提出织构概念，用偏光显微镜表征液晶形态。1971 年，Schadt 和 Helfrich 发明了扭曲向列型液晶显示模式，与半导体微电子技术结合产生了液晶平面显示器。

1950 年，Elliott 和 Ambrose 合成第一个高分子液晶，在聚 - L - 谷氨酸 - γ - 苄酯（PBLG）的氯仿溶液制膜过程中，发现它的溶液具有双折射现象。60 年代，杜邦公司对聚对苯二甲酰对苯二胺的硫酸溶液经液晶态纺丝，制得了超高强度和模量的 Kevlar 纤维。Eastman 柯达公司合成了可以热塑成型的热致性芳香共聚酯，1976 年又发现了纤维素及其衍生物的液晶性。80 年代相继合成了侧链型高分子液晶、主链 - 侧链混合型高分子液晶及盘状高分子液晶等。液晶高分子是在一定条件下能以液晶相态存在的高分子。由于高分子量和液晶相序的有机结合，赋予了液晶高分子鲜明的个性和特征，它具有超过其他结构材料的力学性能，或可提供其他材料所不能比拟的其他物理性能。

## 14.5.2 高分子液晶的结构

### 14.5.2.1 液晶的化学结构

按形成液晶聚合物的致晶结构，液晶分子分成两亲的（amphiphilic）和非两亲的（nonamphiphilic）两类分子。两亲分子是指兼具疏水和亲水作用的化合物；非两亲分子则是一些几何形状不对称的刚性或半刚性的棒状或盘状分子。

具有棒状或盘状几何特征的化学结构，其轴比大，它使液晶具有各向异性，称为液晶基元（见图 14-17）。典型的棒状结构由三部分组成：（1）由两个或更多芳香族环组成“核心”，最常见的

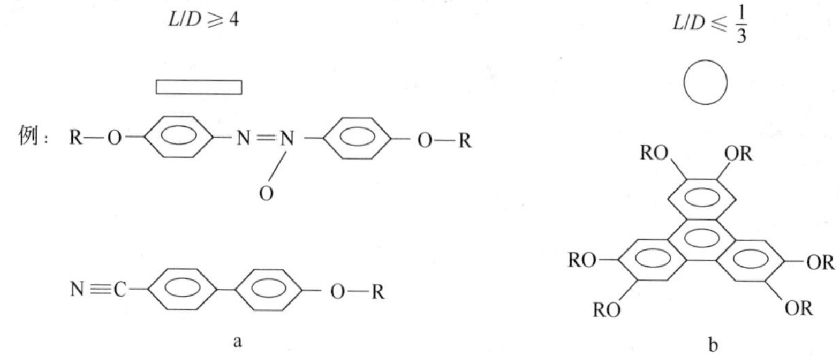


图 14-17 液晶基元结构

a—棒状；b—盘状

是苯环,也可以是杂环或酯环;(2)有一两个桥键将环连接起来;(3)在分子长轴两端含有极性基团 X 和 Y,可以形成永久偶极,使分子间具有较强的作用。

### 14.5.2.2 液晶的分类

A 按液晶有序性形成的条件分类

按液晶有序性形成条件,可将液晶分为热致性液晶和溶致性液晶。

(1) 热致性液晶。聚合物加热至熔点以上某一个温度范围(从 $T_m$ 到清亮点 $T_i$)呈现液晶性能(见图 14-18)。热致液晶分子一般具有刚性的棒状和盘状等几何结构。

液晶存在的温度范围较窄,焓变小,且液晶的形成需要较长时间,故加热过程必须很慢。

(2) 溶致性液晶。在溶液中当达到某一临界浓度以上时呈现液晶性能。溶致液晶的构造单元多为二维液膜,由双亲性分子溶于水聚集而成。溶液浓度低时,分子间作用力低,分子无序运动,呈各向同性的液态。随着浓度增大,超过临界浓度后,双亲性分子聚集形成胶束,大量的胶束在憎水作用等分子间作用力下,组装排列成的有序结构。

肥皂液是一种典型的溶致液晶,其分子由亲水的极性头部和疏水的碳氢链尾基组成。在水溶液中,它们倾向形成不同的组装结构,按照肥皂浓度,分别形成层状相、六方相和立方相液晶(见图 14-19 和图 14-20)。

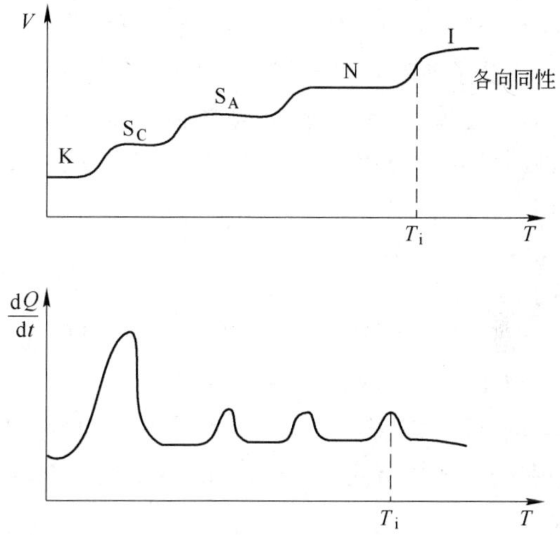


图 14-18 溶致液晶随温度的变化

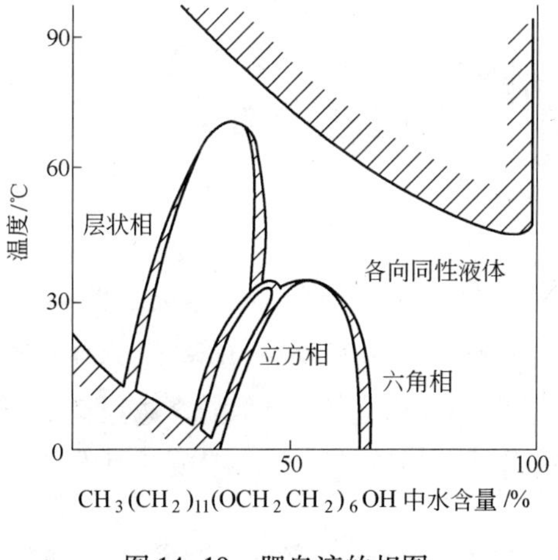


图 14-19 肥皂液的相图

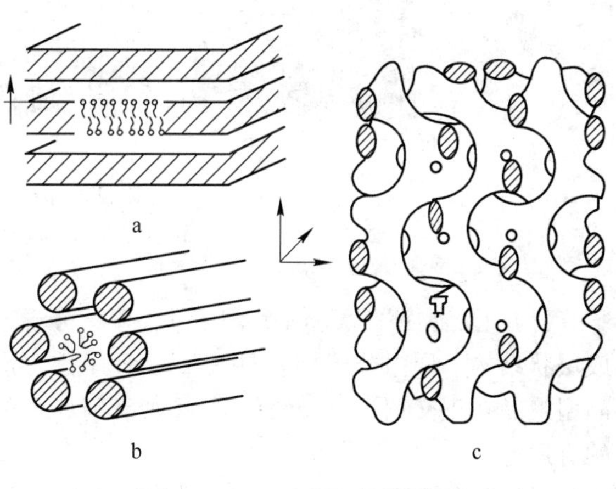


图 14-20 不同溶致液晶结构

a—层状相;b—六方相;c—立方相

B 按液晶基元的位置分类

按照液晶基元在分子链中的位置可分为主链型液晶和侧链型液晶。主链型液晶高分子,液晶基元分布于主链上,通过柔性链(space)相连(见图 14-21);侧链型液晶高分子,液晶基元分布于侧链上(见图 14-22)。主链型液晶常用于制作高强度、高模量制品,而侧链型液晶多数用作功能性材料。

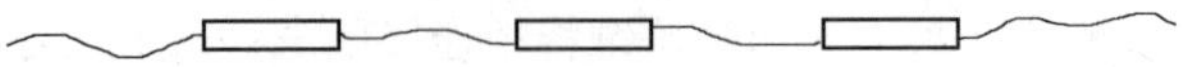

图 14-21　主链型液晶(液晶基元首尾以 space 相连)

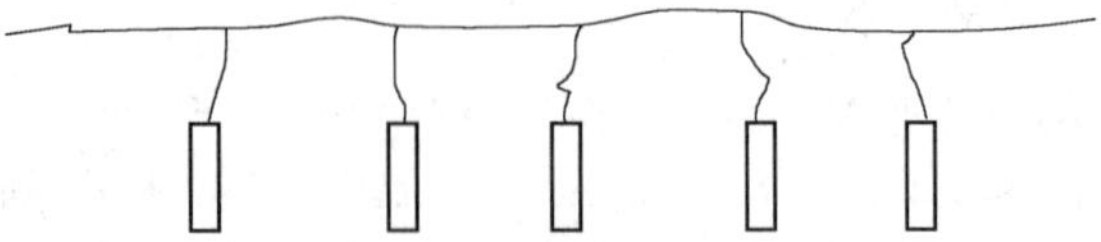

图 14-22　侧链型液晶(液晶基元连在主链上)

高分子液晶分子结构对液晶行为的影响:

(1) 主链型液晶。链的柔顺性:完全刚性,熔点过高,只能在适当溶剂中形成溶致液晶;引入柔性间隔链段,主链柔性增加,可形成热致液晶;主链柔性太大,不能形成液晶。主链型液晶多形成向列型液晶,也有少数形成近晶型液晶。

(2) 侧链型液晶。主链柔性增加,转变温度降低。柔性间隔段,利于降低主链对液晶基元排列与取向的限制,有利于液晶相的形成和稳定。液晶基元长度增加,液晶相存在的温度($\Delta T = T_i - T_m$)加宽,稳定性提高。侧链型液晶可形成向列型、胆甾型或近晶型液晶。

#### 14.5.2.3　液晶的物理结构

液晶的物理结构主要是指分子在空间的排列状态。高分子液晶与小分子液晶一样,也可以呈现 3 种不同的聚集状态,即向列型、近晶型和胆甾型液晶态(见图 14-23)。

a　b　c

图 14-23　液晶结构示意图

a—近晶型;b—向列型;c—胆甾型

(1) 近晶型液晶(Smectic,S 相)。棒状分子靠垂直于长轴方向的强烈相互作用,平行排列成层状结构。层内分子排列具有二维有序性,分子可以在本层内运动,但不能穿越层间。近晶型液晶在正交偏光显微镜下可以观察到典型的扇状织态结构特征。近晶型液晶具有较高的有序态。

(2) 向列型液晶(Nematic,N 相)。棒状分子在长轴方向上,平行于一个共同的主轴,呈现一维有序性。棒状分子链的重心位置是无序的,在外力作用下,棒状分子既可沿流动方向取向,又可穿越流动取向,具有很大的流动性。向列型液晶在正交偏光显微镜下,可以观察到细丝状和纹影状的织态结构。

(3) 胆甾型液晶(Cholesteric,Ch 相)。分子依靠端基的相互作用平行排列成层状结构,层内分子重心无序,相邻两层之间分子长轴的取向,由于伸出层片平面外的光学活性基团的作用,依次规则地扭转一定角度,层层叠加形成螺旋面结构。表征胆甾型液晶性质的一个重要物理量是螺距($P$)，它是当分子链排列方向旋转360°复原后两重复层之间的距离。胆甾型液晶的螺旋平面对特定波长的光有选择性反射，能将白光散射成灿烂的颜色，同时还可以使透射光发生极高的偏振旋转。胆甾型液晶在偏光镜下可观察到特殊的油状纹理织构。

在液晶中，局部微区域内液晶刚性基元趋向于沿一个方向取向排列形成有序微区，而各相邻微区中分子的取向方向不同，整个液晶态中各个有序微区结构之间分子指向矢无规取向。有序微区尺寸为微米级，在光学显微镜正交偏振片下显示出丰富多彩的光学织构。

### 14.5.3　高分子液晶的性能和应用

液晶具有光学双折射性，胆甾型液晶还具有较高的旋光性，大分子液晶除具有这些光学性质外，还由于其独特的链结构和凝聚态结构具有一些特殊的性能，如在外场作用下液晶基元易取向，表现出高强度和高模量。

聚对苯二甲酰对苯二胺浓硫酸溶液具有独特的流动性，如图14-24所示，在低浓度范围内黏度随浓度增加急剧上升，出现一个黏度峰值；浓度继续增加，黏度反而急剧下降，又出现极小值；最后黏度又随浓度增加而增大。这种黏度随浓度变化形式是刚性高分子链形成的液晶态溶液体系的一般规律，反映了溶液体系内区域结构的变化。曲线中两个峰值对应两个临界浓度，达到$C_1^*$时，体系内开始建立有序结构，形成向列型液晶，浓度增加各向异性比例增大，黏度下降；到临界浓度$C_2^*$，黏度达到极小值，体系成为均匀的各向异性溶液。黏度随温度的变化规律也不同于一般的高分子浓溶液体系，黏度随温度变化先出现极小值，而后在完全转变为各向同性溶液之前出现一个极大值(见图14-24b)。

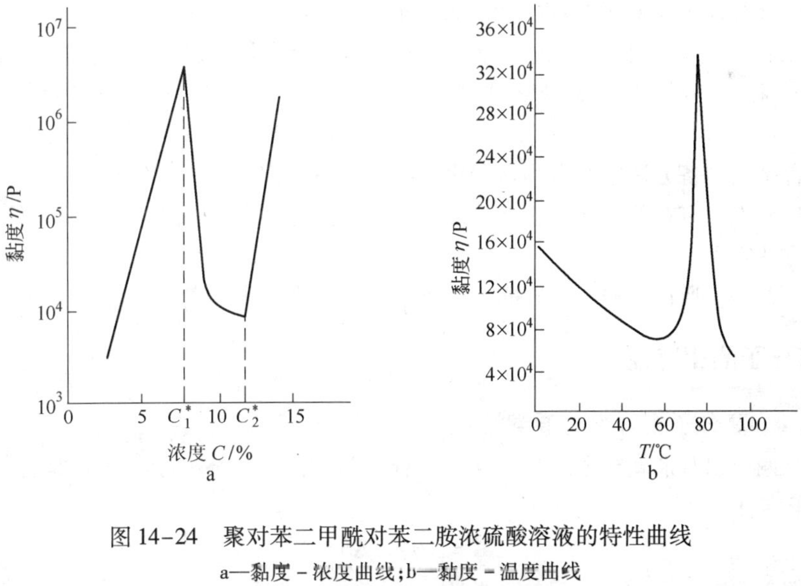


图14-24　聚对苯二甲酰对苯二胺浓硫酸溶液的特性曲线
a—黏度-浓度曲线；b—黏度-温度曲线

利用液晶溶液的黏度特性进行液晶纺丝，高分子链基本沿一定方向定向排列，获得高性能纤维。聚对苯二甲酰对苯二胺纤维(Kevlar纤维)的比强度为钢丝的8~9倍，比模量为钢丝的2~3倍，密度只有钢丝的1/5，是制造防弹背心的理想材料。部分金属丝和聚合物纤维的性能比较见表14-1。

表 14-1 部分金属丝和聚合物纤维的性能比较

| 材 料 | 拉伸强度 $R$/N·m$^{-2}$ | 相对密度 $\rho$ | $R/\rho$ |
|---|---|---|---|
| 钢琴弦(钢) | $2\times10^9$ | 7.8 | 26 |
| 铝 丝 | $17\times10^7$ | 2.7 | 6.3 |
| 人造丝 | $3\times10^8$ | 1.56 | 19 |
| 聚酰胺纤维(Kevlar) | $3\times10^9$ | 1.3 | 230 |
| 尼 龙 | $1\times10^9$ | 1.15 | 87 |

液晶显示技术利用向列型液晶灵敏的电响应特性和光学特性制成。将透明液晶置于透明电极之间,当施加电压时,与电极接近的液晶发生排列变化,失去透明性,产生与电极形状相同的图像,即液晶显示。液晶显示器耗电量低,可以实现微型化和超薄化。胆甾型液晶颜色随温度而变化,可用于温度的测量。近年来,聚合物液晶在高信息显示方面已获得了广泛的应用。

## 14.6 共混高聚物的织态结构

### 14.6.1 高分子混合物的概念

实际高分子材料常是多组分高分子体系或复合材料,这里只讨论高分子与高分子的混合物,通称为共混高聚物(polymer blend),它是指两种或多种聚合物组分形成的混合物。由于共混高聚物与金属合金有许多相似之处,也称为"高分子合金"。

共混的目的是为了取长补短,改善性能,最典型的是用橡胶共混改性塑料的例子,如高抗冲聚苯乙烯和 ABS(有共混型或接枝型)。20 世纪 70 年代以来,高分子合金得到了迅速发展。

高分子合金的制备方法主要有物理和化学两种方法:

(1) 物理共混。将在两种聚合物在熔体或在溶液状态下机械共混后,经冷却固化或用沉淀剂共沉淀的方法得到。

(2) 化学共混。通过接枝或嵌段的方法将两种聚合物以化学键结合在一起。

### 14.6.2 高分子的相容性

#### 14.6.2.1 高分子相容性与混溶性

相容性是两个组分能在分子水平上互相混合。判别两种物质互溶的条件是,混合过程的自由能 $\Delta G$ 小于零,即:

$$\Delta G = \Delta H - T\Delta S < 0$$

高分子的相容性指链段水平或分子水平上的相容。

由于高分子的相对分子质量很大,混合时的熵变值 $\Delta S$ 很小,而大多数高分子-高分子间的混合是吸热过程,即热焓的变化 $\Delta H$ 为正值,要满足 $\Delta G$ 小于零的条件较困难。故绝大多数共混聚合物不能达到分子水平的混合,但由于黏度大,分子或链段运动速度非常缓慢,形成宏观均相、微观或亚微观非均相的"两相结构",是动力学稳定,但热力学的亚稳定状态。这种动力学意义上的相容叫混溶性,即混合程度的问题。

#### 14.6.2.2 共混高聚物的织态结构

共混高聚物的织态结构可以通过电子显微镜或相差显微镜观察，也可以利用测定体系的玻璃化转变来判断。

对于共混聚合物来说，存在一个分散程度好坏的问题。这种分散程度的好坏，决定于两种组分间的相容性，两种高分子的相容性越好，材料的两相分散越小。

（1）两种共混聚合物组分的结构差异较大，相容性太差时，两者呈现一种宏观的相分离，两相界面的黏结力差，很少有实用价值，如尼龙6/聚丙烯共混物。

（2）相容性适中的共混聚合物，往往能保持各自组分的特性，而使材料具有更佳的综合性能。这类共混高聚物所呈现的相分离是微观的或亚微观的相分离，宏观均相，可用来改善材料的多项不同性能。

（3）相容的高分子混合，可以达到分子水平的分散而最终形成热力学上稳定的均相体系。完全相容的高分子共混体系，除了极少数情况有一定的协同作用，会在某些性质上出现互相促进外，通常与增塑体系相似。一般用来改善材料的某一单项性能。

为了改善共混组分高分子间的相容性，可加入增容剂或在不同聚合物分子间引入特殊相互作用，提高其相容性。如聚乙烯/聚苯乙烯共混体系中，可加入乙烯和苯乙烯的嵌段或接枝共聚物。高分子之间存在特殊相互作用，如分子间氢键、强偶极－偶极作用、离子－偶极作用、电荷转移、酸碱作用等，混合焓变 $\Delta H<0$，成为共混体系形成均相结构的驱动力。

#### 14.6.2.3 非均相多组分聚合物的织态模型

根据密堆积原理及实验观察结果提出了两嵌段及三嵌段共聚物的理想模型，用组分含量来表征聚合物结构。一般含量少的组分形成分散相，含量多的组分组成连续相，随着分散相含量的逐渐增加，分散相的形态从球形变成棒状，当两组分含量相近时，都成为连续相，形成层状结构。两嵌段共聚物的织态结构模型如图14-25所示。

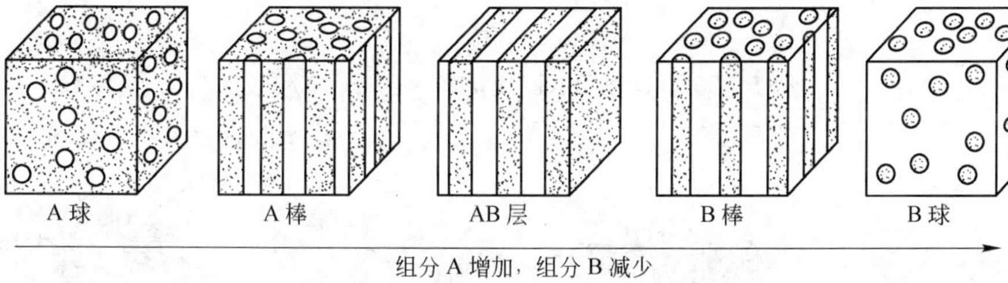


图14-25 两嵌段共聚物的织态结构模型

该模型已为实验事实所证实，由苯乙烯（S）和丁二烯（B）制得的两嵌段共聚物SB和三嵌段共聚物SBS薄膜的超薄切片电镜照片如图14-26所示。由于不同嵌段间的热力学不相容发生相分离，化学键联又使之形成有限尺寸的有序体系，微区的尺寸大致在几个和几十个纳米范围内，为微相分离，随着聚丁二烯量增加，它由小球状变为圆棒状，最后变成层状与聚苯乙烯交替排列。但大多数实际的共混高聚物，其织态结构比理想模型要复杂，其中可能出现过渡形态或几种形态同时存在。这些相结构微区在一定条件下进行适当处理后（如退火、力场和电场作用下），还可在宏观上排列成非常规整的类似晶格点阵的形态结构。这一特点在纳米技术和信息产业中有潜在的应用前景，90年代以来成为研究的热点。而三元共聚物将提供更丰富的织态结构（见图14-27）。

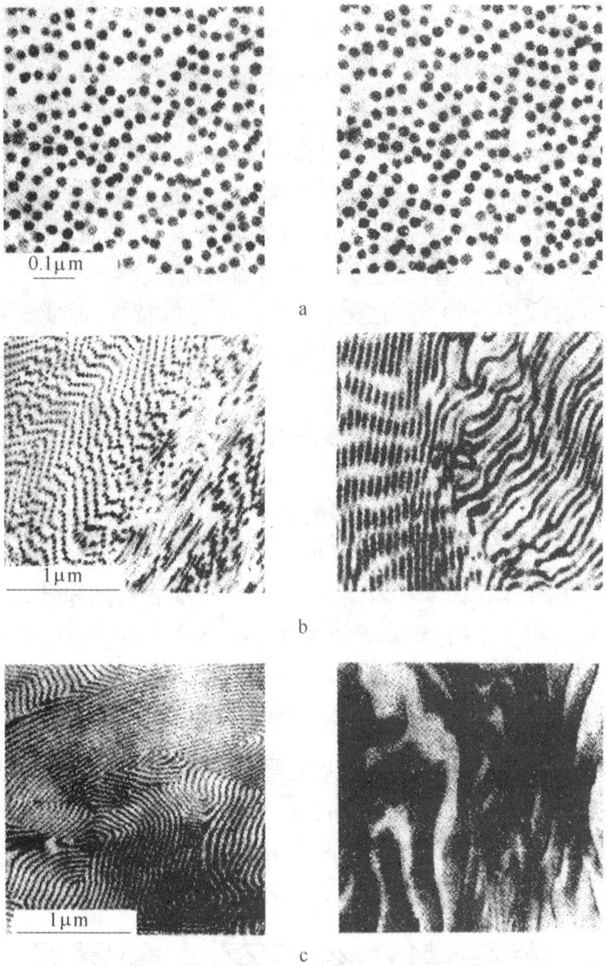


图 14-26 SB 和 SBS 嵌段共聚物微相分离形态

a—S/B = 80/20；b—S/B = 60/40；c—S/B = 40/60（物质的量比）

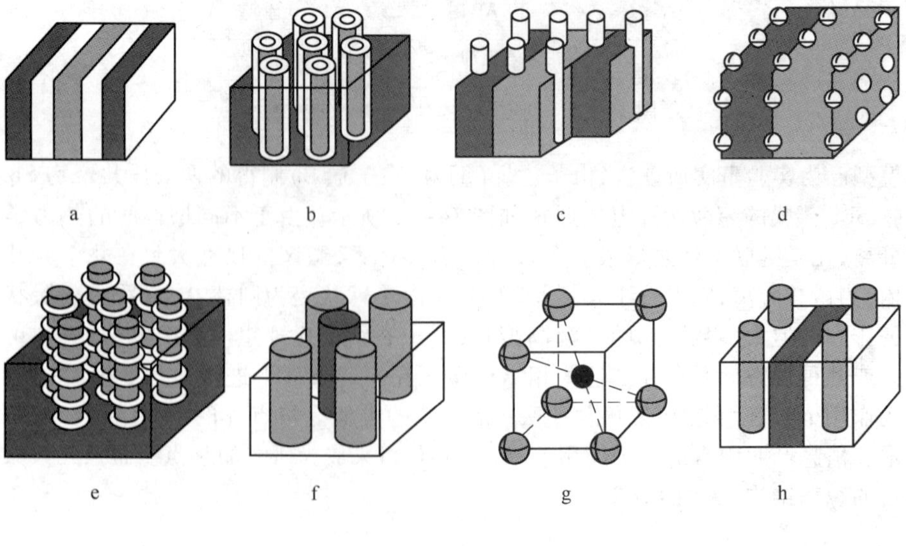

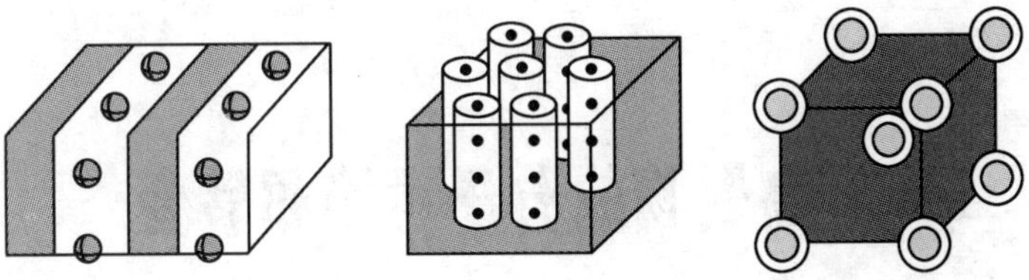


图 14-27 三元共聚物的织态结构模型
（图中黑、灰、白代表不同嵌段，随各段相对质量的变化，共聚物发生变化）

## 思考练习题

一、名词解释

1. 高聚物聚集态结构
2. 熔点
3. 结晶度
4. 取向度
5. 向列型液晶
6. 混溶性

二、简答题

1. 请指出塑料、橡胶和纤维的内聚能密度的大致范围。为什么聚乙烯的内聚能密度较低但能用作塑料？

2. 为什么高聚物只有固态和液态而没有气态？

3. 聚乙烯在下列条件下结晶，将生成什么样的晶体？

（1）从极稀溶液中缓慢结晶；

（2）从熔体中结晶；

（3）极高压力下熔融挤出；

（4）在溶液中强烈搅拌下结晶。

4. 由文献查得涤纶树脂的密度 $\rho_c = 1.50 \times 10^3\ kg \cdot m^{-3}$ 和 $\rho_a = 1.335 \times 10^3\ kg \cdot m^{-3}$，内聚能 $\Delta E = 66.67\ kJ \cdot mol^{-1}$（单元）。今有一块 $1.42\ m \times 2.96\ m \times 0.51 \times 10^{-6}\ m$ 的涤纶试样，重量为 $2.92 \times 10^{-3}\ kg$，试由以上数据计算：（1）涤纶树脂试样的密度和结晶度；（2）涤纶树脂的内聚能密度。

5. （1）将熔融态的聚乙烯（PE）、聚对苯二甲酸乙醇酯（PET）和聚苯乙烯（PS）液冷到室温，PE 是半透明的，而 PET 和 PS 是透明的。为什么？

（2）将上述的 PET 透明试样，在接近玻璃化温度下进行拉伸，发现试样外观由透明变为混浊，试从热力学观点来解释这一现象。

6. 如何区别晶态与取向态？

7. 液晶有哪些物理结构，各有何特性？

8. 如何提高共混聚合物的相容性？

# 15　高聚物的分子运动和转变

**本章要点：**

高聚物分子运动特点，高聚物的温度形变曲线；玻璃化转变，玻璃化转变理论，玻璃化温度影响因素；高聚物的黏性流动，黏流温度。

高聚物具有一系列优异的性能是因为它有着不同于低分子物质的结构，结构是决定分子运动的内在条件，而性能是分子运动的宏观表现，了解了分子运动的规律就可以从本质上揭示不同高聚物纷繁复杂的结构与千变万化的性能之间的关系。

## 15.1　高聚物的分子运动特点

高聚物的结构比小分子化合物复杂得多，因而其分子运动也非常复杂。主要有以下几个特点。

### 15.1.1　运动单元的多重性

小分子有三种基本运动形式：振动、转动和平移，这些都是基于分子内各部分位置处于相对固定的基础上进行的。而高聚物分子链长，相对分子质量大小不一，又带有侧基，加上支化、交联、结晶、取向、共聚等复杂结构，导致了其运动单元的多重性。除了整个分子链的运动（即布朗运动）外还有链段、链节、侧基、支链等的运动（称微布朗运动），原子在平衡位置附近的振动，对于结晶聚合物还有晶区的运动。整个分子链的运动靠各链段的协同移动来实现。

### 15.1.2　运动的时间依赖性

在一定的温度和外场作用下，高聚物从一种平衡态过渡到另一种平衡态的运动需要克服分子间很强的次价键作用力（即内摩擦阻力），因而需要时间，记作松弛时间 $\tau$。

在外力作用下高聚物被拉伸增加的长度 $\Delta x_0$，外力除去后 $\Delta x_0$ 不能立即变为零，其与时间的关系呈指数关系：

$$\Delta x_t = \Delta x_0 e^{-t/\tau} \tag{15-1}$$

当 $t=\tau$ 时，$\Delta x_t = \frac{1}{e}\Delta x_0$，因而松弛时间的定义为：$\Delta x_t$ 变到等于 $\Delta x_0$ 的 1/e 时所需要的时间。它反映某运动单元松弛过程的快慢。松弛时间的大小取决于材料固有的性质及温度、外力的大小。由于高分子的运动单元具有多重性，相对分子质量具有多分散性，$\tau$ 不是单一值而是一个较宽的时间分布，称“松弛时间谱”。

### 15.1.3　运动的温度依赖性

温度变化对于高聚物分子运动影响非常显著。升高温度，一方面使热运动能量提高，运动单元活化，另一方面使聚合物体积膨胀，分子间距离增加，运动单元活动空间增大，加快分子运动，缩短了松弛时间。松弛时间与温度关系也符合 Arrehnius 方程：

$$\tau = \tau_0 e^{\Delta E/RT} \qquad (15-2)$$

式中　$\tau_0$——常数；

$\Delta E$——松弛过程所需要的活化能，其值可通过实验求出。

## 15.2　高聚物的温度－形变曲线

在一定的力学负荷下，高分子材料的形变与温度的关系称为高聚物的温度－形变曲线（或称热机械曲线）。

### 15.2.1　线形非晶态聚合物的温度－形变曲线

温度对高聚物的分子运动影响显著，高聚物的热机械曲线可以有效地描述聚合物在不同温度下的分子运动和力学行为。线形非晶态高聚物的温度－形变曲线如图 15-1 所示，相应的模量－温度曲线（见图 15-2），都可用于反映分子运动。

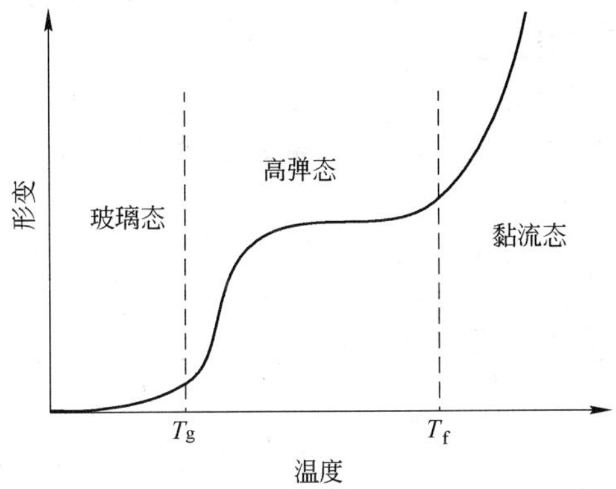


图 15-1　线形非晶态聚合物的形变－温度曲线

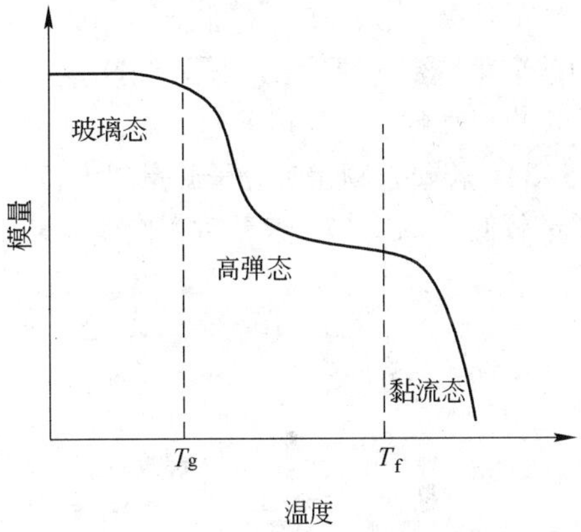


图 15-2　线形非晶态聚合物的模量－温度曲线

根据力学性质随温度变化的特征，曲线可分为三个不同的力学状态和两个转变区（简称三态两转变）：

（1）玻璃态（grassy state）。由于温度较低，分子热运动能低，链段的热运动能不足以克服主链内旋转的势垒，因此，链段处于冻结状态。只有侧基、链节、短支链等小运动单元的局部振动及键长、键角的变化，因此弹性模量很高，受力后形变很小，且遵循虎克定律，外力除去立即恢复。这种形变称为普弹形变。

（2）玻璃化转变区（grass transition）。这是一个对温度十分敏感的区域，在 3 ~5℃范围内几乎所有物理性质（例如膨胀系数、模量、介电常数、折光指数等）都发生突变，链段此时开始能运动，这个转变温度称为玻璃化温度，记作 $T_g$。从分子运动机理看，在此温度链段已开始解冻，即链段的运动被激发。由于链段绕主链的旋转使分子的形态不断变化，即由于构象的改变，长链分子可以在外力作用下伸展（或卷曲），因此弹性模量迅速下降 3 ~4 个数量级，形变迅速增加。

（3）高弹态（rubbery state）。链段运动但整个分子链不产生移动。此时聚合物受较小的力就可发生很大的形变（100% ~1000%），外力除去后形变可完全恢复，称为高弹形变。高弹态是高分子所特有的力学状态。高弹形变是链段运动使链分子发生伸展卷曲运动的宏观表现，因此高弹性是一种熵弹性。在温度－形变曲线上出现平台区，这是由于随着温度升高，弹性恢复力的增加(抵抗变形)与流动性的增加(增加变形)相抵消的结果。平台的宽度主要由聚合物的相对分子质量控制,相对分子质量越高,平台越长。

(4) 黏流转变区(flow transition)。由于温度的进一步升高,链段的热运动逐渐剧烈,链段沿作用力方向的协同运动,不仅使分子链的形态改变而且导致大分子的重心发生相对位移,聚合物开始呈现流动性,弹性模量下降,形变迅速增加,又称为黏弹转变区,此转变温度称为流动温度,记作 $T_f$。

(5) 黏流态(viscous flow state)。温度高于 $T_f$ 以后,由于链段的剧烈运动,整个链分子重心发生相对位移,即产生不可逆形变,聚合物呈现黏弹性液体状,因而称为黏流态。聚合物的相对分子质量越高,分子间作用力越大,分子的相对位移也越困难。

从相态角度来看,玻璃态、高弹态、黏流态均属液相,即分子间的相互排列均是无序的。它们之间的差别主要是变形能力不同,即模量不同。从分子运动来看,三种状态只不过是分子(链段)运动能力不同而已。因此,从玻璃态、高弹态、黏流态的转变均不是热力学的相变,$T_g$、$T_f$ 只是力学状态转变温度。

### 15.2.2 晶态聚合物的温度-形变曲线

结晶性聚合物由于含有非结晶部分,因此当结晶度不高(小于40%)时,能观察到非晶态部分的玻璃化转变,但是由于结晶部分的存在,链段的运动受到限制,模量下降很少,在 $T_g \sim T_m$ 之间并不出现高弹态,只有到熔点 $T_m$,结晶瓦解,链段热运动程度迅速增加,模量才迅速下降(见图15-3)。若聚合物相对分子质量很大,$T_m < T_f$,则在 $T_m \sim T_f$ 间可出现高弹态;若聚合物相对分子质量较低,则 $T_m > T_f$,熔融后直接变为黏流态。

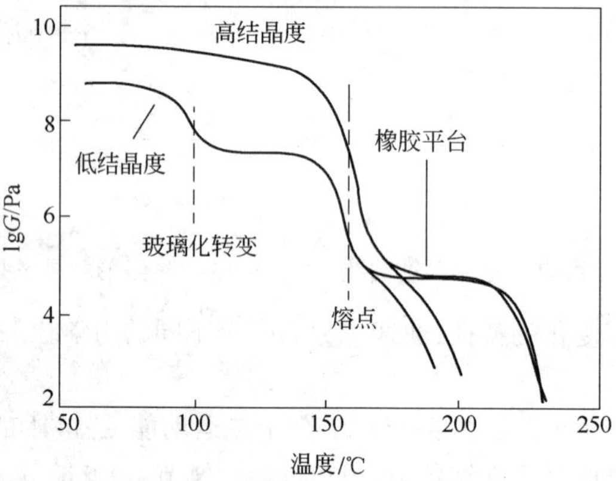


图15-3 结晶高聚物模量-温度曲线

### 15.2.3 交联聚合物的温度-形变曲线

交联度较小时,存在 $T_g$,但 $T_f$ 随交联度增加而逐渐消失;交联度较高时,$T_g$ 和 $T_f$ 都不存在。

## 15.3 高聚物的玻璃化转变

$T_g$ 是链段运动开始发生(或冻结)的温度。玻璃化转变是高聚物一个非常重要的性质,高聚物发生玻璃化转变时,许多物理性能发生了急剧的变化。对于塑料来说,$T_g$ 是使用的最高温度即耐热性指标;而对于橡胶来说,$T_g$ 是使用的最低温度,是其耐寒性指标。因此研究玻璃化转变具有重要的理论和实际意义。

### 15.3.1　玻璃化转变测量方法

除了前述的温度-形变曲线(或模量-温度曲线)外,比体积、比热容、内耗、折射率、黏度、膨胀系数、扩散系数和电学性能等在 $T_g$ 时的突变均可用来测定 $T_g$。测试方法大致分成4类:(1)测体积的变化,如膨胀计法通过测定聚合物比体积随温度的变化,其拐点为 $T_g$;(2)测热学性质的变化,如差示扫描量热法(DSC)是在等速升温的条件下,连续测定热流速率与温度的关系,温度在 $T_g$ 时比热容发生突变而在热谱图上表现为基线的偏移;(3)测力学性质的变化,如热机械法作出高聚物的温度形变曲线,利用玻璃化转变时形变量的突变来测定 $T_g$;(4)电磁效应,如核磁共振法利用共振谱线宽度突变来测定 $T_g$。

### 15.3.2　玻璃化转变理论

玻璃化转变理论较多,其中应用较广的是自由体积理论。

#### 15.3.2.1　Gibbs-Dimarzio 为代表的热力学理论(简称 G-D 理论)

热力学研究表明,玻璃化转变时其体积、焓或熵是连续变化的,但压缩系数、膨胀系数和比热容出现不连续的变化,符合二级相转变特征。但玻璃化温度的测定过程体系不能满足热力学的平衡条件,转变过程是一个松弛过程,不同测定方法得到的 $T_g$ 数值不同,$T_g$ 不是热力学二级转变温度。

Gibbs 和 Dimarzio 认为,在0 K以上存在一个二级转变温度 $T_2$,在这个温度下聚合物的构象熵等于零,并推导出 $T_2$ 表达式,预计 $T_2$ 比 $T_g$ 低50℃左右。该理论说明了玻璃化转变行为与交联密度、增塑、共聚、分子质量和压力的关系。

#### 15.3.2.2　Aklonis-Kovacs 为代表的动力学理论

动力学理论认为玻璃化转变是一个速率过程,即松弛过程。玻璃化转变具有明确的动力学性质,$T_g$ 与实验的时间尺度(如升温速度、测定频率等)有关。高聚物具有自己的分子内部时间尺度,当外力作用时间与内部时间尺度同数量级时即发生松弛转变。玻璃化转变就是外力作用时间与高聚物链段运动的松弛时间同数量级时的松弛转变。动力学理论提出了有序参数并据此建立了体积与松弛时间的联系。该理论可以解释时间(升降温速率、实验频率等)对 $T_g$ 的影响,但无法将分子结构与 $T_g$ 相关联。

#### 15.3.2.3　Fox-Flory 为代表的自由体积理论

聚合物链堆砌是松散的,存在一部分空隙,整个体积包括两个部分:一部分是为分子本身占据的,称为占有体积;另一部分是分子间的空隙,称为自由体积(free volume)。$T_g$ 以上时自由体积较大,链段能够通过向自由体积转动或位移而改变构象。当温度降至临界温度 $T_g$ 时,自由体积达到最低值,并被冻结,再降温也保持恒定值。实验发现所有聚合物在 $T_g$ 以下时自由体积分数 $f_g$ 都接近于2.5%,这就是所谓"等自由体积"。

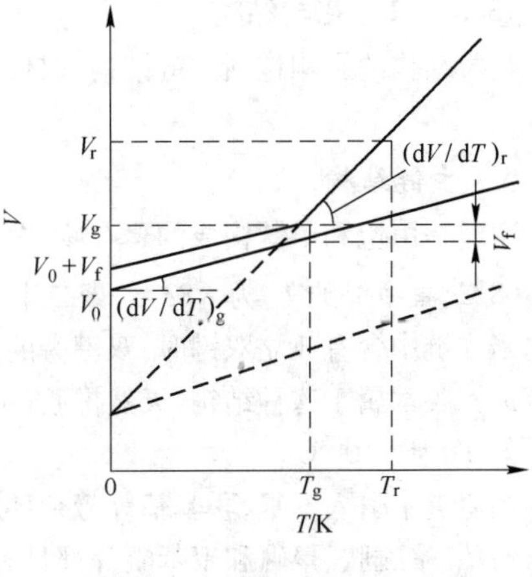

图15-4　自由体积理论示意图

非晶态聚合物的体积膨胀可用图15-4来描述。如果以 $V_0$ 表示聚合物绝对零度时的占有体积,$V_g$ 表示 $T_g$ 时聚合物的总体积,则:

$$V_g = V_f + V_0 + \left(\frac{dV}{dT}\right)_g T_g \qquad (15-3)$$

$$V_f = V_g - V_0 - \left(\frac{dV}{dT}\right)_g T_g \tag{15-4}$$

式中 $V_f$——$T_g$ 以下的自由体积；

$\left(\frac{dV}{dT}\right)_g$——$T_g$ 以下的体积膨胀率。

当 $T > T_g$ 时，高聚物的体积为：

$$V_r = V_g + \left(\frac{dV}{dT}\right)_r (T - T_g) \tag{15-5}$$

所以 $T_g$ 以上某温度 $T$ 时的自由体积 $V_{hf}$ 为：

$$V_{hf} = V_f + (T - T_g)\left[\left(\frac{dV}{dT}\right)_T - \left(\frac{dV}{dT}\right)_g\right] \tag{15-6}$$

$\left(\frac{dV}{dT}\right)_T - \left(\frac{dV}{dT}\right)_g$ 就是 $T_g$ 以上自由体积的膨胀率。

令膨胀系数：$\alpha_T = \frac{1}{V_g}\left(\frac{dV}{dT}\right)_T$，$\alpha_g = \frac{1}{V_g}\left(\frac{dV}{dT}\right)_g$

所以：

$$\alpha_f = \alpha_T - \alpha_g \tag{15-7}$$

式中，$\alpha_T$ 和 $\alpha_g$ 分别是玻璃化转变前（玻璃态）和后（橡胶态）聚合物的自由体积膨胀系数。

玻璃化温度以上自由体积分数：$f = f_g + \alpha_f (T - T_g)$

玻璃化温度以下自由体积分数：$f = f_g$

实验结果得知，许多聚合物 $T_g$ 时，$f_g = 0.025$，$\alpha_f \approx 4.8 \times 10^{-4}\ K^{-1}$。玻璃态可以看作是等自由体积分数状态。

自由体积理论可以用于解释玻璃化转变的许多实验事实，也能预测有关效应，该理论被广泛应用。

## 15.3.3 影响玻璃化温度 $T_g$ 的因素

玻璃化温度是高聚物链段从冻结到运动的一个转变温度，链段运动是通过主链的单键内旋转来实现的，影响高分子链柔性的因素都对 $T_g$ 有影响。影响玻璃化温度 $T_g$ 的因素主要有分子链的化学结构、分子间作用力、相对分子质量及共混、共聚、增塑等内因和作用力种类、作用力速率、升温速度等外因。

### 15.3.3.1 化学结构

化学结构的影响包括主链结构、取代基位阻和分子间作用力的影响。分子链柔顺性越好，$T_g$ 越低。

A 主链结构

主链是由饱和单键构成的聚合物，分子链可以围绕单键内旋转，$T_g$ 都不高。如聚乙烯的 $T_g$ 为 -68℃，聚甲醛的 $T_g$ 为 -83℃，聚二甲基硅氧烷的 $T_g$ 为 -123℃。

当主链中含有孤立双键时，双键旁的单键旋转容易，高分子链柔顺，$T_g$ 较低。天然橡胶和许多合成橡胶都属于这种结构，天然橡胶（顺式聚 1,4 - 异戊二烯）的 $T_g$ 为 -73℃，顺式聚 1,4 - 丁二烯的 $T_g$ 为 -108℃。

当主链中引入苯基、联苯基等芳杂环后，分子链刚性增大，玻璃化温度提高。如芳香族聚酯、聚碳酸酯、聚酰胺、聚砜和聚苯醚等都具有比相应脂肪族聚合物高得多的 $T_g$，它们是一类耐热性较好的工程塑料。

主链为共轭双键时，分子链不能内旋转，刚性大，$T_g$ 很高，如聚乙炔等。

B 取代基

取代基极性越强，$T_g$ 越高。如聚乙烯的 $T_g = -68℃$，引入弱极性基团—$CH_3$ 后，聚丙烯的 $T_g = -20℃$；引入—Cl，—OH 后，聚氯乙烯和聚乙烯醇 $T_g$ 升高到80℃以上；引入强极性基团—CN 后，聚丙烯腈的 $T_g = 104℃$。

单取代乙烯基聚合物—($CH_2$-CHX)$_n$—中，随取代基 X 体积增大，分子链内旋转位阻增加，$T_g$ 升高，见表 15-1。

**表 15-1 乙烯基聚合物取代基与其 $T_g$ 关系表**

| —X | —H | —$CH_3$ | —$CH_2$—$CH(CH_3)_2$ | 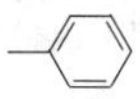 | 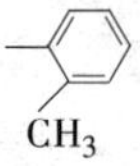 | 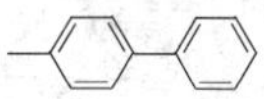 | 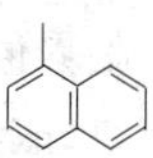 | 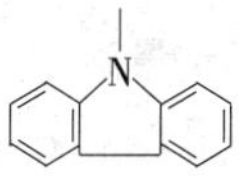 |
|---|---|---|---|---|---|---|---|---|
| $T_g$/℃ | -68 | -20 | 29 | 100 | 119 | 138 | 162 | 208 |

对称双取代的高聚物，对称性降低内旋转位垒，$T_g$ 降低，见表 15-2。

**表 15-2 对称双取代对聚合物玻璃化温度的影响**

| 聚 合 物 | 结 构 单 元 | $T_g$/℃ | 聚 合 物 | 结 构 单 元 | $T_g$/℃ |
|---|---|---|---|---|---|
| 聚氯乙烯 | —$CH_2$—C(Cl)(H)— | 87 | 聚丙烯 | —$CH_2$—C(H)($CH_3$)— | -10 |
| 聚偏二氯乙烯 | —$CH_2$—C(Cl)(Cl)— | -19 | 聚异丁烯 | —$CH_2$—C($CH_3$)($CH_3$)— | -70 |

柔性侧基会降低 $T_g$，这些柔性侧基推开相邻的分子链，使分子间距离增大，相互作用减弱，使分子链段易于运动，这类似于增塑剂的作用，称之为“内增塑”。如聚甲基丙烯酸酯类聚合物随醇的碳原子数 $n$ 增加，$T_g$ 降低，直至 18 个碳原子，见表 15-3。

聚甲基丙烯酸酯的分子式为 $$-\!\!\left(CH_2-\underset{COOC_nH_{2n+1}}{\overset{CH_3}{\underset{|}{\overset{|}{C}}}}\right)_{\!n}\!\!-$$

**表 15-3 侧基柔性对聚甲基丙烯酸酯 $T_g$ 的影响**

| $n$ | 1 | 2 | 3 | 4 | 5 | 6 | 8 | 12 | 18 |
|---|---|---|---|---|---|---|---|---|---|
| $T_g$/℃ | 105 | 65 | 35 | 20 | -5 | -5 | -20 | -65 | 100 |

C 分子间作用力

高分子链间相互作用降低了链的活动性，因而 $T_g$ 增高。如聚辛二酸丁二酯和尼龙 66 的 $T_g$ 相差 107℃，主要因为后者存在氢键。分子链间的离子键对 $T_g$ 影响很大。如聚丙烯酸（$T_g$ = 104℃）中加入金属离子可大幅度提高 $T_g$，其效果还受离子价数的影响，用 $Na^+$ 时 $T_g$ 提高到 280℃，用 $Cu^{2+}$ 时 $T_g$ 提高到 500℃。

#### 15.3.3.2 相对分子质量

相对分子质量对 $T_g$ 的影响主要是链端的影响，处于链末端的链段比链中间的链段受到牵制要小些，所以活动能力大。链端浓度与数均相对分子质量 $M_n$ 成反比，Fox-Flory 导出了 $T_g$ 与 $M_n$ 的关系如下：

$$T_g = T_g^{\infty} - \frac{K}{M_n} \tag{15-8}$$

式中 $T_g^{\infty}$——相对分子质量为无限大时聚合物的玻璃化温度；

$K$——聚合物的特征常数。

存在临界相对分子质量，当相对分子质量较低时，$T_g$ 随相对分子质量增加而增加；当相对分子质量达到某一临界值时，$T_g \to T_g^{\infty}$，不再随相对分子质量改变。常用聚合物相对分子质量远大于临界相对分子质量，故相对分子质量对 $T_g$ 基本无影响。

#### 15.3.3.3 增塑

添加某些低分子组分使聚合物 $T_g$ 下降的现象称为外增塑作用，所加低分子物质称为增塑剂。一般增塑剂分子与高分子具有较强的亲和力，会使链分子间作用减弱，使大分子链运动能力提高，因此 $T_g$ 下降，同时流动温度 $T_f$ 也会降低，因而加入增塑剂后可以降低成型温度，并可改善制品的耐寒性。

例如纯聚氯乙烯的 $T_g = 78℃$，室温下为硬塑性，可制成板材，但加入 20% ~40% 邻苯二甲酸二辛酯之后，$T_g$ 可降至 $-30℃$，室温下呈高弹态。

增塑剂必须挥发性低，通常相对分子质量为几百，玻璃化温度为 $-150 \sim -50℃$。按照自由体积理论，很容易理解增塑剂对高聚物玻璃化转变的影响。对于非极性体系，可用下列经验式估算增塑聚合物的 $T_g$：

$$T_g \approx T_{gp}\varphi_p + T_{gd}\varphi_d \tag{15-9}$$

式中，$\varphi$ 为体积分数，下标 p 和 d 分指聚合物和增塑剂。

较准确的估算用下式（Gordon-Taylor 方程）：

$$T_g = \frac{T_{gp} + (KT_{gd} - T_{gp})\varphi_d}{1 + (K-1)\varphi_d} \tag{15-10}$$

式中，经验常数 $K = \Delta\alpha_d / \Delta\alpha_p$，$\Delta\alpha$ 为 $T_g$ 前后膨胀系数之差，当 $K=1$ 时式(15-10)还原成式(15-9)。

#### 15.3.3.4 共聚共混

无规共聚物的 $T_g$ 介于两种均聚物（A 和 B）的 $T_g$ 之间，一般随其组分含量的变化而变化，可用下式（也称 Gordon-Taylor 方程）估算：

$$T_g = \frac{T_{gA} + (KT_{gB} - T_{gA})W_B}{1 + (K-1)W_B} \tag{15-11}$$

此式推导中已假定了两组分的密度相等，所以用重量分数 $W$ 代替了体积分数。

交替共聚物也只有一个 $T_g$。接枝和嵌段共聚物取决于两种均聚物的相容性，两组分达到热力学相容时，只有一个 $T_g$；两组分不相容时，形成各自独立运动的链段，显示出两个 $T_g$。

大多数共混物是宏观均相而微观分相，是非均相体系，一般存在两个 $T_g$。

#### 15.3.3.5 适度交联

当分子间存在化学交联时，链段活动能力下降，$T_g$ 升高。交联点密度愈高，$T_g$ 增加愈多。当交联点间链长比玻璃化转变所需的链段还短时，则不存在 $T_g$。

交联剂含量与 $T_g$ 之间存在线形关系：

$$T_{gx} = T_{g0} + K_x \rho_x \tag{15-12}$$

式中　$T_{gx}$，$T_{g0}$——分别为已交联和未交联高分子的 $T_g$；

$K_x$——常数；

$\rho_x$——交联密度(单位体积的交联点数)。

#### 15.3.3.6　结晶

结晶聚合物中含有非晶部分，因此仍有玻璃化温度，但是由于微晶的存在，使非晶部分链段的活动能力受到牵制，一般结晶聚合物的 $T_g$ 要高于非晶态同种聚合物的 $T_g$。

例如聚对苯二甲酸乙二酯，对于无定形聚对苯二甲酸乙二酯的 $T_g = 69℃$，而结晶聚对苯二甲酸乙二酯的 $T_g = 81℃$(结晶度约 50%)，随结晶度的增加 $T_g$ 也增加。

#### 15.3.3.7　测定条件的影响

张力迫使链段沿张力方向运动，使聚合物 $T_g$ 下降；压力减少自由体积，使 $T_g$ 上升。

外力作用频率太快或升温速度太快，链段运动来不及响应，都会使测得的 $T_g$ 偏高。

### 15.3.4　高聚物的次级转变及其分子机理

在 $T_g$ 以下，链段不能运动，但较小的运动单元仍可运动，这些小运动单体从冻结到运动的变化过程也是松弛过程，称为次级松弛。

非晶聚合物的 α 松弛是玻璃化转变，晶态聚合物的 α 松弛是熔融，往下次级松弛按出现顺序依次称为 β 松弛，γ 松弛，δ 松弛……。次级松弛的机理对不同聚合物可能完全不同，其中 β 松弛最为重要，它与玻璃态聚合物的韧性相关。当 $T_\beta$ 明显低于室温，且 β 松弛的运动单元在主链上时，材料在室温时是韧性的，相反材料为脆性的。大多数工程塑料都是韧性的。主链中杂链节如聚碳酸酯中的酯基、聚芳砜的—$SO_2$，主链旁较大的侧基如聚苯乙烯中的苯基、聚甲基丙烯酸甲酯中的酯甲基的内旋转，都能产生 β 松弛。

结晶聚合物中晶区与非晶区共存，其松弛转变更为复杂，非晶区可能发生前面讨论过的各种次级松弛，而晶区引起的松弛转变的分子运动可能有：晶区的链段运动；晶型转变；晶区中分子链沿晶粒长度方向的协同运动；晶区内部侧基或链端的运动，缺陷区的局部运动，以及分子链折叠部分的运动等。

## 15.4　高聚物的黏性流动

聚合物的黏流发生在 $T_f$ 以上，热塑性塑料、合成纤维和橡胶的加工成型都是在黏流态下进行的。由于大多数高分子的 $T_f$ 都低于 300℃，比一般无机材料低得多，给加工成型带来很大方便，这也是高分子得以广泛应用的一个重要原因。聚合物流变学是研究材料流动和形变的一门科学，它为聚合物的成型加工奠定了理论基础。

### 15.4.1　聚合物黏性流动的特点

(1) 高分子流动是通过链段的相继跃迁来实现的。

(2) 流动黏度大，一般不符合牛顿流动定律是非牛顿流体。

(3) 流动中伴有高弹形变。在外力作用下，高分子链顺着外力方向伸展，除去外力，高分子链又将自发地卷曲起来。

### 15.4.2 牛顿流体和非牛顿流体

低分子液体或高分子稀溶液流动时,黏度不随剪切应力和剪切速率变化,始终维持一个恒定的常数,这种流体称为牛顿(Newton)流体。其剪切应力 $\tau$ 和剪切速率 $\dot{\gamma}$ 的关系如下:

$$\tau = \eta \frac{d\gamma}{dt} = \eta\dot{\gamma} \tag{15-13}$$

许多液体包括聚合物的熔体和浓溶液,聚合物分散体系(如胶乳)以及填充体系等并不符合牛顿流动定律,这类液体统称为非牛顿流体。

非牛顿流体黏度不为常数,随剪切速率而改变。常用表观黏度来描述其流动性质:

$$\tau \equiv K\dot{\gamma}^{n} = \eta_a \dot{\gamma}^{n} \tag{15-14}$$

$$\eta_a = K\dot{\gamma}^{n-1} \tag{15-15}$$

式中 $\dot{\gamma}$——剪切速率;

$n$——流动指数或非牛顿指数;

$\eta_a$——表观黏度;

$K$——稠度系数,是一种材料常数。

聚合物在流动过程中除了产生分子链之间的不可逆黏性形变外,还产生高弹形变,表观黏度不完全反映流体不可逆形变的难易程度,仅对其流动性的好坏做一个大致的比较。

当 $n=1$ 时,流动属于牛顿型,$K$ 即为黏度;当 $n$ 不等于 1 时,$n$ 表示该流体与牛顿流体的偏离程度,故 $n$ 称为非牛顿指数。

非牛顿流体的类型有宾汉流体、假塑性流体、胀塑性流体和依时性非牛顿流体,各种类型流体的 $\tau$、$\eta$ 对 $\dot{\gamma}$ 的依赖性如图 15-5 所示。

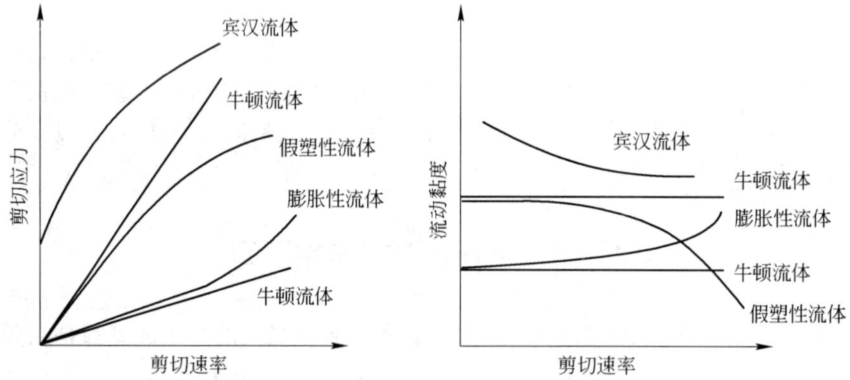


图 15-5 各种类型流体的 $\tau$、$\eta$ 对 $\dot{\gamma}$ 的依赖性

(1) 宾汉(Bingham)流体或塑性流体。当切应力 $\tau$ 小于某临界值 $\tau_y$ 时,根本不流动,即 $\dot{\gamma}=0$;当 $\tau>\tau_y$ 时,才产生流动。油漆、沥青、大多数聚合物在良溶剂中的浓溶液属于宾汉流体。

流动方程为:

$$\tau - \tau_y = \eta\dot{\gamma} \tag{15-16}$$

(2) 假塑性流体。假塑性流体黏度随剪切速率增加而变小,又称为切力变稀体。几乎所有的高聚物熔体和浓溶液都属于假塑性流体,非牛顿指数 $n<1$。

（3）胀塑性流体。曲线向上弯曲，一个无限小的剪切应力就能使其开始运动。其表观黏度随切变速率的增大而增大，故称为切力增稠体。一般悬浮体系和聚合物分散体系属于胀塑性流体。非牛顿指数 $n>1$。

（4）依时性非牛顿流体。指恒温恒剪切速率情况下，黏度随剪切时间而变化的流体，称为依时性非牛顿流体，分为触变体和流凝体两种。

触变体是指维持恒定切变速率所需的切应力随剪切持续时间的增长而减少的流体。冻胶、油漆、加有活性炭黑的橡胶料等都具有触变性。

流凝体是指维持恒定切变速率所需的切应力随剪切持续时间的延长而增加的流体。饱和聚酯在一定剪切速率下能表现出流凝性。

### 15.4.3　实际高聚物的流动性

实际高聚物的流动可以用高聚物的普适流动曲线来描述（见图 15-6），该曲线的形状和分子机理与高分子固体的应力 - 应变曲线类似。

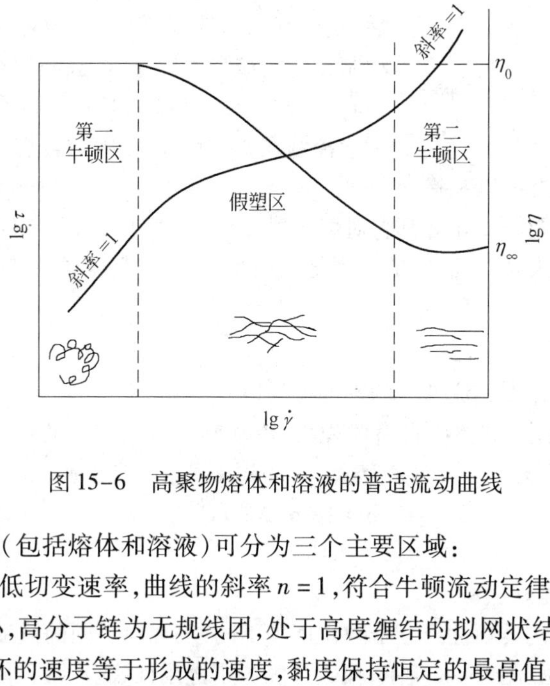


图 15-6　高聚物熔体和溶液的普适流动曲线

聚合物的流动曲线（包括熔体和溶液）可分为三个主要区域：

（1）第一牛顿区。低切变速率，曲线的斜率 $n=1$，符合牛顿流动定律。该区的黏度称为零切黏度 $\eta_0$。剪切应力很小，高分子链为无规线团，处于高度缠结的拟网状结构，流动阻力很大。剪切速率小，缠结结构破坏的速度等于形成的速度，黏度保持恒定的最高值。

（2）假塑性区（非牛顿区）。流动曲线的斜率 $n<1$，该区的黏度为表观黏度 $\eta_a$，随着切变速率的增加，$\eta_a$ 值变小。通常聚合物流体加工成型时所经受的切变速率正在这一范围内。高分子线团开始解缠结，链段沿流动方向取向，剪切速率越大，缠结结构破坏速度越大，黏度不为常数。

（3）第二牛顿区。高切变速率区，流动曲线的斜率 $n=1$，符合牛顿流动定律。该区的黏度称为无穷切黏度或极限黏度 $\eta_\infty$。大分子缠结结构几乎完全被破坏，分子链完全取向，黏度达恒定最低值。

### 15.4.4　影响熔融黏度的因数

影响高聚物熔体黏度和流变性的因素主要有分子结构、温度、剪切速率、剪切应力。

#### 15.4.4.1 相对分子质量

聚合物熔体的剪切黏度随相对分子质量的升高而增加。对于加成聚合物，平均相对分子质量 $\overline{M}_w$ 低于临界值 $M_c$ 时，$\eta_0 = K\overline{M}_w^{1.0\sim1.6}$。$\overline{M}_w$ 高于 $M_c$ 时，零切黏度随相对分子质量增加而急剧增大，$\eta_0 = K\overline{M}_w^{3.4\sim3.5}$。顺式聚异戊二烯的黏度与相对分子质量的关系如图 15-7 所示。

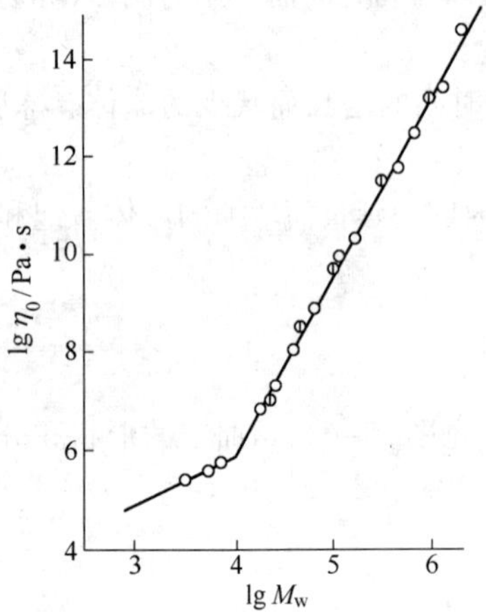

图 15-7 顺式聚异戊二烯的黏度与相对分子质量关系

此规律为 Fox-Flory 经验方程。$M_c$ 为临界相对分子质量，相对分子质量小于 $M_c$ 时，高分子链间虽然也可能有缠结，但是解缠结进行得极快，致使未能形成有效的拟网状结构，黏度只是高分子链相互间摩擦作用的贡献。相对分子质量大于 $M_c$ 后，高分子链越长，链间缠结愈严重，黏度还有缠结分子链间相互牵制的贡献。不同聚合物具有各自的 $M_c$ 值，柔顺性越大的高分子，越易缠结，$M_c$ 越小。

从成型加工考虑，降低相对分子质量可以增加流动性，改善其加工性能，但过多地降低相对分子质量又会影响制品的机械强度。通常，橡胶相对分子质量控制在 20 万左右，使材料具有良好的高弹性；合成纤维相对分子质量一般控制在 2 ~ 10 万，否则聚合物通过喷丝小孔困难；塑料相对分子质量一般控制在纤维和橡胶之间。

相对分子质量分布及长支化等都将对熔体黏度产生影响，一般相对分子质量分布窄的高聚物黏度比分布宽的同种聚合物高；支链长到足以相互缠绕时，其低切变速率下的黏度比相对分子质量相同的线性分子高。

#### 15.4.4.2 温度

温度对高聚物熔体黏度和流变性的影响分为以下两种情况。

(1) 在 $T_f$ 以上，高聚物熔体内自由体积大，流动黏度的大小主要取决于高分子链本身的结构，即链段跃迁流动的能力，$\eta - T$ 关系遵循 Arrhenius(阿累尼乌斯)方程：

$$\eta = A\exp(\Delta E_\eta / RT) \tag{15-17}$$

式中 $A$——常数；

$\Delta E_\eta$——黏流活化能。

不同聚合物因分子链柔顺性或分子间作用力不同，表现出不同的流动活化能，即表观黏度具有不同的温度敏感性。如图 15-8 所示，聚碳酸酯分子链刚性，流动活化能高，可通过温度调节其流动性；聚乙烯等柔性链，流动活化能小，表观黏度随温度变化小。

(2) 在 $T_f$ 以下，$\Delta E_\eta$ 不再是常数，可利用自由体积理论处理，$\eta - T$ 关系适用 WLF 方程(适用范围为 $T_g \sim T_g + 100$℃)：

$$\log\frac{\eta(T)}{\eta(T_g)} = \frac{-17.44(T - T_g)}{51.6 + (T - T_g)} \tag{15-18}$$

对于大多数聚合物，$\eta(T_g) = 10^{12}$ Pa·s(即 $10^{13}$ 泊)，因此通过上式可以计算聚合物在 $T_g \sim T_g +$ 100℃范围内的黏度。

#### 15.4.4.3 剪切力和剪切速率的影响

剪切力和剪切速率增加，使分子取向程度增加，从而黏度降低(见图 15-9)。

升温和加大剪切力(或速率)均能使黏度降低而提高加工性能，但对于柔性链和刚性链影响不一样，对于刚性链宜采用提高温度的方法，而对柔性链宜采用加大剪切力（或速率）的方法。

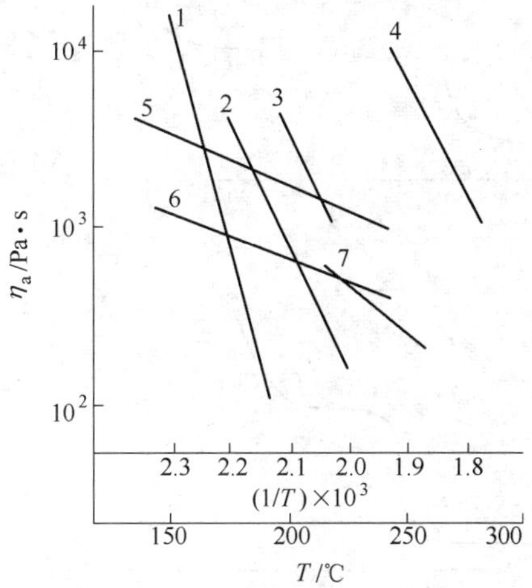

图 15-8　温度对聚合物黏度的影响
1—PVAc；2—PS；3—PMMA；4—PC；5—PE；6—POM；7—PA

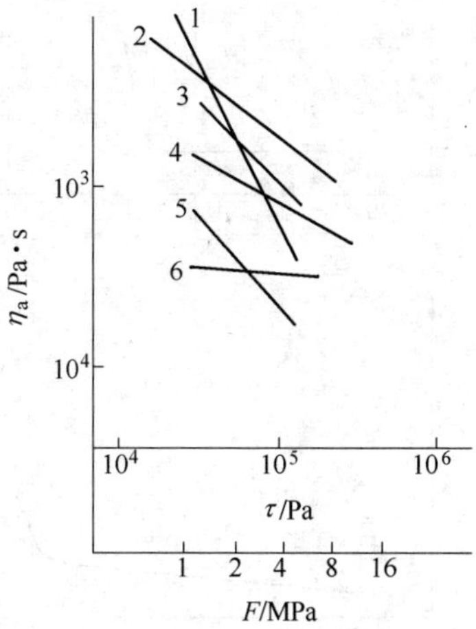

图 15-9　剪切力（或速率）对表观黏度的影响
1—POM（200℃）；2—PC（280℃）；3—PE（200℃）；4—PMMA（200℃）；5—乙酸纤维素（180℃）；6—PA（230℃）

### 15.4.5　聚合物的黏流温度 $T_f$

$T_f$ 是表征黏流特性的另一物理量，聚合物的成型温度是成型加工的下限温度。影响 $T_f$ 的因素有：

（1）分子结构。柔顺性越差，分子间作用力越大，$T_f$ 较高。柔顺性差，可运动的链段越长，跃迁时所需的空穴越大，温度越高。分子间作用力越大，位移越困难，所需温度越高。如聚苯醚、聚碳酸酯等刚性分子，黏流温度高，PE、PP 黏流温度低，聚氯乙烯的黏流温度很高，甚至高于其分解温度。

（2）相对分子质量。相对分子质量越大，$T_f$ 越大，不存在临界值。一方面，相对分子质量越大，分子间作用力越大，缠结点越多，摩擦阻力越大；另一方面，分子链越长，分子链本身的无规则热运动程度越大，阻碍了整个分子向某一方向的定向排列、位移。

（3）外力大小和作用时间。增加外力和作用时间都有利于分子链运动，从而降低 $T_f$。

**思考练习题**

一、名词解释

1. 玻璃态
2. 增塑
3. 非牛顿指数

二、简答题

1. 为什么热机械曲线上 $T_f$ 的转折不如 $T_g$ 明晰？
2. 画出一组相对分子质量不同的同系线形聚乙烯的模量－温度示意图，标出特征温度。
3. 假如从实验得到下面题图 15-1 一些高聚物的热－机械曲线，试问它们各主要适合作什么材料（如塑料、橡胶、纤维等），为什么？

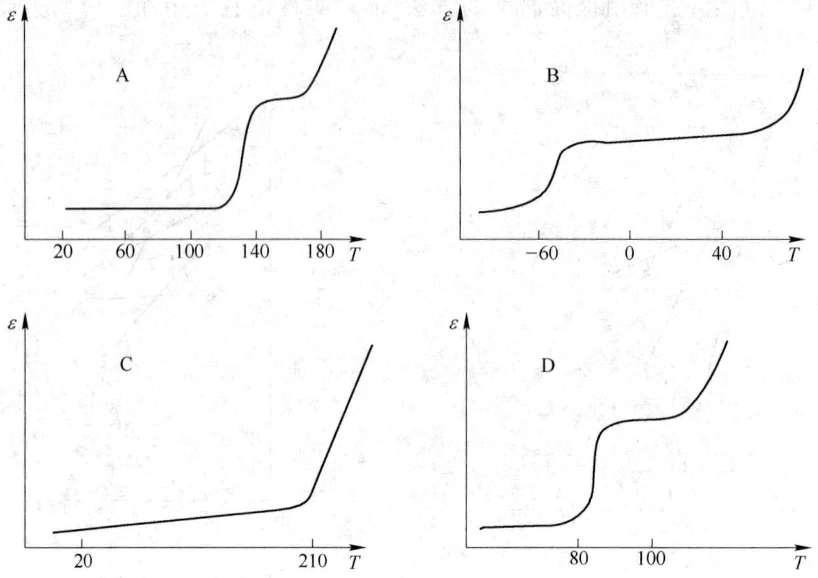


题图 15-1

4. 解释为什么高速行驶中的汽车内胎易爆破?

5. 天然橡胶的松弛活化能近似为1.05 kJ/mol结构单元,试估算一块天然橡胶由27℃升温到127℃时,其松弛时间缩短至原来的多少?

6. 已知聚乙烯和聚异丁烯的黏流活化能分别为23.3 kJ/mol(单元)和36.9 kJ/mol(单元)。问各在何温度下,它们的黏度分别为166.7℃时黏度的一半。

# 16　高聚物的力学性质

**本章要点：**

基本物理量；高聚物的高弹态，高弹性热力学分析，橡胶弹性的统计理论，橡胶的种类；高聚物的力学松弛，蠕变和应力松弛，滞后与内耗，黏弹性的力学模型，Boltzmann 叠加原理，时温等效原理；高聚物的屈服与断裂，高聚物的强度，高聚物的理论强度，断裂理论，Griffith 断裂理论，影响高聚物实际强度的因素，高聚物的增强和增韧。

材料的力学性能分为形变性能和断裂性能两类，形变性能又可分为弹性、黏性和黏弹性，断裂性能包括强度和韧性。力学性能是决定高聚物材料合理使用的主导因素。

高聚物力学性能要比金属、陶瓷等材料复杂得多，其最大特点是高弹性和黏弹性。高聚物极大的相对分子质量使得高分子链出现了一般小分子化合物所不具有的结构特点（柔性）和性能（高弹性）。高聚物力学性质对温度和时间的依赖性强，可变范围宽，对各种机械压力的反应相差大，表现出明显的黏弹性行为。这些都与其分子结构和分子运动松弛特性直接相关。

## 16.1　形变类型和描述力学性质的基本物理量

当材料受到外力作用而不产生惯性移动时，它的几何尺寸将发生变化，这种变化就称为应变。材料发生宏观的变形时，其内部分子间以及分子内各原子间的相对位置和距离就要发生变化，致使原子间或分子间原有的引力平衡受到破坏，因而将产生一种恢复平衡的力，即附加内力可用来抵抗外力。达到平衡时，附加内力和外力大小相等，方向相反。定义单位面积上的附加内力为应力。

各向同性材料常见的形变方式有三类。

（1）简单拉伸。

一长为 $l_0$，截面积为 $A_0$ 的各向同性材料，在拉伸应力 $F$ 作用下，于 $x$ 方向上将产生拉伸变形 $\Delta l$（见图 16-1）：

拉伸应变　$$\varepsilon = \frac{l - l_0}{l_0} = \frac{\Delta l}{l_0} \quad (16\text{-}1)$$

拉伸应力　$$\sigma = \frac{F}{A_0} \quad (16\text{-}2)$$

拉伸弹性模量或杨氏模量：$$E = \frac{\sigma}{\varepsilon} \quad (16\text{-}3)$$

在 $y$ 和 $z$ 两方向上，则有一相应的收缩，泊松比：

$$v = -\frac{\varepsilon_{横}}{\varepsilon_{纵}} \quad (16\text{-}4)$$

即拉伸应力所产生的横向压缩应变与纵向拉伸应变之比值。

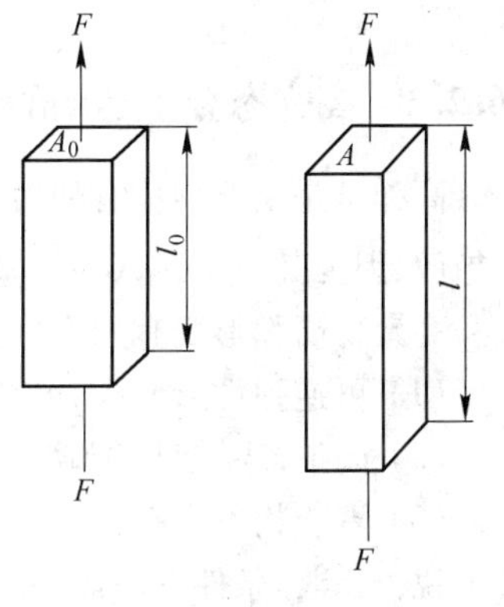

图 16-1　简单拉伸示意图

（2）简单剪切。

受大小相等，方向相反，不在同一条直线上的一对力的作

用(见图 16-2),则产生剪切应变 $\gamma$ 定义为剪切位移量 $s$ 与剪切面之间的距离 $d$ 的比值:

$$\gamma = \tan\theta = \frac{s}{d} \tag{16-5}$$

剪切应力:

$$\tau = \frac{F}{A_0} \tag{16-6}$$

剪切模量或刚性模量:

$$G = \frac{\tau}{\gamma} \tag{16-7}$$

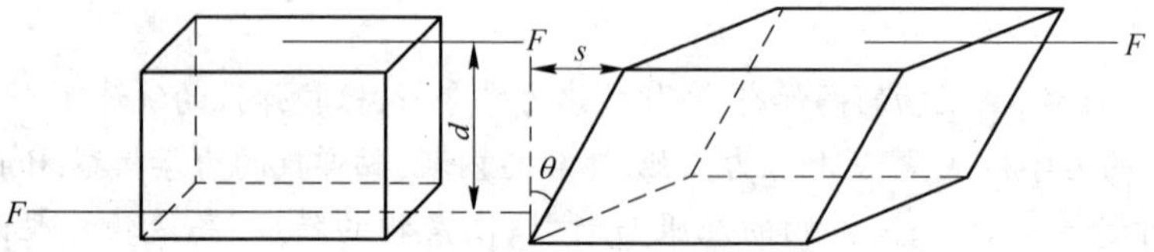

图 16-2 简单剪切示意图

(3) 均匀压缩(见图 16-3)。

在静压力 $P$ 作用下,材料体积从起始体积 $V_0$ 缩小 $\Delta V$,产生压缩应变:

$$\Delta = \frac{\Delta V}{V_0} \tag{16-8}$$

体积模量:

$$K = \frac{P}{\Delta} \tag{16-9}$$

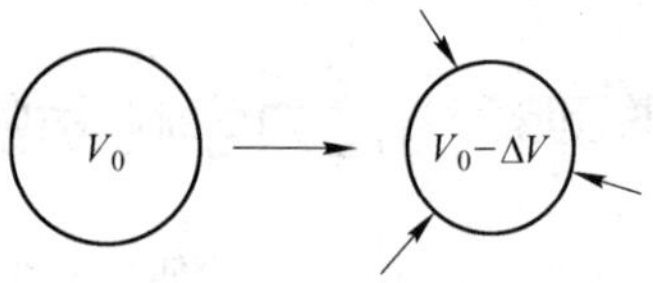

图 16-3 均匀压缩示意图

由于各向同性材料在 $x$、$y$、$z$ 三个方向是完全等同的,三种模量之间存在下列关系:

$$E = 2G(1 + \nu) = 3K(1 - 2\nu) \tag{16-10}$$

因此表征各向同性材料的力学性质的 $E$、$\nu$、$G$ 和 $K$ 等四个材料常数,只有两个是独立的。

## 16.2 高聚物的高弹态

### 16.2.1 高弹态分子运动的特点

高弹态是聚合物特有的力学状态。在 $T_g$ 以上的非晶态聚合物处于高弹态,典型的代表是各种橡胶,因为其 $T_g \approx -60 \sim -20$℃,所以在一般使用温度下呈高弹态。

高聚物高弹形变有如下特征:

(1) 可逆弹性形变大,可高达 1000%。而一般金属材料的弹性形变不超过 1%。

(2) 高弹态聚合物的弹性模量小,一般为 $10^5$ N/m$^2$,金属材料的弹性模量为 $10^{10} \sim 10^{11}$ N/m$^2$。

(3) 聚合物发生高弹形变时,弹性模量与温度成正比,即温度升高,弹性回力增高,从这个意义上说,与等容条件下气体的压力随温度升高而增加是相似的。而金属材料的弹性模量随着温度升高而下降。

(4) 高弹形变有松弛特性,即高弹形变与外力作用时间有关,特别是对于线性聚合物。在高弹形变中常常伴随不可逆流动变形,作用力持续时间愈长,不可逆形变愈显著。

(5) 形变时有明显的热效应。快速拉伸时,橡胶自身温度上升(放热);回缩时,温度降低(吸热)。但金属材料与之相反,而且热效应极小。

高聚物高弹性的特点可用分子热运动的概念定性解释。常温下线形的高分子链处于卷曲状态,外力使高分子链在外力方向从优排布,分子链各环节的热运动产生对抗外力的回缩力,但这种回缩力较小,橡胶可以在较小外力作用下发生大形变,弹性模量小。温度越高,分子链内各环节的热运动越剧烈,回缩力越大,模量随温度上升而增加。

一根主链由 $N$ 个单键组成的高分子链在外力作用下的最大高弹性拉伸比为:

$$\lambda_{max} = L_{max} \Big/ \sqrt{\overline{h_0^2}} \propto N/\sqrt{N} \propto \sqrt{N} \tag{16-11}$$

式中　$\overline{h_0^2}$——无扰均方末端距;

$L_{max}$——伸直链长度。

### 16.2.2　高弹性的热力学分析

橡胶态分子间有轻微的化学交联,形变时不发生分子间滑移,是理想的高弹形变。对于这种可逆形变过程可进行热力学分析,定量地说明高弹形变的特征。

根据橡胶被拉伸时发生的高弹形变,除去外力后可回复原状,即变形是可逆的,因此可利用热力学第一定律和第二定律进行分析。

假定长度为 $l_0$ 的橡皮试样,等温时受外力 $f$ 拉伸,伸长为 $dl$,由热力学第一定律可知,体系的内能变化等于体系吸收的热量 $dQ$ 减去体系对外作的功 $dW$,即:

$$dU = dQ - dW$$

橡皮被拉长时,体系对外作的功应包括两部分:一部分是拉伸过程中体积变化(膨胀)所作的功 $pdV$,即膨胀功;另一部分是拉伸过程中形状变化所作的功为 $-fdl$,即拉伸功,负号表示外界对体系所作的功,即:

$$dW = pdV - fdl$$

根据热力学第二定律,对于等温可逆过程:

$$dQ = TdS$$

所以:　$dU = TdS - pdV + fdl$

实验证明,橡胶在拉伸过程中体积几乎不变,即 $dV \approx 0$,故:

$$dU = TdS + fdl \cdots \tag{16-12}$$

所以:$f = \left(\frac{\partial U}{\partial l}\right)_{T,V} - T\left(\frac{\partial S}{\partial l}\right)_{T,V} = f_U + f_S$　(16-13)

上式说明,橡胶的张力是由变形时内能发生变化和熵发生变化引起的。由于熵不能直接测定,式(16-13)可变换成:

$$f = \left(\frac{\partial U}{\partial l}\right)_{T,V} + T\left(\frac{\partial f}{\partial T}\right)_{l,V} \tag{16-14}$$

在恒定拉伸比下测定拉伸力与温度的关系,呈线性(见图16-4),外推到0 K,几乎都通过坐

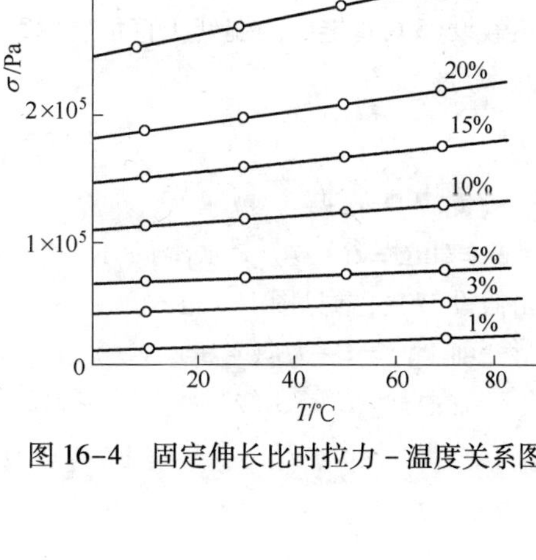


图16-4　固定伸长比时拉力-温度关系图

标原点,从截距和斜率分别得到:

$$f_U=\left(\frac{\partial U}{\partial l}\right)_{T,V}\approx 0 \tag{16-15}$$

$$\frac{f}{T}=\left(\frac{\partial f}{\partial T}\right)_{l,V}=-\left(\frac{\partial S}{\partial l}\right)_{T,V}>0 \tag{16-16}$$

所以:

$$\left(\frac{\partial S}{\partial l}\right)_{T,V}<0 \tag{16-17}$$

由图 16-4 可知,橡胶拉伸时,内能几乎不变,主要引起熵的变化。

$$f=T\left(\frac{\partial f}{\partial T}\right)_{l,V}=-T\left(\frac{\partial S}{\partial l}\right)_{T,V} \tag{16-18}$$

可见外力作用引起熵变,高弹形变主要由体系的熵变引起,高弹性为熵弹性,回弹动力是熵增。

## 16.2.3　橡胶弹性的统计理论

高弹性的本质是熵变。1934 年,W. Kuhn、E. Guth 和 H. Mark 等把统计力学用于高分子链的构象统计,通过微观的结构参数求得高分子链熵值的定量表达式,进而再从交联网形变前后熵变导出宏观应力－应变关系。

### 16.2.3.1　状态方程

基本假定:

(1)橡胶弹性完全由构象变化有关,即为熵弹性,与内能无关。

(2)弹性部分可独立处理,与黏性无关。

(3)拉伸过程中体积不变,即 $\Delta V=0$。

(4)每个交联点由 4 个有效链组成,交联点无规分布。

(5)网链为高斯链,其末端距符合高斯分布。

(6)网络的构象总数等于各网链的构象数之乘积。

(7)仿射形变,即宏观形变与微观形变相似。

因为 $G=H-TS$,所以拉伸过程中(等温、等压),根据假设内能不变、体积不变,有:

$$\Delta G=\Delta H-T\Delta S=\Delta U+p\Delta V-T\Delta S=-T\Delta S \tag{16-19}$$

根据 Boltzmann 定理,有:

$$\Delta S=k\ln\Omega$$

式中　$\Omega$——构象数;

$k$——Boltzmann 常数。

由假设(5):将链的一端处于直角坐标系的原点,另一端出现在点$(x,y,z)$处的体积元 $\mathrm{d}x\mathrm{d}y\mathrm{d}z$ 内的几率为:

$$w(x,y,z)\mathrm{d}x\mathrm{d}y\mathrm{d}z=\left(\frac{\beta}{\sqrt{\pi}}\right)^3\cdot \mathrm{e}^{-\beta^2(x^2+y^2+z^2)}\mathrm{d}x\mathrm{d}y\mathrm{d}z \tag{16-20}$$

$\because$ 构象数 $\Omega\propto w(x,y,z)$

$$\therefore S=k\ln\Omega=C-k\beta^2(x^2+y^2+z^2) \tag{16-21}$$

由假设(7):(参见图 16-5)

形变前:$S_{i,m}=C-k\beta_i^2(x_i^2+y_i^2+z_i^2)$

形变后:$S_{i,d}=C-k\beta_i^2(\lambda_1^2x_i^2+\lambda_2^2y_i^2+\lambda_3^2z_i^2)$

$$\Delta S_i=S_{i,d}-S_{i,m}=-k\beta_i^2[(\lambda_1^2-1)x_i^2+(\lambda_2^2-1)y_i^2+(\lambda_3^2-1)z_i^2] \tag{16-22}$$

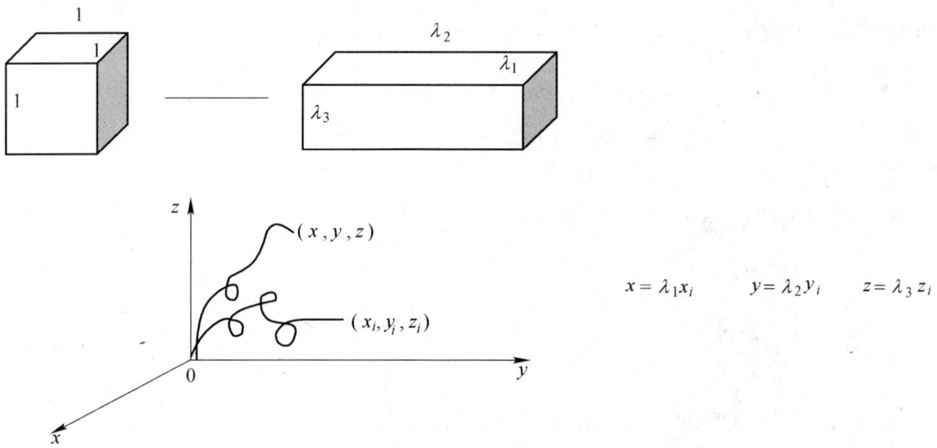


图 16-5　橡胶试样形变图

整个交联网联的总熵变 $\Delta S$：

$$\begin{aligned}\Delta S &= -k\sum_{i=1}^{N}\beta_i^2[(\lambda_1^2-1)x_i^2+(\lambda_2^2-1)y_i^2+(\lambda_3^2-1)z_i^2]\\ &= -kN\beta^2[(\lambda_1^2-1)\overline{x}^2+(\lambda_2^2-1)\overline{y}^2+(\lambda_3^2-1)\overline{z}^2]\end{aligned} \tag{16-23}$$

由各向同性假设，

$\because\ \overline{x}^2=\overline{y}^2=\overline{z}^2\quad \overline{x}^2+\overline{y}^2+\overline{z}^2=\overline{h}_0^2$

$\therefore\ \overline{x}^2=\overline{y}^2=\overline{z}^2=\dfrac{1}{3}\overline{h}_0^2$

根据高斯链构象统计理论：$\overline{h}_0^2=zb^2=\dfrac{3}{2\beta^2}$

$$\therefore \Delta S=-kN\beta^2\cdot\frac{1}{3}\overline{h}_0^2(\lambda_1^2+\lambda_2^2+\lambda_3^2-3)=-\frac{1}{2}kN(\lambda_1^2+\lambda_2^2+\lambda_3^2-3) \tag{16-24}$$

由于假设形变过程中交联网内能不变，$\Delta U=0$

$$\therefore \Delta G=-T\Delta S=\frac{1}{2}kNT(\lambda_1^2+\lambda_2^2+\lambda_3^2-3)$$

在简单拉伸且体积不变的情况下：$\lambda_1=\lambda$，则 $\lambda_2=\lambda_3=\dfrac{1}{\sqrt{\lambda}}$

$$\therefore \Delta G=\frac{1}{2}kNT(\lambda_1^2+\lambda_2^2+\lambda_3^2-3)=\frac{1}{2}kNT\left(\lambda^2+\frac{2}{\lambda}-3\right) \tag{16-25}$$

在等温等压条件下，$\mathrm{d}G=f\mathrm{d}l$

$$\therefore f=\left(\frac{\partial G}{\partial l}\right)_{P,T}=\frac{1}{l_0}\left(\frac{\partial G}{\partial \lambda}\right)_{P,T}=\frac{1}{l_0}\ \frac{1}{2}NkT(2\lambda-2\lambda^{-2}) \tag{16-26}$$

$$\therefore \sigma=\frac{f}{A_0}=\frac{1}{A_0\cdot l_0}NkT(\lambda-\lambda^{-2})=\frac{NkT}{V}(\lambda-\lambda^{-2})=N_1kT(\lambda-\lambda^{-2}) \tag{16-27}$$

式中，$N_1$ 为试样单位体积内的网链数，它与交联点间链的平均相对分子质量 $\overline{M}_c$ 相关：

$$\frac{N\overline{M}_c}{V\cdot N_A}=\frac{N_1\overline{M}_c}{N_A}=\rho$$

$$\therefore \sigma=\frac{\rho N_AkT}{\overline{M}_c}(\lambda-\lambda^{-2})=\frac{\rho RT}{\overline{M}_c}(\lambda-\lambda^{-2}) \tag{16-28}$$

一般固体拉伸时服从虎克定律，则 $E=\frac{\sigma}{\varepsilon},\varepsilon=\frac{l-l_0}{l_0}=\lambda-1$

$$\sigma=N_1kT(\lambda-\lambda^{-2})=N_1kT[1+\varepsilon-(1+\varepsilon)^{-2}]$$

$$(1+\varepsilon)^{-2}=1-2\varepsilon+\cdots$$

当 $\varepsilon$ 很小时，

$$\sigma=N_1kT(1+\varepsilon-1+2\varepsilon)$$

$$=3N_1kT\varepsilon=3\frac{\rho RT}{\overline{M}_c}\varepsilon \qquad (16\text{-}29)$$

令 $E=3N_1kT=3\frac{\rho RT}{\overline{M}_c}$

只有形变很小时，橡胶的应力－应变关系符合虎克定律。

橡胶形变时，体积几乎不变，泊松比 $\nu=0.5$，杨氏模量和切变模量的关系为：

$$E=2G(1+\nu)=3G \qquad (16\text{-}30)$$

$$\therefore G=N_1kT \qquad (16\text{-}31)$$

验证橡胶的状态方程时发现(见图16-6)，当 $\lambda<1.5$ 时，理论与实验吻合较好；而当 $\lambda>1.5$ 时，出现偏差。

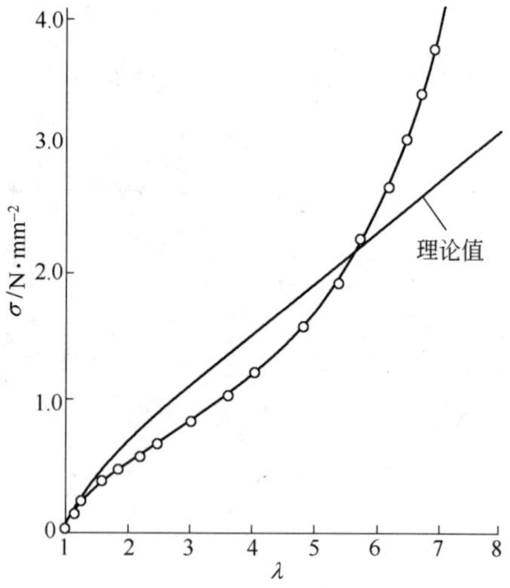

图16-6 橡胶应力与拉伸比曲线

### 16.2.3.2 对理论的修正

A 对高斯链的修正

在形变较大时，末端距不再等于高斯链的末端距。

$$\therefore \Delta G=\frac{1}{2}kNT\left(\frac{\overline{h}^2}{\overline{h}_0^2}\right)(\lambda_1^2+\lambda_2^2+\lambda_3^2-3) \qquad (16\text{-}32)$$

式中，$\overline{h}^2/\overline{h}_0^2$ 为前因子，表示网链的实际尺寸与无扰尺寸的平均偏差。

则
$$\sigma=N_1kT\left(\frac{\overline{h}^2}{\overline{h}_0^2}\right)(\lambda-\lambda^{-2}) \qquad (16\text{-}33)$$

令
$$G_0=N_1kT\left(\frac{\overline{h}^2}{\overline{h}_0^2}\right)$$

$$\therefore \sigma=G_0(\lambda-\lambda^{-2}) \qquad (16\text{-}34)$$

B 对网链数 $N_1$ 的修正

由于网络中除网链处，还包括端链，而只有网链才对弹性起作用，因此必须将端链数从网链数中减去。

网链密度 $N_1=\frac{N}{V}=\frac{\rho N_A}{\overline{M}_c}$，端链密度 $2\frac{\rho N_A}{\overline{M}_n}$

$$\therefore \sigma=\rho RT\left(\frac{1}{\overline{M}_c}-\frac{2}{\overline{M}_n}\right)(\lambda-\lambda^{-2})=\frac{\rho RT}{\overline{M}_c}\left(1-\frac{2\overline{M}_c}{\overline{M}_n}\right)(\lambda-\lambda^{-2}) \qquad (16\text{-}35)$$

$$G=\rho RT\left(\frac{1}{\overline{M}_c}-\frac{2}{\overline{M}_n}\right)=\frac{\rho RT}{\overline{M}_c}\left(1-\frac{2\overline{M}_c}{\overline{M}_n}\right) \qquad (16\text{-}36)$$

C 对缠结效应的考虑

链缠结将对网链产生更多的构象限制,对应力产生影响,但定量计算困难,只能简单将此项加到剪切模量上。

$$G = \left( \frac{\rho RT}{\overline{M}_c} + a \right) \tag{16-37}$$

式中 $a$——缠结对剪切模量的贡献。

D 对体积变化的考虑

交联橡胶在形变时要发生体积变化,变化的数量级约为 $10^{-4}$。进行修正,将此项加到剪切应力上:

$$\sigma = N_1 kT \left( \lambda - \frac{V}{V_0} \lambda^{-2} \right) \tag{16-38}$$

式中 $V_0$——拉伸前的体积;

$V$——拉伸后的体积。

E 非仿射形变

$$G = A_{\phi} N_1 kT \tag{16-39}$$

式中,$A_{\phi} < 1$,为校正因子。

## 16.2.4 橡胶的种类和使用温度范围

### 16.2.4.1 橡胶的种类

根据橡胶分子链结构,橡胶可以分为四大类:

(1) 聚二烯类。包括天然橡胶 NR、丁基橡胶 PB、聚异戊二烯、聚氯丁二烯、丁苯胶 SBR、丁腈胶 NBR 等。

(2) 饱和弹性体类。包括聚丙烯酸乙酯和聚丙烯酸丁酯、二元乙丙橡胶、三元乙丙橡胶等。

(3) 热塑性弹性体。如 SBS、SEBS(乙烯丁烯)、多嵌段聚氨酯、聚酯聚醚等。热塑性弹性体是一种兼具塑料和橡胶特性,在常温下显示橡胶高弹性,在高温下又能塑化成型的高分子材料,又称为第三代橡胶。

热塑性聚氨酯一般采用预聚物路线生产,首先将两端基为羟基的聚酯或聚醚齐聚物与二异氰酸酯反应,制得异氰酸酯为端基的预聚物。再与二元醇或二元酸的齐聚物反应,得到聚氨酯或聚脲链段(硬链段)与聚酯或聚醚链段(软链段)交替组成的嵌段共聚物。聚氨酯弹性体弹性好、硬度高、耐磨、耐油,可采用注射、挤出成型加工,用作鞋底、涂布、涂料、胶黏剂等。

(4) 其他类。包括聚硅氧烷、聚硫橡胶等。

### 16.2.4.2 橡胶的使用温度

在橡胶的使用中,改善其性能,扩大使用温度范围是一个重要的课题,包括高温耐热性和低温耐寒性两方面。

(1) 改善高温耐老化性能,提高耐热性。改变橡胶的主链结构,主链双键易被破坏,α - 次甲基上的氢易被氧化,而主链不含双键的 EP 橡胶、双键较少的丁基橡胶、含氧的聚醚橡胶、非碳原子的 PDMS 具有较好的耐热性能。

改变侧基的结构,含有供电子侧基的天然橡胶、丁苯胶等耐热性不高,而含有吸电子基团的氯丁胶、氟橡胶等具有较好的耐热性能。

交联结构,硫化橡胶中硫易被氧化,而采用过氧化物或辐射交联的橡胶将有更好的耐热性能。

(2) 降低 $T_g$,避免结晶,改善橡胶的耐寒性。耐寒性不足的原因是由于在低温下橡胶会发生玻璃化转变或发生结晶,从而导致橡胶变硬变脆和更丧失弹性。造成玻璃化的原因是分子相互接近,分子之间相互作用加强,以致链段运动被冻结。因此增加分子链的活动,削弱分子间的相互作用将使玻璃化温度下降。

结晶是高分子链或链段的规整排列,它会大大增加分子间的相互作用力,使聚合强度和硬度增加,弹性下降。因此降低聚合物的结晶能力和结晶速度,将增加聚合物的弹性,提高耐寒性。

利用共聚、增塑等方法降低 $T_g$,能改善耐寒性,也有利于降低聚合物的结晶能力。如氯丁胶的 $T_g$ 为 -45℃,加入葵二酸二丁酯后,$T_g$ 降至 -62℃。共聚的丁苯胶 $T_g$ 为 -53℃, 丁腈胶为 -42℃。

## 16.3　高聚物的力学松弛——黏弹性

对于理想黏性液体(牛顿流体),其应力-应变行为服从牛顿定律。$\eta$ 为常数,与 $\dot{\gamma}$ 无关,形变 $\gamma$ 随时间线性变化,当除去外力时形变不可回复。

对于理想弹性体,其应力-应变关系服从虎克定律,即 $\sigma = G\gamma$。应力与应变成正比,弹性模量 $G$ 只与材料本质有关,不随时间改变。应变在加力的瞬时达到平衡值,除去应力时,应变瞬时回复。

高分子材料(包括高分子固体、熔体及浓溶液)的力学行为在通常情况下总是或多或少地表现为弹性与黏性相结合的特性,弹性与黏性的贡献随外力作用的时间而异,这种特性称之为黏弹性。黏弹性的本质是由于聚合物分子运动具有松弛特性。

### 16.3.1　高聚物的力学松弛现象

高聚物的力学性质随时间而变化的现象统称为力学松弛。高分子材料在固定应力或应变作用下观察到的力学松弛现象称为静态力学松弛,最基本的有蠕变和应力松弛。在交变应力作用下,观察到应变滞后于应力的现象称为动态力学松弛。

**16.3.1.1　蠕变(creep)**

在一定温度和较小恒定应力的作用下,材料的形变随时间的增加而逐渐增大的现象称为蠕变。高聚物蠕变性能反映了材料的尺寸稳定性和长期负载能力。

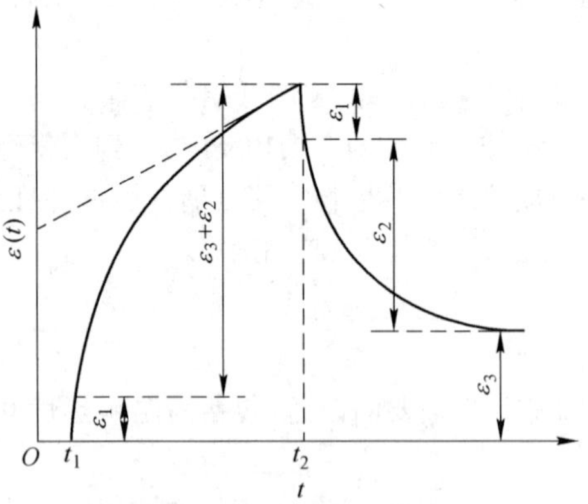

图 16-7　线性聚合物蠕变曲线

蠕变现象说明拉伸模量 $E$ 是时间的函数,从分子运动和变化的角度来看,蠕变包括下面三种形变过程(见图 16-7):

(1) 理想的弹性,即瞬时的响应,由键长、键角提供 $\varepsilon_1 = \dfrac{\sigma_0}{E_1}$。

(2) 推迟弹性形变,即滞弹部分,链段运动产生 $\varepsilon_2 = \dfrac{\sigma_0}{E_2}(1 - e^{-t/\tau})$。

(3) 黏性流动,分子链滑移产生 $\varepsilon_3 = \dfrac{\sigma_0}{\eta}t$。

总形变为:
$$\varepsilon = \sigma_0\left[\frac{1}{E_1} + \frac{1}{E_2}(1 - e^{-t/\tau}) + \frac{t}{\eta}\right] \tag{16-40}$$

$\varepsilon_1 + \varepsilon_2$ 代表可回复的弹性形变,而 $\varepsilon_3$ 代表不可回复的黏性形变。

三种形变的相对比例因具体条件不同而不同。当受力时间很短时,$\varepsilon_2$、$\varepsilon_3$ 可忽略,因此几乎是理想弹性行为；而当受力时间很长时，$\varepsilon_3 > \varepsilon_1 + \varepsilon_2$，试样呈现黏性行为。

各种高聚物在室温时的蠕变现象有很大差异，一般分子间作用力越大，抗蠕变能力越强，交联是解决线形高聚物蠕变的关键措施。主链含芳杂环的刚性链聚合物，具有较好的抗蠕变性能，用作工程塑料。

**16.3.1.2　应力松弛**(stress relaxtion)

在一定温度和恒定应变的条件下，试样内的应力随时间的延长而逐渐减小的现象称为应力松弛。应力松弛的表达式为：

$$\sigma_t = \sigma_0 e^{-t/\tau} \tag{16-41}$$

式中　$\sigma_0$——起始应力；

$\tau$——松弛时间。

应力松弛的原因是由于试样所承受的应力逐渐消耗于克服链段运动及分子运动的内摩擦阻力上。一般分子间有化学键交联的聚合物，由于不发生黏流形变，应力只能衰减至一平衡值不能松弛至零。因此，交联也是克服应力松弛的重要措施。

蠕变及应力松弛过程都有强的温度依赖性，当温度低于 $T_g$ 时，由于 $\tau$ 很大，蠕变及应力松弛过程很慢，往往很长时间才能察觉；而当温度远大于 $T_g$ 时，$\tau$ 很小，蠕变及应力松弛过程极快，也不易察觉；而温度在 $T_g$ 附近时，$\tau$ 与测定时间尺度同数量级，因此蠕变及应力松弛现象最为明显。

应力松弛可用来估测工程塑料零件中夹持金属嵌入物的应力和测定塑料制品的剩余应力。

**16.3.1.3　滞后现象**(retardation)**与内耗**(internal friction)

在交变应力或交变应变作用下，聚合物材料的应变或应力随时间的变化，称为动态力学性质或动态黏弹性。这类例子很多，如轮胎、传动皮带、齿轮等，它们都受交变压力的作用。聚合物在交变应力作用下，应变落后于应力的现象为滞后现象。

对材料施加交变应力：

$$\sigma(t) = \hat{\sigma}\sin\omega t \tag{16-42}$$

式中　$\hat{\sigma}$——应力 $\sigma(t)$ 的最大值；

$\omega$——角频率；

$t$——时间。

(1) 理想弹性体。理想弹性体应力与应变关系符合虎克定律，$\sigma = E\varepsilon$

$$\therefore\ \varepsilon(t) = \hat{\varepsilon}\sin\omega t \tag{16-43}$$

应力与应变同步，无相位差(见图 16-8)。

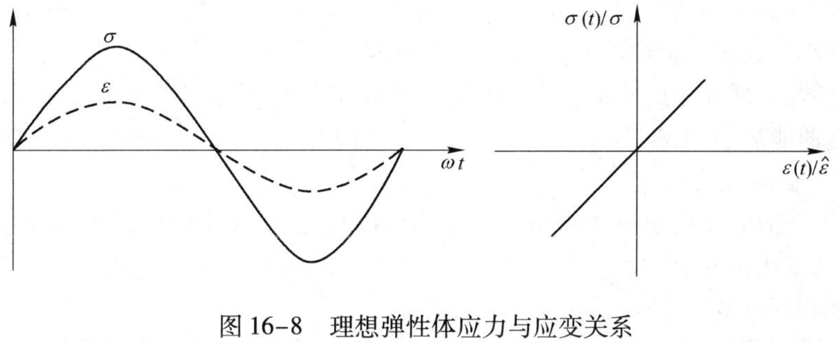


图 16-8　理想弹性体应力与应变关系

能量完全以弹性能的形式储存，然后又全部以动能的形式释放，没有能量的损耗。

(2) 理想黏性体。理想黏性体的应力应变关系符合牛顿定律(见图 16-9)，$\sigma = \eta \dfrac{d\varepsilon}{dt}$

∴ $$\eta\frac{\mathrm{d}\varepsilon}{\mathrm{d}t}=\hat{\sigma}\sin\omega t,\ \varepsilon=\hat{\sigma}/(\eta\omega)\sin(\omega t-\pi/2)$$

$$\varepsilon(t)=\hat{\varepsilon}\sin\left(\omega t-\frac{\pi}{2}\right)\tag{16-44}$$

应变落后于应力90°,能量全部损耗为热,形变不能恢复。

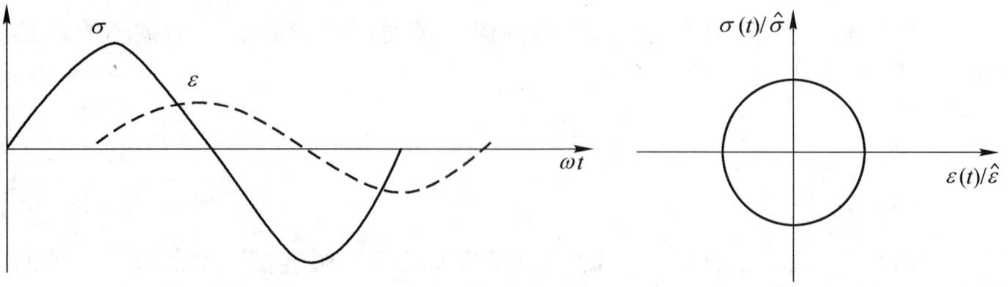


图 16-9　理想黏性体的应力与应变关系

(3) 黏弹性材料。聚合物的应变跟不上应力的变化(见图 16-10), $\varepsilon(t)=\hat{\varepsilon}\sin(\omega t-\delta)$。

应力与应变的相位差为 $\delta$,在0到90°之间。发生滞后现象是由于链段运动时受到内摩擦阻力作用。

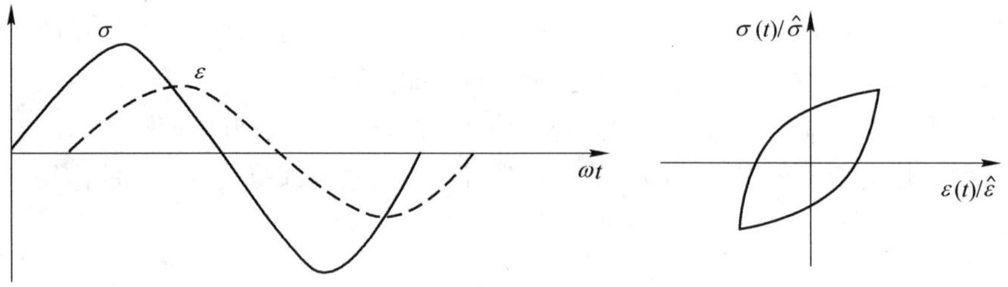


图 16-10　聚合物的应变与应力关系

$$\Delta W=\int\sigma(t)\mathrm{d}\varepsilon(t)=\pi\cdot\hat{\sigma}\cdot\hat{\varepsilon}\cdot\sin\delta\tag{16-45}$$

在每一形变周期中,以热的形式损耗的能量为力学损耗。在应力－应变曲线上,拉伸时外力对聚合物作功用来改变分子链段构象和克服链段间的内摩擦阻力;回缩时,伸长的分子重新卷曲,体系对外作功部分用来克服链段间的摩擦阻力。一个拉伸回缩循环,链构象改变完全回复,所损耗的功用于克服内摩擦阻力转化为热。内摩擦阻力越大滞后现象越严重,内耗越大。

内耗的大小与高聚物结构有关,分子链上没有取代基团,侧基数目少或极性弱,则内摩擦阻力较小,内耗就小。如顺丁橡胶内耗小,丁苯、丁腈橡胶内耗大。

高聚物内耗与温度和作用频率有关。温度很低,在 $T_g$ 以下,形变小由键长键角改变引起,速度快,从而消耗的能量小,内耗小;温度适中时,分子链段开始运动,但应变跟不上应力变化,$\delta$ 增大,内耗大;温度很高,链段运动比较自由,应变能跟上应力变化,从而 $\delta$ 小,内耗小。频率很快,分子运动跟不上应力的交换频率,摩擦消耗的能量小,内耗小;频率很慢,分子运动时间很充分,应变跟上应力的变化,$\delta$ 小,内耗小;频率适中时,分子可以运动但跟不上应力频率变化,$\delta$ 增大,内耗大,黏弹性表现明显。

为便于计算可采用复数形式表示。当令 $\varepsilon(t)=\hat{\varepsilon}\sin wt$ 时,应力变化比应变领先一个相角 $\delta$,则:

$$\sigma(t)=\sigma_0\sin(\omega t+\delta)=\sigma_0\cos\delta\sin\omega t+\sigma_0\sin\delta\cos\omega t$$

令: $$E'=\left(\frac{\sigma_0}{\varepsilon_0}\right)\cos\delta\tag{16-46}$$

$$E'' = \left(\frac{\sigma_0}{\varepsilon_0}\right)\sin\delta \tag{16-47}$$

则：

$$\sigma(t) = \varepsilon_0 E'\sin\omega t + \varepsilon_0 E''\cos\omega t \tag{16-48}$$

故应力由两部分组成：一是与应变同相位的应力，是弹性形变的主动力；二是与应变相差 90°的应力，该部分所对应的形变是黏性形变，将用于克服摩擦阻力。$E'$为贮能模量，反映材料形变过程由于弹性形变而储存的能量，是弹性分量，$E''$为损耗模量，反映材料形变过程以热损耗的能量，是黏性分量（见图 16-11）。

损耗角正切 $\tan\delta = \frac{E''}{E'}$可以用来表征损耗的大小，$\tan\delta$值越高，表示材料的非弹性形变越强，$\tan\delta$ 值越低，表明材料的弹性行为越强。高聚物在作为橡胶轮胎使用时，要求内耗越小越好，相反在作为减震吸声等材料使用时，要求内耗要大一些才好。

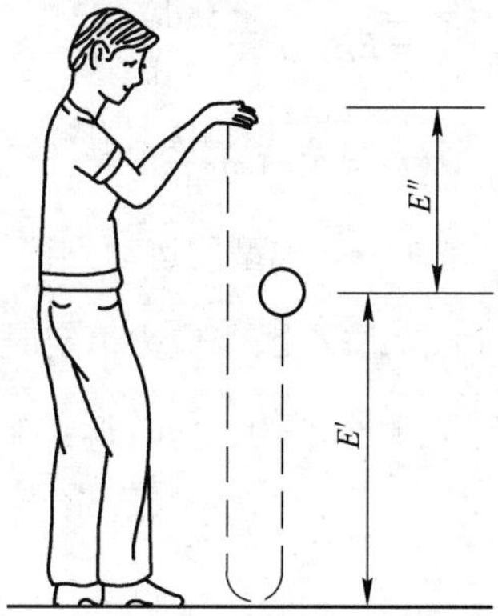

图 16-11 橡胶球的弹性储能和热损耗

## 16.3.2 黏弹性的力学模型

借助简单的力学模型，可以直观地对聚合物的黏弹性如应力松弛、蠕变，作唯象的描述，导出力学松弛中的各种数学表达式。力学模型有两个基本元件，即理想弹簧（模拟纯弹性形变）和理想黏壶（模拟纯黏性形变）。力学模型的最大特点是直观。

### 16.3.2.1 Maxwell 模型

将弹性模量为 $E$ 的弹簧与黏度为 $\eta$ 的黏壶串联，即为 Maxwell 模型。

当施加应力 $\sigma$ 时，应力相等，形变等于弹簧与黏壶形变之和：

$$\sigma = \sigma_e = \sigma_v$$

$$\varepsilon = \varepsilon_e + \varepsilon_v$$

而 $\sigma_e = E\varepsilon_e$，$\sigma_v = \eta\,\frac{d\varepsilon_v}{dt}$

所以：

$$\frac{d\varepsilon}{dt} = \frac{1}{E}\,\frac{d\sigma}{dt} + \frac{\sigma}{\eta} \tag{16-49}$$

这是 Maxwell 模型的运动方程。

（1）考虑应力松弛情况，恒定形变，并令 $t=0$，$\sigma=\sigma_0$ 时，得：

$$\sigma(t) = \sigma(0)e^{-t/\tau} \tag{16-50}$$

松弛时间 $t=\eta/E$。当 $t=\tau$ 时，从式可知 $\sigma=\sigma_0/e$，因此松弛时间 $\tau$ 等于应力松弛至起始应力的 1/e 时所需要的时间。松弛时间越长，该模型越接近理想弹性体。

（2）当恒定应力时，$\sigma$ = 常数，即 $d\sigma/dt=0$

$$\frac{d\varepsilon}{dt} = \frac{1}{E}\,\frac{d\sigma}{dt} + \frac{\sigma}{\eta} = \frac{\sigma}{\eta}$$

$$\sigma = \eta\cdot\frac{d\varepsilon}{dt} \tag{16-51}$$

其蠕变相当于牛顿流体的黏性流动。

因此 Maxwell 模型可以用来描述线性聚合物的应力松弛过程。

#### 16.3.2.2 Kelvin 模型

将弹性模量为 $E$ 的弹簧与黏度为 $\eta$ 的黏壶并联。应变相等，应力 $\sigma$ 等于弹簧及黏壶所承受的应力之和，即 $\varepsilon=\varepsilon_e=\varepsilon_v$，$\sigma=\sigma_e+\sigma_v$

$$\because\ \sigma_e=E\varepsilon_e,\ \sigma_v=\eta\frac{\mathrm{d}\varepsilon_v}{\mathrm{d}t}$$

$$\therefore\ \sigma(t)=E\varepsilon+\eta\frac{\mathrm{d}\varepsilon}{\mathrm{d}t} \tag{16-52}$$

这是 Kelvin 模型的运动方程。

(1) 考虑蠕变，当应力恒定时，$\frac{\sigma}{E}=\varepsilon+\frac{\eta}{E}\frac{\mathrm{d}\varepsilon}{\mathrm{d}t}=\varepsilon+\tau'\frac{\mathrm{d}\varepsilon}{\mathrm{d}t}$

积分，并令 $t=0$，$\varepsilon=0$，得：

$$\varepsilon(t)=\frac{\sigma_0}{E}(1-\mathrm{e}^{-t/\tau'}) \tag{16-53}$$

$\varepsilon(\infty)$ 为 $t\to\infty$ 时的平衡形变，$\varepsilon(\infty)=\frac{\sigma_0}{E}$，则上式变为：

$$\varepsilon(t)=\varepsilon(\infty)\cdot(1-\mathrm{e}^{-t/\tau'}) \tag{16-54}$$

由上式可见，$\tau'$ 的物理意义是指形变达到平衡形变的 $1-(1/\mathrm{e})$ 倍时所需要的时间。与松弛时间相反，推迟时间越短，试样越类似于理想弹性体。

(2) 对于蠕变回复，在 $t_1$ 时除去应力，即 $\sigma_0=0$，则得：

$$E\varepsilon+\eta\frac{\mathrm{d}\varepsilon}{\mathrm{d}t}=0,\ \frac{\mathrm{d}\varepsilon}{\varepsilon}=-\frac{E}{\eta}\mathrm{d}t=-\frac{\mathrm{d}t}{\tau'}$$

积分，并令 $t=t_1$ 时 $\varepsilon=\varepsilon_1$，得：

$$\varepsilon(t)=\varepsilon_0\cdot\mathrm{e}^{-t/\tau'} \tag{16-55}$$

为交联聚合物蠕变回复曲线理论表达式。

(3) 当 $\varepsilon=\varepsilon_0$ 时，$\sigma=E\varepsilon_0$，其松弛过程相当于弹性体的弹性形变，不能描述聚合物的松弛过程。

故 Kelvin 模型可以描述交联聚合物的蠕变及蠕变回复过程，但不能描述应力松弛过程。由于没有永久形变，模型也不能描述线性聚合物的蠕变过程。

#### 16.3.2.3 Burger 模型

考虑到聚合物形变的三种形式，Maxwell 模型和 Kelvin 模型串联的 Burger 模型(四元件模型)(见图 16-12)，可以有效地模拟线性聚合物的蠕变过程。当施加恒定应力 $\sigma=\sigma_0$ 时，总形变等于三项之和：

$$\varepsilon(t)=\varepsilon_1+\varepsilon_2+\varepsilon_3=\frac{\sigma_0}{E_1}+\frac{\sigma_0}{E_2}(1-\mathrm{e}^{-t/\tau'})+\frac{\sigma_0}{\eta_3}t \tag{16-56}$$

式中，$\varepsilon_1$ 为瞬时弹性形变，代表了键长键角的变化；$\varepsilon_3$ 为黏性流动形变，代表分子间滑移产生的不可逆形变；$\varepsilon_2$ 为可回复的推迟弹性形变，代表了链的伸长卷曲变形。若在 $t_1$ 时除去应力，则 $\varepsilon_1$ 立即回复，$\varepsilon_2$ 逐渐回复，而 $\varepsilon_3$ 不能回复。

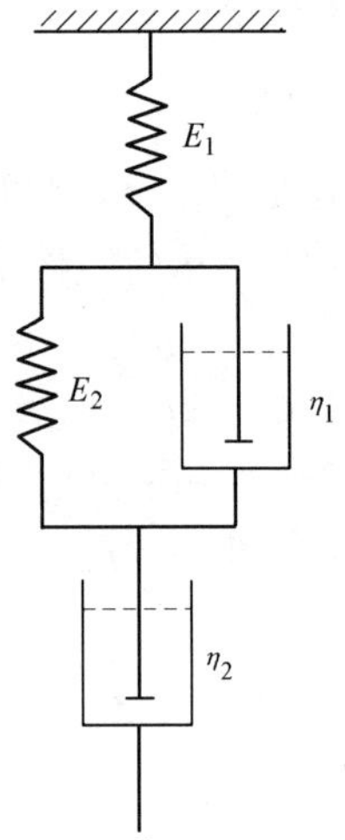

图 16-12 Burger 模型示意图

#### 16.3.2.4 松弛时间谱和推迟时间谱

实际聚合物由于其具有多重结构单元，分子运动极其复杂，因此其松弛时间不是单一值，而是一个很宽的分布，称为松弛时间谱线或推迟时间谱。为此可用多个 Maxwell 模型并联或多个 Voigt 模型串联来描述,称为广义的 Maxwell 模型或广义 Voigt 模型。

聚合物黏弹性的力学模型能帮助我们认识黏弹性现象。而分子理论能揭示黏弹性实质,解决聚合物结构与黏弹性的关系。分子理论从高分子结构特征出发,提出简化的分子模型,利用已知的微观物理量,通过统计学方法求出聚合物的宏观黏弹性。其中最著名的有 20 世纪 50 年代 Rouse、Bueche、Zimm 提出的珠簧模型,70 年代末 de Gennes 提出的蛇形理论。

### 16.3.3 Boltzmann 叠加原理

力学模型提供了描述聚合物黏弹性的微分表达式,Boltzmann 叠加原理可以得出描述聚合物黏弹性的积分表达式。

高聚物的力学松弛行为是整个历史上诸松弛过程的线性加和的结果。对于蠕变过程,每个负荷对高聚物变形的贡献是独立的,总的蠕变等于各个负荷引起的蠕变的线性加和。对于应力松弛,每个应变对高聚物的应力松弛的贡献也是独立的,高聚物的总应力等于历史上诸应变引起的应力松弛过程的线性加和。其重要性在于利用这个原理,我们可以根据有限的实验数据,去预测高聚物在很宽范围内的力学性质。通过它可以把几种黏弹行为相互联系起来,从而可以从一种力学行为来推算另一种力学行为。如把动态力学实验的应力正弦函数表达为无数个阶梯函数的加和,即可把动态力学实验看成是无数个应力为 $\Delta\sigma_i$ 的蠕变和回复实验的总效应,从而推出动态力学实验和静态力学实验之间的关联。

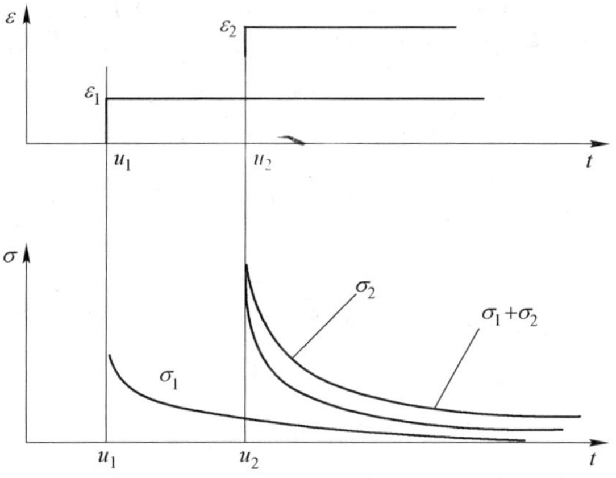


图 16-13　应力松弛应力应变叠加示意图

对于蠕变行为,Boltzmann 叠加方程为:

$$\varepsilon(t) = D(0)\sigma(t) + \int_0^{\infty} \sigma(t-a)\frac{\partial D(a)}{\partial a}\mathrm{d}a \tag{16-57}$$

对于应力松弛实验(见图 16-13), Boltzmann 叠加方程为:

$$\varepsilon(t) = E(0)\varepsilon(t) + \int_0^{\infty} \varepsilon(t-a)\frac{\partial E(a)}{\partial a}\mathrm{d}a \tag{16-58}$$

Boltzmann 叠加方程不能解,实际应用的是它的加和方程。例如,在蠕变实验中,$t=0$ 时:

$$\sigma = \sigma_0 \quad \varepsilon(t) = \sigma_0 D(t)$$

如果 $u_1$ 时刻后再加一个应力 $\sigma_1$,则 $\sigma_1$ 引起的形变为:

$$\varepsilon(t) = \sigma_1 D(t-u_1) \tag{16-59}$$

根据 Boltzmann 原理，总应变是两者的线性加和：

$$\varepsilon(t)=\sigma_0 D(t)+\sigma_1 D(t-u_1) \tag{16-60}$$

符合 Boltzmann 叠加原理的性质叫线性黏弹性；反之为非线性黏弹性。高分子材料的小形变都可以在线性黏弹性范围内处理。

## 16.3.4 时温等效原理(time-temperature equivalence principle)

从高分子运动的松弛性质可知，同一个力学松弛现象，既可在较高温度较短时间内观察到，也可以在较低温度较长时间内观察到。升高温度与延长时间对分子运动是等效的，对高聚物的黏弹行为也是等效的。

### 16.3.4.1 时温等效原理的应用

利用时间和温度的这种对应关系，可以对不同温度或不同频率下测得的高聚物力学性质进行比较或换算，从而得到一些实际上无法直接通过实验测得到的结果。欲作宽时间范围的曲线，只需在不同温度下作窄时间范围的曲线，然后在时间轴上平移；欲作宽温度范围的曲线，只需在不同时间下作窄温度范围的曲线，然后在温度轴上平移。

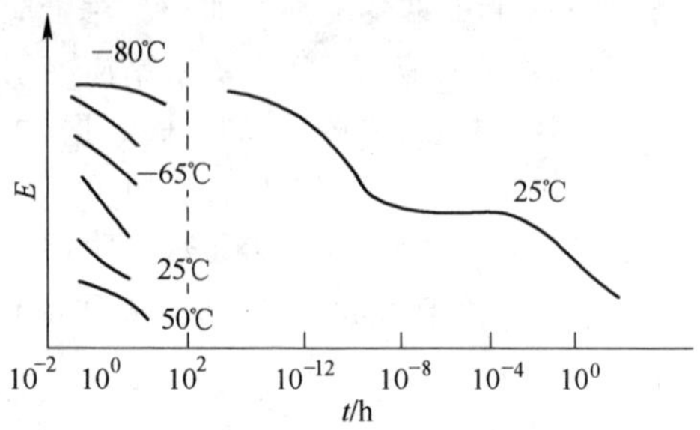


图 16-14 聚异丁烯的模量 - 时间曲线及其平移

以聚异丁烯为例，其模量 - 时间曲线如图 16-14中所示。

在一个温度下作的实验曲线可通过在时间轴上的平移转变为另一个温度下的实验曲线。

(1) 移动的方向。低温曲线转换为高温曲线，即对应松弛时间由长变短，在时间坐标轴上左移；高温曲线转换为低温曲线，即对应松弛时间由短变长，在时间坐标轴上右移。

(2) 移动的量。移动因子 $a_T$ 表示在不同温度下，同一力学响应所需时间的比值。

$\because\ G=G_0$

$$\therefore\ G(0)\cdot e^{-t/\tau}=G_0(0)\cdot e^{-t_0/\tau_0} \tag{16-61}$$

$$\therefore\ \frac{t}{t_0}=\frac{\tau}{\tau_0} \tag{16-62}$$

又$\because\ \tau=\eta/E$

$$\therefore\ \frac{\tau}{\tau_0}=\frac{\eta}{\eta_0} \tag{16-63}$$

$$\therefore\ a_T=\frac{t}{t_0}=\frac{\tau}{\tau_0}=\frac{\eta}{\eta_0} \tag{16-64}$$

$a_T$ 只是温度的函数，常采用半经验的 WLF 方程(由 Williams, Landel, Ferry 提出)来计算：

$$\lg a_T=\frac{-C_1(T-T_0)}{C_2+(T-T_0)} \tag{16-65}$$

式中 $T_0$——参考温度；

$C_1, C_2$——常数。

若以聚合物的 $T_g$ 作参考温度，常数有近似的普适值：$C_1=17.44$，$C_2=51.6$。于是上式为：

$$\lg a_T=\frac{-17.44(T-T_g)}{51.6+(T-T_g)}\ (\text{此方程适用于 } T_g<T<T_g+100℃) \tag{16-66}$$

进一步研究发现,若固定 $C_1 = 8.86$,$C_2 = 101.6$,则对每一种聚合物都能找到一个特定温度为参考温度,这个参考温度 $T_0$ 大约在 $T_g + 50℃$ 附近,于是方程变为:

$$\lg a_T = \frac{-8.86(T - T_S)}{101.6 + (T - T_S)} \tag{16-67}$$

#### 16.3.4.2　从自由体积理论推导 WLF 方程

黏度与它自身的自由体积相关,有 Doolittle 公式:

$$\ln\eta = \ln A + B\left(\frac{1}{f} - 1\right) \tag{16-68}$$

式中　$f$——自由体积分数,$f = V_f/V$;

$A, B$——常数。

所以:

$$\begin{aligned}\ln a_T &= \ln[\eta_T/\eta_{T_g}] = \ln\eta_T - \ln\eta_{T_g} \\ &= B\left(\frac{1}{f} - 1\right) - B\left(\frac{1}{f_g} - 1\right) = B\left(\frac{1}{f} - \frac{1}{f_g}\right)\end{aligned} \tag{16-69}$$

由自由体积理论 $f = f_g + a_f(T - T_g)$

则有:

$$\ln a_T = B\left(\frac{1}{f_g + a_f(T - T_g)} - \frac{1}{f_g}\right) \tag{16-70}$$

所以:

$$\ln a_T = -\frac{B}{2.303 f_g}\left[\frac{T - T_g}{f_g/a_f + (T - T_g)}\right] \tag{16-71}$$

令

$$C_1 = -\frac{B}{2.303 f_g}, C_2 = -\frac{f_g}{a_f}$$

则:

$$\lg a_T = \frac{-C_1(T - T_g)}{C_2 + (T - T_g)} \tag{16-72}$$

实验结果表明,对于几乎所有聚合物材料,$B$ 为接近 1 的常数,从而求得 $f_g = 0.025$。表明在玻璃化温度 $T_g$,聚合物的自由体积占它总体积的 2.5%。

WLF 方程是高分子链特有的温度依赖性方程,它可从实验数据推测高分子材料长时期或超短期性能。但需要注意,WLF 方程是基于链段这样一个高分子中的特殊分子单元的活动提出来的,并在推导过程中做了许多近似,因此使用时有一定条件。它适用的对象是链段运动,故适用范围为 $T_g \sim T_g + 100℃$。

## 16.4　高聚物的屈服和断裂

当材料所受的外力超过其承受能力时,材料将发生大形变直至宏观破坏或断裂。机械强度是材料抵抗外力破坏的能力。

### 16.4.1　高聚物的应力 - 应变行为

应力 - 应变实验是一种使用最广泛、非常重要而又实用的力学实验。在应力 - 应变实验中,以某一给定的应变速率对试样施加负荷,直到试样断裂为止。这类试验大多采用拉伸方式,所以确切地说是拉伸应力 - 应变试验。

从应力 - 应变曲线可以得出一系列评价材料力学性能的有用指标:杨氏模量、极限伸长度和抗张强度,根据断裂前是否发生屈服来判断材料是韧性还是脆性,由曲线下的面积还可求出断裂功。

#### 16.4.1.1 玻璃态聚合物的拉伸

玻璃态聚合物，当温度在 $T_g$ 以下几十度、以一定速率单轴拉伸时，其典型的试样应力－应变曲线如图 16-15 所示。

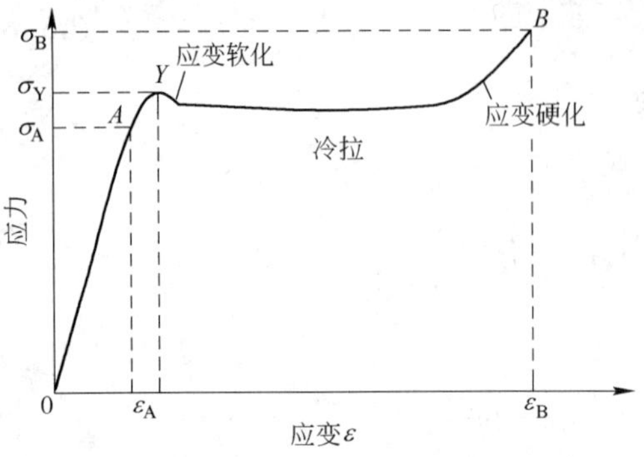


图 16-15 玻璃态聚合物的应力－应变曲线

A 点以前应力－应变关系服从虎克定律，A 为弹性极限点，初始阶段的斜率（OA 线）即为初始模量 E。随着应变的增大，应力出现明显的极大值或拐点 Y，常称之为屈服点；越过屈服点后，应力不再增加，应变继续增大；曲线最后出现明显的应变硬化现象，成颈后的试样又被均匀地拉伸，直至在 B 点发生断裂，称 $\sigma_B$ 为断裂强度，$\varepsilon_B$ 为断裂伸长率。

对应的分子运动情况是：OA 段为一直线，符合虎克定律，斜率为弹性模量。这种高模量、小变形的弹性行为由高分子的键长、键角变化引起。

屈服是薄弱环节少数链段运动，实际上是材料在外力作用下由于链段运动而导致的表观塑性形变，产生了应变增加而应力先降低后不变的现象。表观塑性形变，与高弹形变本质一样，表现形式不同，称为强迫高弹形变。实际上由于应力作用使链段运动的位垒降低，松弛时间缩短，被冻结的链段开始运动，高聚物产生大的形变。链段运动的松弛时间 $\tau$ 与应力 $\sigma$ 的关系式：

$$\tau = \tau_0 e^{\frac{\Delta E - a\sigma}{RT}} \tag{16-73}$$

式中，$\Delta E$ 为活化能，$a$ 为与材料有关的常数。

由上式可知，随着应力的增加，链段运动的松弛时间缩短。当应力增大到屈服应力 $\sigma_Y$ 时，链段运动的松弛时间减少至与拉伸速度相适应的数值，聚合物产生大形变。强迫高弹形变发生后，高聚物本身处于玻璃态，外力除去，形变被固定下来。

应变硬化，大量链段在外力作用下取向导致高分子链（链段）高度取向，从而在拉伸方向上模量大大提高。

由于高聚物的黏弹性本质，其应力－应变行为受外界条件的影响，主要是温度和拉伸速率的影响。

（1）温度的影响。在很低的温度下（$T_1 \ll T_g$），应力与应变呈正比的关系，但应变在小于 10% 就发生断裂（如图 16-16 中曲线 $T_1$ 所示）。

当温度略为升高以后，应力－应变曲线出现屈服点 Y，此时应力达到极大值，称为屈服应力。试样应变继续增大，过了 Y 点应力反而下降。继续拉伸，试样便发生断裂，断裂应变也小于 20%（如图 16-16 中 $T_2$ 所示）。

若温度继续升高到 $T_g$ 以下几十度范围时，试样在越过屈服点之后发生很大的应变（可达百分之几百），但其应力则不增加或增加不大，在断裂前曲线又呈较明显的上升，直到断裂（如图 16-16 中 $T_3$ 所示）。

当温度升高到 $T_g$ 以上，试样进入高弹态，在较小的应力下即发生形变量很大的高弹形变，应力－应变曲线不再出现屈服点，却出现一个较长的平台，直到试样断裂前夕，曲线才出现明显的上升（如图 16-16 中 $T_4$ 所示）。

总之，温度升高，材料断裂强度下降，断裂伸长率增加，变得软而韧；温度下降，材料断裂强度增加，断裂伸长率降低，变得硬而脆。

(2) 拉伸速率的影响。不同拉伸速率的应力－应变曲线如图16-17所示。在外力相同的情况下，拉伸速率过快，强迫高弹形变来不及发生或得不到充分发展，试样发生脆性断裂；拉伸速率过慢又使线形玻璃态高聚物发生部分黏性流动；只有在适当的拉伸速率下，才能充分观察其强迫高弹形变。可见，在拉伸实验中，增加应变速率与降低温度的效应是相似的。

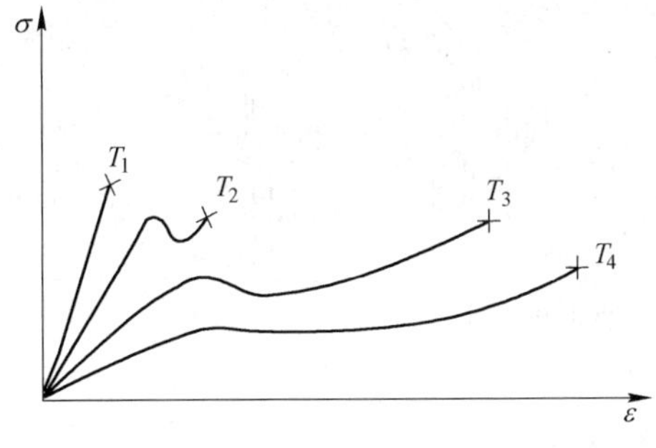


图16-16　不同温度下的应力－应变曲线

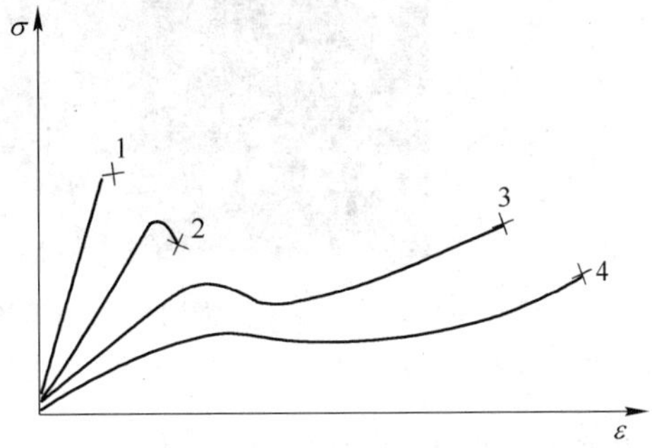


图16-17　不同拉伸速率下的应力－应变曲线

#### 16.4.1.2　结晶聚合物的拉伸

结晶高聚物的拉伸曲线（见图16-18）与玻璃态高聚物的拉伸曲线有许多相似之处，曲线有更明显的转折，可分为3个阶段：

(1) 应力随应变线性增加，试样被均匀拉长，伸长率可达百分之几到百分之十几，至Y点后，试样截面开始变得不均匀，出现一个或几个“细颈”，即进入第二阶段。

(2) 细颈与非细颈部分的横截面积分别维持不变，而细颈部分不断扩展，非细颈部分逐渐缩短，直到整个试样完全变细为止。在第二阶段的应变过程中应力几乎不变。

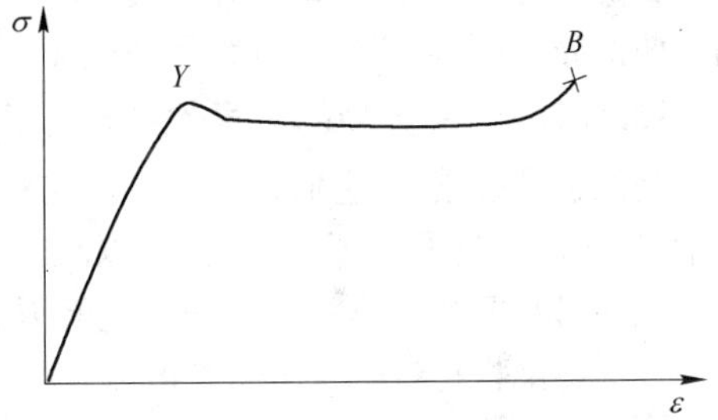


图16-18　结晶聚合物的拉伸曲线

(3) 即成颈的试样又被均匀拉伸，此时应力又随应变的增加而增大，直到断裂为止。

结晶聚合物在单向拉伸过程中分子排列产生很大的变化，尤其在接近屈服点附近，分子链及其微晶在平行于拉伸方向上开始取向和重排，甚至有些晶体可能破裂成较小的单位，然后在取向的情况下再结晶。球晶拉伸过程片晶的变形大体包括：1) 相转变和双晶化；2)分子链的倾斜，片晶沿着分子方向滑移和转动；3)片晶的破裂，更大的倾斜滑移和转动，一些分子链从结晶体中拉出；4)破裂的小分子链和被拉直的链段一道组成微丝结构。图16-19描述了聚乙烯晶片结构受拉成为微纤的转变过程。拉伸初期，垂直于拉伸方向的分子链构成的晶片重新取向，一些独立的晶片在结合薄弱部位分离开来并进行旋转，沿主剪切方向进行重排（B区），通过滑移和错位形成含有大量缠结链的独立晶片（C区），形变伴随着明显的升温将进一步促进分子链的重排和取向。抵抗形变而发生的晶片错位集中发生在颈缩部位，材料内部那些独立晶片在拉伸作用下沿载荷方向旋转重排，聚集形成大原纤（D区）。拉伸后的材料在熔点以下难以回复到原先未取向的状态，只有加热到熔点附近，才能回复到未拉伸状态。因此这种结晶聚合物的大形变，就本质上说也是高弹性的。

玻璃态聚合物的拉伸与结晶聚合物的拉伸有相似之处，即两种拉伸过程均经历弹性变形、屈

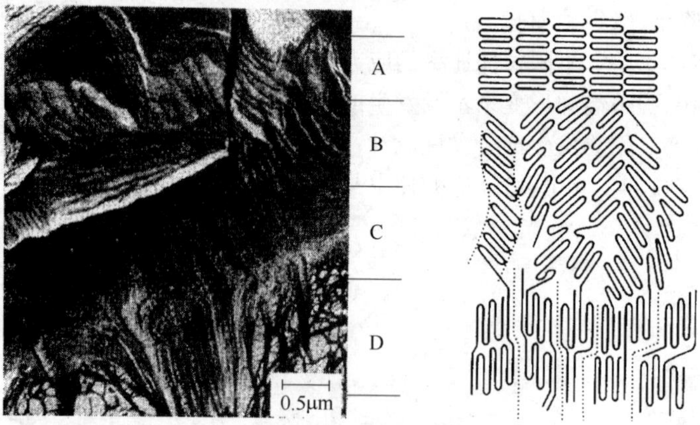


图 16-19　聚乙烯晶体拉伸时的运动

A—原始晶片结构；B—晶片的转动和位错；C—独立结晶片形成；D—晶片重排形成大原纤

服、发展大形变以及应变硬化等阶段，其中大形变在室温时都不能自发回复，而加热后则产生回复，故本质上两种拉伸过程造成的大形变都是高弹形变。该现象通常称为“冷拉”。

两种拉伸过程又有区别，即产生冷拉的温度范围不同，玻璃态聚合物的冷拉温度区间是 $T_b \sim T_g$，而结晶聚合物则为 $T_g \sim T_m$；另一差别在于玻璃态聚合物在冷拉过程中聚集态结构的变化比晶态聚合物简单得多，它只发生分子链的取向，并不发生相变，而晶态聚合物一般都包含晶区和非晶区两部分，其变化还包含有结晶的破坏、取向和再结晶等过程。

#### 16.4.1.3　高聚物的力学性能指标及分类

高聚物品种繁多，它们的应力－应变曲线多样化，高聚物材料应力－应变行为有以下几个重要指标：杨氏模量 $E$ 表征材料刚性（以硬、软来形容）；屈服强度或断裂强度（又称抗张强度）表征材料强度（以强、弱来形容）；伸长率或断裂能表征材料韧性（以韧、脆来形容）。

根据高聚物材料的力学性能指标大致可分为 5 种类型（见图 16-20）：

（1）硬而脆。如室温下低分子量的 PS 和 PMMA、酚醛树脂等，特点是模量高，拉伸强度大，没有屈服点，断裂伸长率低（小于 2%）。

（2）硬而强。如硬 PVC、高分子量的 PS 和 PMMA 等，有高的模量和拉伸强度，断裂伸长率约 5%。

（3）强而韧。如尼龙、PC、PP 等，强度高，拉伸成颈，断裂伸长率大（百分之几百到百分之几千）。

（4）软而韧。如橡胶、软 PVC 等，模量低，屈服点低或者没有明显的屈服点，断裂强度较高，伸长率很大（20% ~1000%）。

（5）软而弱。如高聚物凝胶、低分子量聚合物等。

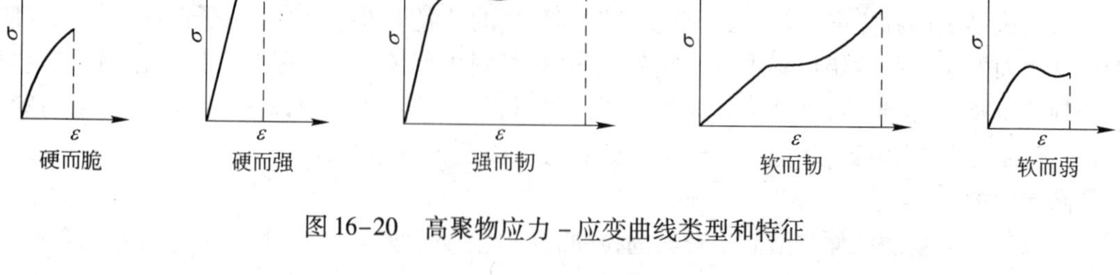


图 16-20　高聚物应力－应变曲线类型和特征

## 16.4.2 高聚物的屈服

### 16.4.2.1 真应力－应变曲线及 Considère 作图法

拉伸时由于形变很大,截面积变化较大,工程应力－应变曲线与真应力－应变曲线有很大差别,真应力－应变曲线上可能没有极大值,而不能判断屈服点。如何在真应力－应变曲线上确定于工程应力－应变曲线 $Y$ 点对应的 $B$ 点,可以采用 Considère 作图法(见图 16-21)。

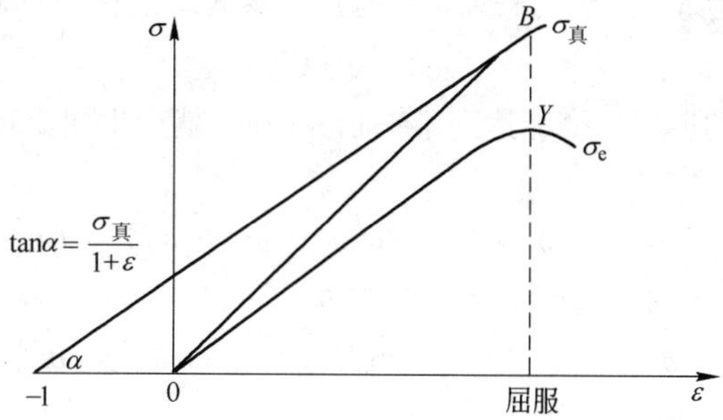


图 16-21 Considère 作图法

图中 $$\sigma_{真} = F/A$$

瞬间截面积 $$A = \frac{A_0 l_0}{l} = \frac{A_0}{1+\varepsilon}$$

由于 $Y$ 点是工程应力－应变曲线的极值点,故有:

$$\frac{\mathrm{d}\sigma}{\mathrm{d}\varepsilon} = 0 \tag{16-74}$$

$$\because \quad \sigma_{真} = (1+\varepsilon)\sigma$$

$$\therefore \quad \frac{\mathrm{d}\sigma}{\mathrm{d}\varepsilon} = \frac{0}{(1+\varepsilon)^2}\left[(1+\varepsilon)\frac{\mathrm{d}\sigma_{真}}{\mathrm{d}\varepsilon} - \sigma_{真}\right] = 0 \tag{16-75}$$

$$\frac{\mathrm{d}\sigma_{真}}{\mathrm{d}\varepsilon} = \frac{\sigma_{真}}{1+\varepsilon} = \frac{\sigma_{真}}{\lambda} \tag{16-76}$$

即从 $\varepsilon = -1$ 点向曲线作切线,切点就是屈服点。

根据真应力－应变曲线,Considère 作图法判断聚合物在拉伸时的屈服、成颈和冷拉十分有用。高聚物的真应力－应变曲线可归纳为 3 类:

(1) 由 $\lambda = 0$ 点不可能向曲线引切线,没有屈服点,聚合物拉伸时不能成颈,为橡胶聚合物的拉伸曲线(见图 16-22a)。

(2) 由 $\lambda = 0$ 可向曲线作一条切线,即曲线上有一个点满足 $\frac{\mathrm{d}\sigma'}{\mathrm{d}\lambda} = 0$,此点为屈服点,在此点高

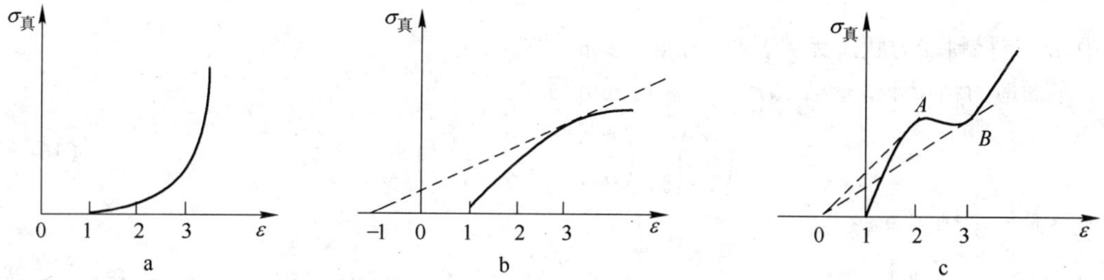


图 16-22 高聚物的真应力－应变曲线

聚物成颈，但细颈逐渐变细直至断裂（见图 16–22b）。

（3）由 $\lambda=0$ 可以向曲线作两条切线，即曲线上有两个点满足屈服条件，$A$ 点是屈服点，出现细颈并稳定，然后细颈扩展发生冷拉到 $B$ 点，进一步拉伸应力、应变增加直至断裂（见图 16–22c）。

**16.4.2.2　材料屈服判据**

单轴拉伸状态下材料的屈服应力容易由实验测定，但在组合应力条件下，材料的屈服条件，需要一定的强度理论，为屈服判据或屈服准则。由材料力学可知，单参数理论有最大变形能理论（Von Mises 判据）和最大切应力理论（Tresca 判据），双参数理论有 Coulomb 判据。

A　Von Mises 判据

Von Mises 指出材料的剪切应变能达到某一临界值时，就产生屈服现象。屈服判据的表示方法为：

$$(\sigma_1-\sigma_2)^2+(\sigma_2-\sigma_3)^2+(\sigma_3-\sigma_1)^2=I_0 \tag{16-77}$$

对于单轴拉伸屈服应力为：$\sigma_1,\sigma_2=\sigma_3=0$，则 $I_0=2\sigma_y^2$

$$(\sigma_1-\sigma_2)^2+(\sigma_2-\sigma_3)^2+(\sigma_3-\sigma_1)^2=2\sigma_y^2 \tag{16-78}$$

纯剪切条件下，$\sigma_1=-\sigma_2,\sigma_3=0$

$$\sigma_s=\sigma_1=\frac{1}{\sqrt{3}}\sigma_y$$

各向等应力产生体积的改变，弹性总形变能为：

$$W=\frac{1}{2}(\sigma_1\varepsilon_1+\sigma_2\varepsilon_2+\sigma_3\varepsilon_3)=\frac{1}{2E}[\sigma_1^2+\sigma_2^2+\sigma_3^2-2\mu(\sigma_1\sigma_2+\sigma_2\sigma_3+\sigma_3\sigma_1)] \tag{16-79}$$

减去体积形变能为：

$$W_u=\frac{1}{2}\,\frac{\sigma_1+\sigma_2+\sigma_3}{3}(\varepsilon_1+\varepsilon_2+\varepsilon_3)=\frac{1-2\mu}{6E}(\sigma_1+\sigma_2+\sigma_3)^2 \tag{16-80}$$

得形变能：

$$W_\tau=W-W_u=\frac{1}{12E}(\sigma_1-\sigma_2)^2+(\sigma_2-\sigma_3)^2+(\sigma_3-\sigma_1)^2=2\sigma_y^2 \tag{16-81}$$

故 Von Mises 判据实际上是最大应变能屈服准则。

B　Trasca 判据

剪切作用最大方向上的剪切应力达到某一临界值 $\sigma_s$，材料呈现屈服现象。

屈服判据为 $\frac{1}{2}(\sigma_1-\sigma_3)=\sigma_s$

对于单轴拉伸 $\sigma_2=\sigma_3=0,\sigma_1=\sigma_y$

则剪切屈服判据为：

$$\frac{1}{2}\sigma_1=\frac{1}{2}\sigma_y=\sigma_s \tag{16-82}$$

式中，$\sigma_s$ 与材料受力状态无关，仅由材料本身的性质决定。

平面应力情况下，$\sigma_3=0$，Von Mises 判据可写作：

$$\left(\frac{\sigma_1}{\sigma_y}\right)^2+\left(\frac{\sigma_2}{\sigma_y}\right)^2-\left(\frac{\sigma_1}{\sigma_y}\right)\left(\frac{\sigma_2}{\sigma_y}\right)=1 \tag{16-83}$$

这是一个椭圆方程。

由 Tresca 判据 $\frac{1}{2}(\sigma_1-\sigma_2)=\sigma_s=\frac{1}{2}\sigma_y$，即 $\frac{\sigma_1}{\sigma_y}-\frac{\sigma_2}{\sigma_y}=1$ 为剪切屈服判据。若 $\sigma_1$ 和 $\sigma_2$ 符号相

同，则为轴向屈服判据为：

$$\sigma_1 = \sigma_y \quad 或 \quad \sigma_2 = \sigma_y$$

表明 Tresca 判据的图形为 Von Mises 判据椭圆的内接正六边形。

在上述两种屈服判据中，$\sigma_s = \frac{1}{\sqrt{3}}\sigma_y$ 和 $\sigma_s = \frac{1}{2}\sigma_y$ 的差别是以简单拉伸状态下两种理论具有相同的 $\sigma_y$ 为条件，对应的几何图形是圆的内接正六边形和圆（见图 16-23a），剪切屈服应力的差别为：

$$\frac{\sigma_s(\text{Tresca})}{\sigma_s(\text{VonMises})} = \frac{OC}{OQ} = \frac{\sqrt{3}}{2} \tag{16-84}$$

取纯剪切状态下两种理论具有相同的 $\sigma_s$，则对应的几何图形是圆的外接正六边形和圆（见图 16-23b），拉伸屈服应力的差异为：

$$\frac{\sigma_y(\text{Tresca})}{\sigma_y(\text{VonMises})} = \frac{OC'}{OQ'} = \frac{\sqrt{2}}{3} \tag{16-85}$$

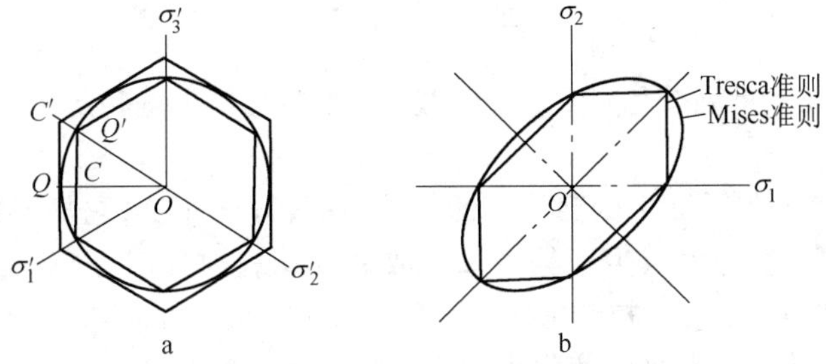


图 16-23　两种屈服判据比较

C　Coulomb（或 MC）判据

Coulomb 认为，在某平面出现屈服行为的临界切应力 $\tau$ 与垂直于该平面上的剪切力和正压力 $\sigma_N$ 都有关，即：

$$\tau = \tau_0 - \mu\sigma_N \tag{16-86}$$

式中，$\mu$ 为内摩擦系数。

#### 16.4.2.3　剪切带

同种聚合物在受力方式和实验温度等条件不同时，可呈现出不同的力学性质和屈服现象。韧性聚合物单向拉伸至屈服点时，常出现与拉伸方向成45°的剪切滑移变形带。

考虑横截面积为 $A_0$ 的试样，受到拉力 $F$ 的作用，横截面上的应力 $\sigma_0 = F/A_0$。分析试样的任意斜截面上（与横截面夹角为 $\alpha$）的受力情况，斜截面面积 $A_\alpha = \frac{A}{\cos\alpha}$，拉力 $F$ 可分解为沿斜截面法线方向和切线方向的两个分量（见图 16-24），法向力 $F_n = F \cdot \sin\alpha$，切向力 $F_s = F \cdot \cos\alpha$，在斜截面上

法应力为：
$$\sigma_{\alpha n} = \frac{F_n}{A_\alpha} = \frac{F\cos\alpha}{A_\alpha} = \sigma_0\cos^2\alpha \tag{16-87}$$

切应力为：
$$\sigma_{\alpha S} = \frac{F_S}{A_\alpha} = \frac{F\sin\alpha}{A_\alpha} = \frac{\sigma_0\sin2\alpha}{2} \tag{16-88}$$

当 $\alpha = 0$ 时，法应力达到最大值 $\sigma_{\alpha n} = \sigma_0$；当 $\alpha = 45°$时，切应力达到最大值 $\sigma_{\alpha s} = \frac{\sigma_0}{2}$（见图 16-25）。

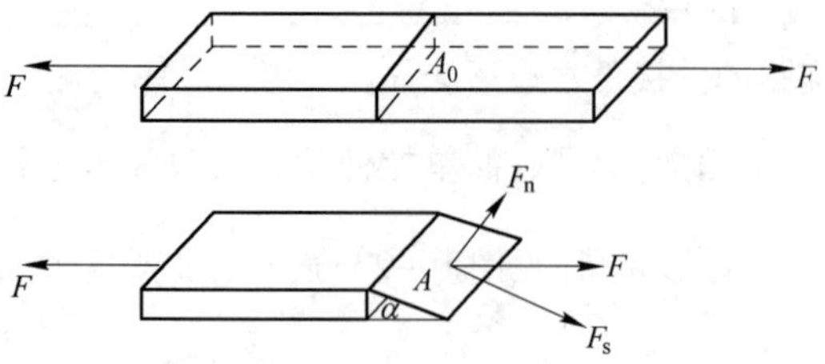


图 16-24　单轴拉伸应力分析

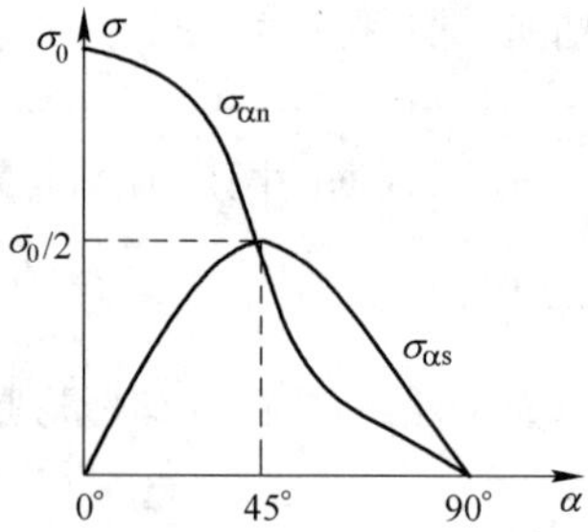


图 16-25　任意截面上的切应力和法应力与截面倾角的关系曲线

对于倾角为 $\beta=\alpha+\pi/2$ 的另一个截面，同样有

法应力为：
$$\sigma_{\beta n}=\frac{F_n}{A_\beta}=\frac{F\cos\beta}{A_\beta}=\sigma_0\cos^2\beta=\sigma_0\sin^2\alpha \tag{16-89}$$

切应力为：
$$\sigma_{\beta s}=\frac{F_s}{A_\beta}=\frac{F\sin\beta}{A_\beta}=\frac{\sigma_0\sin 2\beta}{2}=-\frac{\sigma_0\sin 2\alpha}{2} \tag{16-90}$$

可见 $\sigma_{\alpha n}+\sigma_{\beta n}=\sigma_0$，即两个相互垂直的斜截面上的发向应力之和是一定值，等于正应力。

而
$$\sigma_{\alpha s}=-\sigma_{\beta s}$$

即两个相互垂直的斜截面上的剪切力的数值相等，方向相反，它们不能单独存在，总是同时出现，这种性质称为切应力双生互等定律。故韧性材料拉伸时，斜截面上的最大切应力首先达到材料的抗剪强度，出现与拉伸方向成约 45°的剪切滑移变形带，材料发生屈服。进一步拉伸时，变形带中分子链高度取向使强度提高，而变形带的边缘进一步发生剪切变形，同时，倾角为 135°的斜截面上也要发生剪切滑移变形。因此，试样逐渐生成对称的细颈，直至扩展至整个试样。

而脆性材料在最大切应力达到抗剪强度之前，正应力已超过材料的拉伸强度，试样来不及发生屈服就断裂了。最大法向应力发生在横截面上，因而在垂直于拉伸方向上发生断裂。

#### 16.4.2.4　银纹现象

银纹现象是聚合物在张应力作用下，于材料某些薄弱部位出现应力集中而产生局部的塑性形变和取向，在材料表面或内部垂直于应力方向上出现长度为 100 μm、宽度为 10 μm、厚度为 0.1～0.5 μm 的微细凹槽现象（见图 16-26）。

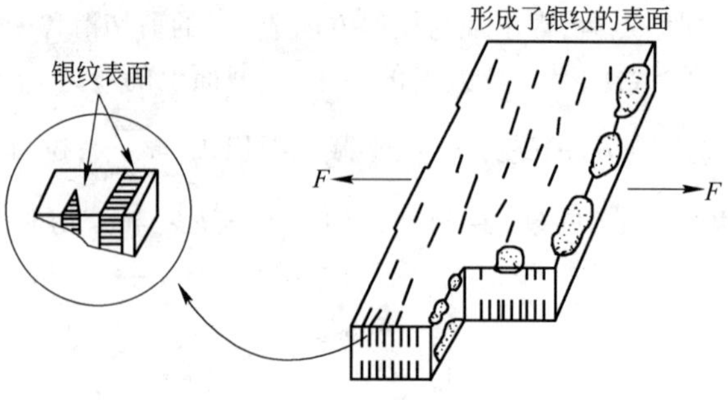


图 16-26　银纹现象

在张应力作用下，高聚物薄弱部位产生塑性变形，高分子链沿外力方向高度取向并吸收能量。由于聚合物横向收缩不足以补偿塑性伸长，产生大量空隙，其密度为本体的 50%。银纹和

本体聚合物不同折射率导致使其在界面产生反射，呈现银色的闪光。银纹平面垂直于张应力方向，银纹内为在张应力方向取向的高分子链构成的微纤。在压力下或在 $T_g$ 以上退火时微裂纹能回缩和消失。

银纹的生长有两种方式，即银纹尖端的向前扩展和银纹宽度的增加。Argon 等认为，银纹尖端存在着一个楔形区域，区域内聚合物由于应变软化和塑性形变形成一种类流体层，银纹尖端就是在这个类流体层中不稳定生长。宽度增加由于银纹微纤的蠕变和界面未银纹化材料的逐渐转变成微纤。界面微纤化机理认为，在取向银纹与本体高聚物之间的界面处存在一个应变软化层或称为活化区，其厚度依赖于局部的应变速率和温度，与银纹微纤直径大致相当，在电镜下可通过染色技术来观察。活性区内分子链受到银纹应力的作用而解缠或断裂，不断地转入银纹微纤中，使银纹微纤长度增大，银纹增宽。

稳定银纹是聚合物屈服的机理，大量形成会吸收能量，得以控制是实现材料屈服的一种形式。不稳定银纹会引发裂缝，导致断裂，脆性高聚物易产生银纹，难以使其稳定，不能发生屈服和大形变。

除了应力银纹外，高分子材料在加工或使用过程中，因环境介质与应力的共同作用，也会出现银纹，称为环境银纹。环境银纹时常发展为环境应力开裂。环境介质的作用，致使引发银纹所需的应力或应变大为降低，如银纹化的临界应变随环境介质对聚合物溶解度的增加以及溶剂化聚合物 $T_g$ 的降低而降低。

## 16.4.3 高聚物的断裂和强度

### 16.4.3.1 脆性断裂和韧性断裂

高聚物材料的最大优点之一是它们内在的韧性。韧性材料在受到较大应力作用，或经受变形时，可以发生屈服，吸收大量的能量，使材料在实际应用中可以发生较大的变形或承受较大的冲击而不破坏。材料的脆性断裂在工程上必须尽力避免。

脆性断裂是在材料出现屈服之前发生的断裂，与材料的弹性响应相关联，通常由应力的张应力分量引起，应变值低于 5%，所需能量不大，断裂面垂直于拉伸应力方向，断裂面表面光滑。韧性断裂是在材料屈服之后的断裂，形变大，消耗的断裂能大，由切应力分量引起，试样断面显示有外延的形变，能观察到切变线。在断裂机理上，材料的脆性断裂主要由出现的微裂纹引起，银纹化是脆性断裂现象的前奏；而韧性断裂则主要归因于剪切屈服。

材料的脆性和韧性还极大地依赖于实验条件，主要是温度和应变速率。如图 16-27 所示在恒定应变速率下，应力 - 应变曲线随温度而变化，断裂可由低温的脆性形变变为高温的韧性形变。这是由于屈服应力 $\sigma_Y$ 和断裂应力 $\sigma_B$ 随温度变化的趋势不同所致，两条曲线相交的温度称

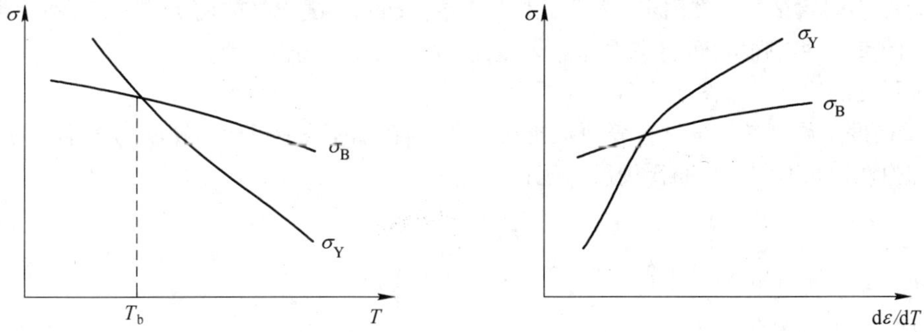


图 16-27 聚合物材料屈服应力 $\sigma_Y$ 和断裂应力 $\sigma_B$ 与温度和应变速率的关系曲线

为高聚物的脆化温度 $T_b$，它把高聚物玻璃态分为受迫高弹态和脆性玻璃态两部分。在 $T > T_b$ 时，$\sigma_B > \sigma_Y$，高聚物可产生强迫高弹形变，强迫高弹形变是塑料具有韧性的原因，因此非晶态高聚物的使用温度范围在 $T_b$ 到 $T_g$ 之间。在 $T_b$ 以下，它们的脆性使之失去使用价值。

从分子机理来说，$T_b$ 相应于链节等较小运动单元开始运动的温度。影响 $T_b$ 的因素主要是分子链的柔顺性，刚性大，$T_b$ 降低（因为刚性链间堆砌松散，受力时链段反而有充裕的活动空间），同时 $T_g$ 升高，因而塑料的使用温区 $T_g - T_b$ 增加。柔性链，玻璃态时分子之间堆砌紧密，高聚物 $T_b$ 与 $T_g$ 接近，呈脆性；分子链刚性太大，堆砌松散，但链段本身运动困难，$T_b$ 与 $T_g$ 也接近。

**16.4.3.2 强度指标**

对于各种不同的外力，有不同的强度指标。几种常用的力学性能指标如下。

（1）拉伸（抗张）强度。在规定的试验温度、湿度和试验速度下，在标准试样上沿轴向施加拉伸载荷，直到试样被拉断为止，断裂前试样承受的最大载荷与试样的宽度和厚度的乘积的比值即为拉伸强度，单位为 kg/cm$^2$。

$$\sigma_t = \frac{P}{bd} \tag{16-91}$$

式中 $\sigma_t$——拉伸（抗张）强度；

$P$——负荷；

$b, d$——分别为试样的宽度和厚度。

$$E = \frac{\sigma}{\varepsilon} = \frac{\Delta P/(bd)}{l/l_0} \tag{16-92}$$

（2）弯曲强度。弯曲强度亦称挠曲强度，是在规定试验条件下，对标准试样施加静弯曲力矩，直到试样折断为止，取试验过程中的最大载荷 $P$，并按下式计算：

$$\sigma_f = \frac{P}{2}\,\frac{l_0/2}{bd^2/6} = 1.5\,\frac{Pl_0}{bd^2} \tag{16-93}$$

弯曲模量为：

$$E_f = \frac{\Delta P l_0^3}{4bd^3\delta} \tag{16-94}$$

（3）抗冲强度（或冲击强度）。表征材料抵抗冲击载荷破坏的能力。通常定义为试样受冲击载荷而折断时单位截面积所吸收的能量，单位为 kg · cm/cm$^2$。

$$\sigma_i = \frac{W}{bd} \tag{16-95}$$

式中 $W$——冲断试样所消耗的功。

测试的方法有两类：一类是简支梁式（charpy），试样两端支撑，摆锤冲击试样的中部；另一类是悬臂梁式（izod），试样一端固定，摆锤冲击自由端。charpy 试样又分两类：带缺口和不带缺口。根据材料的室温冲击强度，可将高聚物分为脆性、缺口脆性和韧性三类。

三种强度的实验示意图如图 16-28 所示。

（4）硬度。硬度是衡量材料表面抵抗机械压力能力的一种指标。硬度的大小与材料的抗张强度和弹性模量有关。以布氏硬度为例：

$$H_B = \frac{P}{\pi Dh} \tag{16-96}$$

式中 $H_B$——布氏硬度，kg/mm$^2$；

$D$——钢球的直径；

$h$——压痕的深度。

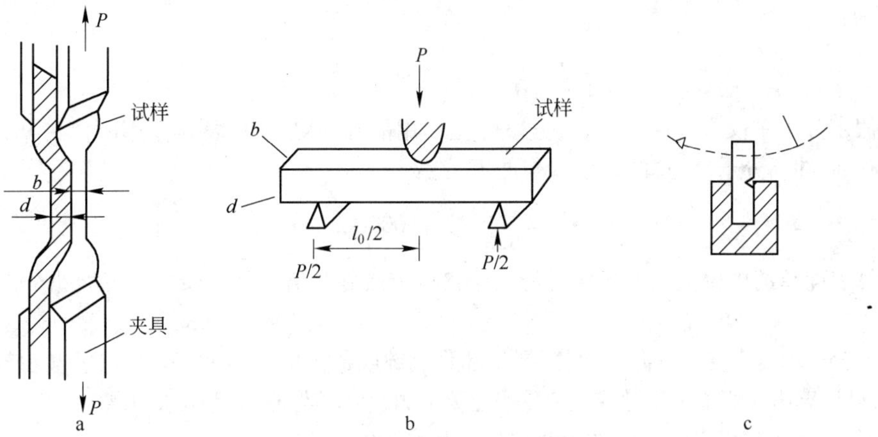


图 16-28 各种强度实验示意图

a—拉伸试验;b—抗弯试验; c—冲击试验

#### 16.4.3.3 理论强度

研究高聚物的微观断裂过程和理论强度,对探索提高高聚物的实际强度具有重要意义。从分子结构的角度来看,高聚物之所以具有抵抗外力破坏的能力,主要靠分子内的化学键合力、分子间的范德华力和氢键。高聚物断裂的微观过程可归结为三种,如图 16-29 所示。

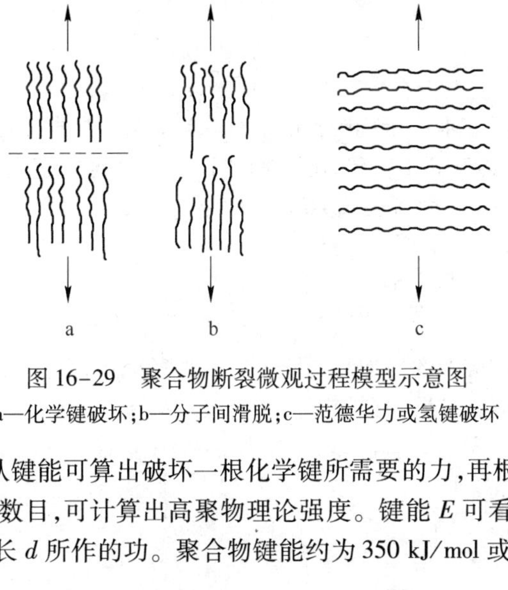


图 16-29 聚合物断裂微观过程模型示意图

a—化学键破坏;b—分子间滑脱;c—范德华力或氢键破坏

(1) 化学键的断裂,从键能可算出破坏一根化学键所需要的力,再根据晶胞数据推算出每平方厘米截面上的高分子链数目,可计算出高聚物理论强度。键能 $E$ 可看作克服成键的两个原子相互吸引力 $f$ 将其推至键长 $d$ 所作的功。聚合物键能约为 350 kJ/mol 或 $5.8\times10^{-19}$ J/键,$d$ 不超过 0.15 nm。

$$f=\frac{E}{d}=\frac{5.8\times10^{-19}}{1.5\times10^{-10}}=3.9\times10^{-9}\ \text{N/键}$$

根据 PE 晶胞参数,每根高分子链的截面积为 0.2 $nm^2$,每平方米截面积上有 $5\times10^{18}$ 根高分子链。

$$\sigma=fN=3.9\times10^{-9}\times5\times10^{18}=2\times10^{10}\ \text{N/m}^2$$

实际上高度取向结晶高聚物的拉伸强度也要比理论值小几十倍,任何一种结构的高聚物受力时,不可能使同一截面的所有分子链同时断裂。

(2) 分子间滑脱,必须使分子间的氢键或范德华力全部破坏。假定分子中含有大量氢键,其分段配位作用能为 20 kJ/mol,段间作用距离为 0.5 nm,一根长为 100 nm 的高分子链,总的摩尔内

聚能 $E$ 为：

$$E=\frac{100}{0.5}\times 20=4000\ \text{kJ/mol}$$

若假定分子中仅含范德华力，其分段配位作用能为 5 kJ/mol，段间作用距离为 0.5 nm，一根长为 100 nm 的高分子链，总的摩尔内聚能 $E$ 为：

$$E=\frac{100}{0.5}\times 5=1000\ \text{kJ/mol}$$

计算表面总的内聚能比共价键键能大十倍以上或好几倍，因此，断裂不可能完全由分子间滑脱造成。

(3) 分子垂直于受力方向排列，断裂是部分氢键或范德华力的破坏。根据氢键和范德华力的解离能，可计算出破坏单个氢键或范德华力需要的力，从而得到理论强度值为 400 MPa 和 120 MPa。这个数值与实测的高度取向纤维的强度在同一数量级内。

高聚物的实际结构与理想结构相差太远，因而理论强度和实际强度之间存在巨大差距，提高高聚物实际强度的潜力很大。

#### 16.4.3.4 断裂理论

裂缝端部的锐度对裂缝的扩展有很大的影响，裂缝尖端应力大小可通过简单的模型来说明。1913 年，Inglis 首先定量化研究了应力集中效应。他在一薄板上刻出一椭圆孔（长轴直径为 $2a$，短轴直径为 $2b$），在垂直于长轴方向上施以张应力 $\sigma_0$，计算发现，椭球孔长轴两端点应力 $\sigma_t$ 最大，为：

$$\sigma_t=\sigma_0\left(1+\frac{2a}{b}\right) \tag{16-97}$$

定义应力集中系数 $K_t$，它取决于椭圆孔的形状。当 $a=b$ 时，即圆形孔，$K_t=3$，说明小圆孔产生的应力集中使其局部应力升高了 3 倍；随着椭球长短轴之比 $a/b$ 增大，椭圆孔演变为长为 $2a$ 的尖裂纹，当 $a\gg b$ 时，$K_t\to\infty$。引入裂纹尖端曲率半径 $\rho=b^2/a$，裂缝尖端处最大张应力 $\sigma_m$ 可表示为：

$$\sigma_m=\sigma_0\left(1+2\sqrt{\frac{a}{\rho}}\right)\approx 2\sigma_0\sqrt{\frac{a}{\rho}} \tag{16-98}$$

可见，应力集中随平均应力的增加和裂缝尖端处半径减小而增大（见图 16-30）。当应力集中到一定程度时，就会使裂缝扩展，材料断裂。

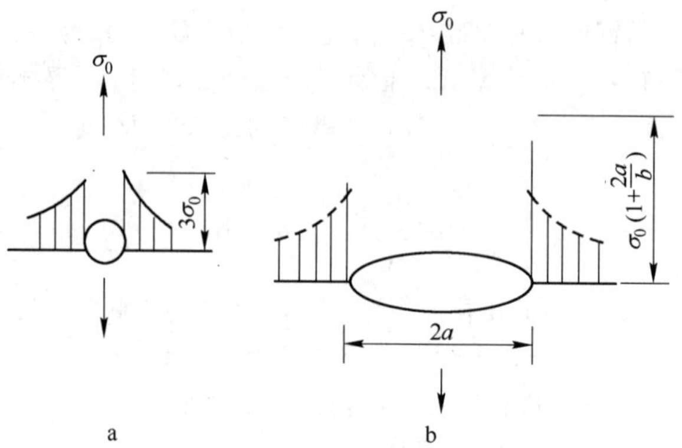


图 16-30 圆孔和椭球孔在垂直于外加张力截面上的应力分布

a—圆孔；b—椭圆孔

A Griffith 断裂理论

1920 年,Griffith 在研究玻璃和陶瓷材料的断裂强度时,基于能量平衡的观点提出了材料中裂纹尺寸与其断裂应力间的定量化关系。Griffith 认为断裂要产生新的表面,需要一定的表面能,断裂产生新的表面所需要的表面能是由材料内部弹性储能的减少来补偿的;弹性储能在材料中分布不均匀,裂缝附近集中了大量弹性储能,可产生新的表面,致使材料在裂缝处先行断裂。当使裂纹扩展引起的弹性储能的减少量($-\mathrm{d}U$)大于或等于生成的断裂表面能($\mathrm{d}W_s$)时,材料就发生断裂,故断裂发生的临界条件为:

$$-\frac{\mathrm{d}U}{\mathrm{d}A} \geqslant \frac{\mathrm{d}W_s}{\mathrm{d}A} \tag{16-99}$$

式中 $\mathrm{d}A$——裂纹扩展而形成的新表面积。

应用 Inglis 模型求解应力分布的方法,计算得到弹性储能的变化:

$$-\frac{\mathrm{d}U}{\mathrm{d}A} = \frac{\pi\sigma^2 a}{E} \tag{16-100}$$

以 $\gamma_s$ 代表单位面积的表面自由能,即断裂过程中分子产生塑性变形所消耗的能量,断裂表面为相对的两个,因此:

$$\frac{\mathrm{d}W_s}{\mathrm{d}A} = 2\gamma_s \tag{16-101}$$

由此导出临界断裂应力的表达式,即 Griffith 能量判据方程:

$$\sigma_c = \left(\frac{2\gamma_s E}{\pi a}\right)^{1/2} \tag{16-102}$$

对于任何材料,$\sigma(\pi a)^{1/2}$ 应当超过某个临界值才会发生断裂,$\sigma(\pi a)^{1/2}$ 定义为应力强度因子 $K_\mathrm{I}$。材料的断裂与外应力和裂纹长度有关。Griffith 理论只考虑了断裂过程形成新表面的能量效应而忽视了黏弹性响应因素,适应于脆性聚合物。

考虑了塑性变形和黏弹性变形,1974 年 Andrews 提出广义断裂理论。从考虑含有一裂缝的无限大的平板试样在拉伸应力作用下,裂缝增长时,其附件某点局部能量密度的变化入手,通过复杂推导得到,裂缝增长产生单位面积体系消耗的总能量的表达式:

$$2\xi = 2\xi_0\phi(C, T, \dot{\varepsilon}) \tag{16-103}$$

式中,产生单位新表面所需要的能量,包括破坏分子链中原子键所需要的能量和使分子局部取向和塑性形变消耗的能量;$\phi$ 为损耗函数,依赖于无限远处的应力 $\sigma_0$、温度 $T$ 和应变速率 $\varepsilon$ 的函数,可以通过实验测定。

该理论用于丁苯橡胶、乙丙橡胶、增塑 PVC、LDPE 测得的数值与计算的最小断裂能理论值很接近。

B 断裂的分子理论

1966 年,ЖИирков 以断裂过程的时间和温度依赖性为出发点,提出了断裂的分子理论,认为材料断裂过程是一个松弛过程,宏观断裂是微观化学键断裂的热活化过程,即当原子热运动的无规热涨落能量超过束缚原子间的势垒时,会使化学键离解,从而发生断裂。并得出了承载寿命 $\tau_f$ 与拉伸应力 $\sigma$ 和绝对温度 $T$ 之间的关系式:

$$\ln\tau_f = C + \frac{U_0 - \beta\sigma}{kT} \tag{16-104}$$

式中,$U_0$ 和 $\beta$ 是决定聚合物强度的特征常数。应力作用使断键活化能垒降低,加速键断裂过程,缩短承载寿命。

## 16.4.4 影响高聚物实际强度的因素

### 16.4.4.1 高分子本身结构的影响

高分子材料的上限取决于主链化学键力和分子链间的作用力。因此增加高分子的极性或形成氢键可以使强度提高。如拉伸强度数值,LDPE 为 15 ~ 16 MPa,PVC 为 49 MPa,尼龙 610 为 58.8 MPa,尼龙 66 为 81.3 MPa。

主链含有芳杂环的聚合物,其强度和模量比脂肪族的高。工程塑料大多主链含芳杂环,如尼龙、聚醚、聚碳酸酯类芳香族比脂肪族模量高。

分子链支化程度增加,分子之间距离增加,作用力减小,拉伸强度降低,冲击强度增加。

交联度增加,增加分子链间的联系,强度增高,但过分交联会使强度下降。

相对分子质量较小时,主链化学键能高于分子间作用能,强度取决于分子间作用能,相对分子质量增加强度增加。相对分子质量足够大时,相互作用能接近主链化学键,分子链间还发生缠绕形成物理交联点,材料强度由分子间的作用能和化学键能共同承担。相对分子质量很大时,强度取决于化学键能,与相对分子质量无关。

### 16.4.4.2 结晶和取向的影响

晶态中的微晶与物理交联相似,结晶度增加,拉伸强度、抗弯强度和弹性模量提高。但如果结晶度太高,则要导致冲击强度和断裂伸长率的降低,高聚物材料就要变脆。球晶大小将影响冲击强度,如果在缓慢的冷却和退火过程中生成了大球晶的话,那么高聚物的冲击强度就要显著下降。结晶尺寸越小,强度越高。

取向使高分子链顺外力方向排列,使取向方向材料的强度提高几倍甚至几十倍。取向是合成纤维工业中提高纤维强度的一个重要措施,也可用来提高薄膜和板材的强度。

### 16.4.4.3 应力集中物

材料缺陷包括裂缝、空隙、缺口、银纹和杂质等造成的缺陷附近局部范围内应力急剧增加,成为材料破坏的薄弱环节,断裂首先在此处发生,严重降低材料的强度,是造成高聚物实际强度与理论强度之间巨大差别的主要原因之一。纤维的直径越小,强度越高,这是由于纤维越细,纤维皮芯差别就越小,缺陷出现的概率就越小。

缺陷的形状不同,应力集中系数也不同,锐口的缺陷的应力集中系数比钝口的要大得多,因为它造成更大的应力集中,使最大应力大大超过材料的破坏强度,致使制件从这小裂缝开始发生破坏。因此一般制品的设计总是尽量避免有尖锐的转角,而是将制品的转弯处作成圆弧形。

### 16.4.4.4 增塑剂

增塑剂的加入,减小了高分子链间作用力,使拉伸强度降低,冲击强度提高,模量下降。

### 16.4.4.5 外力作用速度和温度的影响

低温和高应变速率条件下,聚合物倾向于发生脆性断裂。温度越低,应变速率越高,断裂强度越大,断裂伸长率降低。

## 16.4.5 高聚物增强和增韧

聚合物基体中加入第二种物质,形成复合材料,能显著地提高材料的力学性能。

### 16.4.5.1 粉末填料体系

填料根据其影响可分为活性填料和惰性填料,活性填料增加聚合物的力学性能,惰性填料在聚合物中起稀释作用，降低材料的成本。

粉状活性填料如木粉、炭黑、白炭黑、氧化锌等加入到某些橡胶或塑料中，能大幅度改善材料性能。木粉加入到酚醛树脂中，在很大范围内可以在不降低材料的拉伸强度条件下，大幅度提高其冲击强度。以少量热塑性塑料加大量轻质的硫酸钙等无机粉状填料，辅以发泡工艺，可以制成钙塑材料，可用来代替木材。天然橡胶中添加 20% 的炭黑，拉伸强度从 16 MPa 提高到 26 MPa。

活性填料粒子的活性表面较强烈地吸附多条高分子链，形成链间的物理交联，起到均匀分布负荷的作用。增强效果取决于填料和高聚物之间的亲和力，结合力越大，增强作用越明显。在许多情况下，这种结合力可采用一定的化学处理方法或加入偶联剂加以强化，甚至使惰性填料变为活性填料。

#### 16.4.5.2 纤维增强体系

纤维包括早期的天然纤维如棉、麻、丝及其织物等，后来发展了玻璃纤维。近年来，随着科技的发展，开发出许多特种纤维填料，如碳纤维、石墨纤维、硼纤维、单晶纤维等，它们具有高模量、耐热、耐磨、耐化学试剂，在宇航、导弹、化工等行业得到广泛应用。纤维织物在橡胶轮胎和制品中，作为骨架帮助承担负荷，可根据要求选用棉、人造丝、尼龙、玻璃纤维及钢丝等。热固性树脂和玻璃纤维布组成的层压塑料，其比强度超过合金钢，称为玻璃钢，可选用的树脂有不饱和聚酯、环氧树脂、酚醛树脂、三聚氰胺树脂、呋喃树脂、聚酰亚胺等。

纤维状填料增强原理与混凝土中钢筋对水泥的增强作用相似，因此纤维本身的强度和纤维聚合物界面黏合力决定了复合材料的强度，故纤维的成分（见图 16-31）、长度、织构、表面处理等都将影响材料的强度。

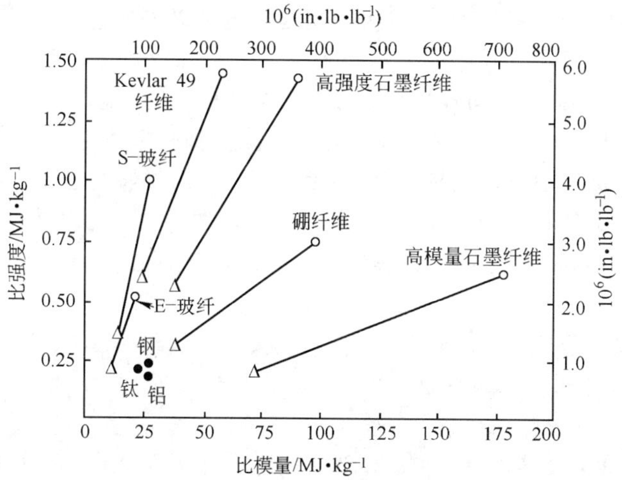


图 16-31 纤维增强环氧树脂的比强度 - 比模量

#### 16.4.5.3 黏土/聚合物纳米复合材料

1987 年日本丰田中央研究所首次报导采用原位插层聚合复合方法制备了尼龙 6/黏土复合材料，此后美国康奈尔大学、密歇根大学和中科院化学所等单位进行了大量研究，制备出多种聚合物/黏土复合材料。由于这些分散黏土的厚度常小于 100nm，故属于纳米复合材料。黏土是一种具有层状晶体结构的无机盐，包括高岭土、滑石、蒙脱土、云母等，聚合物基体主要有 PA6、PA66、PA12、PS、PET 等。

制备方法主要有插层复合法和原位聚合法。插层复合法将单体分散插入经插层剂处理过的层状硅酸盐片层之间或将聚合物与处理黏土混合，利用层间单体聚合热或黏土/聚合物熔融共混时的切应力，破坏硅酸盐的片层结构，使其剥离成单层，并均匀分散于聚合物基体中，实现聚合物与黏土纳米尺度上的复合。原位聚合法运用在位填充，使纳米粒子在单体中均匀分散，然后引发聚合形成复合材料。材料中黏土粒子分散均匀。

黏土/聚合物纳米复合材料形成示意图如图 16-32 和图 16-33 所示。

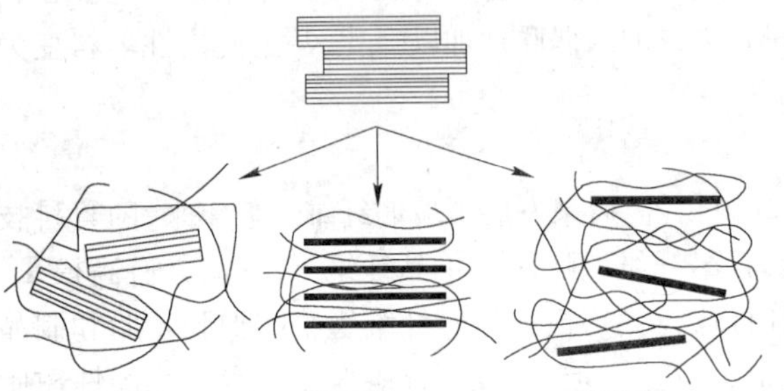


图 16-32　黏土/聚合物纳米复合材料形成示意图

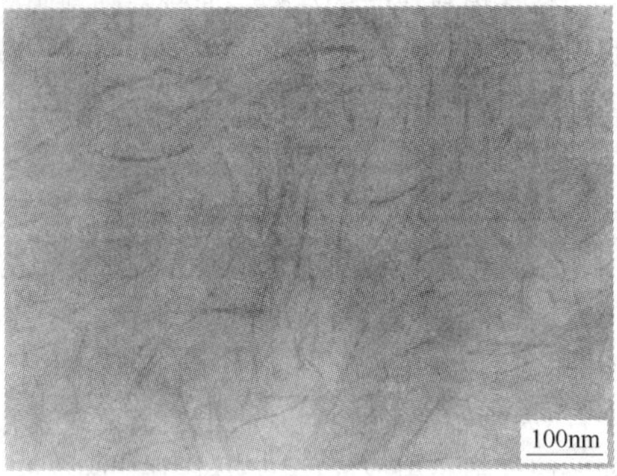


图 16-33　蒙脱土/尼龙 6 纳米复合材料透射电镜照片(质量分数 3.5%，剥离型)

黏土/聚合物纳米复合材料中既有聚合物又有无机物，兼具两者特点。它具有高强度、高耐热性、高阻隔及自熄灭性，优良的加工性能。当蒙脱土用量为 3% ~5% 时，性能与一般填充量 30% 的通用复合材料相当。厚度为 1 nm 的纳米片层长度为 200 nm 左右，它们不仅适合于增强作用，也能提高材料的防渗透性。聚酰胺中加入 2% 的黏土将使其气体渗透率降低 50%。另外复合材料熔体黏度低，结晶速度快，可通过注塑、挤出、吹塑等加工成型。

目前研究和应用最多的是蒙脱土/聚酰胺纳米复合材料，首先采用 12 ~ 18 烷基氨基酸作插层剂对钠基蒙脱土进行阳离子交换处理，然后与 ε - 己内酰胺复合，引发聚合，蒙脱土的平均尺寸由原来的 50 μm 解离为 40 nm，甚至更小，均匀分散于尼龙 6 基体中。与纯尼龙 6 材料相比，该复合材料具有密度低、强度高、模量高、耐热性好、吸湿性低、尺寸稳定性好、阻隔性好、易加工等特点。

#### 16.4.5.4　液晶原位增强

20 世纪 80 年代后期发展了液晶聚合物与热塑性塑料共混制备高性能复合材料的新方法。液晶聚合物一般采用热致型主链液晶，在加工过程中液晶棒状分子在共混物基体中就地形成微纤，起到增强作用，故称作原位复合增强。随着液晶量增加，材料弹性模量和拉伸强度增加，断裂伸长率下降。

#### 16.4.5.5　共聚和共混

共聚和共混能对材料进行增韧，提高材料的冲击强度。高抗冲聚苯乙烯通过 5% 顺丁橡胶在苯乙烯溶液中聚合而成，橡胶相形成海岛结构界面形成接枝共聚物，冲击强度从 13.4 ~21.4 J/m，提高到 26.7 ~42.7 J/m(见图 16-34)。橡胶以微粒状分散于连续的塑料相之中，塑料形成连续相，使模量和强度不致过分降低，橡胶分散微粒作为应力集中物引发大量微裂纹吸收能量。增韧效果取决于两相组成和结构，及两相相容性。共聚和共混有利于形成接枝共聚物提高两相相容性，增加冲击强度。又如丁二烯橡胶粒子分散在苯乙烯 - 丙烯腈共聚物中形成 ABS 共聚物(见图 16-35)。目前橡胶增韧的塑料包括热塑性的聚苯乙烯、聚甲基丙烯酸甲酯、聚烯烃、聚碳酸酯、尼龙、聚甲醛、聚酯和热固性的环氧树脂、酚醛树脂、聚酰亚胺等。

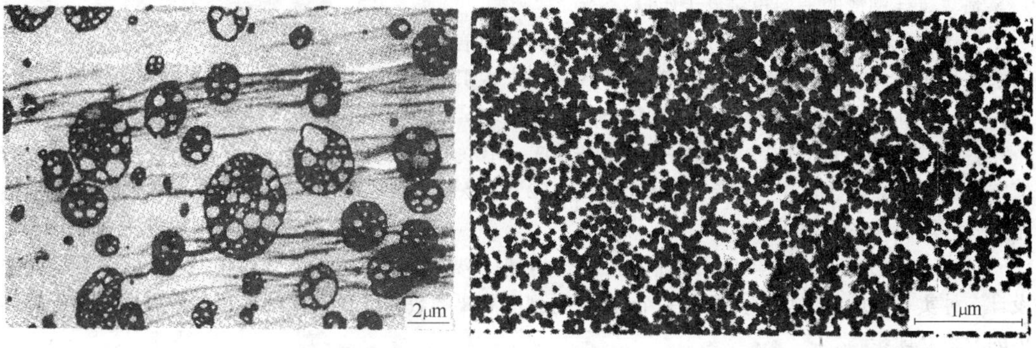


a　　　　　　　　b

图 16-34　超薄切片透射电镜照片

a—HIPS；b—ABS

橡胶粒子在塑料相中的作用取决于银纹的形成。与硬相毗连的橡胶粒子的赤道平面上硬相最易发生形变，外力足够大时，受拉材料的橡胶粒子周围将产生环形银纹，银纹在赤道区域开始。如果银纹的形成遍布整个样品的有效截面，材料将发生屈服，材料内部在不同的平面发生流动变形，具有很高的抗冲击性。

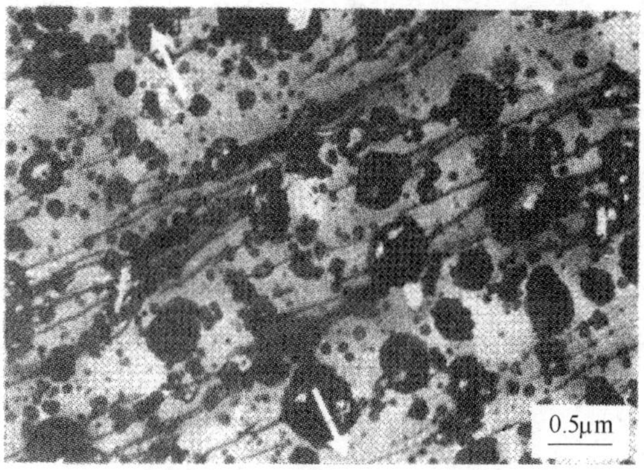


图 16-35　ABS 拉伸应力引起的银纹

近年来，又引入了聚合物分子复合材料的概念，即柔性聚合物基体中加入少量刚性聚合物，近似单分子形式分散于基体中，提高基体的物理力学性能，同时保持基体原有加工性能和冲击性能。尼龙 6 - 聚酰亚胺 - 尼龙 6 三嵌段共聚物及尼龙 6/聚酰亚胺接枝共聚物，通过优化共聚物结构参数，引入 5% 的聚酰亚胺与尼龙 6 共聚，就能提高尼龙 6 模量和强度 2 ~ 3 倍，而断裂强度和加工性能不变。聚合物分子复合材料领域，美国 Akron 大学和德国汉堡大学做了大量的研究工作。

## 思考练习题

一、名词解释

1. 高弹性
2. 黏弹性
3. 蠕变
4. 应力松弛
5. 内耗
6. 时温等效原理
7. 屈服
8. 断裂

二、简答题

1. 不受外力作用时橡皮筋受热伸长，而在恒定外力作用下却受热收缩，试用高弹性热力学理论解释。

2. 日常生活中发现松紧带越用越松,说明其原因。

3. 一交联橡胶试片,长 2.8 cm,宽 1.0 cm,厚 0.2 cm,重 0.518 g,于 25℃时将它拉伸一倍,测定张力为 1.0 kg,估算试样网链的平均相对分子质量。

4. 将某种硫化天然橡胶在 300 K 进行拉伸,当伸长一倍时的拉力为 $7.25\times10^5$ N/m$^2$,拉伸过程中试样的泊松比为 0.5,根据橡胶弹性理论计算:(1) $10^{-6}$ m$^3$ 体积中的网链数 $N$;(2) 初始弹性模量 $E$ 和剪切模量 $G$;(3) 拉伸时每 $10^{-6}$ m$^3$ 体积的试样放出的热量?

5. 一个 Voigt 单元($E=2\times105$ N · m$^{-2}$,$\tau=103$ s)串联一个黏壶($\eta=3\times108$ Pa · s)。试计算:(1) 当加恒定负荷 4.9 N/m$^2$ 时,这一体系的形变答应值;(2) 若负荷保留 3000 s 后移去,试画出蠕变与回复曲线,并用曲线计算该体系的黏度。

6. 今有一种在 25℃恒温下使用的非晶态聚合物,现需要评价这一材料在连续使用十年后的蠕变性能。试设计一种实验,可以在短期内(例如一个月内)得到所需要的数据。说明这种实验的原理、方法以及实验数据的大致处理步骤。

7. 从分子运动观点解释聚合物的应力 - 应变曲线。

8. 聚甲基丙烯酸甲酯的玻璃化温度为 105℃,预计它在 155℃的应力松弛速度比 125℃时快多少?

9. 下列几种高聚物的冲击性能如何,如何解释?

(1) 聚异丁烯;(2) 聚苯乙烯;(3) ABS;(4) 聚乙烯。

# 17　高聚物的电学、光学和热学性质

**本章要点：**

高聚物的极化和介电性能，影响介电性的因素，高聚物介电松弛谱；高聚物的静电现象，高聚物的导电性，导电高分子；高聚物的光学性质，高聚物的热学性能。

高聚物的电学性能是指在外加电场作用下材料所表现出来的介电性能、导电性能、电击穿性质以及与其他材料接触、摩擦时所引起的表面静电性质等。高分子材料种类繁多，电导率跨越很大，从绝缘体到导体。绝大多数高聚物具有卓越的电绝缘性能，其电阻率高、介电损耗小，电击穿强度高，加之又具有良好的力学性能、耐化学腐蚀性及易成型加工性能，使它成为电气工业不可或缺的介电材料和绝缘材料。随着科学技术的发展，导电高分子的研究和应用近年来取得了飞速发展，一大批分子链具有共轭 π 电子结构的聚合物，如聚乙炔、聚噻吩、聚吡咯、聚苯胺等，通过不同的方式掺杂，可以具有半导体（电导率 $\sigma = 10^{-10} \sim 10^{2}\ S \cdot cm^{-1}$）甚至导体（$\sigma = 10^{2} \sim 10^{6}\ S \cdot cm^{-1}$）的电导率。聚合物的电学性质是材料内部的结构特征和分子运动状况的反映，电学性质的测量成为研究其结构与分子运动的一种有效手段。

## 17.1　高聚物的极化和介电性能

### 17.1.1　电解质在外电场中的介电极化现象

在外电场作用下，电介质分子或者其中某些基团中电荷分布发生相应的变化，使材料出现宏观偶极矩，这种现象称电介质的极化。根据分子本身是否具有永久偶极矩，物质分子可分为极性分子和非极性分子两大类。极化方式包括电子极化、原子极化、取向极化和界面极化。

非极性分子本身无偶极矩，在外电场作用下，原子内部价电子云相对于原子核发生位移，使正负电荷中心分离，分子带上偶极矩；或者在外电场作用下，电负性不同的原子之间发生相对位移，使分子带上偶极矩。这种极化称感应极化，又称诱导极化。其中由价电子云位移引起的极化称电子极化（见图 17-1a）；由原子间发生相对位移引起的极化称原子极化（见图 17-1b）。原子极化比电子极化弱得多，极化过程所需的时间略长约 $10^{-13}$ s。

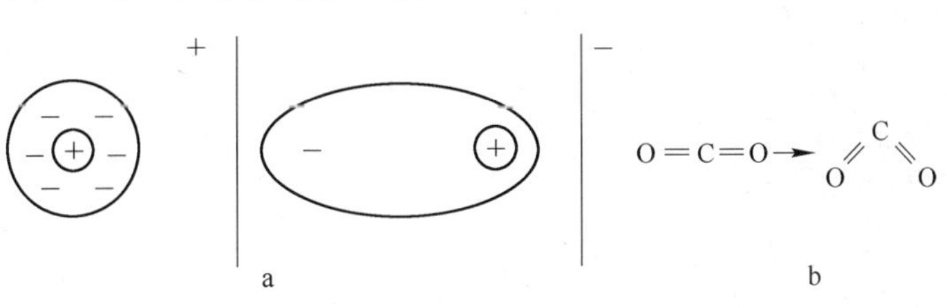


图 17-1　感应极化

a—电子极化；b—原子极化

感应极化产生的偶极矩为感应偶极矩 $\mu_1$，对各向同性介质，$\mu_1$ 与外电场强度 $E$ 成正比：

$$\mu_1 = (\alpha_e + \alpha_a)E = \alpha_1 E \tag{17-1}$$

式中 $\alpha_1$——感应极化率；

$\alpha_e$，$\alpha_a$——分别为电子极化率和原子极化率。

$\alpha_e$ 和 $\alpha_a$ 的值不随温度而变化，仅取决于分子中电子云和原子的分布情况。电子极化和原子极化在所有电介质中（包括极性介质和非极性介质）都存在。

极性分子本身具有永久偶极矩，通常状态下由于分子的热运动，各偶极矩的指向杂乱无章，因此宏观平均偶极矩几乎为零。当有外电场时，极性分子除发生电子极化和原子极化外，其偶极子还会沿电场方向发生转动、排列，产生分子取向，表现出宏观偶极矩。这种现象称取向极化或偶极极化（见图 17-2）。

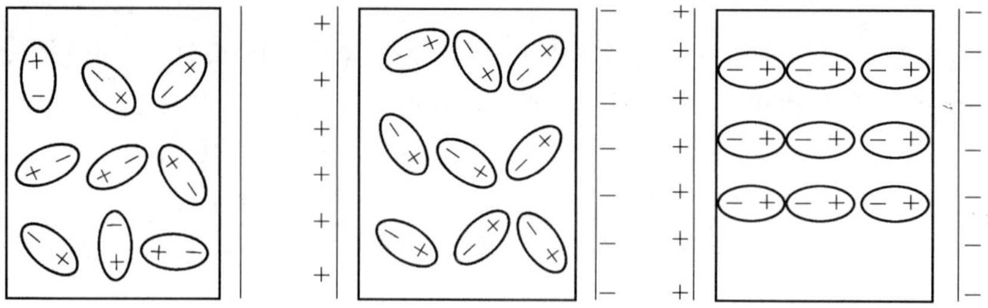


图 17-2 取向极化

a—无电场时；b—有电场时；c—电场很强，温度很低时

取向极化产生偶极矩的大小取决于偶极子的取向程度，研究表明，取向偶极矩 $\mu_2$ 与极性分子永久偶极矩 $\mu_0$ 的平方成正比，与外电场强度 $E$ 成正比，与绝对温度成反比，即：

$$\mu_2 = \frac{\mu_0^2}{3kT} \cdot E = \alpha_2 E \tag{17-2}$$

式中 $\alpha_2$——取向极化率；

$k$——玻耳兹曼常数。

由于极性分子永久偶极矩远大于感应偶极矩，故取向偶极矩 $\mu_2$ 大于感应偶极矩 $\mu_1$。

极性分子沿电场方向转动、排列时，需要克服本身的惯性和旋转阻力，所以完成取向极化过程所需时间比电子极化和原子极化长，一般为 $10^{-9}$ s。尤其对于大分子，其取向极化可以是不同运动单元的取向，包括小侧基、链段或分子整链，因此完成取向极化所需时间范围也很宽。取向极化时因需克服分子间相互作用力，因此也消耗部分能量。

以上讨论单个分子产生的偶极矩，对各向同性介质，若单位体积含 $n_0$ 个分子，每个分子产生的平均偶极矩为 $\bar{\mu}$，则单位体积内的偶极矩 $P$ 为：

$$P = n_0 \bar{\mu} = n_0 \alpha E \tag{17-3}$$

式中 $P$——介质极化率；

$\alpha$——分子极化率。

对非极性介质，$\alpha = \alpha_1$；对极性介质，$\alpha = \alpha_1 + \alpha_2$。

界面极化是一种产生于非均相介质界面处的极化。由于界面两边的组分可能具有不同的极性或电导率，在电场作用下将引起电荷在两相界面处聚集，从而产生极化。界面极化所需的时间较长，从几分之一秒到几分钟，甚至更长。共混、填充聚合物体系以及泡沫聚合物体系有时会发生界面极化。对均质聚合物，在其内部的杂质、缺陷或晶区、非晶区界面上，都有可能产生界面极化。

## 17.1.2　高聚物的介电性能

聚合物在外电场作用下贮存和损耗电能的性质称介电性，这是由聚合物分子在电场作用下发生极化引起的，通常用介电系数 $\varepsilon$ 和介电损耗 $\tan\delta$ 表示。

### 17.1.2.1　介电系数

在真空平板电容器的电容 $C_0$ 上施加直流电压 $U$，则极板上将产生电荷 $Q_0$，电容为：

$$C_0 = Q_0/U$$

当电容器极板间充满均质电介质时，由于电介质分子的极化，两极板上将产生感应电荷 $Q'$，使极板电荷量增加到 $Q_0 + Q'$，电容器电容相应增加到 $C$：

$$C = Q/U = (Q_0 + Q')/U > C_0$$

两个电容器的电容之比，称该均质电介质的介电系数 $\varepsilon$，即：

$$\varepsilon = C/C_0 = 1 + Q'/Q_0 \tag{17-4}$$

介电系数表征电介质贮存电能能力的大小。从上式可以看出，介电系数越大，极板上产生的感应电荷 $Q'$ 和储存的电能越多。介电系数在宏观上反映了电介质的极化程度，它与分子极化率 $\alpha$ 存在着如下的关系：

$$\frac{\varepsilon - 1}{\varepsilon + 2} \cdot \frac{M}{\rho} = \frac{N_A}{3\varepsilon_0}\alpha \tag{17-5}$$

式中，$\alpha$、$M$、$\rho$ 分别为电介质的摩尔极化率、相对分子质量和密度；$N_A$ 为阿伏伽德罗常数。

根据式(17-5)，我们可以通过测量电介质介电系数 $\varepsilon$ 求得分子极化率 $\alpha$。

### 17.1.2.2　介电损耗

电介质在交变电场中极化时，会因极化方向的变化而损耗部分能量而发热，称介电损耗。高聚物介电损耗产生的原因有两方面：一为电导损耗，是电介质所含微量的导电载流子，在外电场的作用下，产生漏电电流，消耗掉一部分电能转化为热能。电导损耗在交变电场和恒定电场中都会发生。由于通常聚合物导电性很差，故电导损耗一般很小。二为极化损耗，这是由分子偶极子的取向极化造成的。取向极化是一个松弛过程，交变电场使偶极子转向时，转动速度滞后于电场变化速率，使一部分电能损耗于克服介质的内摩擦阻力上，转化为热量。对非极性聚合物而言，电导损耗可能是主要的。对极性聚合物而言，则主要为极化损耗。

实际体系对外场刺激响应的滞后统称为松弛现象。为了表征介电损耗，研究在交变电场中介质电容器的能量损耗情况。

首先考虑真空电容器，电容量为 $C_0$，若在其极板上加一个频率为 $\omega$、幅值为 $U_0$ 的交变电压 $U^*(i\omega t) = U_0 e^{i\omega t}$，则通过真空电容器的电流为：

$$I^*(i\omega t) = C_0 \frac{dU^*}{dt} = i\omega C_0 U^* = \omega C_0 U_0 e^{i\left(\omega t + \frac{\pi}{2}\right)}$$

由上式看出，电流 $I^*$ 的位相比电压 $U^*$ 超前 90°，即电流复矢量与电压复矢量垂直，其损耗的电功率为 $P_0 = \boldsymbol{I}^* \cdot \boldsymbol{U}^* = 0$。

对于电介质电容器，在交流电场中，因电介质取向极化跟不上外场的变化，将发生介电损耗。由于介质的存在，通过电容器的电流 $I^*$ 与外加电压 $U^*$ 的相位差不再是 90°，而等于 $\varphi = 90° - \delta$。仍设 $U^*(\omega t) = U_0 e^{i\omega t}$，通过电容器的电流 $I^*$ 为：

$$I^*(i\omega t)=\varepsilon^* C_0\frac{dU^*}{dt}=(\varepsilon'-i\varepsilon'')i\omega C_0 U^*=(i\omega\varepsilon' C_0+\omega\varepsilon'' C_0)U^*=I_R+iI_C \qquad (17\text{-}6)$$

式中 $\varepsilon^*$——复介电系数,定义为 $\varepsilon^*=\varepsilon'-i\varepsilon''$;

$\varepsilon'$——复介电系数的实数部分,即试验测得的介电系数 $\varepsilon$;

$\varepsilon''$——复介电系数的虚数部分,称为损耗因子。

可见,通过介质电容器的电流 $I^*$ 分为两部分,虚数部分 $I_C=\omega\varepsilon' C_0 U^*$ 与交变电压的相位差为90°,相当于流过"纯电容"的电流,这部分电流不作功;实数部分 $I_R=\omega\varepsilon'' C_0 U^*$ 与交变电压同相位,相当于流过"纯电阻"的电流,这部分电流损耗能量。

用"电阻"电流与"电容"电流之比表征介质的介电损耗:

$$\tan\delta=\frac{I_R}{I_C}=\frac{\omega\varepsilon'' C_0 U^*}{\omega\varepsilon' C_0 U^*}=\frac{\varepsilon''}{\varepsilon'} \qquad (17\text{-}7)$$

式中 $\delta$——介电损耗角;

$\tan\delta$——介电损耗正切。

$\tan\delta$ 的物理意义是在每个交变电压周期中,介质损耗的能量与储存能量之比。$\tan\delta$ 越小,表示能量损耗越小。理想电容器(即真空电容器)$\tan\delta=0$,无能量损失。$\varepsilon''$正比于 $\tan\delta$,故也常用 $\varepsilon''$ 表示材料介电损耗的大小。

大多数高聚物的介电损耗在 $10^{-2}\sim10^{-4}$之间。选用高分子材料作电气工程材料时,介电损耗必须考虑。若选用聚合物作电工绝缘材料、电缆包皮、护套或电容器介质材料,希望介电损耗越小越好。否则,不仅消耗较多电能,还会引起材料本身发热,加速材料老化破坏,引发事故。在另一些场合,需要利用介电损耗进行聚合物高频干燥、塑料薄膜高频焊接或大型聚合物制件高频热处理时,则要求材料有较大的 $\tan\delta$ 或 $\varepsilon''$值。

#### 17.1.2.3 影响介电性能的因素

介电性能是分子极化的宏观反映,因此影响分子极化的因素如结构、温度、电场频率等都影响高聚物的介电性能。

A 分子结构的影响

高分子材料的介电性能首先与材料的极性有关。这是因为在几种介质极化形式中,偶极子的取向极化大,影响显著。

分子偶极矩等于组成分子的各个化学键偶极矩(亦称键矩)的矢量和。对大分子而言,由于构象复杂,难以按构象求整个大分子平均偶极矩,所以用单体单元偶极矩来衡量高分子极性。大分子的有效偶极矩与所带基团的偶极矩不完全一致,结构对称性会导致极矩部分或全部相互抵消。按单体单元偶极矩的大小,聚合物分极性和非极性两类。一般认为偶极矩在 0 ~ 0.5D(Debye, C·m)范围内属非极性的,偶极矩在0.5D以上属极性的。聚乙烯分子中 C—H 键的偶极矩为0.4D,但由于分子对称,键矩矢量和为零,故聚乙烯为非极性的。聚四氟乙烯中虽然 C—F 键偶极矩较大(1.83D),但 C—F 对称分布,键矩矢量和也为零,整个分子也是非极性的。聚氯乙烯中 C—Cl(2.05D)和 C—H 键矩不同,不能相互抵消,故分子是极性的。根据高聚物的有效偶极矩,可以把高聚物按极性大小分为 4 类。非极性:PE、PP、PTFE;弱极性:PS、NR;极性:PVC、PA、PVAc PMMA;强极性:PVA、PET、PAN、酚醛树脂、氨基树脂。某些共价键的键矩和分子的偶极矩见表17-1。非极性聚合物具有低介电系数($\varepsilon$ 约为 2)和低介电损耗($\tan\delta$ 小于 $10^{-4}$);而极性聚合物具有较高的介电常数和介电损耗。一些常见聚合物的介电系数和介电损耗值见表17-2。

表 17-1　某些共价键的键矩和分子的偶极矩

| 键矩 | | | | 分子偶极矩 | |
|---|---|---|---|---|---|
| 键 | 键矩/D | 键 | 键矩/D | 化合物 | 偶极矩/D |
| C—C | 0 | C=N | 1.4 | $CH_4$ | 0 |
| C=C | 0 | C—F | 1.81 | $C_6H_6$ | 0 |
| C—H | 0.4 | C—Cl | 1.86 | $H_2O$ | 1.85 |
| C—N | 0.45 | C=O | 2.4 | $CH_3Cl$ | 1.87 |
| C—O | 0.7 | C≡N | 3.1 | $C_2H_3OH$ | 1.76 |

表 17-2　常见聚合物的介电系数(60 Hz)和介电损耗

| 聚合物 | $\varepsilon$ | $\tan\delta$ | 聚合物 | $\varepsilon$ | $\tan\delta$ |
|---|---|---|---|---|---|
| PTFE | 2.0 | $<2\times10^{4}$ | PC | 2.97~3.71 | $9\times10^{4}$ |
| 四氯乙烯-六氟丙烯共聚物 | 2.1 | $<3\times10^{4}$ | 聚砜 | 3.14 | $6\times10^{4}\sim8\times10^{4}$ |
| PP | 2.2 | $2\times10^{4}\sim3\times10^{4}$ | PVC | 3.2~3.6 | $70\times10^{4}\sim200\times10^{4}$ |
| 聚三氟聚乙烯 | 2.24 | $12\times10^{4}$ | PMMA | 3.3~3.9 | $400\times10^{4}\sim600\times10^{4}$ |
| LDPE | 2.25~2.35 | $2\times10^{4}$ | POM | 3.7 | $40\times10^{4}$ |
| HDPE | 2.30~2.35 | $2\times10^{4}$ | 尼龙-6 | 3.8 | $100\times10^{4}\sim400\times10^{4}$ |
| ABS | 2.4~5.0 | $40\times10^{4}\sim300\times10^{4}$ | 尼龙-66 | 4.0 | $140\times10^{4}\sim600\times10^{4}$ |
| PS | 2.45~3.10 | $1\times10^{4}\sim3\times10^{4}$ | 酚醛树脂 | 5.0~6.5 | $600\times10^{4}\sim1000\times10^{4}$ |
| HIPS | 2.45~4.75 | | 硝化纤维素 | 7.0~7.5 | $900\times10^{4}\sim1200\times10^{4}$ |
| PPO | 2.58 | $20\times10^{4}$ | PVDC | 8.4 | |

分子链活动能力对偶极子取向有重要影响，例如在玻璃态下，链段运动被冻结，结构单元上极性基团的取向受链段牵制，取向能力低；而在高弹态时，链段活动能力大，极性基团取向时受链段牵制较小，因此同一聚合物高弹态下的介电系数和介电损耗要比玻璃态下大。如聚氯乙烯的介电系数在玻璃态时为 3.5，到高弹态增加到约 15，聚酰胺的介电系数玻璃态为 4.0，到高弹态增加到近 50。

大分子交联也会妨碍极性基团取向，使介电系数降低。典型例子是酚醛树脂，虽然这种聚合物极性很强，但交联使其介电系数和介电损耗并不很高。相反，支化结构会使大分子间相互作用力减弱，分子链活动性增强，使介电系数增大。

B　温度的影响

温度升高一方面使材料黏度下降，有利于极性基团取向，另一方面又使分子布朗运动加剧，反而不利于取向。当温度低时，高聚物黏度高，偶极子取向程度低且取向速度极慢，因此 $\varepsilon'$ 和 $\varepsilon''$ 都很小；随着温度升高，高聚物黏度降低，偶极子取向能力增大(因而 $\varepsilon'$ 增大)，但由于取向速度跟不上电场的变化，取向时消耗能量较多，所以 $\varepsilon''$ 也增大；温度进一步升高，偶极子取向能完全跟得上电场变化，$\varepsilon'$ 增至最大，但同时取向消耗的能量减少，$\varepsilon''$ 又变小；温度很高时，偶极子布朗运动加剧，又会使取向程度下降，能量损耗增大。

上述影响主要是对极性聚合物的取向极化而言；对非极性聚合物，由于温度对电子极化及原子极化的影响不大，因此介电系数随温度的变化可以忽略不计。

C　电场频率的影响

电子极化所需时间约 $10^{-15}\sim10^{-13}$ s，原子极化所需时间略大于 $10^{-13}$ s。但取向极化所需时间较长，对小分子约大于 $10^{-9}$ s，对大分子更长一些。只有当电场变化速度与微观运动单元的本征极化速度相当时，介电损耗才较大。

高分子材料的介电性能随交变电场频率而变。当电场频率较低时($\omega\to0$)，电子极化、原子极化和取向极化都跟得上电场的变化，因此取向程度高，介电系数 $\varepsilon'$ 大，介电损耗小($\varepsilon''\to0$)。在高频区(光频区),只有电子极化能跟上电场的变化,偶极取向极化来不及进行,介电系数 $\varepsilon'$ 降低到只有原子极化、电子极化所贡献的值,介电损耗 $\varepsilon''$ 也很小。在中等频率范围内,偶极子一方面能跟着电场变化而运动,但运动速度又不能完全适应电场的变化,偶极取向的位相落后于电场变化的位相,一部分电能转化为热能而损耗,此时 $\varepsilon''$ 增大,出现极大值,而介电系数 $\varepsilon'$ 随电场频率增高而下降。除去布朗运动的影响外,电场频率与温度对介电性能的影响符合时间 - 温度等效原理。

D 其他影响因素

聚合物体系中加入增塑剂可以降低材料黏度,利于偶极子取向,与升高温度有相同的效果。加入增塑剂使介电损耗 $\varepsilon''$ 的峰值向低温区域移动,介电系数 $\varepsilon'$ 也在较低温度下开始上升。聚合物体系中若加入极性增塑剂,还会因为引入新的偶极损耗而使材料介电损耗增加。

杂质对聚合物介电性能影响很大,尤其是导电杂质和极性杂质(如水分)会大大增加聚合物的导电电流和极化度,使介电性能严重恶化。对于非极性聚合物来说,杂质是引起介电损耗的主要原因。如低压聚乙烯,当其灰分含量从 1.9% 降至 0.03% 时,$\tan\delta$ 从 $14\times10^{-4}$ 降至 $3\times10^{-4}$。因此对介电性能要求高的聚合物,应尽量避免在成型加工中引入杂质。

### 17.1.3 高聚物的介电松弛谱

高聚物在不同温度下或不同频率下观察介电损耗的情况,得到的温度谱或频率谱称为高聚物的介电松弛谱。这种谱图反映了大分子多重运动单元在交变电场中的取向极化及松弛情形,如同力学损耗松弛谱图一样,利用介电松弛谱也可以研究分子链多重结构及其运动,甚至比力学松弛谱更灵敏,其测试频率范围更宽($10^{-4}\sim10^{14}$ Hz)(见图 17-3)。介电方法不仅能够测定小尺寸运动单元的运动,还可以测到支点化、晶格缺陷等的松弛过程。

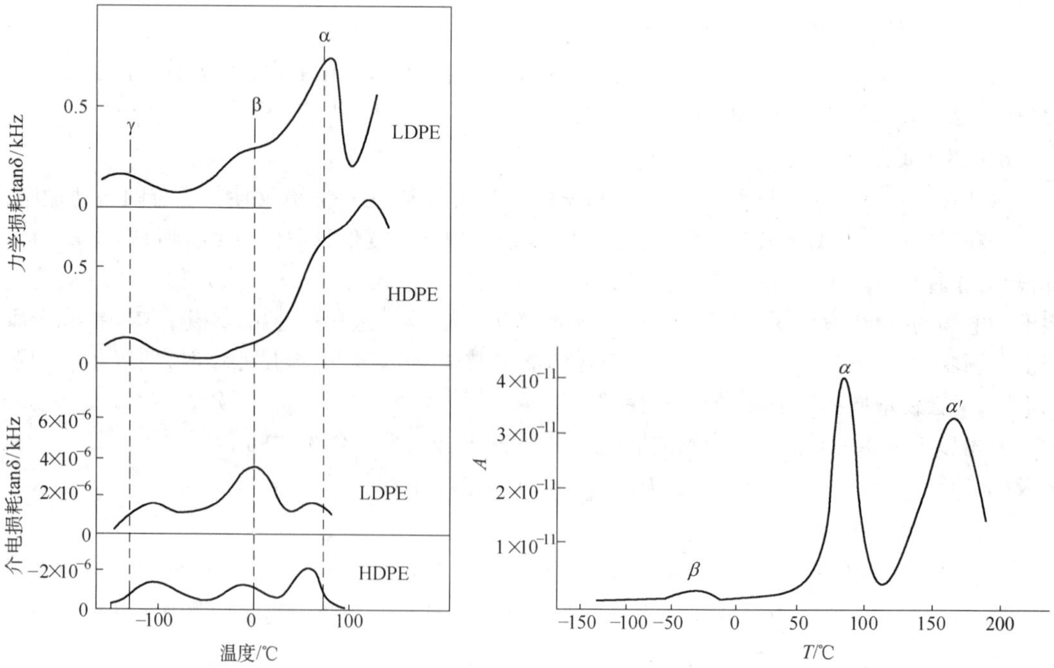


图 17-3 三种聚乙烯介电松弛和力学松弛比较 PVC 的介电松弛谱图

对于极性非晶态聚合物，介电松弛谱一般有两个损耗峰，一是高温区的 α 峰，一是低温区的 β 峰。研究表明，α 峰与大分子主链链段运动有关，而 β 峰反映了极性侧基的取向运动。假如极性偶极子本身就在主链上，如聚氯乙烯的 C—Cl，则偶极子取向状态与主链构象改变有关，α 峰正是反映了主链链段运动对偶极子取向状态的影响。若极性偶极子在侧基上，如聚丙烯酸甲酯的酯基，则极性侧基绕主链的转动将影响偶极子取向，β 峰正是反映了这种运动。

对于结晶态聚合物，介电松弛谱一般有 α、β、γ 三个损耗峰，α 峰反映了晶区的分子运动，β 峰与非晶区的链段运动有关，γ 峰可能与侧基旋转或主链的曲轴运动相关。

聚合物的介电松弛谱广泛地应用于高分子材料结构研究。即使对非极性聚合物，如聚乙烯、聚四氟乙烯，测量介电损耗谱仍发现有偶极松弛。研究表明，这是由于材料中含有杂质（如催化剂、抗氧剂等）和氧化副产物引起的。采用介电损耗可以测出聚乙烯中摩尔分数为 0.01% 的羰基含量，其灵敏度比光谱法还高。

### 17.1.4　高聚物的介电击穿

在弱外电场中，聚合物绝缘体和聚合物导体的导电性能服从欧姆定律，但在强电场中，其电流－电压关系发生变化，电流增大的速度比电压更快。当电压升至某临界值时，聚合物内部突然形成了局部电导，丧失绝缘性能，这种现象称电击穿。击穿时材料化学结构遭到破坏，通常是焦化、烧毁。

导致材料击穿的电压称击穿电压 $U_C$，它表示一定厚度的试样所能承受的极限电压。在均匀电场中，击穿电压随试样厚度增加而增加，通常用击穿电压 $U_C$ 与试样厚度 $d$ 之比，即击穿电场强度 $E_C$ 来表示材料的耐电压指标：

$$E_C = \frac{U_C}{d} \tag{17-8}$$

击穿实验是一种破坏性实验，工业上多采用耐压实验来检验材料的耐高压性能，耐压实验是在试样上加以额定电压，经规定时间后观察试样是否被击穿，若试样未被击穿即为合格产品。

高聚物介电击穿的机理包括本征击穿、热击穿、放电击穿等。高聚物材料的实际击穿通常是多种机理的综合结果。击穿场强和耐压值是绝缘材料的重要指标，但不是高分子材料的特征物理量。因为这些指标受材料的缺陷、杂质、成型加工历史、试样几何形状、环境条件、测试条件等因素的影响。实际上它只是一定条件下的相对比较值。

### 17.1.5　高聚物的静电现象

#### 17.1.5.1　静电的产生

摩擦起电和接触起电是人们熟知的静电现象，对于高分子材料尤其常见。任何两个物理状态不同的固体，其内部结构中电荷载体能量分布不同，接触（或摩擦）时就会在固－固表面发生电荷再分配，使再分离后每一个固体都带有过量的正（或负）电荷，这种现象称静电现象。

静电问题是高分子材料加工和使用中一个相当重要的问题。一般来说，静电是有害因素。例如，在聚丙烯腈纺丝过程中，纤维与导辊摩擦产生的静电压可高达 15 kV 以上，从而使纤维的梳理、纺纱、牵伸、加捻、织布和打包等工序难以进行；在绝缘材料生产中，由于静电吸附尘粒和其他有害杂质，会使产品的电性能大幅度下降；输送易燃液体的塑料管道、矿井用橡胶运输带都可能因摩擦而产生火花放电，导致事故发生。

关于接触起电的机理，研究表明与两种物质的电荷逸出功之差有关。电荷逸出功 $U$ 是指电子克服原子核的吸引从物质表面逸出所需的最小能量。不同物质的逸出功不同，两种物质接触时，电荷将从逸出功低的物质向逸出功高的物质转移，使逸出功高的物质带负电，逸出功低的物质带正电。接触界面上的电荷转移量 $Q$ 与两种物质的逸出功差($U_1-U_2$)和接触面积 $S$ 成正比。热力学平衡状态下,有:

$$Q=\alpha S(U_1-U_2) \tag{17-9}$$

式中 $\alpha$——比例系数。

表 17-3 给出几种聚合物材料的电荷逸出功值。其中任何两种聚合物接触时,位于表中前面的聚合物将带负电,后面的带正电。高分子材料与金属接触时,界面上也发生类似的电荷转移。

**表 17-3 几种聚合物材料的电荷逸出功**

| 高聚物 | 逸出功/eV | 高聚物 | 逸出功/eV |
|---|---|---|---|
| PTFE | 5.75 | PE | 4.90 |
| 聚三氟氯乙烯 | 5.30 | PC | 4.80 |
| CPE | 5.14 | PMMA | 4.68 |
| PVC | 5.13 | PVAc | 4.38 |
| 氯化聚醚 | 5.11 | PI | 4.30 |
| 聚砜 | 4.95 | 尼龙-66 | 4.30 |
| PS | 4.90 | PEO | 3.95 |

摩擦起电的情况较接触起电复杂。轻微摩擦时的起电特征与接触起电相同。实验表明,聚合物与金属摩擦起电,带电情况与电荷逸出功大小有关。例如尼龙-66 与不同金属摩擦,对逸出功大的金属,尼龙带正电;对逸出功小的金属,尼龙带负电。聚合物与聚合物摩擦时,介电系数大的聚合物带正电,介电系数小的带负电。根据摩擦起电所带电荷的符号,从正电到负电,可列出聚合物摩擦起电顺序(见图 17-4)。聚合物的摩擦起电顺序与其逸出功顺序也基本一致,逸出功高者一般带负电。

尼龙66 纤维素 醋酸纤维 聚甲基丙烯酸甲酯 维尼纶 涤纶 聚丙烯腈 聚氯乙烯 聚碳酸酯 聚氯醚 聚偏二氯乙烯 聚苯醚 聚苯乙烯 聚乙烯 聚丙烯 聚四氟乙烯

(+)————————————→(-)

图 17-4 聚合物摩擦起电顺序

摩擦起电是一个动态过程,摩擦时一方面材料不断产生电荷,另一方面电荷又不断泄漏。但由于聚合物大多数是绝缘体,表面电阻高,因此电荷泄漏很慢,例如聚乙烯、聚四氟乙烯、聚苯乙烯、有机玻璃等的静电可保持数月。通常用起始静电量衰减至一半$\left(Q=\frac{1}{2}Q_0\right)$所需的时间,表示聚合物泄漏电荷的能力,称聚合物的静电半衰期。

### 17.1.5.2 静电的消除

由于静电给聚合物加工和使用带来很多危害,妨碍正常的加工工艺,损坏产品质量,危及人身及设备安全,因此应尽量减少静电的产生和设法消除已产生的静电。由于摩擦产生的静电电量和电位决定于摩擦材料的性质、接触面积、压力和相对速度等因素,可以通过选择适当的材料、减少静电的产生或使之相互抵消。一般来说,控制静电产生较为困难,人们更关心的是如何提高材料的表面电导率或体积电导率,使静电尽快泄漏。

常用的除静电方法有在聚合物表面喷涂抗静电剂或在聚合物内添加抗静电剂。抗静电剂是一些具有两亲结构的表面活性剂,其分子结构通常为 R-y-x,分子一端 R 是亲油基,为 $C_{12}$以上的烷基;另一端 x 是亲水基,如羟基、羧基、磺酸基等;y 是连接基。加入抗静电剂的主要作用是提高聚合物表面电导性或体积电导性,使之迅速放电,防止电荷积累。例如喷涂在聚合物表面的抗静电剂,通过其亲水基团吸附空气中的水分子,会形成一层导电的水膜,使静电从水膜中跑掉。在涤纶电影片基上涂敷抗静电剂烷基二苯醚磺酸钾,结果片基表面电阻率降低 7 ~ 8 个数量级。纤维纺丝工序中采取“上油”的办法,给纤维表面涂上一层吸湿性的油剂,增加导电性。

另外,根据制造复合型导电高分子材料的原理,在聚合物基体中填充导电填料,如炭黑、金属粉、导电纤维等,也同样能起到抗静电作用。

静电现象有时也能加以利用。如静电复印、静电记录、静电印刷、静电涂敷、静电分离与混合、静电医疗等,都成功地利用了高分子材料的静电作用。

## 17.2　高聚物的导电性

### 17.2.1　材料导电性的表征

物质内部存在着传递电流的自由电荷,称为载流子,它们可以是电子、空穴,也可以是正、负离子。引入材料导电性表征的基本概念,电压 $U$,电流 $I$,电阻 $R$,电导 $G$

基本概念:　$R=\dfrac{U}{I}$　$G=\dfrac{1}{R}=\dfrac{I}{U}$　$R=\rho\dfrac{D}{S}$　$G=\sigma\dfrac{S}{D}$

式中　$D$——试样厚度;
　$S$——试样截面积;
　$\rho$——电阻率;
　$\sigma$——电导率。

$$\rho=R\frac{S}{d}=1/\sigma$$

材料导电性通常用电阻率 $\rho$ 或电导率 $\sigma$ 表示,两者互为倒数关系,它们是表征材料本征特性的物理量,与试样的形状尺寸无关。

从微观导电机理看,材料导电是载流子在电场作用下在材料内部定向迁移的结果。设单位体积试样中载流子数目为 $n_0$,载流子电荷量为 $q_0$,载流子迁移率(单位电场强度下载流子的迁移速度)为 $v$,则材料电导率 $\sigma$ 等于:

$$\sigma=n_0q_0v \tag{17-10}$$

可见,材料的导电性能主要取决于两个重要的参数:单位体积试样中载流子数目的多少和载流子迁移率的大小。

在实际应用中,根据测量方法不同,人们又将试样的电阻区分为体积电阻和表面电阻。将聚合物电介质置于两平行电极板之间,施加电压 $U$,测得流过电介质内部的电流称体积电流 $I_v$,按欧姆定律,定义体积电阻等于:

$$R_v=U/I_v$$

若在试样的同一表面上放置两个电极,施加电压 $U$,测得流过电介质表面的电流称表面电流 $I_s$,同理,表面电阻定义为:

$$R_s=U/I_s$$

根据电极形状不同,表面电流的流动方式不同,表面电阻率的定义也有差别。对于平行电极,$\rho_s=R_s\dfrac{L}{b}$,式中,$L$、$b$ 分别是平行电极的长度和间距。对于环型电极,设外环电极内径和内环

电极外径分别为 $D_2$、$D_1$，$\rho_s = R_s \dfrac{2\pi}{\ln(D_2/D_1)}$。注意表面电阻率 $\rho_s$ 与表面电阻 $R_s$ 同量纲。体积电阻率 $\rho_v$ 的定义为 $\rho_v = R_v \dfrac{S}{D}$。

体积电阻率是材料重要的电学性质之一，通常按照 $\rho_v$ 的大小，将材料分为导体、半导体和绝缘体三类：$\rho_v = 0 \sim 10^3 \Omega \cdot cm$ 为导体；$\rho_v = 10^3 \sim 10^8 \Omega \cdot cm$ 为半导体；$\rho_v = 10^8 \sim 10^{18}$（或 $>10^{18}$）$\Omega \cdot cm$ 为绝缘体。表面电阻率与聚合物材料抗静电性能有关。

### 17.2.2 高聚物绝缘体

大多数高分子材料的体积电阻率很高（约 $10^{10} \sim 10^{20} \Omega \cdot cm$），是良好绝缘材料。在外电场作用下，体积电流很小。这些电流可分为三种：瞬时充电电流 $I_d$，由加上电场瞬间的电子和原子极化引起；吸收电流 $I_a$，可能由偶极取向极化、界面极化和空间电荷效应引起；漏电电流 $I_b$，是通过聚合物材料的恒稳电流。充电电流和吸收电流存在的时间都很短，高分子材料的导电性能（绝缘性能）只取决于漏电电流。

大分子结构中，原子的最外层电子以共价键方式与相邻原子键连接，不存在自由电子或其他形式载流子（具有特定结构的聚合物例外）。理论计算表明，结构完整的纯聚合物，电导率仅为 $10^{-25} S \cdot cm^{-1}$。但实际聚合物的电导率往往比它大几个数量级，表明聚合物绝缘体中载流子主要来自材料外部，即由杂质引起。这些杂质来自于聚合物合成和加工过程中，包括少量没有反应的单体、残留的引发剂、其他各种助剂以及聚合物吸附的微量水分等。例如，在电场作用下电离的水，$H_2O \rightleftharpoons H^+ + OH^-$ 就为聚合物提供了离子型载流子。水对聚合物的绝缘性影响很大，尤其当聚合物材料是多孔状或有极性时，吸水量较多，影响更大。以橡胶填充的聚苯乙烯材料在水中浸渍前后电导率相差两个数量级，而用木屑填充的聚苯乙烯材料则相差 8 个数量级。

载流子迁移率大小决定于载流子从外加电场获得的能量和热运动碰撞时损失的能量。研究表明，离子型载流子的迁移与聚合物内部自由体积的大小有关，自由体积越大，迁移率越高。电子和空穴型载流子的迁移则与大分子堆砌程度相关，堆砌程度高，有利于电子跃迁，若堆砌能产生 π－电子云的交叠，形成电子直接通道，导电性会突增。

对于离子型导电材料，温度升高，载流子浓度和载流子迁移率均按指数率增加，因此材料电导率随温度按以下规律变化：

$$\sigma = \sigma_0 e^{-E_C/RT} \quad (17-11)$$

式中 $\sigma_0$——材料常数；

$E_C$——电导活化能。

当聚合物发生玻璃化转变时，电导率或电阻率曲线将发生突然转折，利用这一原理可测定聚合物的玻璃化温度。

结晶、取向，以及交联均使聚合物绝缘体电导率下降，因为通常聚合物中，主要是离子型导电，结晶、取向和交联会使分子紧密堆砌，降低链段活动性，减少自由体积，使离子迁移率下降。例如，聚三氟氯乙烯结晶度从 10% 增加至 50% 时，电导率下降 10 ~ 1000 倍。

### 17.2.3 导电高分子材料

导电高分子的研究和应用是近年来高分子科学最重要的成就之一。1974 年日本科学家白川英树等偶然发现一种制备聚乙炔自支撑膜的方法，得到聚乙炔薄膜不仅力学性能优良，且有明亮金属光泽。而后 MacDiarmid、Heeger、Shirakawa 等合作发现聚乙炔膜经过 $AsF_5$、$I_2$ 等掺杂后电导率提高

13 个数量级，达到 $10^3$ S · $cm^{-1}$，成为导电材料。这一结果突破了传统的认为高分子材料只是良好绝缘体的认识，引起广泛关注。

随后短短几年，人们相继合成得到一大批如聚噻吩、聚吡咯、聚苯胺、聚对苯撑等本征态导电高分子材料，研究了掺杂及掺杂态结构对导电性能的影响，探讨导电机理。同时在降低导电高分子材料成本，克服导电高分子困难的加工成型性等方面也取得可喜进展。目前导电高分子已开始应用于国防、电子等工业领域，在制备特殊电子材料、电磁屏蔽材料、电磁波吸收材料、舰船防腐、抗静电和新型电池等诸多方面显现出潜在的巨大应用价值。导电机理的研究也在深入开展中。几种导电聚合物的结构如图 17-5 所示。

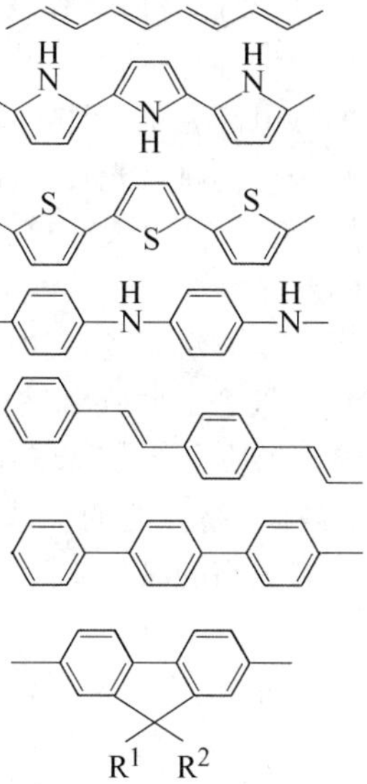


聚乙炔 (PA)
聚吡咯 (PPy)
聚噻吩 (PTh)
聚苯胺 (PAn)
聚对亚苯基乙烯 (PPV)
聚对苯 (PPP)
聚芴 (PF)

图 17-5　导电聚合物结构

### 17.2.3.1　本征型导电高分子

聚乙炔、聚对苯撑、聚吡咯、聚噻吩、聚苯胺等属于本征型导电高分子。这些材料分子链结构的一个共同特点是具有长程共轭结构，以单键隔开的相邻双键或(和)三键形成共轭结构时，会有 π - 电子云的部分交叠，使 π - 电子非定域化。曾有理论认为这类高分子的导电性与 π - 电子的非定域化有关，π - 电子类似金属导体中的自由电子。

实际上真正纯净的聚合物，包括无缺陷的共轭结构聚合物本身并不导电，要使它导电必须使其共轭结构产生某种"缺陷"。掺杂(doping)是最常用的产生缺陷和激发的化学方法。通过掺杂使带有离域 π - 电子的分子链氧化(失去电子)或还原(得到电子)，使分子链具有导电结构(产生导电载流子)。掺杂后，掺杂剂残基嵌在大分子链之间，起对离子的作用，但它们本身不参与导电。依据掺杂的程度，材料可以呈半导体性，也可以呈导体性。

按反应类型分类，掺杂分氧化还原掺杂和质子酸掺杂两种。氧化还原掺杂又称电化学掺杂。由于共轭分子链中的 π - 电子有较高的离域程度，既表现出足够的电子亲和力，又具有较低的电子离解能，因而根据反应条件的不同，分子链可能被氧化，也可能被还原。以聚乙炔为例，若用 $I_2$、$AsF_5$ 掺杂属于氧化掺杂，$I_2$、$AsF_5$ 为电子受体掺杂剂；用 Na、K 掺杂则为还原掺杂，Na、K 为电子给体掺杂剂。反应方程式如下：

$$2(CH)_x + 3xyI_2 \longrightarrow [(CH)_2^{+y}(I_3^-)_{2y}]_x$$

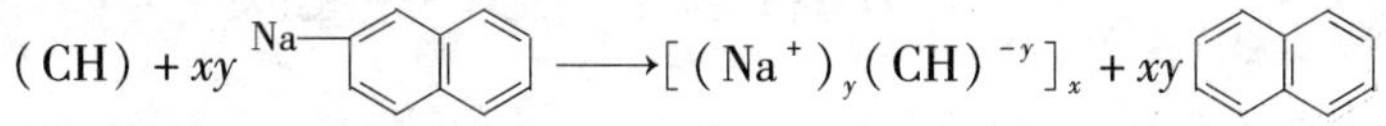


质子酸掺杂又称氧化掺杂，采用此方法时，向共轭分子链引入一个质子，质子携带的正电荷转移到分子链上，改变了原来的电荷分布状态，相当于分子链失去一个电子而发生氧化掺杂。聚乙炔与 HF 的反应属于质子酸掺杂。

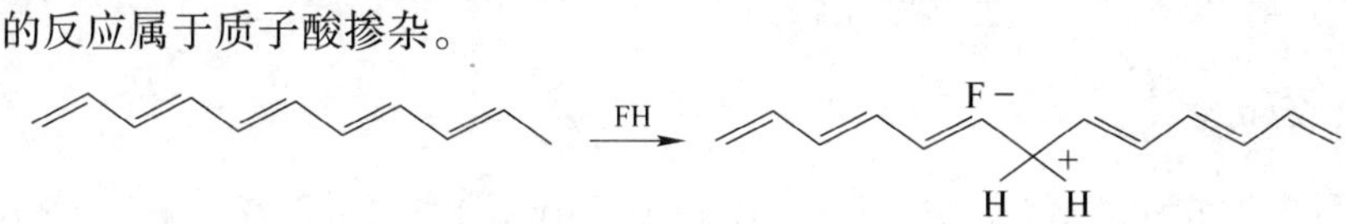


由质子引入的正电荷，虽画在一个碳原子上，实际是离域在一定长度的分子链上。共轭聚合

物掺杂过程是个可逆过程,因此控制其掺杂和脱掺杂,导致材料导电性能和颜色发生变化,可用作二次电池和电致变色显示元件等。

聚乙炔虽是最早研究的导电高分子,但由于其共轭双键易与空气中的氧反应生成羰基化合物,破坏共轭结构,因而近年来人们将目光转向环境稳定性好的导电高分子,主要有聚苯胺、聚吡咯、聚噻吩三大类。聚苯胺原料价廉、合成简单、稳定性好、具有较高电导率和潜在的溶液、熔融加工可能性,更受到广泛重视。

聚苯胺可以用化学和电化学方法制备,其中化学法能够大批量生产,因而一直是合成聚苯胺的主要途径。苯胺的化学氧化聚合通常在苯胺/氧化剂/质子酸/水体系中进行。质子酸种类很多,一般多用 HCl,质子酸除提供质子外,还起着保证聚合体系有足够酸度,使反应按 1,4 - 偶联方式进行的作用,以得到低缺陷、高性能的聚苯胺。常用的氧化剂为$(NH_4)_2S_2O_8$,其氧化能力强,在 -5 ~ 50℃温度范围内有很高的氧化活性,随氧化剂用量增加,产率增加,但用量过大时,会使聚苯胺氧化降解。

聚苯胺具有可逆的氧化还原性,在电极活性材料、电化学和催化活性材料、贵金属回收、金属防腐、船舶防污涂料及电致变色等方面具有广阔的应用前景。

#### 17.2.3.2 复合型导电高分子材料

复合型导电高分子材料是指以绝缘的有机高分子材料为基体,与其他导电性物质以均匀分散复合、层叠复合或形成表面导电膜等方式制得的一种有一定导电性能的复合材料。相对于本征型导电高分子而言,这种复合材料的制备无论在理论上还是应用上都比较成熟,具有成型简便、重量轻、可在大范围内根据需要调节材料的电学和力学性能、成本低廉等优点,因而得以广泛开发应用。

复合型导电高分子的基体有热固性和热塑性树脂(如环氧树脂、酚醛树脂、不饱和聚酯、聚烯烃等),也有合成橡胶(如硅橡胶、乙丙橡胶)。常用的导电填料有碳类(石墨、炭黑、碳纤维、石墨纤维等)、金属类(金属粉末、箔片、丝、条或金属镀层的玻璃纤维、玻璃珠等)和金属氧化物(氧化铝、氧化锡等)。

复合型导电高分子材料的导电机理也是一个复杂问题,它涉及导电通路如何形成以及形成通路后如何导电两个问题。研究表明,当复合体系中导电填料的含量增加到一个临界值时,体系的电阻率突然下降,变化幅度达 10 个数量级左右;填料含量继续提高,复合材料的电阻率变化甚小,这说明在临界值点附近导电填料的分布开始形成通路网络。这一现象可以用逾渗理论予以说明。

很多应用场合需要高的导电性如电子元件的导电性黏接以替代焊接。在电子电器产品中聚合物的绝缘性得到广泛的应用,但静电充电是导致电子产品破坏的重要原因,为避免静电充电有时需要材料非常低的导电性。材料电导率为 $10^{-9}$ S/cm 时,既可消除静电荷,同时又保证产品足够的电绝缘性。

## 17.3 高聚物的光学性质

材料的光学性质是光波与材料中原子、离子或电子之间相互作用的结果。以聚甲基丙烯酸甲酯为代表的合成聚合物是优良的光学材料,广泛应用于航空工业和光导材料。本节仅讨论高聚物的透射、折射、反射和非线性光学概念。

### 17.3.1 吸收和透射

光是一种电磁波,可见光的波长范围为 0.4 ~ 0.7 μm,频率为 $4.2\times10^{14}\sim7.5\times10^{14}$ Hz,能量为 1.8 ~ 3.1 eV。光线照射到材料表面时,通过材料的透射光强与入射光强之比称为透过率,决定于材料对光线的反射、吸收和散射。

当材料的禁带宽度小于 1.8 eV,可见光能将材料价带内的电子激发到导带而被吸收;禁带宽度大于 3.1 eV 的材料,可见光光子不能通过上述机理吸收;而当禁带宽度处于 1.8 ~ 3.1 eV 之间时,将有部分光子被吸收。高聚物绝缘体的禁带宽度都大于 3.1 eV,在可见光范围内没有特征的选择吸收,吸收系数很小,导致高聚物半透明或不透明的根本原因在于光线在材料中发生了散射。

非晶态均相高聚物如聚甲基丙烯酸甲酯、聚碳酸酯、无规聚苯乙烯等都是透明的,其中聚甲基丙烯酸甲酯透光率最高,对波长为 430 ~ 1110 nm 的可见和近红外光线的透过率高达 94%,超过普通玻璃。而对于远红外光区的光线,各种聚合物都有特定的吸收带,可以用来研究聚合物的结构和性能。

结晶聚合物由于存在折射率不同的晶区和非晶区,且大多为晶粒无序取向的多晶体系,光线通过时易发生散射,使其透明性降低,呈现半透明或乳白色,如聚乙烯、聚四氟乙烯、全同立构聚丙烯、尼龙等。结晶高聚物的结晶度越高,散射作用越强。如果结晶聚合物中晶区和非晶区相对密度差异很小,或者晶区尺寸小于可见光波长时,材料透明如聚 4 - 甲基 1 - 戊烯。

嵌段、接枝和共混高聚物多属于两相体系,一般为半透明或不透明如 ABS 和 HIPS 等。大多数高聚物制件中含有填料或着色剂变成带色不透明。

## 17.3.2　折射和反射

### 17.3.2.1　高聚物的折射

根据电磁波理论,介质摩尔折光率 $n$ 与分子极化率 $a$ 之间的关系可用 Lorentz 公式给出:

$$\frac{n^2-1}{n^2+2}\cdot\frac{M}{\rho}=\frac{N_A}{3}\alpha \tag{17-12}$$

基于这一方程,对于电介质,不论极性或非极性,只要测定其折射率就可以算出其变形极化率 $a$ 和摩尔折光率 $n$。

高聚物的摩尔折光率具有加和性,可以通过分子链上所含原子和基团的摩尔折光率直接加和得到高聚物的摩尔折光率。表 17-4 列出了一些原子基团对摩尔折光率的贡献值,利用这些数据可以计算各种聚合物的摩尔折光率,结合高聚物的相对分子质量和密度,就能计算高聚物的折射率。

**表 17-4　化学键的摩尔折光率**

| 键 | 摩尔折光率/m$^3$ | 键 | 摩尔折光率/m$^3$ |
|---|---|---|---|
| C—H | $1.676\times10^{-6}$ | C—O(醚) | $1.540\times10^{-6}$ |
| C—C | $1.296\times10^{-6}$ | C═O | $3.320\times10^{-6}$ |
| C═C | $4.170\times10^{-6}$ | C—S | $4.610\times10^{-6}$ |
| CC(端基) | $5.870\times10^{-6}$ | C—N | $1.540\times10^{-6}$ |
| CC(非端基) | $6.240\times10^{-6}$ | C═N | $3.760\times10^{-6}$ |
| C—C(芳香族) | $2.688\times10^{-6}$ | CN | $4.820\times10^{-6}$ |
| C—F | $1.440\times10^{-6}$ | O—H(醇) | $1.660\times10^{-6}$ |
| C—Cl | $6.510\times10^{-6}$ | O—H(酸) | $1.800\times10^{-6}$ |
| C—Br | $9.390\times10^{-6}$ | N—H | $1.760\times10^{-6}$ |
| C—I | 14.610 | | |

绝大多数碳链聚合物的折射率在 1.50 左右,非常接近(见表 17-5)。只有碳链上含有体积较大的取代基时,才能使折光率增大。如果含有氟原子或甲基,则聚合物的折光率降低。按结构估算聚合物的折光率在 1.33 ~ 1.73 之间。

表 17-5 一些高聚物对可见光的折射率

| 高聚物 | 折射率 | 高聚物 | 折射率 |
|---|---|---|---|
| PTFE | 1.35～1.38 | PB | 1.516 |
| 聚偏氟乙烯 | 1.42 | PAN | 1.52 |
| 聚丙烯酸丁酯 | 1.46 | PVC | 1.54～1.55 |
| 聚乙酸乙烯酯 | 1.467 | EP | 1.55～1.60 |
| POM | 1.48 | 聚氯丁二烯 | 1.55～1.56 |
| 乙酸纤维素 | 1.48～1.50 | PS | 1.59 |
| PMMA | 1.49 | PET | 1.58～1.60 |
| PP | 1.495～1.510 | 聚偏二氯乙烯 | 1.60～1.63 |
| PI | 1.509 | 聚乙烯基咔唑 | 1.68 |
| PE | 1.51～1.55 | 酚醛树脂 | 1.70 |

光线通过各向异性介质时会折射成为传播方向不同的两束折射光,这种现象称为双折射现象。一般非晶态聚合物属于各向同性物质不产生双折射。聚合物经拉伸取向后显示双折射性能,因此可采用双折射值研究和测定其取向度。结晶聚合物的双折射现象比较复杂。

#### 17.3.2.2 高聚物的反射

当一束光线照射到均匀而透明的物体时,部分光线折射进入物体,另一部分光线从物体表面或内部反射出来,反射系数为反射光强与入射光强的比值,和入射角相关。当入射角很小时,反射光强小而折射光强大。反射光强随入射角的加大而增加,折射光强则随入射角的增加而减小。当入射角大于某一临界角度时,反射光强接近于入射光强,入射光线全部被反射,发生了全反射。

临界角 $a_C$ 与两种介质的折光指数关系为:

$$\sin a_C = n_2/n_1 \tag{17-13}$$

空气的折射率 $n_2$ 为1,大多数聚合物的折光指数为1.50,可以计算出高聚物产生全反射的临界角 $a_C$ 为41.8°。当光线以大于41.8°的入射角进入时,将在聚合物与空气之间的界面上进行全反射,这使得聚合物光纤具有高的传输效率。聚合物光纤具有柔韧性好、端面易加工易修复、价格低廉的特点。

利用聚合物的全反射原理可以制作照明器,如汽车尾灯、夜视路标等。将光导纤维用于医学检测仪器如各种内腔镜导管,可以使光线沿纤维任意弯曲,方便地检查人体内部复杂的器官和组织病变。

### 17.3.3 非线性光学

非线性光学性质是指光频电磁波与材料的相互作用使入射光的相位、频率和其他传播特性发生变化的现象。

当作用于材料的光频电磁波的电场强度较低时,材料的极化度与电场强度之间存在线性关系。当材料受到强电场光波如脉冲激光作用时,其微观和宏观极化度与电场强度就不再是线形关系,表现出非线性光学行为。

$$p = (\alpha E + \beta E^2 + \gamma E^3 + \cdots)$$

$$P = \varepsilon_0[\chi^{(1)}E + \chi^{(2)}E^2 + \chi^{(3)}E^3 + \cdots]$$

其中二阶非线性光学材料研究得比较充分。二阶非线性光学材料具有以下特点,材料易极化,分子中有非对称的电荷分布,存在共轭电子通道,非中心对称晶体堆砌。二阶非线性光学主要表现形式为:

(1) 产生二次谐波。入射光的频率为 $\omega$,与介质作用后,两个频率为 $\omega$ 的光子结合成频率为 $2\omega$ 的单一光子。

(2) 混频。两束入射光的频率分别为 $\omega_a$ 和 $\omega_b$，与介质作用后，产生频率为两个频率相加或相减的混频光子。

(3) 介质在频率为 $\omega$ 的入射光和强直流电压共同作用下，产生电光效应，包括极化的旋转、调频及调幅等。

早期非线性光学材料研究主要集中于无机晶体如石英、砷化镓等。1970 年，发现了 2－甲基－4－硝基苯胺有机非线性光学材料。1976 年发现聚双炔对甲苯磺酸盐显示大的三阶非线性光学效应。高聚物非线性光学材料通过将具有非线性光学活性的物质分散在聚合物中，或在聚合物主链或侧链上接上非线性光学活性基团而获得。

非线性光学材料具有变频、增幅、开关及记忆等功能，作为信息处理和光计算基本元件而引人注目。

## 17.4 高聚物的热学性能

高聚物的热学性能指在不同温度条件下所表现出的物理及化学性能的稳定或改变程度，包括耐热性、热稳定性、导热性和热膨胀性等。高聚物耐热性和热稳定性是重要质量指标，高聚物的耐热性和热稳定性远低于金属和无机材料，因此其使用温度低。

### 17.4.1 聚合物的耐热性

高聚物在受热过程中将软化、熔融，甚至发生一些化学变化，如水解、交联、降解、氧化等，表征这些变化的温度参数有玻璃化温度 $T_g$、熔融温度 $T_m$ 和热分解温度 $T_d$。

材料的耐热性主要指其形状、尺寸及其力学性能的稳定。提高聚合物的耐热性主要从高分子链结构和凝聚态结构出发，主要途径有增加高分子链刚性、使聚合物结晶并提高结晶度、对聚合物进行交联。

#### 17.4.1.1 增加高分子链刚性

增加高分子链刚性将提高高聚物玻璃化温度，增加结晶高聚物熔融温度。从分子链化学结构出发，高分子主链减少单键特别是 C—O、C—Si 等柔性单键，主链中引入双键、三键或环状结构如脂环、芳环、杂环等将改善聚合物的耐热性。芳香族聚酰胺、聚苯醚、聚苯并咪唑、聚酰亚胺等都具有优良的耐高温性能。

#### 17.4.1.2 使聚合物结晶并提高结晶度

晶态聚合物的熔点高于非晶态同类聚合物的玻璃化温度，使聚合物结晶并提高其结晶度将提高其耐热性。如采用自由基聚合合成的非晶态聚苯乙烯的玻璃化温度为 95°C，而定向聚合得到全同聚苯乙烯的熔点为 243°C。分子链结构规整对称的高聚物具有较好的结晶能力如聚乙烯、聚四氟乙烯。高分子链间作用力越大，熔融温度越高，故在高分子主链或侧基引入强极性基团，或使分子间产生氢键将有利于高聚物结晶。

#### 17.4.1.3 对聚合物进行交联

交联高聚物由于链间化学键的存在有效阻碍了分子链之间的滑动，从而使高聚物的耐热性显著提高。高度交联的热固性塑料不溶不熔，只有在分解温度以上才能使结构破坏，具有很好的耐热性，如酚醛树脂等。

### 17.4.2 聚合物的热稳定性

材料的热稳定性主要指其化学稳定性，高聚物在高温下除发生软化熔融外，常伴有降解、交联和分解反应的发生，从而导致其各种性能的改变。

聚合物的热降解或热交联是由于受热条件下高分子主链或链间化学键的断裂或生成，故高分子化学键键能大小反映了材料热稳定性的高低。

各种高聚物耐热分解的定量评价列于表 17-6。半失重温度 $T_{1/2}$ 是高聚物在真空条件下加热 30 min 后重量损失一半所对应的温度。高聚物的半失重温度与大分子链中最弱化学键的离解能高低密切相关（见图 17-6）。$K_{350}$ 是指高聚物在 350°C 时的失重速率。

**表 17-6　常见聚合物热解性能**

| 高聚物 | $T_{1/2}$/℃ | $K_{350}$/% · min$^{-1}$ | 单体产率/% | $E$/kJ · mol$^{-1}$ |
|---|---|---|---|---|
| 聚四氟乙烯 | 509 | $2\times10^{-6}$ | >95 | 340 |
| 聚对二甲苯撑 | 432 | 0.002 | 0 | 306 |
| 线形聚乙烯 | 414 | 0.004 | <0.1 | 301 |
| 聚三氟乙烯 | 412 | 0.017 | <1 | 222 |
| 支化聚乙烯 | 404 | 0.022 | <0.025 | 263 |
| 聚丙烯 | 387 | 0.069 | <0.2 | 242 |
| 聚二氟氯乙烯 | 380 | 0.044 | 27 | 238 |
| 聚苯乙烯 | 364 | 0.24 | 40 | 230 |
| 聚间甲基苯乙烯 | 358 | 0.90 | 45 | 234 |
| 聚异丁烯 | 348 | 2.7 | 20 | 205 |
| 聚环氧乙烷 | 345 | 2.1 | 4 | 192 |
| 聚丙烯酸甲酯 | 328 | 10 | 0 | 142 |
| 聚甲基丙烯酸甲酯 | 327 | 5.52 | >95 | 217 |
| 聚环氧丙烷 | 313 | 20 | 1 | 146 |
| 聚 a－甲基苯乙烯 | 286 | 228 | >95 | 230 |
| 聚乙酸乙烯酯 | 269 | — | 0 | 71 |
| 聚乙烯醇 | 268 | — | 0 | — |
| 聚氯乙烯 | 260 | 170 | 0 | 134 |

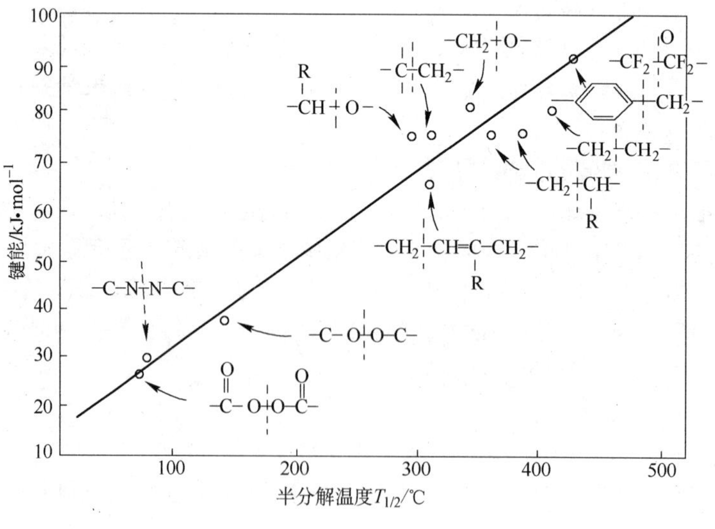


图 17-6　半分解温度与化学键键能关系

提高高聚物的热稳定性途径有以下三方面：

（1）在高分子链中应避免弱键。主链中含有叔碳原子的聚异丁烯和聚甲基丙烯酸甲酯的热稳定性差。高聚物链中碳原子被氧原子取代时，热稳定性降低。在高分子链中氯原子的存在将形成弱键，聚氯乙烯受热易脱去 HCl，热稳定性降低。C—F 键热稳定好，聚四氟乙烯的半失重温度在 500℃以上（见图 17-7）。

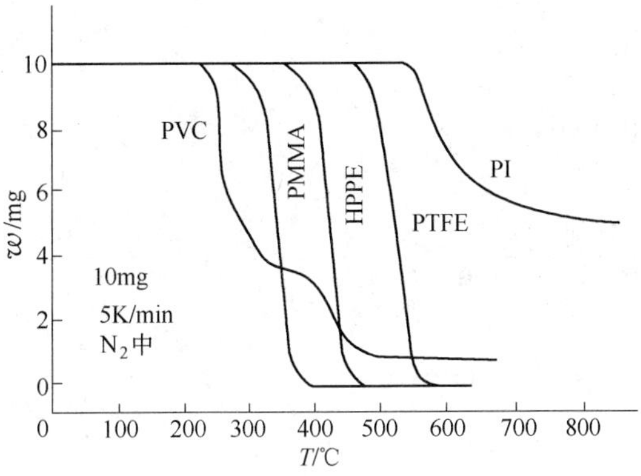


图 17-7 五种聚合物 TGA 曲线

（2）在高分子主链上引入苯环、杂环或梯形结构，增加高聚物的热稳定性（见表 17-7）。以二苯甲酮四羧酸二酐和四氨基二苯醚聚合，得分段梯形吡隆，以均苯四甲酸二酐和四氨基苯聚合，可得全梯形吡隆（见图 17-8）。将聚丙烯腈纤维加热，在升温过程中会发生环化、芳构化而形成梯形结构，继续升温可得到碳纤维。

**表 17-7 聚合物结构与熔点关系**

| 高分子结构式 | $T_m$/℃ |
|---|---|
| $\text{-}[CH_2\text{—}CH_2]_n\text{-}$ | 137 |
| $\text{-}[CH\text{=}CH]_n\text{-}$ | >800 |
| $\text{-}[C\equiv C]_n\text{-}$ | >2300 转变为石墨 |
| $\text{-}[C_6H_4\text{—}CH_2\text{—}CH_2]_n\text{-}$ | 400 |
| $\text{-}[C_6H_4\text{—}CH_2]_n\text{-}$ | >400 |
| $\text{-}[C_6H_4]_n\text{-}$ | 530（分解） |
| $\text{-}[C_6H_4\text{—}CH\text{=}CH]_n\text{-}$ | 仅得低聚体，$n$=100 已不熔 |
| $\text{-}[NH(CH_2)_6NH\text{—}CO(CH_2)_6CO]_n\text{-}$ | 235 |
| $\text{-}[NH(CH_2)_6NH\text{—}CO\text{—}C_6H_4\text{—}CO]_n\text{-}$ | 350（分解） |
| $\text{-}[NH\text{—}C_6H_4\text{—}NH\text{—}CO\text{—}C_6H_4\text{—}CO]_n\text{-}$ （间位）<br>（商品名:Nomex 或 HT-1） | 450 |
| $\text{-}[NH\text{—}C_6H_4\text{—}NH\text{—}CO\text{—}C_6H_4\text{—}CO]_n\text{-}$ （对位）<br>（B纤维） | 570 |

续表 17-7

| 高分子结构式 | $T_m$/℃ |
|---|---|
| $CH_3-\overset{\displaystyle O}{\overset{\parallel}{C}}-O\mathord{+}CH_2-O\mathord{+}_n\overset{\displaystyle O}{\overset{\parallel}{C}}-CH_3$ | 175 |
| 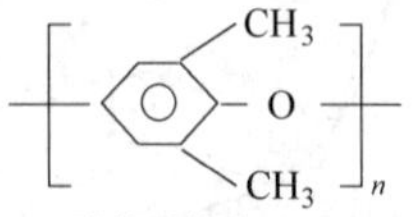 (聚苯醚简称PPO) | >300 |
| $\mathord{+}O(CH_2)_6O-CO(CH_2)_6CO\mathord{+}_n$ | 45 |
| 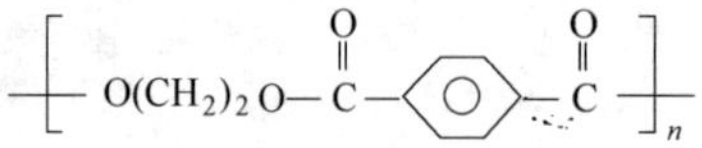 | 264 |
| 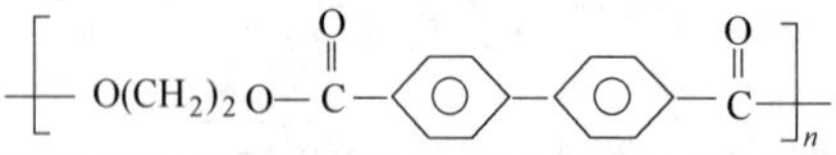 | 330 |

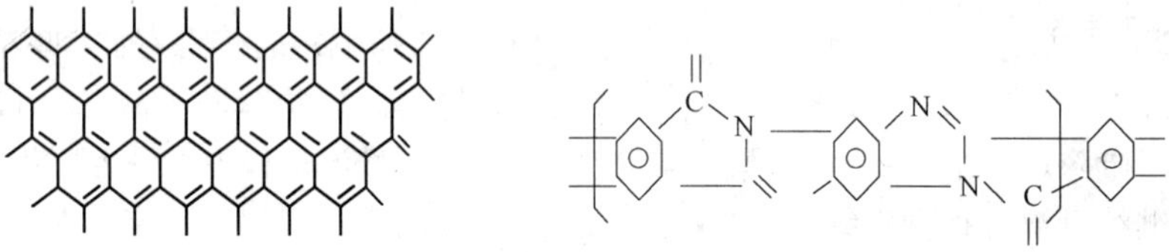

a b

图 17-8 石墨和全梯形吡隆结构

a—石墨模型;b—全梯形吡隆

(3) 合成元素高分子。合成高分子主链不含碳而由硅、铝、钛、氧等元素组成的元素高分子,将提高材料的热稳定性。如有机硅烷、硅橡胶中的硅氧键键能高达 425kJ/mol,使用温度可达 250°C。

## 17.4.3 聚合物的导热性

导热系数是材料热传导能力大小的参数,高聚物材料的导热系数很小,是优良的绝热保温材料。由于高聚物的导热系数比金属低得多,即使其外层温度很高,其内层聚合物及其被覆盖的其他材料短时间内温度也不会迅速升高,这种性能使其在航天领域得到广泛应用。常用材料的导热系数见表 17-8。

**表 17-8 材料的导热系数**

| 材 料 | 导热系数/W·(m·K)$^{-1}$ | 材 料 | 导热系数/W·(m·K)$^{-1}$ |
|---|---|---|---|
| 铜 | 385 | 聚碳酸酯 | 0.193 |
| 铝 | 240 | 环氧树脂 | 0.180 |
| 软 钢 | 50 | 聚氯乙烯 | 0.126~0.167 |
| 玻 璃 | 0.9 | 硫化天然橡胶 | 0.126~0.335 |
| 酚醛树脂 | 0.167~0.293 | 聚苯乙烯 | 0.084 |
| 脲醛树脂 | 0.293 | 泡沫橡胶 | 0.0335~0.0554 |
| 聚对苯二甲酸乙二酯 | 0.218 | 聚苯乙烯泡沫塑料 | 0.0337~0.0461 |
| 聚甲基丙烯酸甲酯 | 0.193 | | |

高聚物材料的导热系数受结晶和取向的影响。

### 17.4.4　聚合物的热膨胀

热膨胀是由于温度变化引起材料尺寸和外形的变化。聚合物的热膨胀系数远大于其他材料,限制了它的应用。

热膨胀可以是线膨胀、面膨胀和体膨胀。固体理论表明体膨胀系数直接与热容成正比。温度增高导致原子在平衡位置的振幅增加,故材料的线膨胀系数取决于组分原子间相互作用的强弱。对于分子晶体,其分子或原子是由弱的范德华力相关联,线膨胀系数很大为 $10^{-4}\ K^{-1}$;金刚石等由共价键相键合的材料,相互作用强,线膨胀系数小约 $10^{-6}\ K^{-1}$。高聚物沿分子链方向是共价键,而垂直于链的方向,近邻分子间通过范德华力相互作用,因此结晶高聚物和取向高聚物的热膨胀呈现各向异性,而非晶态高聚物中分子链杂乱取向,热膨胀主要取决于链间相互作用,故其膨胀系数大。一些材料的线膨胀系数见表 17–9。

**表 17–9　一些材料的线膨胀系数**

| 材　料 | 线膨胀系数/K | 材　料 | 线膨胀系数/K |
|---|---|---|---|
| 玻璃、陶瓷 | $(0.1\sim1)\times10^{-5}$ | 聚甲基丙烯酸甲酯 | $8\times10^{-5}$ |
| 金　属 | $(0.5\sim3)\times10^{-5}$ | 尼　龙 | $10\times10^{-5}$ |
| 酚醛树脂 | $3\times10^{-5}$ | 聚乙烯 | $17\times10^{-5}$ |
| 脲醛树脂 | $3\times10^{-5}$ | 聚氯乙烯 | $19\times10^{-5}$ |
| 硫化天然橡胶 | $8\times10^{-5}$ | 纤维素酯和醚类 | $(6\sim17)\times10^{-5}$ |
| 聚苯乙烯 | $7\times10^{-5}$ | | |

**思考练习题**

一、名词解释

1. 聚合物的极化
2. 聚合物的介电损耗
3. 静电现象
4. 非线性光学

二、简答题

1. 题图 17–1 为三种不同涤纶薄膜的介电损耗与温度的关系,从聚集态结构上的差别,解释这三种曲线的不同。

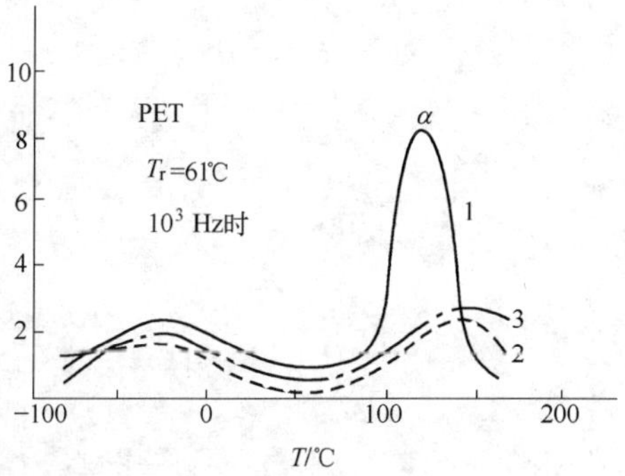


题图 17–1　三种涤纶薄膜的介电损耗与温度的关系

1—非晶态;2—结晶态;3—取向态

2. 本征型导电高分子种类和特点?
3. 如何高聚物热稳定性?

## 本篇参考文献

[1] 金日光,华幼卿. 高分子物理. 第3版. 北京:化学工业出版社,2006.
[2] 何曼君,张红东,陈维孝,董西侠. 高分子物理. 第3版. 上海:复旦大学出版社,2007.
[3] 励杭泉,张晨,张帆. 高分子物理. 北京:中国轻工业出版社,2009.
[4] 马德柱,何平笙,徐种德,周琴涟. 高聚物的结构与性能. 第2版. 北京:科学出版社,1995.
[5] 杨玉良,胡汉杰. 高分子物理. 北京:化学工业出版社, 2001.
[6] 殷敬华,莫志深. 现代高分子物理学. 北京:科学出版社,2001.
[7] 彭建邦,何平笙. 高分子链构象统计学. 合肥:中国科技大学出版社,2006.
[8] 何平笙. 高聚物的力学性能. 合肥:中国科技大学出版社,2008.
[9] 吴其晔. 高分子凝聚态物理及其进展. 上海:华东理工大学出版社,2006.
[10] Paul J Flory. Principles of polymer chemistry. Ithaca and London: Cornell University Press, 1953.
[11] Gottfried W Ehrenstein. Polymeric materials: structure-properties-applications. Carl Hanser Verlag, 2001.
[12] Gert Strobl. The physics of polymers. Berlon: Springer, 2007.
[13] Michael Rubinstein, Ralph H Colby. Polymer physics. London: Oxford University Press, 2003.
[14] Sperling L H. Introduction to polymer physical polymer science. $4^{th}$. New Jersey: John Wiley & Sons, Inc. , 2006.
[15] Charles E Carraher. Giant molecules, essential materials for everyday living and problem solving. $2^{nd}$. New Jersey: John Wiley & Sons, Inc. , 2003.
[16] David I Bower. An introduction to polymer physics. London: Cambridge University Press, 2002.
[17] Sun S F. Physical chemistry of macromolecules. $2^{nd}$. New Jersey: John Wiley & Sons, Inc. , 2004.

# 术语索引

## G



## H



## J



## K



## L



## M

## Y



## Z